식물발생학

고석찬, 박순기, 박현용, 오순자
이점숙, 한규웅, 허 권 편역

(주)바이오사이언스출판

식물발생학

초판 인쇄: 2015년 9월 01일
초판 발행: 2015년 9월 05일

저　자: S.S. Bhojwani, S.P. Bhatnagar
역　자: 고석찬, 박순기, 박현용, 오순자, 이점숙, 한규웅, 허권

발행인: 문 정 구
발행처: (주)바이오사이언스출판
주　소: 137-060 서울특별시 서초구 효령로2길 10, 201호
(방배동, 호산빌딩)
전　화: (02)581-4057~8
팩　스: (02)581-4059
이메일: inquiry@biosciencepub.com
홈페이지: http://www.biobooks.co.kr
ISBN: 978-89-6824-044-7 93480
등록번호: 제22-3079호
값 19,000원

(주)바이오사이언스출판

이 도서의 국립중앙도서관 출판시 도서목록 (CIP)는 e-CIP 홈페이지(http://www.nl.go.kr/cip.php)에서 이용하실 수 있습니다.
(CIP 제어번호: CIP2015021573)

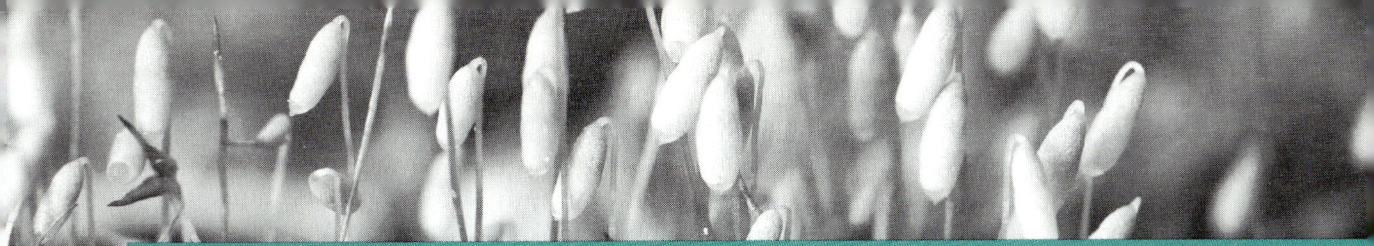

저자 서문

유성생식에 중점을 둔 피자식물의 발생학은 배우자 형성, 수정, 배와 배유의 발달, 종자와 열매와 같은 보호조직의 발달과 관련된 구조와 과정을 다루는 학문이다. 이는 매우 기초적이면서 응용적인 관점의 영역이다. 이 책의 초판이 1972년에 출간된 이후로 3개 장이 늘어나고 새로운 정보들이 많이 추가되어 1999년에 출간한 제4판에서는 이미 350쪽 이상의 큰 몸집으로 증가하게 되었다. 이 책이 식물학, 농학, 임학을 전공하는 학부와 대학원 학생들에게 정규 과정과 경쟁시험을 위해서 매우 유용한 것으로 알려지고 있을 뿐만 아니라 일본과 한국에서 학생들의 편의를 위해 번역되어 사용되고 있음은 기쁜 일이다.

지난 10년 동안 고급화된 현미경기술의 적용을 통하여 중복수정의 동적 현상, 화분관과 배낭 속에서 일어나는 정세포의 운동 기작, 그리고 웅성배우자가 발생하는 동안 세포소기관 유전체의 행동 등에 관한 새로운 사실들이 밝혀졌다. 무성적 종자생산을 농작물에 적용하여 종자를 통하여 다양한 형질들을 대대로 보존하기 위해서 아포믹시스의 유전학을 이해하고자 하는 관심이 지속되고 있다. 그밖의 새롭고 흥미로운 정보들을 지닌 피자식물 발생학 영역은 배유의 세포화, 접합자 배와 체세포 배 발생의 분자생물학, 유전공학을 통한 농작물의 단위결과 유도 등이다. 이 판에서 이러한 모든 정보가 적절한 그림과 함께 제공되고 있다.

우리는 충실히 개정된 최신의 이 판이 독자들에게 더 유용할 것이라고 확신합니다.

S. S. Bhojwani
S. P. Bhatnagar

역자 서문

피자식물에 있어서 발생학은 꽃눈의 분화에서부터 열매의 성숙에 이르기까지 일어나는 다양한 변화를 연구하는 학문이다. 그러므로 배우자체, 배, 배유의 기원과 발달은 물론이거니와 꽃, 종자, 과실의 기원과 발달 또한 이 영역에 포함된다.

피자식물이 우리에게 필요한 식량의 대부분을 종자나 과실의 형태로 제공하고, 농업 활동이 우리가 의존하는 식량을 더 많이 얻기 위해 식물을 경작하는데서 비롯되었다고 볼 때, 피자식물 발생학은 연구할 만한 가치가 충분한 분야이다. 식물발생학이 식물학의 여러 분야 뿐만 아니라 농학, 원예학, 임학 등 여러 분야에서도 필수적인 기초학문임에도 불구하고 이를 전공하는 학생들에게 추천할 만한 교과서와 관련분야 종사자들을 위한 참고용 서적이 마땅치 않은 것이 지금의 현실이다. 우리 번역진들은 이러한 현실을 직시하고 1972년에 초판이 출간된 이후로 식물발생학 교과서 및 참고서로 국제적 정평을 받고 있는 「The Embryology of Angiosperms」 최신판 (제5판)을 선택하여 편역 출간하기로 뜻을 모아 이 책을 펴내게 되었다.

「The Embryology of Angiosperms (제5판)」은 식물발생학의 전통적인 분야인 형태발생학 영역을 중심으로 조직배양기법 등을 이용하는 실험발생학 영역을 곁들이면서 기술된 교재이다. 이 책에서는 독자들의 이해를 돕고자 「제1부 서론」을 새로이 추가하고 형태발생학 영역(「제2부 식물형태발생학」)과 실험발생학 영역(「제3부 식물실험발생학」)으로 구분하여 기술하였다. 「제1부 서론」에서는 식물발생의 개념, 식물발생과 유전자 발현, 식물발생의 조절 등을 비롯하여 조류에서부터 피자식물에 이르기까지 식물 전반의 생활주기를 기술하였다. 그리고 식물발생학실험을 위한 팁들을 별도로 모아 이 책의 끝 부분에 「부록」으로 정리하였다. 원저자의 의도를 크게 왜곡하는 결과를 가져왔다면 정중하게 양해를 구하고자 한다.

편역을 진행하는 과정에서 학술용어는 「The Embryology of Angiosperms (제4판)」의 번역서인 「식물발생학 – 식물 Biotechnology의 기초와 응용 (아카데미서적, 2001)」을 따랐으며 필요시 번역진들의 의견을 모아서 적절한 우리말 표현이 되도록 하였다.

이 책이 독자 여러분에게 많은 유용한 정보를 제공하고 식물학을 이해하는데 도움이 되었으면 하는 바람이다. 독자들의 지적과 충고를 겸허하게 받아들여 더욱 충실한 내용이 되도록 다듬어 갈 것을 약속한다.

끝으로 어려운 여건 속에서도 이 책의 출판을 맡아주신 (주)바이오사이언스출판 문정구 대표님을 비롯한 임직원 여러분께 심심한 사의를 표하고자 한다.

2015년 8월
편역자 일동

편역자 소개

고석찬
제주대 생물학과 sckoh@jejunu.ac.kr

박순기
경북대 응용생명과학부 psk@knu.ac.kr

박현용
조선대 생물학과 hypark@chosun.ac.kr

오순자
농촌진흥청 온난화대응농업연구소 osoonja@korea.kr

이점숙
군산대 생물학과 jslee@kunsan.ac.kr

한규웅
한남대 생명과학과 hahnkw@hnu.kr

허 권
강원대 식물자원응용공학과 laurus@kangwon.ac.kr

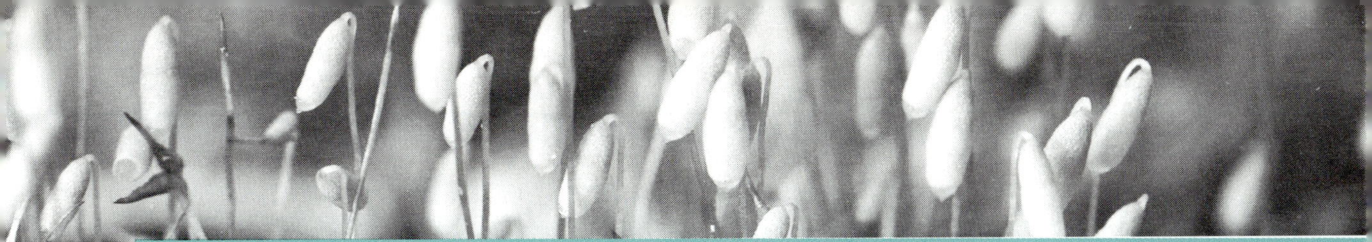

차 례

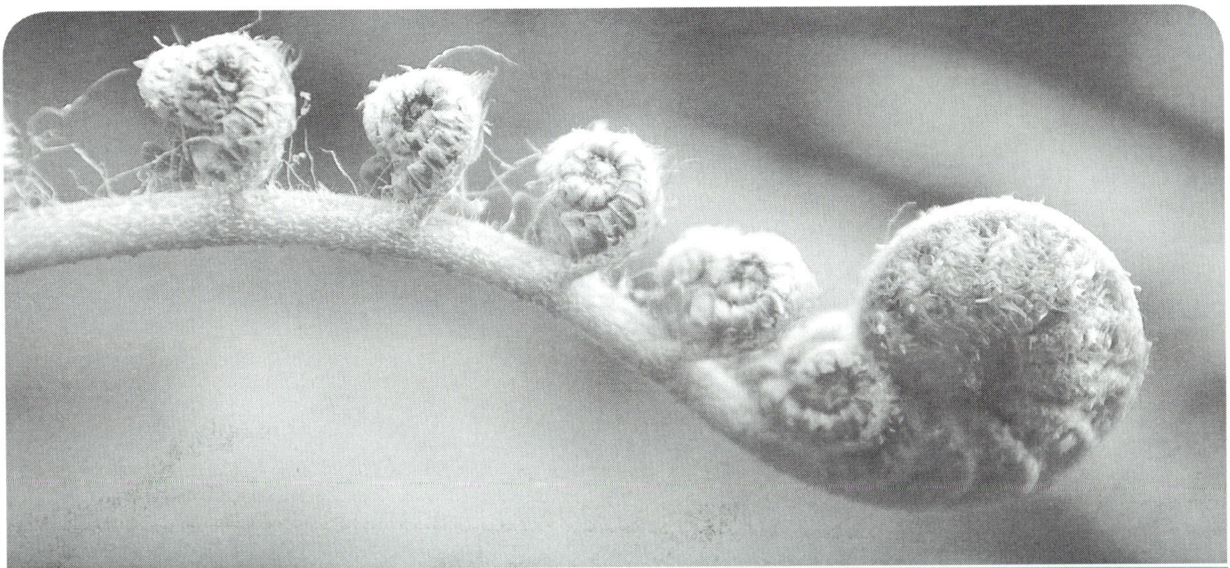

제 1 부

서 론

Chapter 01

서론

다세포생물은 완성된 형태의 자손을 낳기보다 발생이라고 하는 지속적인 변화 과정을 통해 만들어진다. 거의 모든 경우에 생물은 접합자라고 하는 1개의 세포로부터 배발생이라는 과정을 거쳐 새로운 개체로 발달한다. 오래전부터 생물의 발달을 연구하는 학문을 발생학(embryology)이라고 하는 이유이다. 식물발생학(plant embryology)은 전통적으로 피자식물을 대상으로 연구가 진행되어 왔다. 꽃눈의 분화로부터 과실의 성숙에 이르기까지 생식생장 과정에서 일어나는 모든 변화를 그 연구의 대상으로 삼아왔다.

식물발생학의 역사는 3천 년 전으로 거슬러 올라갈 수 있으며 당시 아랍인들은 대추야자의 과실이 맺힐 때 화분이 어떠한 역할을 하는지 알고 있었다. 그러나 생식세포에 관한 관찰은 현미경 발명 이후에 1667년 Leeuwenhoek에 의해 처음으로 이루어졌으며, 이후 식물발생학적 사실들이 단편적으로 밝혀졌다. 1800년대 중반 마이크로톰과 염색법이 발달하여 발생학 연구에 커다란 전기를 이루었으며, 1900년경에는 배우체의 발달, 배발생 등 많은 발생학적 지식들이 축적되었다. 이후 주로 개체발생 과정을 기술하는 기재발생학(descriptive embryology)과 발생학적 단계의 종간 또는 다양한 분류군 간의 차이를 밝히는 비교발생학(comparative embryology)이 광범위하고 깊이있게 연구되어 식물발생의 패턴과 경향성을 파악할 수 있게 되었다. 20세기 중반 이후에는 세포학, 유전학, 생리학, 생화학 등 관련 분야의 연구가 진전되고 조직화학법, 전자현미경, 자가방사법, 조직배양법 등 최신의 물리학 및 화학적 방법을 이용하게 되면서 발생학의 범주는 기능적이고 응용적인 면으로 옮겨가게 되었다. 특히, 1958년 조직배양기술에 의해서 체세포가 접합자와 유사하게 배를 형성할 수 있다는 사실이 밝혀지면서 실험을 통해 발생과정 연구를 보완하고자 하는 실험발생학(experimental embryology)이라는 영역이 자리잡게 되었으며, 잘 알려져 있지 않은 식물발생에 관여하는 여러 요인들에 대한 중요한 정보를 얻게 되었다.

20세기 후반에 이르러 DNA 재조합기술과 유전정보 분석이 가능해지고 생리학, 유전학, 분자생물학 등 학문간의 교류가 활발하게 진행되면서 식물발생생물학(plant developmental biology)이 등장하게 되었다. 식물발생생물학은 그 범위가 매우 넓은 분야로 여러 다른 분야의 식물학을 통합하는 분야이다. 즉, 분자생물학과 생화학 수준, 세포와 조직 수준, 기관과 개체 수준, 그리고 심지어는 생태학과 진화학 관점의 연구를 모두 포함하며, 현대 식물발생생물학은 식물학 분야에서 가장 빠르게 성장하고 있는 다면적인 과학이라 할 수 있다. 하지만 모든 식물발생생물학 연구의 기초는 식물종의 발생과정에서 관찰되는 구조적인 변화이다.

이 책에서는 피자식물의 유성생식 과정을 중심으로 전통적인 식물발생학 영역을 다룬다. 주로 식물발생 연구의 근간을 이루는 발생 과정의 형태적 변화에 초점을 맞추었으며, 후반부에는 실험발생학 영역을 별도로 덧붙여 기술하였다. 이 장에서는 최근의 식물발생학을 이해하는데 필요한 기본적인 개념을 설명한다.

1.1 식물발생의 개념

하나의 접합자가 성숙한 식물체로 발달하는 과정에서 정밀하고 질서있는 연속적인 생명활동이 일어난다. 접합자는 생장과 분화를 거치면서 점차 복잡한 조직과 기관으로 발달된다. 이런 활동들이 궁극적으로 꽃을 피우고 과실을 맺고 결국에는 노쇠하여 죽음을 맞이하기까지 식물의 복잡한 체제를 만들어낸다. 식물의 생활주기 전체를 통하여 끊임없이 질서있게 일어나는 여러 발생 과정에 영향을 끼치거나 조절하는 많은 요소, 그리고 그와 관련된 생화학적 반응과 함께 이러한 활동들이 식물의 발생을 이끌고 있다.

1.1.1 생장과 분화

발생(development)이란 종자의 발아에서부터 생장, 성숙, 개화, 그리고 노쇠에 이르는 식물의 일생동안 겪게 되는 모든 변화를 나타내는 포괄적인 용어이다. 발생이란 용어는 각기 비슷한 변화 양상을 겪는 세포, 조직, 기관 등에도 똑같이 적용된다. 발생은 개체 또는 기관의 형태 변화에서, 예를 들면 영양생장에서 생식생장으로 전환되거나 잎 원기가 성숙한 확장된 잎으로 변화되는 경우 등에서 더욱 분명해진다. 발생은 또한 세포 이하의 수준이나 생화학적 수준, 예를 들면 광조건 하에서 잎 세포 내에서 엽록체가 출현하거나 광합성 효소가 활성을 갖게 되는 경우 등에서 명백해진다. 궁극적으로 발생은 각 세포의 활성과 상호작용을 이끄는 유전적 프로그램을 의미한다.

개체의 발생은 생장과 분화에 의해 이루어지는데, 각 단계에서 형태형성이나 방향의 결정이 질서정연하게 이루어진다. 개체의 발생은 세포분열에 의해 세포 수가 증가하고 분열한 세포의 크기가 커지면서 시작된다. 이러한 세포 수의 증가나 세포의 확장과 같이 발생 과정에서 일어나는 크기나 질량과 같은 비가역적인 양적 변화를 생장(growth)이라고 하며, 조직, 기관, 개체 수준에서 크기의 비가역적 변화에도 적용된다. 그리고 기관의 외부 형태는 일차적으로 어떤 축을 따라 차등생장이 일어난 결과라고 할 수 있다. 그러나 발생이 진행되는 동안 세포의 수나 크기 등의 양적 증가에 머물지 않고 형태적으로나 생리적으로 달라지면서 세포, 조직, 기관사이에 질적인 차이가 생겨나고 여러 가지 조직이나 기관을 만들게 된다. 이처럼 세포, 조직, 기관사이에 질적인 차이가 나타나는 것을 분화(differentiation)라고 한다. 이러한 변화는 갑자기 일어나는 것이 아니라 세포의 생화학적 구성과 기능의 뚜렷한 변화에 앞서 세포가 어떤 운명으로 갈리게 되는데, 세포들이 동일한 세포에서 유래하더라도 세포들 사이의 유전정보가 달라지고 유전자들이 차등적으로 발현됨으로써 생겨난다. 생장과 분화는 생물의 개체 발생에 있어서 두 가지 주요 과정이라고 말할 수 있다. 이들은 보통 발생과정에서 같이 일어나지만, 분화가 일어나지 않고 생장이 일어나거나 생장이 일어나지 않으면서 분화가 일어나는 예도 많이 있다. 조직배양시 캘러스의 생장은 분화가 일어나지 않고 생장만 일어나는 좋은 예이다.

1.1.2 발생의 결정과 탈분화

엽원기에서 볼 수 있는 것처럼 엽원기가 발생의 특정 단계에 이르면 잎으로 발달하도록 비가역적으로 전환되어서 이전 단계로 되돌아가거나 다른 조직으로는 발달하지 않는다. 이처럼 발생의 특정 단계에서 특정 부위가 앞으로의 발달을 위해서 비가역적으로 전환되었을 때, 다시 말하면 환경이 바뀌어도 정해진 형태로만 분화하게 될 때 발생의 방향이 결정(determination)* 되었다고 한다. 배의 발달에서도 뿌리와 슈트의 발달에서 보듯이 여러 가지 주요 경로로 결정이 일어난다. 일군의 세포가 일단 특정 경로로 들어가면 완성될 때까지 보통 정상적인 패턴을 따라 발달한다. 다시 이전 단계로 되돌아간다거나 다른 경로로 전환되는 일은 보통 일어나지 않는다. 그래서 엽원기는 눈이나 줄기로 발달하지 않는다.

하지만 고도로 분화되어 있는 것처럼 보이지만 자극을 가하면 탈분화(dedifferentiation)가 일어나 미분화된 상태로 되돌아가는 경우도 있다. 마치 유전적으로 다시 프로그램되는 것처럼 분화 과정을 되돌림으로써 세포가 미분화된 상태로 돌아가 새롭고 다른 길을 따라 다시 분화하게 되는 것이다. 담배 줄기나 콩 자엽에서 채취한 세포를 자극하여 세포분열이 다시

* 결정과 분화의 비가역성은 오로지 정상적인 발생에서만 적용된다. 조직배양에서 분화된 조직의 탈분화에 의한 캘러스 형성 등에서 보듯이 핵은 재프로그램될 수 있으며 어떠한 세포로도 발달할 수 있다.

진행되도록 하면 미분화된 캘러스로, 나아가서는 새로운 식물로 자라게 할 수 있다. 분화된 세포가 새 식물로 재생되는 능력은 그 세포가 전형성능(totipotency)을 가지고 있음을 말하는 것이며, 식물세포가 유전정보 전부를 특정 시기에서 모두 사용하지는 않지만 온전한 유전 프로그램을 모두 갖추고 있음을 의미한다. 물론 모든 세포가 전형성능을 지니는 것은 아니다. 발달이 고정된 특수화된 세포, 특히 예외적으로 두껍고 단단한 세포벽을 가지거나 혹은 심하게 변형된 원형질체를 가지는 특수화된 세포가 다시 분화될 가능성은 거의 없다. 식물발생은 질서있는 경로를 따라 진행되는데 그 이유는 발달 잠재력이 조심스럽게 제한되기 때문이다. 이러한 제한이 제거될 때 전형성능이 있는 세포는 간단히 미분화된 상태로 회귀하여 발생 프로그램을 새로 시작한다.

1.2 식물 발생과 유전자발현

식물체를 구성하는 모든 세포는 하나의 접합자에서 유래하기 때문에 동일한 유전자를 가지고 있다. 하지만, 발생 과정에 있어서 발생프로그램(developmental program)에 따라 또는 환경신호(environmental signal)에 의해서 유전자발현이 끊임없이 조절된다.

1.2.1 차등 유전자발현

식물의 세포는 모두 동일한 유전자를 가지고 있다. 하지만 분화된 세포는 조직에 따라 또는 발생 시기에 따라 유전자 활성의 양상이 특징적으로 다르다. 어린식물에서 성숙한 식물로, 영양생장 단계에서 생식생장 단계로 전환되는 것도 모두 특정 유전자들의 발현에 의해 조절되는 것이다. 말하자면 유전자발현이 조직에 따라 그리고 발생단계에 따라 정교하게 조절됨으로써 가능하다. 이처럼 유전자발현이 공간적으로 그리고 시간적으로 다르게 발현되는 것을 차등 유전자발현(differential gene expression)이라고 한다. 하나의 예로 옥수수의 경단분열조직에서 세포를 미분화 상태로 유지하는 작용을 하는 *Knotted1* 유전자는 잎에서는 발현되지 않고 경단분열조직에서만 발현된다. 하지만 이 유전자가 불활성 상태로 있어야 할 잎에서 발현되면 잎 조직에서 세포의 증식이 일어난다. 이러한 비정상적인 세포분열이 분화된 성숙한 잎에서 일어나기 때문에 잎 표면에 볼록하게 나온 "knots"라는 비정상적인 조직을 형성한다. 이처럼 유전적으로 동일한 세포에서 어떠한 유전자가 작용하여 어떠한 단백질을 합성하는가 하는 것이 분화의 핵심이라고 할 수 있다. 차등 유전자발현은 전사, RNA의 가공, 번역 및 단백질 변형 등의 여러 단계에서 일어날 수 있다.

외부 환경요인에 의해 조절되는 유전자는 전사를 위한 신호로 작용하는 외부 환경의 자극에 의해서 조절된다. 주요 환경요인으로는 빛, 병원체, 상처 등이 있으며 이들 간에도 서로 관련이 있을 수 있다. 예를 들면, 가뭄은 식물에 수분스트레스를 주고 식물호르몬인 ABA를 합성하는 효소들을 암호화하는 유전자들을 활성화한다. ABA는 공변세포로부터 이온이 유출되어 나오도록 하며 결국에는 기공을 닫게 하여 증산을 최소화하고 수분 손실을 줄인다. 그러나 어떠한 유전자가 가뭄 같은 환경스트레스에 의해 직접적으로 유도되는지, 그리고 초기 신호에 대하여 어떠한 반응이 2차적으로 유도되는지를 알아내기란 그렇게 쉽지 않다.

1.2.2 세포의 부등분열

발생과정에서 연속적인 단계는 시간적으로 공간적으로 다양한 부위에서 발생의 특정 경로로 발달하는 과정이다. 분화를 일으키는 요인으로서 조직에 따른 유전자의 차등발현의 중요성은 말할 것도 없지만 세포가 서로 다른 발생 잠재력을 가지는 두 딸세포로 분열하는 부등분열(asymmetric cell divisions)도 또한 매우 중요한 요인이다. 세포에 극성이 생겨나 부위에 따라 세포질 내용물의 차이가 생기면 세포분열 시 방추사의 축 방향이 결정되고 세포가 부등분열하여 두 세포가 서로 다른 내용물을 가지게 된다. 일단 부등분열이 일어나면 두 딸세포는 유전자의 발현도 서로 다르게 일어나고, 결과적으로 서로 다른 운명으로 갈리어 서로 다른 경로로 발달할 수 있다. 부등분열에 의해 발생 경로가 갈리는 현상은 세포내용물, 즉 mRNA나 단백질 등의 세포질 결정요인(cytoplasmic determinant)이 딸세포에 불균등하게 전달되어 딸세포 사이에 유전자발현이나 세포기능 등의 차이를 유발하기 때문인 것으로 생각되고 있다. 화분발달 과정에서 소포자의 분열이라든가 배발생 과정에서 접합자의 첫 번째 분열 같은 경우가 그 대표적인 예라고 할 수 있다. 부등분열은 세포 수준에서 일어나는 현상이지만 결과적으로 세포뿐만 아니라 조직이나 기관의 분화를 초래하며, 영양생장 단계에서 생식생장 단계로 전환될 때에도 관여한다.

1.3 식물발생의 조절

발생에 있어서 특징적이면서 규칙적인 일련의 변화는 생장과 분화를 공간적으로나 시간적으로 조정하는 조절 시스템을 필요로 한다. 수정 후 배의 생장은 보통 배주를 둘러싸고 있는 조직의 생장에 수반하여 일어나고 엽원기의 발달은 정단분열조직에서 유관속 조직의 분화를 수반한다. 이처럼 식물의 생장과 분화는 여러 곳의 생장점에서 일어나기 때문에 조직이나 기관의 위치, 공간적 배열, 발생의 방향 등을 조화롭게 조절하는 공간적 조정(spatial co-ordination)과 이들의 발생을 시기적으로 정교하게 조절하는 시간적 조정(temporal co-ordination)이 있어야 한다. 이러한 조정작용을 거쳐 식물 개체들은 생활주기 동안 발아, 영양생장, 성숙, 개화, 결실, 노화, 휴면 등의 일련의 단계를 거치게 된다. 발생 과정에 있어서 공간적 또는 시간적 조정을 조절하는 기구는 식물 자체 내에서 자발적으로 작동하거나 또는 환경 요인에 의해 활성화되거나 조절되기도 한다.

1.3.1 자발적 조절

식물체의 공간적 조정은 일반적으로 자발적 조절(autonomic control)에 의해 이루어진다. 환경 조건이 인접한 식물 부위 간에 크게 차이가 나지 않기 때문이다. 자발적 조절은 세포내 수준과 세포간 수준에서 일어날 수 있다. 발생의 세포내 조절은 세포의 생장과 분화의 여러 단계가 일어나는 동안 서로 다른 효소의 활성이 나타나고 사라짐으로써 일어난다. 이것은 전사의 조절, 효소의 합성과 분해, 효소의 활성화와 불활성화 등 여러 가지 방법으로 일어난다. 즉, 발생 과정에 있어서 세포내 조절은 유전자 활성의 조절을 통해서 일어나게 된다. 예를 들어 유전자 발현의 변화로 인해 분열조직에서 엽원기나 화원기의 발생 여부가 결정될 수 있으며, 팽압, 무기염 상태, 병원체, 그리고 생체 시계 같은 세포내 인자들 또한 세포내 물질대사와 발생을 변경시킬 수 있다. 반면에 세포간 조절은 세포사이의 활동을 조절하는 호르몬의 활동에 의해 일어나며 궁극적으로 유전형에 의해 결정되어야 한다.

1.3.2 환경적 조절

식물발생의 시간적 조정은 외부 요인이 작용하는 환경적 조절(environmental control)에 의해 주로 일어난다. 춘화처리나 개화의 광주기 현상은 시간적 조정기구가 환경요인에 의해 제어되는 대표적인 예이다. 결빙, 가뭄 같은 외부 요인 중 일부는 식물체에 치명적인 영향을 주어 해를 입히기도 하지만, 어떤 환경요인은 식물조직에 직접적인 영향을 준다기보다 지역적 조건에 적응할 수 있도록 환경에 대한 정보를 제공하여 이롭게 작용할 수도 있다. 예를 들면, 중력은 환경 스트레스로 작용하지 않지만 식물이 그 방향을 인지하여 발생의 방향을 결정하도록 하는 정보를 제공한다. 이러한 경우 환경요인은 식물체에 신호로 작용하는 것이며, 식물은 유전적으로 프로그램된 방식으로 반응하여 그 환경에 더 잘 적응하게 된다.

어떤 특별한 실험 시스템 내의 어느 시점에서 어느 한 수준의 조절 과정에 초점을 맞춘 경우라 하더라도 조절과정 간의 상호작용이나 중첩 현상은 피할 수 없이 일어난다. 유전자발현의 변화는 호르몬 수준의 변화를 일으키거나 호르몬에 대한 세포의 감수성을 변화시킬 수 있으므로, 호르몬이나 다른 신호에 대한 반응은 유전자발현의 영향 또는 이온 흐름이나 대사의 변화와 관련되어 일어날 수도 있다.

어떤 경우에는 환경신호조차도 세포내 사건의 측면에서 해석되어야만 한다. 궁극적으로 환경, 호르몬, 유전자의 수준에서 이루어지는 조절은 식물의 전체적인 발생을 결정하는데 있어서 다양한 방식으로 상호작용한다. 일장이나 온도와 같은 환경적인 요인이 식물체 내에서 호르몬의 농도와 분포에 영향을 주며, 식물의 생활주기에서 주요 단계를 조절하는데 환경 요인이 매우 중요하다는 것은 익히 잘 알려진 사실이다.

Chapter

02 식물의 생활주기

식물에서는 동물과 달리 자연 상태에서 종족 유지의 수단으로 식물계 전체에 걸쳐 무성생식(asexual reproduction)이 널리 일어나지만, 대부분의 식물은 유성생식(sexual reproduction)을 유일한 수단으로 또는 무성생식과 함께 수행한다. 일부 식물 중에는 종자가 맺히지 않거나 종자가 맺히더라도 불임일 수도 있고 경우에 따라서는 특정 영양번식 수단으로만 생식이 이루어지기도 하지만, 대부분의 식물은 꽃을 피우고 임성의 종자를 지니는 과실을 맺는다.

식물에서도 동물과 같이 유성생식의 주요 특징은 2배체 단계와 반수체 단계가 반복되며 생활주기의 어느 단계에서는 포자(spore)와 배우자(gamete)를 만들고 배우자가 접합하여 접합자(zygote)를 형성한다. 2배체 식물에서 일어나는 감수분열은 2배체 세포로부터 반수체의 포자를 생산함으로써 세대마다 염색체 수가 배가되는 것을 막는다. 일반적으로 대부분 식물에 공통적인 유사성이 많이 있지만 식물 간에도 여러 가지 뚜렷한 차이가 있다. 식물의 생활주기는 생식세포의 형태로부터 명명된 배우자형, 접합자형, 포자형의 3가지 기본형태가 있으며, 식물에 따라 2배체 단계와 반수체 단계의 상대적인 중요성, 감수분열이 일어나는 시점, 감수분열에 의해 생성되는 포자의 형태 등이 차이가 난다(그림 2-1). 배우자형 생활주기(gametic life cycle)에서는 배우자만 반수체 상태이며 갈조식물의 푸크

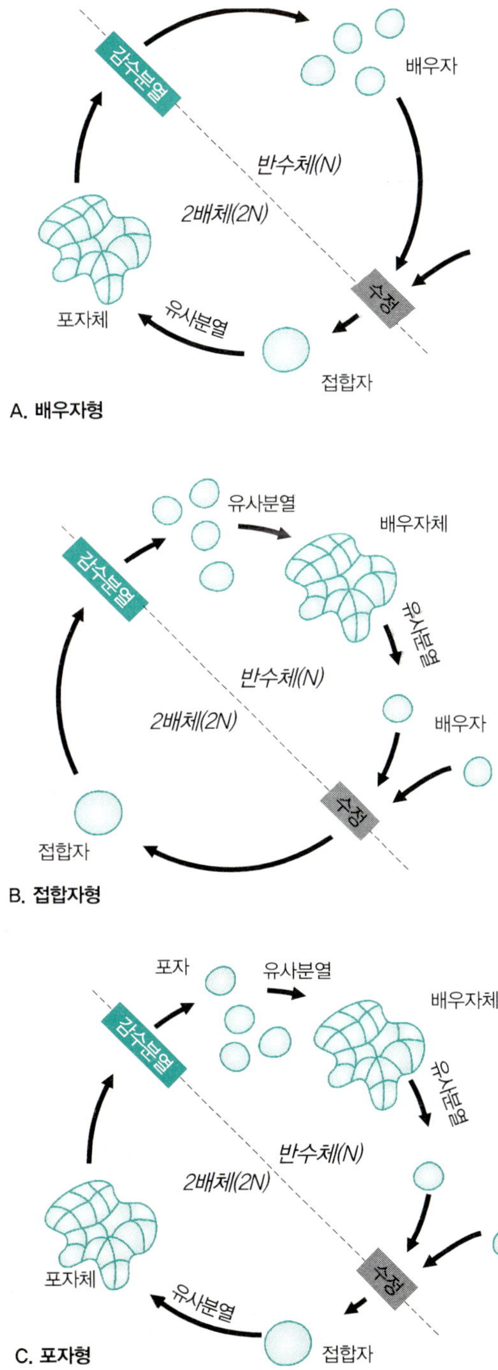

그림 2-1 식물의 생활주기 모식도. A. 배우자형 생활주기에서는 배우자 시기를 제외하고는 대부분 시기를 2배체 상태로 존재한다. B. 접합자형 생활주기를 가지는 식물체는 대부분 반수체 상태이나 접합자일 때에만 2배체가 된다. C. 포자형 생활주기에서는 반수체인 배우자체와 2배체인 포자체 두 종류의 식물체가 존재한다.

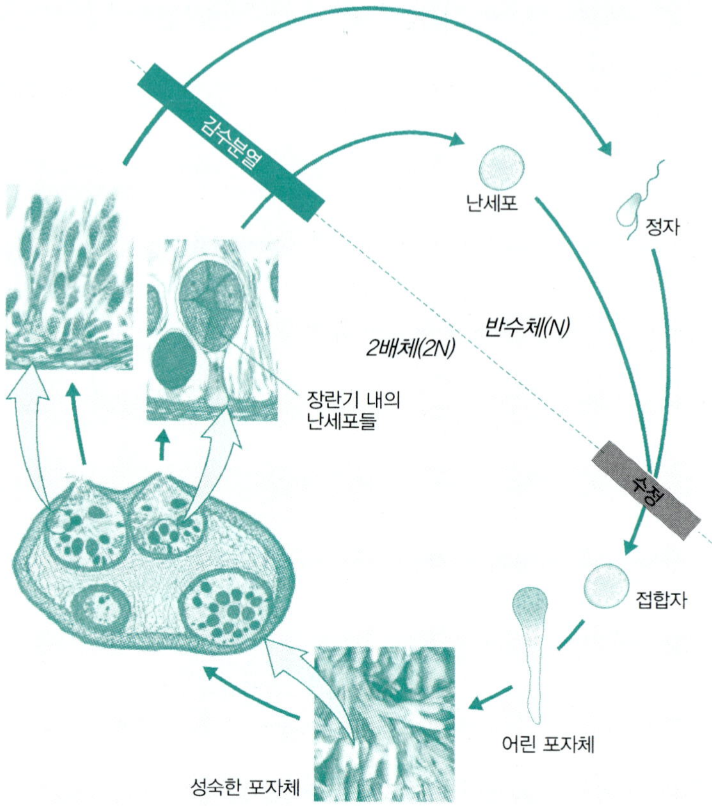

그림 2-2 갈조식물 푸크스(*Fucus*)의 생활주기. 동물의 생활주기와 비슷하며 배우자 시기가 유일한 반수체 상태인 배우자형 생활주기를 보여주고 있다.

스속(*Fucus*), 모자반속(*Sargassum*), 녹조식물의 수송속, 아세타불라리아속(*Acetabularia*) 등에서 배우자형 생활주기가 나타난다. 접합자형 생활주기(zygotic life cycle)에서는 배우자간 수정에 의해 발생한 접합자만 2배체 세포이며 녹조식물 중에 해캄속(*Spirogyra*) 등의 접합조류나 볼복스속(*Volvox*), 차축조 식물 등에서 볼 수 있다. 포자형 생활주기(sporic life cycle)에서는 배우자체 세대와 포자체 세대가 뚜렷하게 존재한다. 선태식물부터 피자식물에 이르는 모든 식물과 일부 조류에서 볼 수 있다. 하지만 식물에 따라 2배체와 반수체 단계의 중요성이 상대적으로 다르다.

이 장에서는 대표적인 식물의 생활주기를 살펴보고 식물 사이에서 나타나는 유성생식의 일반적인 특징을 비교해 보고자 한다. 식물의 유성생식에 관하여 원시적 유형부터 복잡한 유형에 이르는 생활주기의 특징을 비교해보면 이 책에서 주로 다루는 피자식물의 발생 과정을 이해하는데 도움이 될 것이다.

2.1 조류의 생활주기

조류에서는 앞에서 언급한 유성생식 주기의 세 가지 유형이 모두 관찰된다. 여기에서는 배우자형인 갈조식물 푸크스, 접합자형인 녹조식물 해캄, 그리고 포자형을 보여주는 녹조식물 파래의 생활주기를 간단히 살펴보고자 한다.

2.1.1 푸크스의 생활주기

갈조식물에 속하는 푸크스속(*Fucus*)은 동물의 생활주기와 비슷한 배우자형 생활주기를 갖는다(그림 2-2). 푸크스의 생활주기를 살펴보면 식물체는 포자체 세대로만 존재하고 유일한 반수체 시기는 배우자이다. 이와 같은 유형의 생식은 식물체에 이롭게 작용하는데, 식물체를 구성하는 2배체 세포가 유전자를 중복으로 가지고 있기 때문이다. 돌연변이가 일어난다 하더라도 대립유전자가 있으므로 정상적으로 구조와 기능을 발휘하게 된다. 동물 역시 이와 비슷하게 배우자형 생활주기에서 이득을 얻는다.

2.1.2 해캄의 생활주기

사상체 녹조식물인 해캄속(*Spirogyra*)은 접합자형 생활주기의 예가 된다(그림 2-3). 이 생활주기에서는 식물체가 배우자체 세대로만 존재하기 때문에 식물체를 구성하는 세포는 오로지 한 벌의 염색체만을 갖는다. 단세포 접합자만이 유일하게 두 벌의 염색체를 가지는 2배체이다. 해캄의 접합자는 두꺼운 벽으로 둘러싸여 있어 불리한 환경에서도 잘 견딘다. 이들은 진흙 속에서 휴면상태로 지내다가 조건이 좋아지면 감수분열하여 4개의 반수성 포자를 생산하며 그 중 하나가 발아하여 새로운 개체, 즉 배우자체로 발달한다. 봄철에 해캄이 연못의 수면에서 빠르게 증식하는 현상은 바로 이 때문이며, 많은 접합자가 동시에 발아하면서 조류가 무성하게 자라게 된다.

2.1.3 파래의 생활주기

파래속(*Ulva*)은 조간대에서 발견되는 해산 녹조식물이며 전형적인 포자형 생활주기를 가지고 있다. 이 식물은 주름이 잡힌 잎 모양을 하고 있으며 2세포 두께로 얇고 30cm 정도의 크기를 하고 있다. 밝은 초록색과 잎 모양의 형태로 인하여 바다상추라는 별명을 가지고 있다.

파래의 접합자는 발아하여 사상체로 자라며 잎 모양의 성숙한 포자체 식물(sporophyte)로 발달한다. 이 식물체를 이루는 세포는 2배체이며 엽상체 주변부를 구성하는 세포 속에서 감수분열이 일어나 세포당 4개의 포

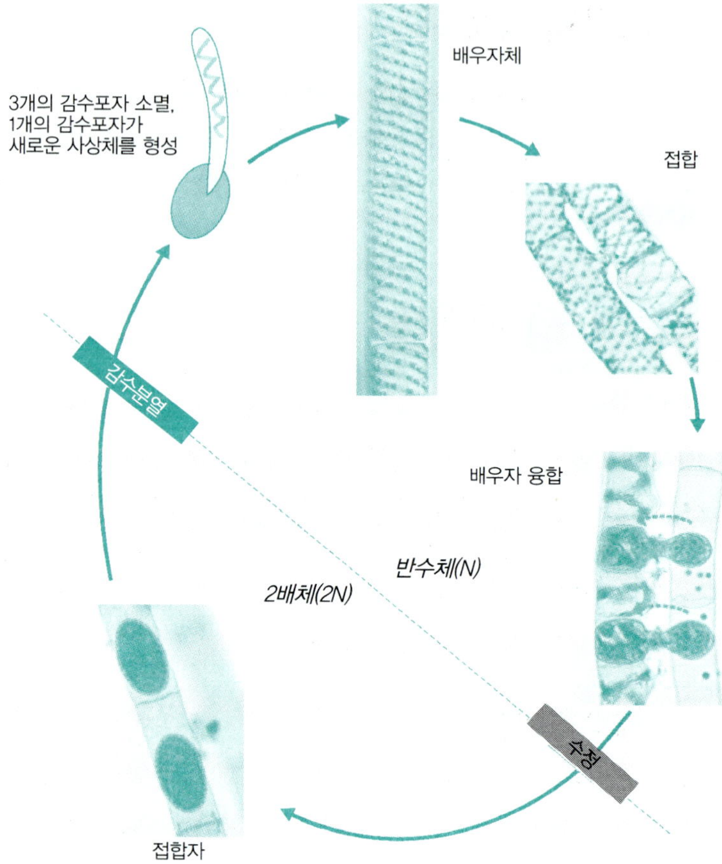

그림 2-3 녹조식물에 속하는 해캄속(*Spirogyra*)의 생활주기. 생활주기에서 유일한 2배체 세포가 접합자로서 접합자형 생활주기를 보여주고 있다.

자를 만든다. 반수성 포자가 물속으로 방출되고 웅성 또는 자성으로 분화가 일어나며 사상체를 거쳐 잎 모양의 배우자체 식물(gametophyte)을 만든다. 이 식물은 접합자에서 유래한 포자체 식물과 모양이 같지만 (동형 세대교번, isomorphic alternation of generations) 그 구성 세포는 반수성이다. 이 식물의 주변부 세포들은 배우자를 만든다. 배우자들은 형태적으로는 모두 같지만 성적으로 차이가 있어 웅성 또는 자성 배우자로 나뉘며 웅성 배우자와 자성 배우자 간에 융합이 일어난다. 배우자 간의 융합으로 배수성의 접합자가 만들어지며 다음 세대의 포자체 식물로 발달한다(그림 2-4).

생활주기에 있어서 파래는 푸크스나 해캄과는 달리 접합자나 반수성 포자가 모두 다세포성의 개체로 발달한다. 푸크스에서는 성숙한 식물체가 배수성이고 해캄에서는 반수성인데 반하여 파래에서는 반수성 식물과 2배체 식물이 번갈아 발달한다. 이러한 세대교번은 파래뿐만 아니라 많은 조류, 그리고 선태식물이나 양치식물을 포함하는 모든 고등식물에서도 공통적으로 나타난다.

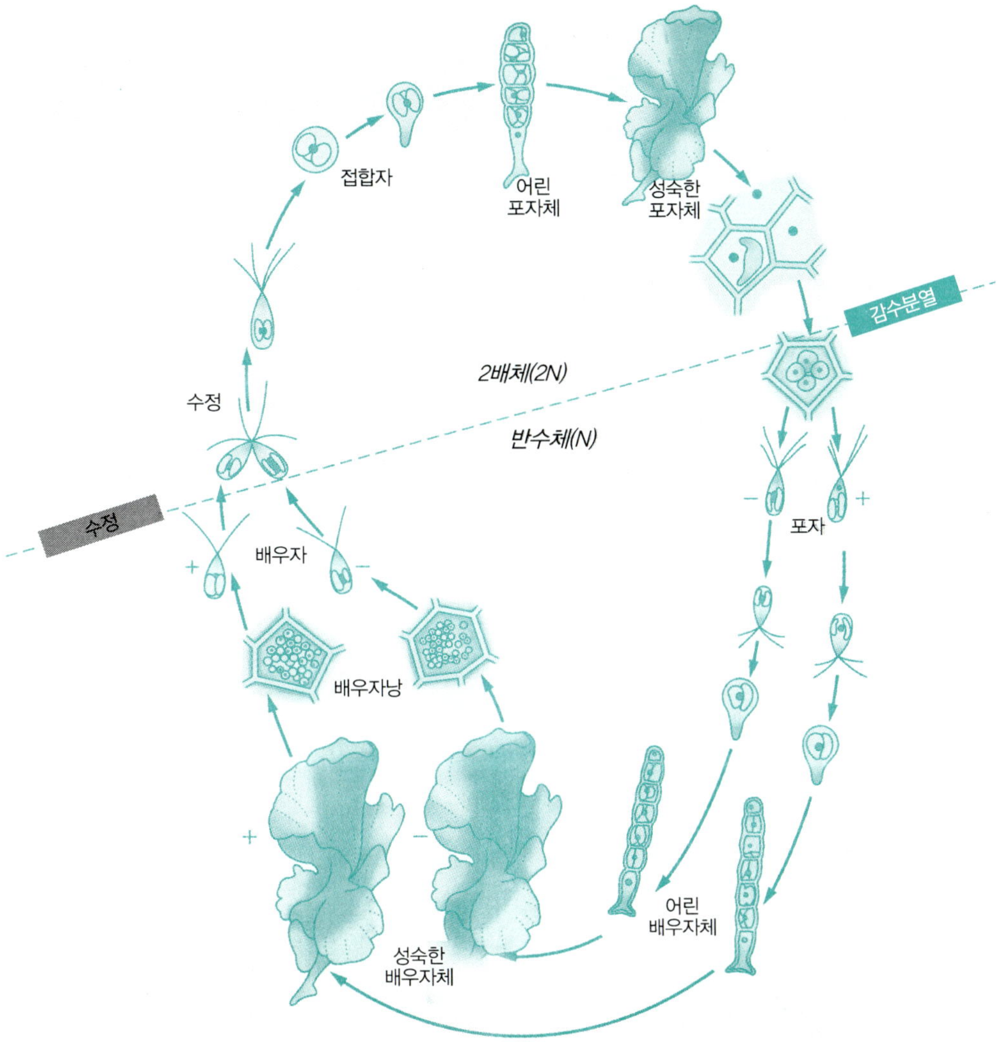

그림 2-4 녹조식물 파래의 생활주기. 동형의 배우자체 세대와 포자체 세대가 반복되는 포자형 생활주기를 보여 주고 있다.

2.2 선태식물의 생활주기

선태류도 파래와 같이 포자형 생활주기를 가지나 배우자체가 우세한 세대 교번이 일어난다. 우리가 일반적으로 보는 식물체는 배우자체 식물이며 반수성 포자로부터 발달한다. 이 배우자체 식물은 배우자를 생산하며 배우자가 융합하여 접합자를 만든다. 이 배수성 접합자는 포자체 식물로 발달하며 감수분열하여 반수성의 포자를 생산한다. 포자형 생활주기를 가지

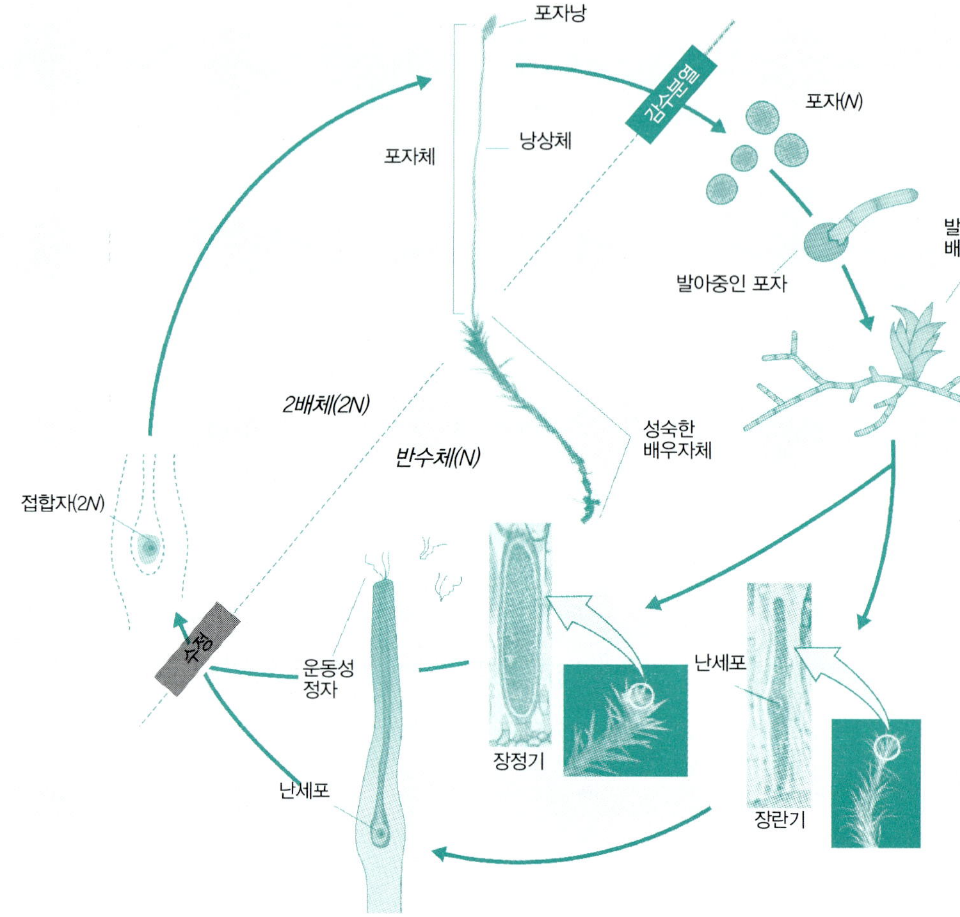

그림 2-5 선태식물의 생활주기. 선류에 속하는 솔이끼(*Polytrichum*)의 생활주기로 배우자체가 포자체보다 우세한 포자형 생활주기를 보여주고 있다.

는 다른 식물들과 같이 배우자체와 포자체 식물이 반복해서 발달한다(그림 2-5). 그러나 파래에서 보는 바와 같이 포자체 식물과 배우자체 식물의 형태가 같지 않고 서로 크게 다르다(이형세대교번, heteromorphic alternation of generations). 선류의 배우자체에서 자루는 바로 서며 잎 모양을 한 다수의 구조물이 자루에 달려 있고 실 모양의 가근이 기질에 박혀 뿌리와 같은 기능을 수행한다. 하지만 이러한 것은 관속식물의 줄기, 잎, 뿌리와 상동인 구조가 아니며 진정한 의미의 줄기, 잎, 뿌리가 아니다. 배우자체가 우세하기 때문에 광합성도 대부분 배우자체에서 일어난다. 자성 배우자(난세포)와 웅성 배우자(정세포)는 다세포로 구성된 배우자낭(gametangium)에서 만들어진다. 웅성 배우자낭(장정기, antheridium)에서는 수많은 정세포를 생산하고, 자성 배우자낭(장란기, archegonium)에서는 하나의 난세포를 만든다. 선류와 태류 모두 육상식물임에도 불구하고 정세포는 물속에서 헤엄쳐 난세포 쪽으로 다가가기 때문에 난세포와 수정되는 것은 식물체 표면에 수막이 존재하느냐 여부에 달려 있다. 어떤 종의 선류들은 자루의 끝에 장정기와 장란기를 모두 가지기도 한다. 하지만 보통 장정기와 장란기는 서로 다른 자루에 달리며 경우에 따라서는 서로 다른 식물체에 달리기도 한다.

선태류의 접합자는 장란기 속에서 털과 같은 포자체 식물로 발달하는데 포자체 기부가 배우자체의 조직에 파묻히며, 배우자체로부터 물과 무기염류, 대부분의 양분을 얻는다. 포자체 자루의 상단은 다세포의 포자낭(sporangium, capsule)으로 발달한다. 포자낭 속의 수많은 세포는 포자 모세포(spore mother cell)로 분화한다. 각 포자 모세포는 감수분열하여 4개의 포자를 형성한다. 조류의 포자와는 달리 관속식물의 포자처럼 편모를 가지고 있지 않고 성숙하면 포자낭 뚜껑이 열개하여 포자가 산포된다. 축축한 땅 위에서 포자가 발아하면 녹색의 분지된 사상의 원사체(protonema)로 발달한다. 이 원사체는 나중에 눈을 형성하고 잎 모양을 한 구조물을 가지는 곧추선 자루로 발달한다.

선류처럼 태류도 배우자체가 포자체보다 더 크고 복잡하며 광합성을 수행하는 우세한 식물이다. 하지만, 태류의 배우자체와 포자체는 선류와는 구조적으로 매우 다르다.

2.3 양치식물의 생활주기

양치식물도 선태류와 같이 포자형 생활주기를 가진다. 하지만 선태류가 배우자체가 우세한 생활주기를 가지는데 반하여 양치식물에서는 포자체 세대가 우세하여 배우자체 세대보다는 포자체 세대가 더 크고 더 복잡하다. 우리가 흔히 보는 양치식물은 포자체이며 실제 뿌리, 줄기, 잎을 가지고 있다. 대부분 양치식물에서 포자낭(sporangium)이 잎의 이면에 있는 포자낭군(sorus) 속에서 발달한다. 하지만 일부 양치식물들은 보통의 잎과는 다른 포자엽(sporophyll)을 가지고 있으며 이 포자엽에 포자낭이 발달한다. 선태류와 마찬가지로 포자모세포는 포자낭 속에서 생산된다. 각 포자 모세포는 감수분열하여 4개의 포자를 형성한다. 포자낭이 성숙하면 열개하여 포자를 방출하고 바람에 의해 산포된다. 보통 날씨가 건조해지면 포자낭이 갑작스럽게 열린다. 이는 안쪽 표면에 비정상적으로 비대한 세포벽을 가지는 환대(annulus) 세포가 건조하여 일어난다. 적절한 환경에서 포자는 발아하고 배우자체(전엽체, prothalia)로 발달한다. 배우자체는 심장 모양을 하고 있으며 1cm 이하로 작고 한 층의 세포 두께를 한 초록색의 독

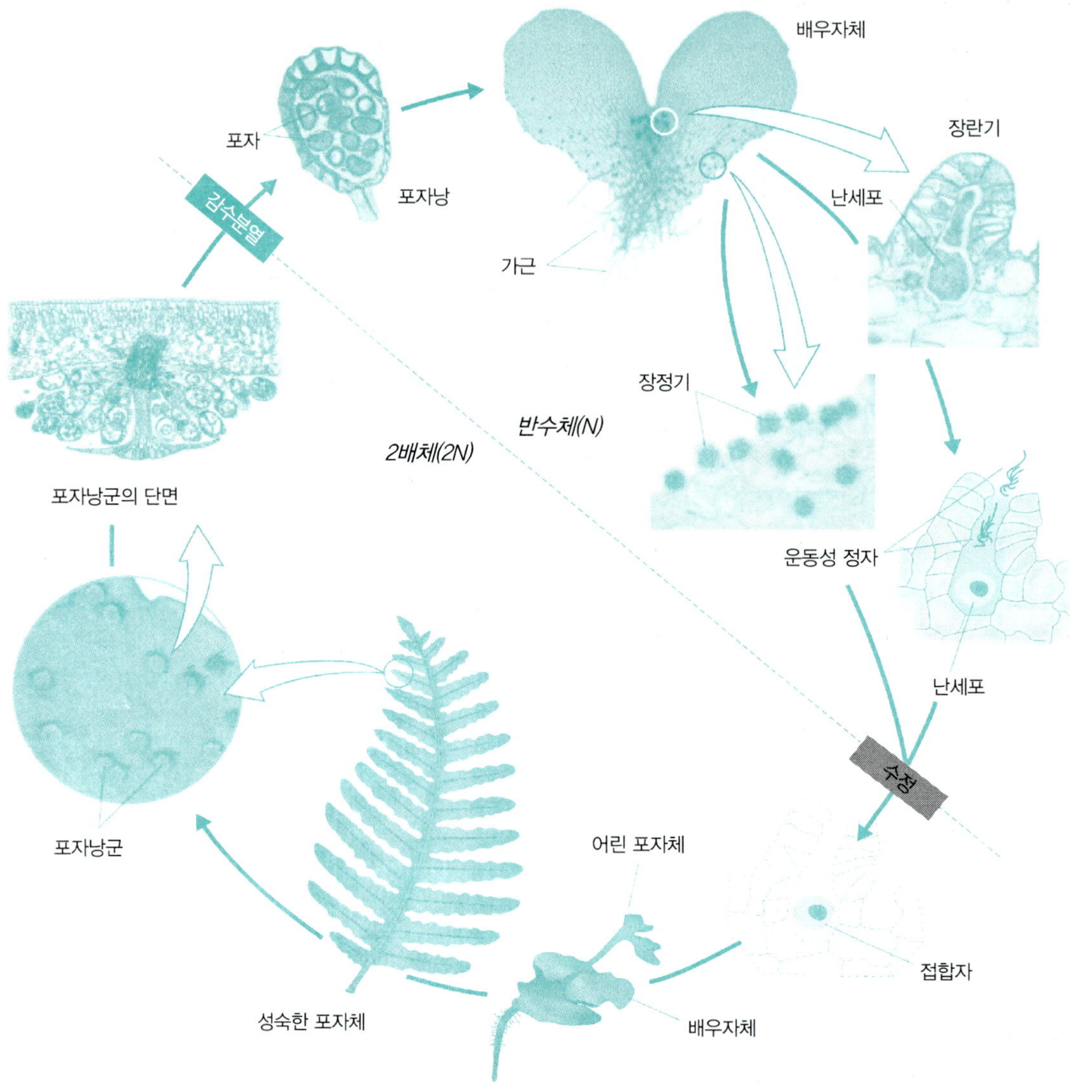

그림 2-6 양치식물의 생활주기. 포자체가 배우자체보다 우세한 포자형 생활주기를 보여주고 있다.

립된 식물이다. 일부 양치식물 분류군에서는 배우자체가 5cm 크기로 자라고 육질이며 원통형, 별모양, 분지형 등 다양한 모양을 보이기도 하지만, 배우자체는 모든 양치식물에서 크고 고도로 발달된 포자체 식물에 비하여 작아서 눈에 잘 띄지 않는다. 장정기, 장란기와 같이 배우자체의 아래 표면에는 가근이 발달한다. 장정기와 장란기는 배우자체의 홈 근처에 잘 발달한다. 장정기는 구형이며 장란기는 선류에서처럼 플라스크형이며 목 부위가 보통 구부러져 있다. 선류에서처럼 정세포가 난세포 쪽으로 헤엄쳐 다가가 수정이 이루어지기 위해서는 수막이 필수적이다. 접합자는 장란기

속에서 발달하기 시작하며 일정 기간 동안 어린 포자체 식물이 배우자체에 부착하여 자란다(그림 2-6).

대부분의 양치식물은 양성의 배우자체로 자라는 한 종류의 포자를 만드는 동형포자성(homospory)을 가지고 있다. 하지만 일부 양치식물은 관속식물에서 관찰되는 이형포자성(heterospory)를 가진다. 이형포자성의 포자체 식물은 두 가지 종류의 포자, 즉 자성 포자(대포자, megaspore)와 웅성 포자(소포자, microspore)를 만든다. 이들은 각각 대포자낭(megasporangium)과 소포자낭(microsporangium)에서 생산되며, 그 이름이 의미하는 바와 같이 자성 포자는 모든 종에서 그렇지는 않지만 흔히 웅성 포자보다 더 크다. 대포자는 발달하여 자성 배우자체로 발달하고 소포자는 웅성 배우자체로 발달한다.

2.4 나자식물의 생활주기

나자식물은 종자는 생산하나 꽃과 과실은 맺지 않는 식물이다. 나자식물은 과피에 의해 감싸져 있지 않은 종자를 생산한다. 대신에 나자식물의 종자는 구과(cone)를 형성하기 위해 모여진 잎과 비슷한 구조, 즉 포자엽의 표면에 형성된다. 성숙한 나자식물의 종자는 자연 환경에 흩어질 수 있도록 노출되어 있다. 따라서 나자식물의 종자는 노출되어 있는 것으로 여겨지며, 과실 안에서 종자를 생산하는 피자식물의 종자와는 대조적이다.

소나무나 세쿼이어 등에서 보듯이 나자식물의 포자체는 매우 크지만 배우자체는 매우 작다. 나자식물은 양치식물에 비해 포자체 세대가 배우자체 세대보다 더 우세한 포자형이며 이형포자성 생활주기를 가진다. 포자엽은 구과에 달리며 크기와 모양이 보통 잎과 달라 독특하고, 적어도 성숙시에는 엽록소가 없다. 자성 구과는 대포자엽(megasporophyll)으로, 더 작고 수명이 짧은 웅성 구과는 소포자엽(microsporophyll)으로 구성되어 있다. 두 가지 구과 모두 봄에 발달한다(그림 2-7).

2.4.1 소포자 발생과 웅성 배우자 발생

웅성 구과를 이루는 각각의 소포자엽은 아래 표면에 2개의 커다란 소포자낭을 가지고 있다. 소포자낭의 수많은 소포자 모세포(microspore mother cell; 화분모세포, pollen mother cell)가 감수분열하여 소포자를 만든다. 소포자는 소포자낭 속에 있는 동안에 이미 웅성 배우자체로 발달하기 시작한다. 석송류에서처럼 웅성 배우자체는 소포자벽 내에서 발달한다. 웅성 배우자체의 얇은 날개는 화분(pollen grain)이 바람에 의해 날리는데 효과적으로 작용한다. 소포자의 첫 번째 유사분열은 장정기세포(antheridial

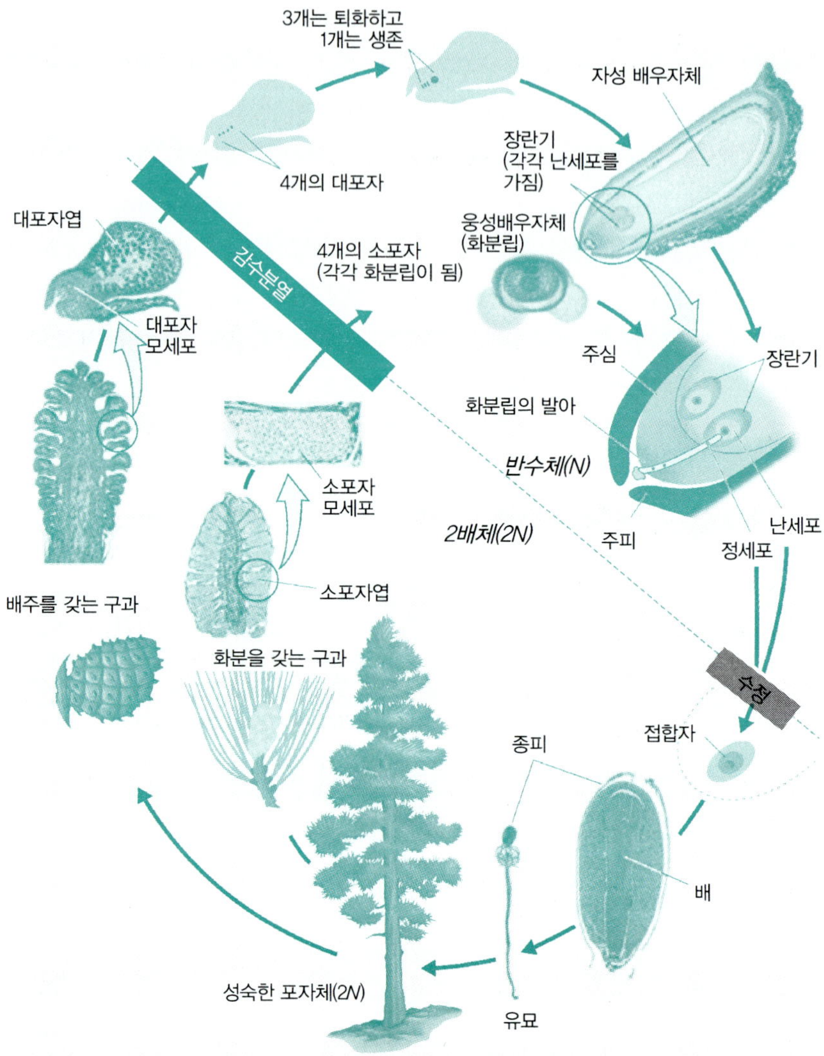

그림 2-7 나자식물의 생활주기. 포자체 세대가 배우자체 세대보다 더 우세한 포자형 생활주기를 보여주고 있다.

cell)와 전엽세포(prothalial cell)를 만든다. 전엽세포는 다시 세포분열하지만 소멸하고, 장정기세포는 세포분열하여 관세포(tube cell)와 생식세포(generative cell)를 만든다. 이 단계가 수분이 일어나는 시점의 웅성 배우자체이다. 수분 후 1년이 지난 후 관세포는 더 이상 분열하지 않고 생식세포는 영양세포(vegetative cell)와 정원세포(spermatogenous cell)로 분열하며, 정원세포는 다시 2개의 웅성 배우자(정세포)로 분열한다. 웅성 배우자체가 발달하는 동안 전체적으로 다섯 차례의 세포분열이 일어나지만 성숙한 웅성 배우자체는 4개의 세포만을 가진다.

2.4.2 대포자 발생과 자성 배우자 발생

자 성 구과를 구성하는 대포자엽*의 위쪽 표면에 배주(ovule)가 2개 발달한다. 각 배주의 중앙에는 다세포로 된 주심(nucellus), 즉 대포자낭이 자리 잡고 있으며 이는 주피(integument)로 둘러싸여 있다. 배주의 작은 구멍, 즉 주공(micropyle)은 화분이 들어가는 통로가 된다. 각 대포자낭은 중앙에 하나의 커다란 대포자모세포(megaspore mother cell)를 가지며, 이는 감수분열하여 선상으로 배열된 4개의 반수성 대포자를 만드는데, 이때의 대포자를 4분립(tetrad)이라고 하며 일시적으로 대포자모세포의 세포벽 안에 싸여 존재한다. 4개의 대포자 중 3개는 소멸하고 하나만 남는다. 흥미롭게도 소나무류에서 감수분열은 수분이 이루어지고 1개월 정도 지난 후에 일어나며, 수분 후에 대포자엽의 끝 부분이 두꺼워지고 서로 밀착하게 되어 구과가 닫힌다.

대포자가 형성되고 5개월 정도 지나면 자성 배우자체로 발달하기 시작한다. 6개월여 동안 세포벽 형성이 이루어지지 않은 채 일련의 유사분열이 일어나 천여 개의 핵을 가지는 다핵성의 자성 배우자체가 만들어진다. 이 자성 배우자체는 커다란 액포와 세포질, 그리고 대포자 벽 가까이에 있는 핵 등으로 구성된다. 이러는 동안 자성 배우자체, 배주, 자성 구과가 점차 튼실하게 자란다. 자성 배우자체가 점차 발달함에 따라 주심 세포들이 점차 소멸하고 나중에는 완전히 사라져서 자성 배우자체는 주피에 의해서만 둘러싸이게 된다. 수정 후 13개월 정도 되면 세포질과 핵들이 중앙의 액포로 이동하고 각 핵 주변에 세포벽이 형성되어 다세포성의 자성 배우자체가 만들어진다. 수분 후 15개월 정도 지나서 배우자체의 주공쪽 끝에서 2~4개의 장란기가 분화하며, 각 장란기 속에서는 커다란 난세포가 하나씩 만들어진다.

2.4.3 수분과 수정

수분이 이루어지는 시점의 웅성 배우자체는 하나의 관세포와 하나의 생식세포로만 되어 있다. 바람에 날려 자성 구과로 옮겨진 화분 중 일부는 주공 가까운 곳에 닿는다. 이때 주공은 파괴된 주심조직에서 나오는 점액질 방울을 지닌다. 화분이 점액질에 닿아 수화가 일어나면 주공을 통해 화분방(pollen chamber)으로 빨려 들어간다. 일단 화분이 화분방에 들어가면 화분관(pollen tube)이 즉시 자라기 시작하고 자성 배우자 쪽으로 서서히 자라며, 화분관 핵은 화분관 끝 부분에 위치하게 된다. 그러나 생식세포는

* 대포자엽은 자성 구과(female cone)를 구성하는 비늘 모양의 구조이다. 실제로는 대포자엽(megasporophyll)뿐만 아니라 포(bract)가 부착되어 있는 기관이므로 정확하게는 종자-인편복합체(seed-scale complex)라고 부르는 것이 옳다.

수분 후 1년이 지난후에야 분열하여 영양세포와 정원세포를 만든다. 화분관이 자성 배우체에 도달하기 직전에 정원세포가 분열하여 2개의 정세포가 만들어지고 이들은 화분관 끝으로 이동한다. 화분관 벽이 파열되어 정세포와 다른 핵들이 장란기로 들어가고, 정세포 하나는 난세포와 수정하여 새로운 포자체 세대로 자라게 될 2배체의 접합자를 만든다. 소나무류의 배우자체가 천천히 발달하고 천천히 성숙하기 때문에 수분이 이루어진 후 1년이 지나야 수정이 일어난다. 각각의 장란기 속의 모든 난세포들이 정세포와 수정될 수 있으며, 접합자는 배로 발달하게 되는데 보통은 하나의 접합자만이 자라고 나머지는 퇴화한다.

2.4.4 종자 발달

접합자는 유리핵 분열을 시작하며 세포벽이 형성되기 전에 4개의 핵이 만들어진다. 나중에 4층으로 배열된 16개의 세포로 구성되는 전배(proembryo)로 발달한다. 가장 위에 있는 개방층 세포들은 난세포의 세포질과 직접 접촉되어 있어서 저장양분을 전배의 아래 부위로 전달하며, 곧 퇴화한다. 개방층 아래의 로제트층은 여러 방향으로 분열하는 세포들로 구성된다. 그 아래의 배병층 세포들은 배병(embryonal suspensor)으로 발달하게 되는데, 배병은 길게 신장하여 배를 배우자체 조직 속으로 깊이 밀어넣는 작용을 하며 나중에는 파괴되어 사라진다. 맨 아래의 정단층에 있는 4개의 세포는 각각 배(embryo)로 발달하지만 경쟁으로 인하여 오직 1개만이 계속 발달하고 나머지는 퇴화한다. 그래서 소나무류의 종자에는 일반적으로 1개의 배만이 존재한다. 하지만 하나의 접합자로부터 여러 개의 배가 발달하거나 하나 이상의 접합자로부터 여러개의 배가 발달하여 다배(polyembryo)를 형성하는 경우도 있다.

완전히 발달한 배는 다수의 자엽(cotyledon), 자엽으로 둘러싸인 상배축(epicotyl), 하배축(hypocotyl), 유근(radicle)으로 구성되며, 자성 배우자체 식물의 반수성 세포들에 의해 완전히 둘러싸인다. 자성 배우자체를 구성하는 세포들은 풍부한 영양물질을 함유하고 있어서 종자가 발아할 때 배가 자라는데 이용된다. 주피는 딱딱한 종피(seed coat)로 발달한다. 따라서 소나무류의 종자는 3개 세대로부터 유래한 조직, 즉 부모 포자체 세대로부터 유래하는 종피, 자성 배우자체 조직, 새로운 포자체 세대로 자라게 될 배로 구성된다. 종자의 성숙은 수정 후 4개월 정도가 걸린다. 종자가 성숙하면 대포자엽이 뒤로 젖혀져 구과가 열리고 날개가 달린 종자는 가을에 바람에 날려 산포된다. 종자는 일반적으로 다음해 봄에 발아한다. 따라서 소나무류의 발생에 있어서 수분에서 종자의 성숙까지는 18개월 정도가 걸리고 종자 발아까지는 2년이 걸린다.

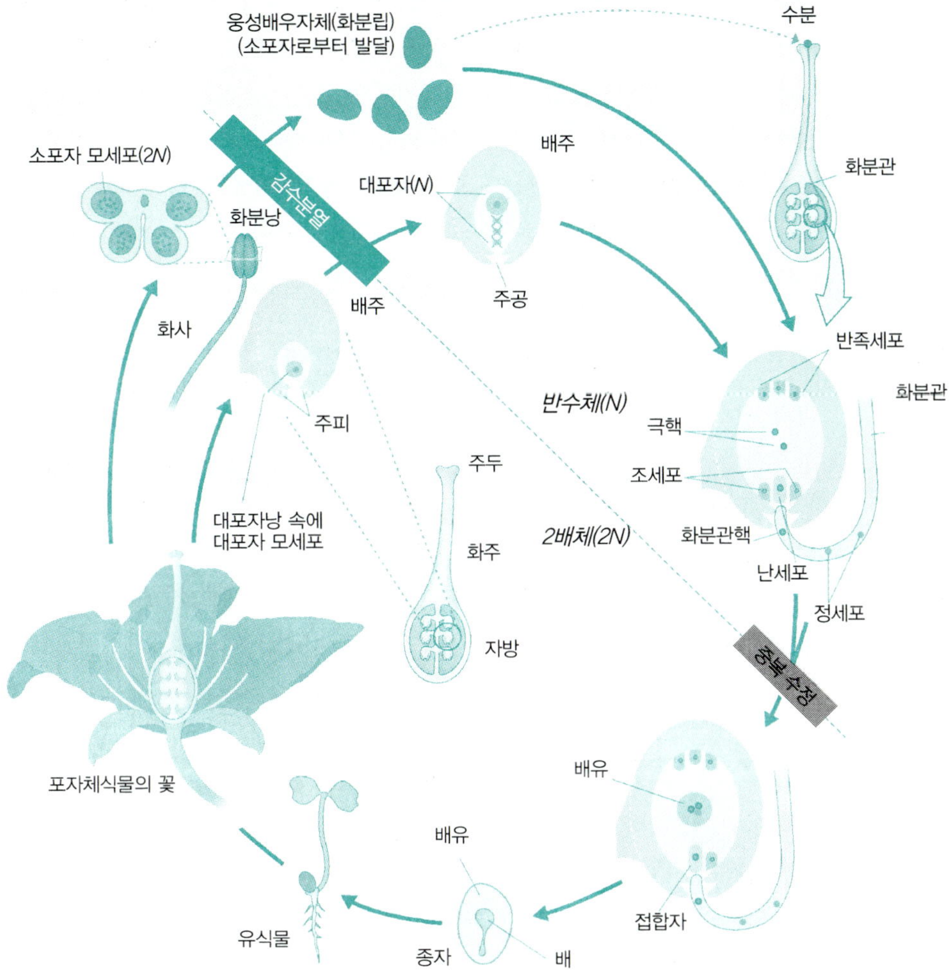

그림 2-8 피자식물의 생활주기. 나자식물보다 더 포자체 세대가 배우자체 세대보다 우세한 포자형 생활주기를 가진다. 피자식물 생활주기의 독특한 점은 2배체(2N)의 접합자와 3배체(3N)의 배유를 생성하는 중복수정이다.

2.5 피자식물의 생활주기

피자식물도 나자식물처럼 포자체 세대가 배우자체 세대보다 더 우세한 포자형이며, 이형포자성 생활주기를 가진다. 배우자체 세대는 나자식물보다 더 축약되어 있고, 포자체 세대는 그 크기나 구조가 매우 다양하다. 피자식물에서 생식 기능을 담당하는 부분은 꽃이다. 나자식물에서 생식을 담당하는 구과가 소포자엽 또는 대포자엽으로 구성되는 단순한 구조인데 반하여 피자식물의 꽃은 비교적 복잡하다. 꽃의 주요 부분은 꽃받침(악편,

sepal), 꽃잎(화판, petal), 수술(웅예, stamen), 암술(자예, pistil)[**] 등인데, 이들은 잎의 변형된 형태라고 생각되고 있다. 꽃의 가장 바깥에 있는 꽃받침은 꽃눈을 감싸서 보호하고, 그 안쪽에 있는 꽃잎은 곤충이나 다른 화분 매개자를 유인한다. 꽃을 구성하는 생식기관은 수술과 암술이다. 수술은 약(꽃밥, anther)과 화사(수술대, filament)로 구성되어 있고, 암술은 자방(씨방, ovary), 화주(암술대, style), 주두(암술머리, stigma)로 되어 있다 (그림 2-8)

2.5.1 소포자 발생과 웅성 배우자 발생

피자식물에서 소포자는 약에 있는 화분낭(pollen sac; 약실, locule)이라는 소포자낭 속에서 만들어진다. 소포자낭 속의 소포자 모세포는 감수분열을 거쳐 4개의 소포자를 만든다. 각각의 소포자는 소포자 벽 내에서 체세포분열을 통해 크기가 큰 영양세포와 작은 생식세포를 만든다. 종에 따라서는 생식세포가 다시 체세포분열하여 2개의 정세포를 만들기도 한다. 따라서 종에 따라 2세포 또는 3세포 단계의 화분(pollen)을 가지게 되는데, 이 화분은 웅성 배우자체에 해당된다.

2.5.2 대포자 발생과 자성 배우자 발생

암술의 자방 속에는 배주(ovule)가 들어 있는데, 배주는 중앙에 대포자낭에 해당하는 주심이 자리하고 한 층 또는 두 층의 주피가 둘러싸고 있는 구조이다. 주심 속에서 대포자 모세포가 하나 만들어진다. 대포자 모세포는 감수분열을 거쳐 4개의 대포자를 형성한다. 일반적으로 4개의 대포자 중에 3개는 퇴화하고 살아남은 하나가 자성 배우자체로 발달한다. 대포자는 세 차례의 체세포분열을 거쳐 8개의 핵을 가지는 세포를 만들고, 이어서 핵의 세포내 이동과 세포벽 형성을 거쳐 7세포 8핵성 구조인 배낭(embryo sac)이 만들어진다. 이 배낭이 자성 배우자체이다.

2.5.3 수분과 수정

약이 열개하면 화분이 방출되어 여러 가지 방법에 의해 동일 종 내 같은 꽃이나 다른 꽃의 주두로 운반된다. 이와같이 암술의 주두로의 화분의 운반을 수분(pollination)이라고 한다. 화분이 동종의 꽃의 주두에 도달하면 화분벽에 있는 발아공을 통하여 화분관이 자란다. 2세포 화분의 경우 화분 발아 전이나 화분이 발아하는 동안 2세포 화분인 경우 생식세포가 체세포분열하여 2개의 정세포를 만든다. 화분관은 자방 속의 배주를 향해 자라며

** 암술(pistil)은 하나 이상의 심피(carpel)로 구성되어 있으며 심피는 대포자엽(megasporophyll)에 해당되는 기관이다.

화분관 핵과 2개의 정세포가 화분관에 의해 운반된다. 화분관은 주공을 통해 배주로 들어가며, 하나의 정세포는 난세포와 수정하여 2배체 접합자를 형성하고(배우자융합, syngamy), 다른 하나는 2배체의 커다란 중앙세포와 융합하여 3배체의 1차배유핵을 가지는 세포를 형성한다(삼중융합, triple fusion). 이러한 현상은 피자식물에서만 특이하게 일어나며, 두 차례에 걸쳐 수정이 이루어지므로 중복수정(double fertilization)이라고 한다.

2.5.4 종자와 과실의 발달

수정이 이루어진 후에 배주는 종자(seed)로 발달한다. 즉, 배주속에 위치하는 3배체 중앙세포는 세포분열을 통해 배유로 발달하여 배발생 과정에 양분을 공급하며, 2배체 접합자는 유사분열에 의해 배(embryo)로 발달한다. 배가 발달함에 따라 주심을 둘러싸고 있던 주피는 종피(seed coat)가 된다. 많은 쌍자엽식물은 배가 발달하는 과정에서 배유를 소모하여 배유가 없는 무배유 종자(exalbuminous seed)를 가진다. 성숙한 배는 배축(embryonal axis)과 자엽(cotyledon)으로 나뉘는데, 배축은 다시 자엽 위의 상배축(epicotyl)과 자엽 아래의 하배축(hypocotyl)으로 구분한다. 상배축의 끝 부분은 유아(plumule), 하배축의 아래쪽 끝 부분을 유근(radicle)이라고 한다.

종자의 발달과 함께 피자식물의 가장 두드러진 특징 중 하나인 과실(열매, fruit)도 발달한다. 과실은 성숙한 자방을 말하는 것으로 자방벽이 변하여 과피(pericarp)를 이룬다. 따라서 과실은 자방강 속의 종자를 자방벽이 둘러싸고 있는 구조라고 할 수 있으며, 종자를 보호할 뿐만 아니라 종자의 산포를 돕는 역할도 한다.

제 2 부

식물형태발생학

Chapter 03 소포자낭

화분(pollen)은 약의 내부에서 만들어지는데 전형적인 약은 그림 3-1과 같이 4개의 소포자낭이 있는 4포약 형태를 갖는다. 약의 중간에 약격조직(connective tissue)이 위치하고, 약격조직의 양쪽으로 각각 하나의 엽이 발달하며 각 엽에는 소포자낭(microsporangium)이 2개씩 분화한다. 약의 표면에서 보면 각 소포자낭 사이에는 작은 홈이 종렬로 발달해 있다. 약이 성숙하면 동일한 엽에 있는 2개의 소포자낭 사이에 위치한 조직이 파괴되면서 소포자낭이 서로 합쳐지게 된다. 그러나 *Moringa*속이나 *Wolffia*속 식물에서는 엽 하나에 소포자낭이 1개 발달하며, *Arceuthobium*속 식물에서

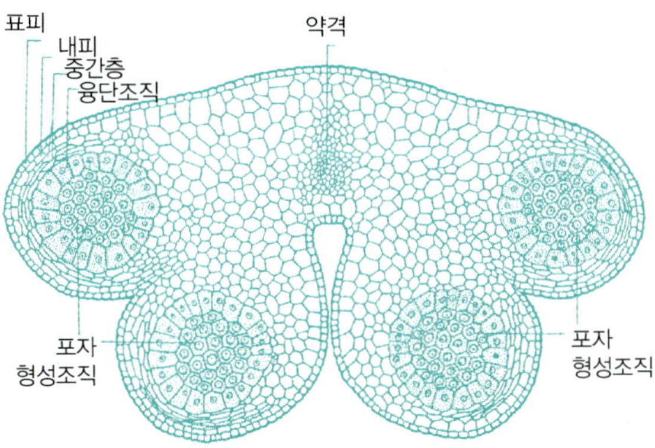

그림 3-1 4개의 소포자낭을 갖는 약의 횡단면.

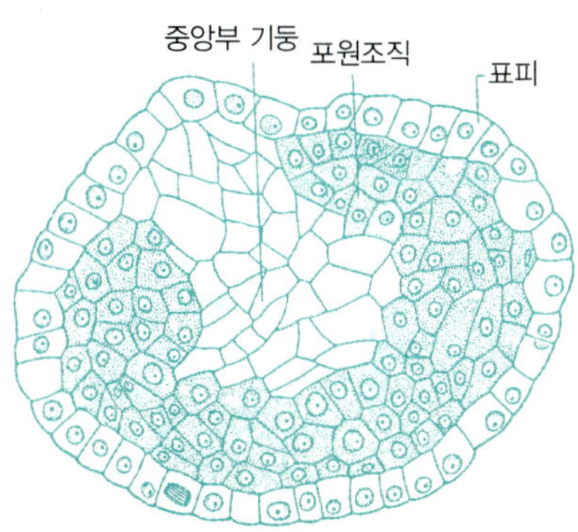

그림 3-2 *Arceuthobium minutissimum*의 약 횡단면에서 볼 수 있는 말굽 모양의 포원조직과 불임성인 중앙부 기둥.

는 약 전체에 1개의 소포자낭만이 발달한다(그림 3-2).

분화 초기의 약은 같은 종류의 세포 집단이 표피에 둘러싸인 형태를 하고 있는데(그림 3-3A, B), 발달과정에서 2엽으로 분화한다(그림 3-3C~E). 각 엽의 하피세포는 크기가 커지며 방사상으로 신장할 뿐만 아니라 핵이 뚜렷해지므로 주변 세포와 분명하게 구분된다. 이 하피세포들이 포원조직(archesporial tissue)으로 발달하며 포원조직은 세포가 수직으로 배열되어 있고 약의 횡단면에서 보면 세포가 판상으로 배열하게 된다(그림 3-3C). 그러나 간혹 1층의 세포가 수직으로 배열하기도 하는데 횡단면에서 보면 1개의 포원세포(archesporial cell)만이 관찰되기도 한다. 포자형

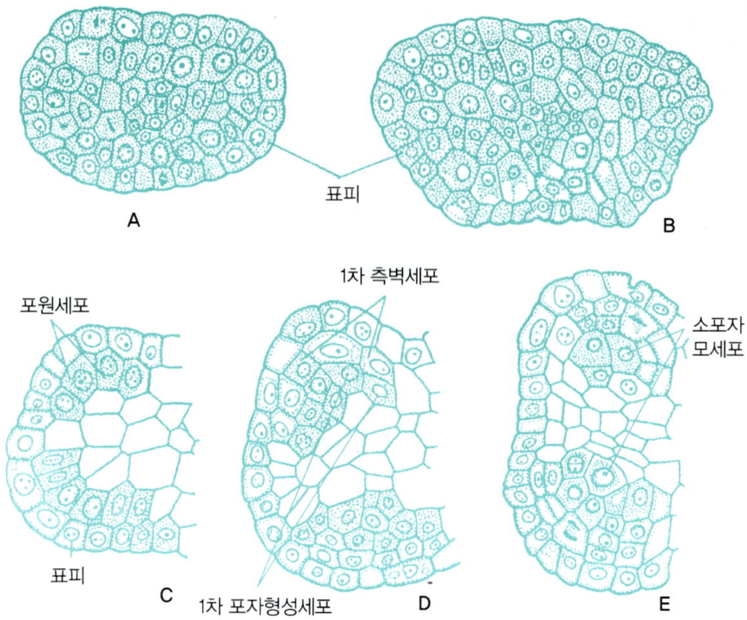

그림 3-3 *Centaurium ramosissimum*의 약 횡단면에서 본 소포자 발달 과정. A, B. 미분화 상태의 약으로서 B에서는 약이 엽의 형태를 약간 갖추고 있다. C. 일부 하피세포가 포원조직으로 발달한다. D. 1차 측벽층(바깥쪽)과 1차 포자형성조직(안쪽)이 분화한다. E. 1차 측벽세포들이 세포벽층을 분화시키는 모양.

성조직(sporogenous tissue)의 분화단계는 그림 3-3D, E에서 볼 수 있는데 포원세포가 소포자낭의 표피세포벽과 평행한 면으로 병층분열하여 표피 쪽에 1차 측벽세포(primary parietal cell)와 안쪽에 1차 포자형성세포(primary sporogenous cell)가 발달한다. 이어서 1차 측벽세포층은 병층분

그림 3-4 미분화된 약에서 약벽과 소포자의 발달과정

열하여 2차 측벽세포층을 형성하고 이들이 각각 내피층과 중간층, 중간층과 융단조직으로 발달한다(그림 3-3E). 1차 포자형성세포는 그대로 혹은 몇 차례 유사분열을 한 후에 소포자 모세포의 기능을 수행하게 된다. 약벽과 소포자의 발달과정을 그림 3-4에 나타내었다.

3.1 약벽

성숙한 약벽(anther wall)은 바깥쪽부터 1층의 표피(epidermis), 1층의 내피(endothecium), 2~3층의 중간층(middle layer), 1층의 융단조직(tapetum)으로 되어 있다(그림 3-1).

3.1.1 표피

약이 발달하는 과정에서 표피세포는 수층분열을 계속하여 빠르게 발달하는 내부 조직들을 둘러싸게 된다. 약이 성숙하면 표피세포는 매우 신장되고 납작한 형태를 하며 보호기능을 담당한다. *Zeuxine longilabris*에서는 표피세포가 융단조직처럼 보이며, 핵이 2개인 경우도 있다. *Arceuthobium* 속에서는 매우 특이한 발달 양상을 보여 표피세포벽이 섬유상으로 비후되어 나자식물의 소포자낭에서 특징적으로 나타나는 외피(exothecium)를 형성하기도 한다.

3.1.2 내피

내피(endothecium)는 대부분 단층이지만 일부 식물에서는 다층으로 분화하기도 한다. 내피는 측벽세포층에서 유래하며, 약의 외부로 돌출한 부위에서 발달한다. 약의 내부에서는 이와 유사한 조직이 약격조직에 의해 형성된다. 그러나 *Triticale*속에서는 내피층의 전체 고리 모양이 측벽세포층에 의해 형성된다.

내피세포는 방사상으로 신장되며 약이 화분을 방출하려는 시기에 최대로 발달한다. 내피세포에는 섬유상 띠가 발달하는데(그림 3-5), 내피세포

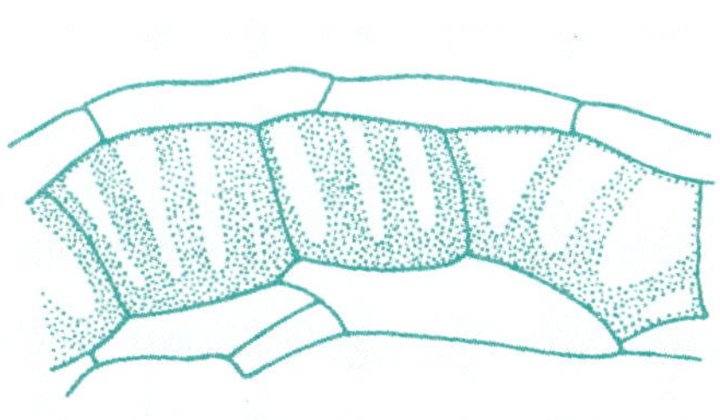

그림 3-5 *Mimusops elengi*의 내피세포에서 볼 수 있는 섬유상 띠.

의 내부 절선벽 또는 방사벽에서 발달하여 바깥쪽과 위쪽으로 신장하여 외측 세포벽 근처에서 끝나게 된다. 외부 절선벽은 얇은 상태로 남아 있게 된다.

Fossard(1969)에 의하면, 비후된 내피세포의 벽에는 α-cellulose의 함량이 높고 리그닌은 함유되어 있지 않다고 한다. 이러한 결과는 명아주속의 *Chenopodium rubrum*에서 보고되어 있다. Vasil(1969)에 의하면, 내피세포벽의 비후부는 섬유소로 이루어져 있으나 성숙하면서 약간 목질화된다고 한다. 완두속과 *Lens*속에서는 소량의 펙틴과 리그닌이 함유되어 있다. 종렬로 열개하는 약에 있어서 두 소포자낭이 마주치는 홈 근처에서는 이러한 비후부가 발달하지 않는다(그림 7−1A,B). 이러한 섬유상 띠로 인해 내피세포의 안쪽 절선벽과 바깥쪽 절선벽이 신장되는 정도가 다르고 이로 인해 건습특성이 달라지기 때문에 성숙한 약의 열개에 영향을 미친다. 자라풀과의 어떤 종이나 개화하지 않는 폐화식물(cleistogamous) 일부에서는 이러한 섬유상 띠가 발달하지 않는다.

3.1.3 중간층

중간층(middle layer)의 세포는 일반적으로 약이 발달하는 과정에서 한시적으로 나타나며 소포자 모세포가 감수분열하는 과정에서 납작하게 변하고 눌려져 퇴화하게 된다. 나리속이나 미나리아재비속의 일부 식물에서는 단층 혹은 다층의 중간층이 오랫동안 남아 있기도 하며, 내피와 접해 있는 중간층 세포는 섬유상으로 비후되기도 한다. 많은 종에서 중간층 세포는 녹말이나 다른 저장물질을 저장하며 화분이 발달하는 중에 영양분으로 사용된다.

3.1.4 융단조직

융단조직(tapetum)은 약벽의 가장 안쪽 세포층이며, 소포자 4분체 시기에 최대로 발달한다. 융단조직은 포자형성조직을 완전히 둘러싸고 있다. 따라서 포자형성조직의 발달 과정에 사용되는 모든 영양물질은 융단조직을 통과해야 하며, 이는 생리적으로 매우 중요하다. 전형적인 융단조직은 뚜렷한 핵과 짙은 세포질을 가진 1층의 세포층으로 되어 있다.

대부분의 피자식물에서 융단조직의 기원은 두 가지이다. 표피세포 방향에 위치한 융단조직의 바깥쪽 부위는 측벽세포층에서 기원하며, 약격조직 방향에 위치한 융단조직의 안쪽 부위는 약격조직에서 유래한 것이다. 일부 종에서는 융단조직의 기원이 다를 경우 형태적으로도 서로 달라질 수 있는데 이를 이형 융단조직(dimorphic tapetum)이라고 한다. 예를 들면, *Alectra thomsoni*에서 표피세포 쪽에 위치한 융단세포는 약격조직 쪽에 위치한

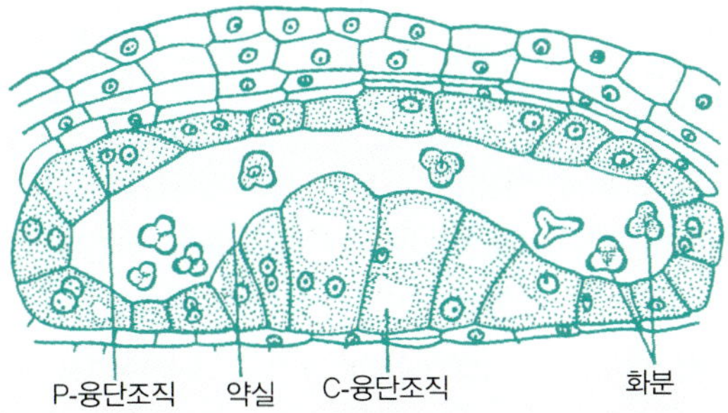

그림 3-6 *Alectra thomsoni*의 이형 융단조직. 큰 세포로 구성된 융단조직(C-융단조직)은 약격조직에서 유래하였고, 나머지 부분(P-융단조직)은 측벽세포층에서 유래하였다.

융단조직에 비해서 크기가 작다(그림 3-6).

그러나 *Triticale*속에서는 융단조직이 모두 측벽세포층에서 기원하므로 동질이며, 금어초나 봉선화속의 *Impatiens globulifera*에서는 융단조직이 포자형성조직에서 발달하기도 한다.

1. 융단조직의 유형

1) 아메바형

아메바형(amoeboid type)의 융단조직은 융단세포의 방사벽과 안쪽 세포벽이 발달 초기에 파괴되는 유형으로 침입형(invasive) 또는 주변형성형(periplasmodial)이라고도 한다. 원형질체는 약실 내강으로 이동하여 원형질 융합이 일어나고 주변원형질체(periplasmidium)를 형성하여 소포자 모세포나 소포자를 둘러싸게 된다. 원형질체가 내강으로 이동하는 것은 감수분열 전기에 일어나거나 소포자 4분체 시기까지 지연되기도 한다. 이 유형의 융단조직은 택사속, *Arum*속, *Butomus*속, 자주달개비속, 부들속, 해바라기속, *Mahonia*속 등에서 관찰된다.

Mepham과 Lane(1969)이 아메바형 융단조직이 발달하는 미세구조적 변화를 자주달개비속에서 연구한 결과를 보면, 융단조직의 발달이 진행될수록 주변원형질체 내의 세포소기관은 퇴화하기보다 재형성되는 과정을 거치는 것으로 알려졌다. 주변원형질체 내에서 핵이 분열하는 현상도 관찰되었으며, 융단세포의 세포벽 분해는 포자형성조직의 감수분열 전에 일어나는데 이는 융단세포의 딕티오솜에서 방출한 가수분해효소 때문이며, 이 효소는 소포자낭 내의 포자형성세포의 세포벽을 분해시키기도 한다. 감수분열기간 동안 주변원형질체는 각각의 소포자 모세포를 둘러싸게 된다. 감수분열 이후에 포자를 둘러싸고 있는 칼로오스 벽이 분해되고, 꽃이 만개하기 직전에 각각의 소포자는 융단세포의 세포질에 의해 완전히 둘러싸이게 된다. 칼로오스벽의 분해에 관여하는 효소는 주변원형질체에서 유래하는 것으로 생각된다.

*Arum italicum*은 두 층의 아메바형 융단조직을 가진다. 그림 3-7은 감수분열세포의 발달 과정에 따른 융단조직의 분화 과정을 나타낸 것이다. 감수분열 전에는 융단세포가 원형질연락사에 의해 서로 연결되어 있으며(그림 3-7A), 감수분열 전기에 가장 안쪽의 중간층이 납작해지고 융단세포의 일부 세포벽이 용해되기 시작한다(그림 3-7A~C). 원형질연락사에 의한 연

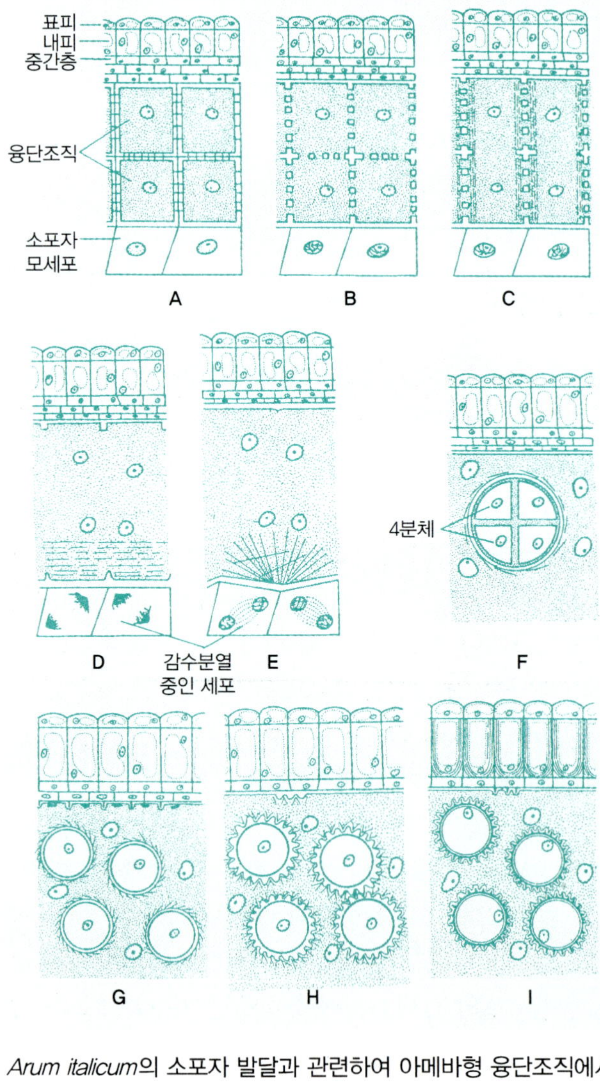

그림 3-7 *Arum italicum*의 소포자 발달과 관련하여 아메바형 융단조직에서 일어나는 일련의 발달 과정.

결이 확장되고 cytomictic channel*(그림 3-7B)로 변형된다. 태사기 동안 두 층의 융단세포 모두에서 절선벽은 소실되고 많은 수의 미세소관이 방사벽과 평행하게 위치한다(그림 3-7C). 후기까지는 대부분의 방사벽이 소실되고 미세소관은 안쪽 절선벽 가까이에서 관찰된다(그림 3-7D). 융단세포의 원형질체는 하나의 덩어리로 융합되고 후기 I 단계의 소포자 모세포 사이를 뚫고 들어가게 된다(그림 3-7E). 소포자 4분체 시기에는 융단세포의 안쪽 절선벽이 소실되고 아메바형 융단조직은 4분체를 둘러싸기 시작한다(그림 3-7F). 융단세포의 원형질막은 소포자 4분체를 둘러싸게 됨으로써 칼로오스벽과 접하게 되고 융단세포의 일부 미세소관이 소포자 4분체의 세포벽과 어느 정도 평행하게 위치하고 있는 모습으로 나타난다(그림 3-7F). 이 시기에는 중간층의 가장 안쪽 세포층에서 핵이 퇴화하는 양상이 나타난다. 소포자 4분체에서 소포자가 분리됨에 따라 융단세포의 바깥쪽 세포벽도 역시 사라지게 된다. 이 시기에는 융단세포의 세포질이 두 개의 뚜렷한 부분으로 분리된다. 소포자를 둘러싸는 안쪽 층은 폴리솜, 소포자 표면과 평행하게 위치하는 미세소관, 소포, 팽창된 소포체낭 등을 가지게 된다. 반면에 바깥층은 작은 액포, 핵, 리보솜, 폴리솜, 미토콘드리아, 색소체 등을 갖는다. 안쪽 층의 세포질은 소포자 표면에 접하게 된다(그림 3-7G). 중간 단핵기에는 소포자를 둘러싸고 있는 융단세포의 원형질막이 소포자 표벽으로부터 원추형 공간을 남기고 둘둘 말린 형태로 떨어지게 된다(그림 3-7H). 이러한 현상은 융단세포의 가장자리에서도 나타나게 되는데 불연속적이며 정밀하지 못하다. 원형질막이 분리되어 형성된 소포자 표면과 융단세포 사이의 공간은 표벽의 돌출부를 만드는 물질로 채워지게 된다(그림 3-7I). 늦은 단핵기에는 융단세포 세포질이 더 이상 두 부분으로 관찰되지 않으며 폴리솜과 유리 리보솜이 감소되고 미세소관이 관찰되지 않게 된다.

만개 직전까지 계속되는 소포자와 융단세포 세포질 간의 긴밀한 관계는 융단세포 세포질이 화분에 공급하는 물질의 수송에 영향을 미치는 것으로 설명할 수 있다.

2) 분비형

분비형(glandular type)의 융단조직은 소포자가 발달하는 전 기간에 걸쳐서 원래의 위치에 계속 남아 있는 유형이다. 측벽형(parietal) 또는 선형(secretory)이라고도 부른다. 융단세포에 의한 소포자낭 내의 영양물질 공급은 화분이 성숙하여 융단세포가 완전히 퇴화할 때까지 융단세포의 안쪽

* Cytomictic channel은 한 세포의 핵이 다른 세포로 이동하는 특별한 형태의 세포간 통로이며, 원형질연락사와는 구조와 크기가 다르다. 3.2.1절 cytomixis 참조.

면에서 분비되어 일어나게 된다. 분비형 융단조직은 피자식물에서 더욱 보편적으로 발달하며, 아메바형 융단조직에 비하여 더 자세히 연구되었다.

Echlin과 Godwin(1968)은 분비형 융단조직을 갖는 *Helleborus foetidus*의 감수분열 전부터 화분이 성숙할 때까지 융단세포에서 일어나는 일련의 변화에 대하여 자세히 연구하였다. 포자형성조직 시기에 융단세포는 미토콘드리아, 색소체, 다수의 pro-Ubisch body, 소수의 소포를 가지는 딕티오솜을 가진다. 세포벽은 비교적 얇고 섬유소 함량이 적은 1차벽과 중엽으로 이루어져 있다. 감수분열이 시작되기 전에 융단세포의 세포벽이 두터워지고 리보솜과 pro-Ubisch body가 증가하여 세포질이 더 진하게 된다. 소포자낭과 접한 융단세포의 안쪽 절선벽은 불규칙하게 두터워진다. 감수분열이 일어나는 동안 핵의 크기와 pro-Ubisch body의 숫자는 더 증가하게 된다. Pro-Ubisch body는 세포질 전체에 분산되어 있지만 소포자낭 내강에 접한 부분에 더 많이 존재한다. 소포자 4분체 시기에는 리보솜의 수가 더 증가하고, 미세소관과 색소체의 수는 오히려 감소한다. 이 시기에 융단세포에서는 다음과 같은 특징적인 현상이 나타난다.

(1) Pro-Ubisch body의 수가 더 증가하고 방사상으로 위치한 리보솜에 의해 둘러싸이게 된다. Pro-Ubisch body의 막은 리보솜이 부착된 부위에는 존재하지 않음으로써 불연속적인 형태를 이룬다.
(2) 딕티오솜은 주변에 많은 소포를 가진 형태로 나타나며, 딕티오솜과 소포가 pro-Ubisch body와 결합된 형태는 찾아볼 수 없다. 융단세포의 원형질막은 크게 굴곡된 형태를 보인다.

소포자가 하나씩 분리된 후에 리보솜이 pro-Ubisch body를 둘러싸고 있는 현상이 점점 뚜렷해지며 세포질의 안쪽 부위는 다수의 딕티오솜을 가지게 된다. Pro-Ubisch body는 결국 소포자낭과 접한 융단세포의 세포막을 통과하게 된다. Pro-Ubisch body가 융단세포의 세포질에서 원형질막과 세포벽 사이로 배출된 이후 곧바로 포분질(spropollenin)에 의하여 둘러싸이게 되면 Ubisch body로 변하게 된다. 융단세포의 안쪽 세포벽은 점차 얇아지고 원형질막과 세포벽 사이에 공간이 나타나게 된다. Pro-Ubisch body는 융단세포의 세포질에서 계속 형성되어 세포 밖으로 배출되며, 포분질은 계속하여 pro−Ubisch body에 축적된다. 포분질 축적은 내강에 가까운 면에서 먼저 시작되며, 이 시기에는 융단세포의 세포벽이 소실되고 세포질이 완전히 변형된다. 융단세포의 막도 파괴되고 소수의 세포소기관만이 퇴화되는 세포질에서 관찰된다.

Ubisch body는 수 μm 크기의 구형 입자이며 다수가 모여서 큰 덩어리를 형성하기도 한다. Ubisch body는 아메바형 융단조직에서는 형성되지 않고 분비형 융단조직에서만 형성된다. Ubisch body는 소포자 4분체 시기에 소포자의 세포질에 의하여 만들어지는 표벽의 외부 무늬 발달에 관여한다. Ubisch body는 소포자 자체에 대하여는 특별한 역할을 하지 않지만 표벽 무늬의 양상을 결정하는 역할을 할 수 있다. 이것은 분꽃의 화분 발달시 화분의 원형질이 퇴화함에도 불구하고 표벽 표면구조는 정상적으로 발달하는 것과 끈끈이장구채속의 웅성불임종인 *Silene pendula*에서도 표벽 표면구조가 정상적으로 발달하는 것에서 알 수 있다.

2. 융단막

분비형 융단조직을 가지는 *Nigella damascena*에서는 소포자 4분체 시기에 안쪽 접선벽이 분해되고 융단막(tapetal membrane)이라는 새로운 막이 융단세포의 원형질체의 소포자낭 벽과 접한 면을 따라서 형성된다. 이 막에는 Ubisch body 입자가 산재해 있다. 국화과의 융단조직은 아메바형인데 여분융단막(extra-tapetal membrane)이 중간층과 접하여 형성된다. 다른 세포막과는 달리 융단막과 여분융단막은 초산에 의해 분해되지 않는다. 이 막은 소포자낭 내에서 발달하는 화분을 둘러싸게 된다. 이 화분낭은 단핵성 화분 시기에 약을 해리시켜서 쉽게 분리할 수 있다. 몇 개의 시약을 시험관에 넣고 초산과 진한 황산을 9:1로 혼합한 용액을 넣어서 가열하면 융단막 바깥쪽의 조직이 분해되어 화분낭을 분리할 수 있다. 적정 가열시간은 식물에 따라 다르지만 무궁화속, *Cryptostegia*속, *Ocimum*속의 약은 1분 이내의 짧은 가열이 필요하다. 과열될 경우 막이 파열될 수도 있으므로 적정시간 가열한 후, 식힌 다음 물을 부어준다. 저속으로 원심분리하여 상층액은 버리고 침전물을 증류수로 2회 세척한 다음 0.005% aniline blue 용액으로 24시간 염색하고 glycerine으로 봉입하여 관찰한다.

Banerjee(1967)는 벼과(Poaceae) 식물의 융단막이 융단세포 원형질체 바깥에 접한 천공층, Ubisch granule을 연결시키는 망상층, Ubisch granule층 등 세 층으로 되어 있다고 하였다. 그러나 수수속, *Nigella*속 등에 있어서는 망상층이 없고 두 층으로 구성되어 있으며, *Nigella*속에서는 Ubisch granule층은 spirit blue에 염색되지만 천공층은 염색되지 않는다. 이처럼 선택적으로 염색되는 것으로 보아 천공층은 Ubisch granule처럼 포분질로 구성되어 있지만 다른 고분자 물질도 가지고 있는 것으로 추정된다.

융단막은 표벽 형성이 가장 활발하게 일어나는 시기에 융단세포에서 분비된 물질에서 기원한다. 간혹 표벽의 돌기 끝과 융단막에서 기원한 포분질 가닥이 직접 연결된 것이 관찰되기도 한다. 융단막의 기능은 명백하게 밝혀지지 않았지만 Heslop-Harrison(1969)에 따르면, 여분융단막은 주변

원형질체와 함께 발달중인 소포자를 둘러싸는 배양주머니 역할을 하는 것 같다. 화학적 및 기능적으로 융단막과 여분융단막은 유사하게 나타난다. Christensen 등(1972)은 융단막이 융단조직의 흔적이며, 계통발생학적으로 볼 때 이 층은 매우 활성이 있는 포자형성조직이었을 것으로 생각된다고 하였다.

3. 융단세포내 핵의 행동

아메바형 및 분비형 융단조직 모두 감수분열 전기 동안에 전체 DNA 양이 급격히 증가한다. 이것은 다음의 몇 가지 현상에 의해 일어나게 된다.

1) 다핵성

다핵성(multinucleate condition)은 유사분열 동안에 핵분열은 일어나지만 세포벽이 형성되지 않기 때문에 나타나는 것으로(그림 3-8A~C) 융단세포에서 가장 흔히 나타나는 현상이다. 대개 1~3회 분열하지만 간혹 4회 분열하기도 한다. 그 결과 2~16개의 핵이 형성되며, 때때로 핵이 융합되거나(그림 3-8D,E) 일부 유사분열이 일어나지 않아서 예상 밖의 핵의 수가 형성되기도 한다. 측벽 융단조직에서는 핵분열이 동시에 일어나지 않으나 주변원형질체에서는 대부분 동시에 일어난다.

2) 핵내 유사분열

핵내 유사분열(endomitosis)은 핵막 내에서 염색체 복제나 염색분체의 분리는 일어나지만 방추사가 형성되지 않는 세포분열 유형이다(그림 3-9). 그 결과 커다란 다배체 핵이 형성된다. 호박속의 *Cucurbita pepo*의 단핵성 융단조직에서는 2배체의 정도에 따라서 크기가 서로 다른 4가지 종류의 핵이 형성되기도 한다.

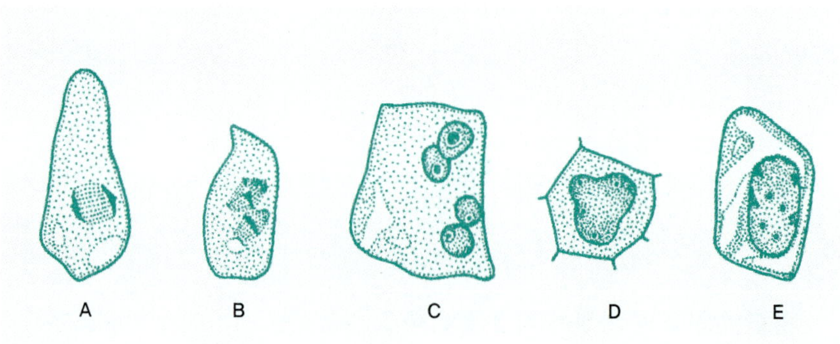

그림 3-8 융단세포. A~C, E. *Mimusopa elengi*. D. *Iodina rhombifolia*. **A.** 분열 중인 단핵세포. **B.** 동조적인 유사분열을 하고 있는 2핵성 세포. **C.** 4핵성 세포. **D.** 4개의 핵이 서로 융합된 상태. **E.** 8핵성 세포.

그림 3-9 핵내 유사분열 과정을 나타낸 모식도. A. 전기. B. 중기. C. 후기. D. 말기.

3) 복구핵의 형성

이 유형도 역시 배수성 핵이 형성되는 것으로, 유사분열은 이른 후기까지 정상적으로 진행되지만 두 쌍의 염색체가 하나의 핵막 안에 있게 되므로 복구핵(restitution nuclei)을 형성하게 되는 것이다(그림 3-10).

4) 다사성

다사성(polyteny)은 염색체의 염색사(chromonema) 수가 증가하는 것으로 DNA가 증가하지만 염색체의 수는 증가하지 않는다(그림 3-11).

4. 융단조직의 기능

융단조직은 화분 발달에 매우 중요한 역할을 한다. 융단조직이 감수분열 전 또는 감수분열 도중에 일찍 퇴화하거나 비정상적으로 오랫동안 남아 있으면 모두 화분의 불임을 초래한다. 융단조직의 기능은 다음과 같다.

첫째, 융단조직은 감수분열 세포에 영양분이 전달되는 유일한 통로이기

그림 3-10 복구핵 형성 과정을 보여주는 모식도. A. 전기. B. 중기. C. 후기. 염색체 사이의 연결이 있다. D. 두 벌의 염색체가 모두 동일한 핵막에 둘러싸여 복구핵을 형성한다.

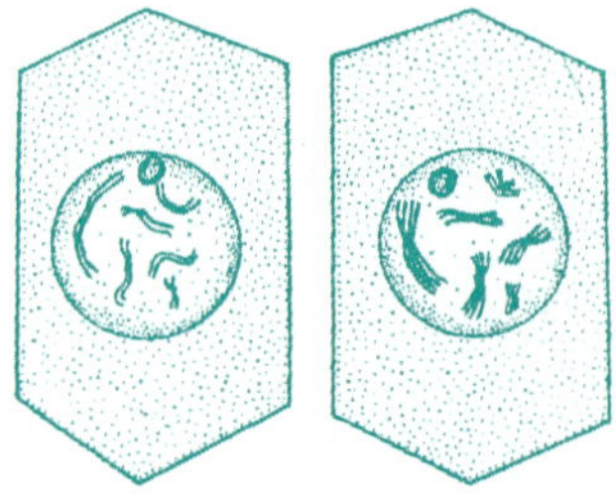

A B

그림 3-11 다사성 현상을 나타낸 모식도. A. 6개의 염색체를 가진 2배체 세포로서 각 염색체는 두 개의 염색분체로 구성된다. B. 4배체 세포로서 염색체 수는 6개이지만 각 염색체는 4개의 염색분체로 되어 있다.

때문에 감수분열 동안에 소포자낭 안으로 영양물질을 통과시키는 역할을 하는 것으로 생각된다. 이 시기에는 영양물질이 융단조직에서 기원하는 것은 아니다.

둘째, Mepham과 Stern(1973)은 자주달개비속 *Tradescantia bracteata*의 융단조직에서 기원한 plasmodial 세포질에는 callase 활성이 있다고 하였다. 칼로오스 분해가 일어나기 직전에 융단세포의 세포질에서 callase 활성과 관련이 있는 것 같은 소낭이 나타난다. Stieglitz와 Stern(1973)은 이른 감수분열 시기부터 소포자 4분체가 분리되는 시기까지 소포자 모세포와 화분벽의 callase 활성을 각각 측정하였다. 활성은 발달 중인 소포자에서는 나타나지 않았으나 화분벽 조직에서는 나타났는데, 4분체로부터 소포자가 분리되는 시기에 가장 높게 관찰되었다. 이러한 결과는 융단조직과 같은 포자체 조직이 callase를 합성하는데 관여하여 칼로오스벽을 분해시키고 소포자 4분체 내의 소포자를 방출시키는 것이라 할 수 있다.

셋째, 웅성불임성 및 웅성임성인 계통의 약 발달에 관한 형태학 및 세포학적 연구에서 보면, 임성계통에서 생식능력이 없는 화분이 형성되는 것은 융단조직의 발달이 너무 빠르거나 늦은 경우, 또는 기능을 정상적으로 하지 못하는 것과 관련이 있다. Frankel 등(1969)과 Izhar와 Frankel(1971)은 세포질성 웅성불임인 페튜니아속은 소포자 모세포가 제1 감수분열 전기 이후에 칼로오스벽을 가지지 않는다고 보고하였다. 임성이거나 불임성 계통의 callase 활성을 측정해 보면 이러한 비정상적인 현상은 세포질성 웅성불임 식물에서 callase의 출현 시기가 잘못되었기 때문으로 밝혀졌다. 반면에 임성인 식물에 있어서는 callase 활성이 늦은 감수분열기나 소포자 4분체 시기에 나타나고 불임성 식물에 있어서는 제1 감수분열 전기에 callase 활성이 높게 나타났다. 이러한 점에서 볼 때 페튜니아의 세포질성 웅성불임의 원인은 융단조직에서 callase 합성이 일찍 일어나기 때문이라고 할 수 있다.

넷째, 제2 감수분열 기간 동안에는 융단조직이 화분벽 형성에 중요한 역할을 한다.

다섯째, 융단조직에서 화분으로 공급되는 물질 중에서 가장 독특한 것은 pollenkitt과 tryphine일 것이다. Pollenkitt은 carotenoid와 소수성 용액의 복합체인 반면, tryphine은 단백질이 함유된 친수성 물질의 복합체로 생각된다. Dickinson(1973)의 미세구조 연구에 의하면, 이 두 가지 물질 모두 융단세포의 색소체에서 합성된다고 한다.

여섯째, 화분벽은 융단세포는 물론 배우자체에서 유래한 단백질도 함유하고 있다. 융단세포에서 유래한 단백질은 표벽 사이의 빈 공간에 쌓인다. 이러한 단백질은 화분을 물에 적시면 곧바로 외부로 나오게 되므로 건초열이나 알레르기를 일으키게 된다. 또한 이 단백질의 생물학적 중요성은 화합 암술을 인식하는 것이다. 화분이 불화합 주두에 떨어지게 되면 이 단백질이 주두나 화주에서 칼로오스 마개(callose plug)를 형성하도록 유도하여 화분관이 신장하지 못하도록 한다. 분해되기 시작하는 융단조직을 잘라내어 불화합 주두에 놓으면 칼로오스 마개가 형성되는 것으로 보아 거부반응을 일으키는 물질은 융단세포에서 기원한 것이 틀림없다고 할 수 있다.

3.2 포자형성조직

포자형성세포(sporogenous cell)는 소포자 모세포(화분 모세포라고도 함)의 기능을 직접적으로 수행하는 경우도 있으며 감수분열 전에 몇 차례 유사분열을 거쳐서 세포 수를 늘리기도 한다. 각 소포자 모세포는 감수분열하여 4개의 소포자를 형성하게 된다. 4개의 소포자가 함께 모여서 덩어리를 이루고 있을 때 이를 소포자 4분체(microspore tetrad)라고 한다.

3.2.1 감수분열

감수분열은 유성생식 생활주기에 있어서 매우 중요한 과정이다. 감수분열에 의하여 2배체인 포자체 세포가 반수체인 배우자체를 생성해낼 수 있으며 재조합을 통하여 변이를 형성할 수 있다.

제1 감수분열은 반수체의 핵이나 세포를 만들어 내는 분열이며, 제2 감수분열은 정상적인 체세포분열과 유사한 분열이다. 포자형성세포에서 무엇이 감수분열을 유발시키는지는 아직 분명하게 밝혀지지 않았다. 그러나 이 자극이 식물체의 다른 부위에서 약으로 전달되는 것이라는 증거가 있다. Cutter와 Sussex(1965)는 양치류의 잎을 배양하는 연구에서 감수분열

그림 3-12 발달 중인 소포자낭에서 나타난 세포질 통로의 모식도. 단층의 융단조직과 소포자 모세포만 나타냈다. **A.** 전세사기 단계로서 소포자 모세포 사이, 소포자 모세포와 융단세포 사이에 원형질연락사에 의한 연결이 존재한다. 소포자 모세포의 세포벽은 얇다. **B.** 감수분열 전기 I 소포자 모세포는 두터운 칼로오스벽(검은색 부분)에 의하여 둘러싸여 있고 세포질 통로에 의하여 서로 연결되어 있다. 융단세포와 소포자 모세포 사이에는 이러한 연결이 보이지 않는다. **C.** 4분체 시기로서 모든 소포자는 각각 독립된 세포로 존재하며 세포 간 연결은 보이지 않는다.

을 일으키는 자극이 영양슈트로부터 나오며 매우 독특하다는 것을 알아냈다. 이 자극은 포자형성세포에만 효과적으로 작용하며 이 자극이 통과해야 하는 융단조직에 대해서는 작용하지 않는다.

전세사기에 소포자 모세포는 정상적인 섬유상 세포벽을 가지는 분열조직 세포의 특징을 갖는다. 소포자낭 내의 모든 소포자 모세포는 원형질연락사에 의해서 서로 연결되어 있다(그림 3-12A). 이 시기의 원형질연락사에 의한 연결은 소포자 모세포와 융단세포 사이에서도 존재한다. 소포자 모세포가 감수분열을 시작하면 융단세포와 소포자 모세포 사이의 원형질 연락사는 파괴되고 소포자 모세포의 세포벽은 칼로오스가 축적되어 두터워지게 된다(그림 3-12B). 이 칼로오스는 소포자 모세포의 가장자리에서 많이 관찰되는 딕티오솜에서 합성된다. *Pergularia daemia*에서는 복합화분립(compound pollen grains)이나 화분괴(pollinium)가 형성되는데 감수분열 기간 중이나 그 이후에도 칼로오스벽이 발달하지 않는다.

대개 칼로오스 축적은 세포벽과 원형질막 사이의 세포 모서리에서 시작되며 세포벽은 결국 퇴화된다. 그러나 Bhandari 등(1981)은 부추와 *Cyclamen persicum*에서 늦은 4분체 시기까지 세포벽이 남아 있는 것을 관찰하였다. 세포벽이 이처럼 늦은 시기까지 남아 있는 원인은 분명하지 않으나 이들은 소포자가 발달하는 동안에 칼로오스벽과 함께 물질의 출입을 막는 역할을 할 것이라고 보고하였다. 칼로오스의 축적이 일어남에 따라 소포자 모세포 사이의 원형질연락사에 의한 연결은 세포질통로(cytoplasmic channel, 그림 3-12B)로 대체된다. 이러한 세포질 통로는 지름 1~2mm

이며 접합기에서 태사기 사이에 최대로 발달한다. 이처럼 소포자낭 내에서 소포자 모세포 전체는 거대한 다핵성 감수분열 모세포(meiocytic syncytium)를 형성한다. Mimosaceae와 난초과 등의 일부 과에서는 포자형성조직이 체세포로 이루어진 판에 의하여 구분된다. 이러한 식물에서는 다핵성 감수분열 모세포가 작은 단위로 형성된다.

세포질 통로는 한 세포에서 다른 세포로 물질이 대량으로 이동할 수 있게 하는데, Gates (1911)는 소포자 모세포에서 다른 소포자 모세포로의 핵물질 이동을 cytomixis** 라고 하였다. 최근에는 이러한 cytomixis가 정상적인 현상이라기보다는 병리적 현상이라고 알려지기도 하였다. 하나의 소포자 모세포로부터 다른 세포로의 염색질 이동이 세포질 통로를 통해서 일어나는 것은 약이 눌려지거나 기계적 상해가 가해졌을 때 일어난다는 것이다. 소포자 모세포의 세포질이 연결되어 있으므로 하나의 세포가 다른 세포에 영향을 미칠 수 있다. 이것은 소포자낭 내에서 많은 수의 소포자 모세포가 감수분열 중에 서로 긴밀한 동조성을 유지할 수 있게 한다. 이러한 통로가 동조성을 유지시키는 긍정적 역할을 한다는 것은 다음의 사실에서 알 수 있다.

1) 늦은 전기나 제2감수분열 중에 이 세포질 통로가 막히게 되면 동조성도 점차 잃게 되며,
2) 난초과 식물의 경우 4분체의 각 소포자 사이에 이러한 세포질 통로가 계속 존재하며, 화분 유사분열도 동시에 일어나게 된다.

감수분열 전기 말에 또는 제1감수분열 이후에 소포자 모세포의 칼로오스벽이 닫히게 되고 결국 세포질 통로가 막히게 된다. 따라서 모든 소포자 모세포는 각각 독립적으로 되고 결국 이후의 감수분열 과정을 독립적으로 수행하게 된다. 따라서 칼로오스벽이 소포자 모세포의 딸세포, 즉 소포자 사이에 추가로 형성되는 것이다(그림 3−12C).

3.2.2 세포질분열

소포자 모세포의 감수분열 과정에서 일어나는 세포벽 형성과정, 즉 세포질분열(cytokinesis)에는 다음 두 가지 유형이 있다.

1. 연속적 분열

연속적 분열(successive cytokinesis)은 제1 감수분열 이후에 세포벽이 형

** Cytomixis는 cytomictic channel을 통해 한 세포의 핵이 다른 세포로 이동하는 현상으로, 특히 소포자 형성 과정(microsporogenesis)에서 흔하게 나타난다. 이 현상을 통해 염색체 수가 감소하지 않거나 다양한 염색체 수를 간직한 배우자가 형성되므로 진화과정에도 기여한다. 지금까지 84개 과에 속한 400종 이상의 식물에서 확인되었다.

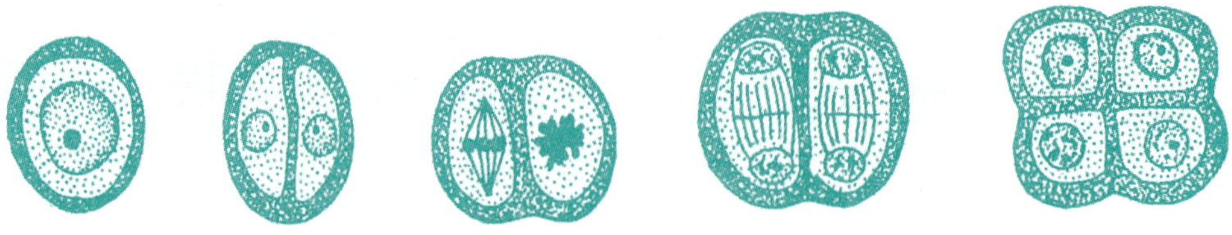

그림 3-13 닭의장풀속 *Commelina subtalata*의 연속적 세포질분열. 세포 주변의 검은색 부분은 칼로오스벽을 나타낸다. A. 감수분열 전의 소포자모세포. B. 2분체. C. 중기 II. D. 말기 II. E. 4분체.

성되어 두 핵을 서로 분리하는 유형이다(그림 3-13A,B). 이 유형에서는 제1 감수분열 이후에 2분체(dyad)가 만들어지고 세포벽이 원심적으로 형성되며 세포판이 세포의 중앙부위에서 형성되어 가장자리로 발달하게 된다. 이후에는 세포판 양쪽에 칼로오스가 축적되고 각각의 2분체는 제2 감수분열을 시작하게 되는데(그림 3-13C,D), 제2 감수분열은 동시에 일어나지 않는다. 제2 감수분열 이후에 칼로오스벽이 동일한 방법으로 형성되어 결국 소포자 4분체(tetrad)가 만들어진다(그림 3-13E). 이러한 유형의 세포질분열은 닭의장풀이나 옥수수 등 단자엽식물에서 흔히 관찰된다.

2. 동시성 분열

동시성 분열(simultaneous cytokinesis)은 제1 감수분열 이후에 세포벽이 형성되지 않는 유형이다(그림 3-14A~C). 결과적으로 제1 감수분열 이후에 2핵성 세포가 만들어지게 되며 2분체는 형성되지 않는다. 두 개의 반수체 핵은 동시에 제2 감수분열을 시작하게 된다(그림 3-14D). 이처럼 동시에 분열하는 것은 세포질을 공동으로 사용하고 있기 때문인 것 같다. 칼로오스벽은 제2 감수분열 이후에 형성되고 결과적으로 소포자 4분체가 만들어

그림 3-14 *Drimys winteri*의 동시성 세포질분열. 세포 주변의 검은색 부분은 칼로오스벽을 나타낸다. **A.** 감수분열 전의 소포자 모세포. 아직 칼로오스벽이 나타나지 않았다. **B.** 중기 I. **C.** 2핵성 세포. **D.** 중기 II. **E.** 4핵성. **F.** 4분체.

진다(그림 3-14E,F). 연속적 분열과는 달리 세포벽이 구심적으로 형성되며 발달하는 세포벽이 세포의 중앙부위에서 만나고 결국 세포를 4등분으로 나누게 된다.

3.2.3 소포자 4분체

일반적으로 4개의 소포자는 다른 소포자 4분체는 물론 같은 4분체 내의 소포자끼리도 서로 완전하게 분리된다. 이 시기에는 소포자 간에 서로 연결되어 있지 않으나(그림 3-12C), 몇몇 난초과 식물에서는 4분체 시기까지 세포질 통로가 존재하기도 한다. 대개 4분체 내에서 각각의 소포자가 위치하는 양상은 정사면체형(tetrahedral)이거나 쌍동측형(isobilateral)이 많다. 그러나 십자형(decussate), 선형(linear), T자형(T-shape)도 관찰된다(그림 3-15). 쥐방울덩굴속의 *Aristolochia elegans*에서는 이 다섯 가지 유형이 모두 관찰되기도 한다.

결국 융단조직에서 유래한 공통의 칼로오스벽이 용해되기 때문에 각각의 소포자는 소포자낭 내에서 단독으로 분리된다. 소포자가 칼로오스벽 안에 둘러싸여 있을 때 소포자벽의 합성이 시작된다. 칼로오스는 표벽의 처음 윤곽을 결정하는데 중요한 영향을 미치는 것으로 여겨진다.

3.3 특이한 현상

일반적으로 소포자는 감수분열 직후에 서로 분리된다. 그러나 일부 식물에서는 소포자가 4분체 내에서 서로 붙은 채 오랫동안 남아 있기도 하며, *Drimys*속, 끈끈이주걱속 등에서는 복합화분립(compound pollen grains)으로 발달하기도 한다. 난초과나 박주가리과의 대부분의 종에서는 소포자낭 안의 모든 소포자는 화분괴(pollinium) 상태로 서로 붙은 채 남아 있게 된다. Mimosaceae에서는 중간 형태로 관찰되는데, 소포자낭 내에서 4개 이상의 소포자가 모인 덩어리가 다수 발달한다.

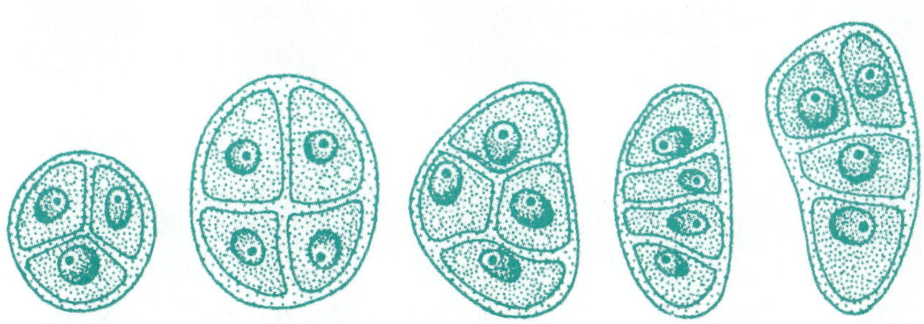

그림 3-15 쥐방울덩굴속 *Aristolochia elegans*의 소포자 4분체의 유형.

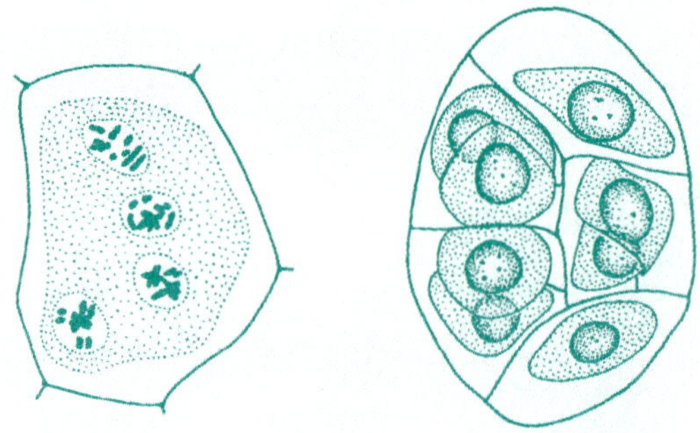

그림 3-16 *Hyphaene indica*의 다포자성. **A.** 감수분열 후의 소포자 모세포. 분열 중인 딸핵이 보인다. **B.** A에서 관찰된 소포자 모세포에서 유래한 것으로 보이는 8분체.

*Pergularia daemia*의 화분괴를 둘러싸고 있는 막은 원래 포분질에서 유래한 것이며 분비형 융단조직에서 관찰되는 융단막과 동일한 특징을 나타낸다.

하나의 4분체 내에 4개 이상의 소포자가 발생하는 현상을 다포자성(polyspory)이라고 하며, 이러한 현상이 많은 식물에서 보고되었다. Mahabale와 Chennaveeraiah(1957)는 *Hyphaene*속에서 다포자성을 보고하였는데, 이것은 4분체 중의 일부가 분열하기 때문에 나타난 것이다(그림 3-16A,B). 새삼속의 *Cuscuta reflexa*에서는 하나의 4분체 내에서 11개의 소포자가 관찰되기도 하였다.

Chapter

04 웅성 배우자체

웅성 배우자체 세대는 소포자로부터 기원한다. 성숙한 소포자, 특히 4분체(tetrad)에서 분리된 소포자가 웅성 배우자체에 해당하는데 이를 화분립이라고도 한다. 배우자발생(gametogenesis) 중 소포자가 분열하여 생식세포와 영양세포가 생기고, 생식세포가 다시 분열하여 두 개의 웅성 배우자, 즉 정세포가 만들어진다. 생식세포의 분열은 화분립 내에서 일어나거나 발아 후 화분관 내에서 일어난다. 소포자에서는 이러한 변화가 일어나는 동시에 세포벽이 형성된다. 성숙한 화분립의 표면은 조형적인 형태를 띤다. 화분벽에는 하나 또는 여러 곳의 얇은 부분이 있는데, 이를 발아공(germ pore)이라고 하며, 화분학자들은 이를 발아구(aperture)라고도 한다.

4.1 웅성 배우자체의 발달

초기의 소포자는 세포질이 농후하고 핵이 세포의 중앙에 위치해 있다(그림 4-1A). 4분체에서 분리된 소포자는 약실 내의 액체를 흡수하면서 단기간 내에 몇 배의 부피성장을 한다. 부피성장 초기에는 뚜렷하지 않던 액포가 이후에 나타나면서 점차 세포질

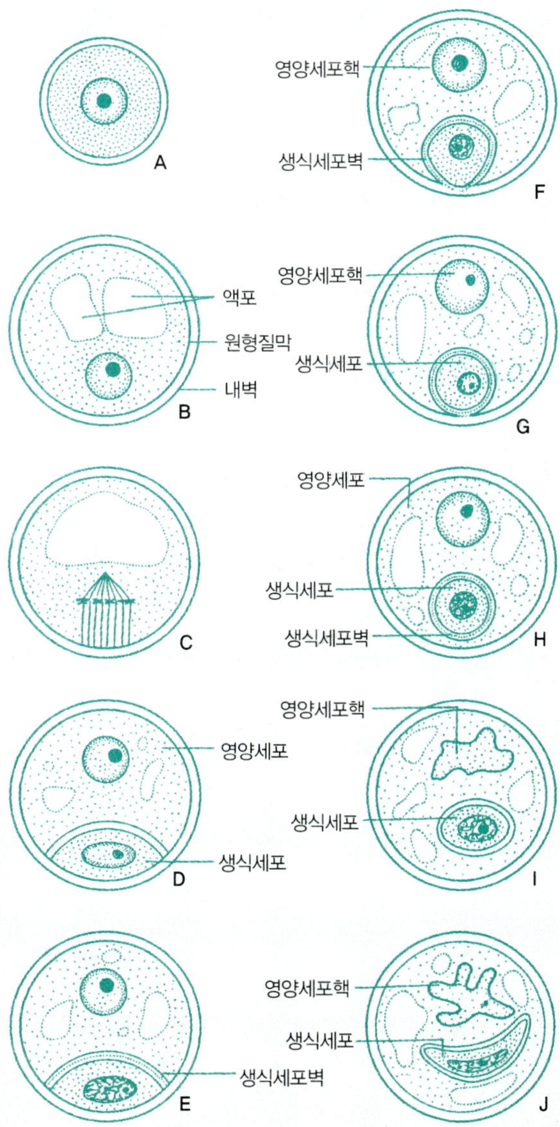

그림 4-1 영양세포와 생식세포의 형성, 생식세포벽 형성, 생식세포가 영양세포의 세포질 내로 떨어져 나가는 과정을 보여주는 모식도. A. 4분체로부터 분리된 직후의 소포자. B. 소포자 세포질의 액포화와 핵의 이동. C. 소포자 유사분열. 비대칭적인 방추사 형성이 주목된다. D. 소포자 유사분열 직후의 2세포성 화분. E. 영양세포와 생식세포의 원형질막 사이에 생식세포의 벽이 나타난다. F~H. 화분벽으로부터 생식세포가 분리되는 단계들. 분리된 직후의 생식세포는 구형으로 나타난다. I. 영양세포의 핵은 굴곡이 일어나며 생식세포는 구형을 잃게 된다. J. 생식세포가 타원형으로 된다.

이 세포벽 가장자리로 밀리게 된다(그림 4-1C). 많은 식물에서는 첫 번째 유사분열을 위한 DNA 합성이 소포자가 분열하기 직전에 일어나지만, *Tulbaghia violacea*에서는 감수분열 직후부터 합성되기 시작한다.

소포자의 첫 번째 세포분열 결과로 크기가 다른 두 개의 세포가 생긴다(그림 4-1D). 이중 큰 세포는 영양세포로 나중에 화분관을 형성하게 되고, 작은 세포는 생식세포로 두 번째 유사분열을 거쳐 두 개의 정세포를 만든다. 생식세포는 처음에는 화분벽에 접해 있다가 점차 영양세포의 세포질 내로 이동한다(그림 4-1F~H).

대부분의 열대 피자식물의 경우 감수분열이 끝난 후 소포자의 첫 번째 유사분열이 시작할 때까지의 기간이 매우 짧다. 그러나 한대지역의 목본식물 중에는 이 기간이 수개월이 되는 것도 있다. 이들 식물 중에는 감수분열이 일어난 후 다음해 봄까지 소포자의 유사분열이 지연되는 경우도 있다. 감수분열이 대개 동시다발적으로 일어나는 것과 달리 소포자의 유사분열은 동시에 일어나지 않는다. 그 이유는 아마도 약실 내에서 소포자들의 세포질이 서로 연결되어 있지 않기 때문일 것이다. 감수분열 중에는 약실 내의 감수분열모세포 간에 세포질 통로가 있어 세포 상호간에 영향을 미친다. 소포자 유사분열이 4분체 상태에서 일어나는 *Spiranthes australis*의 경우에는 같은 4분체 내의 소포자는 모두 동일한 분열 단계에 있으나(그림 4-2A), 약실 내의 모든 4분체가 동일한 시기에 있는 것은 아니다. 난초과, 박주가리과, Mimosaceae 등과 같이 소포자 전체가 연결되어 화분괴(pollinia, massula)를 형성하는 경우에는 모든 소포자가 같은 세포분열 단계에 있게 된다(그림 4-3).

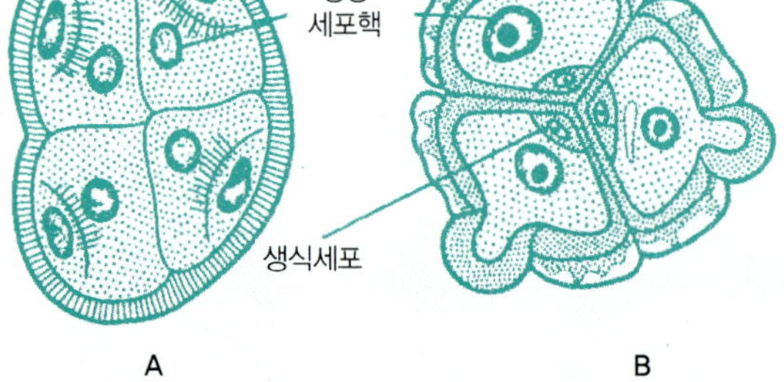

그림 4-2 4분체 상태에서 일어나는 화분 유사분열. 모든 소포자가 동일한 시기에 있다. A. 타래난초속의 *Spiranthes australis*; 생식세포가 외측에 위치한다. B. *Drimys winteri*; 생식세포가 내측에 위치한다.

그림 4-3 *Peristylis spiralis*의 소포자 덩어리. 소포자괴의 모든 소포자가 동일한 분열시기에 있음에 주목하자.

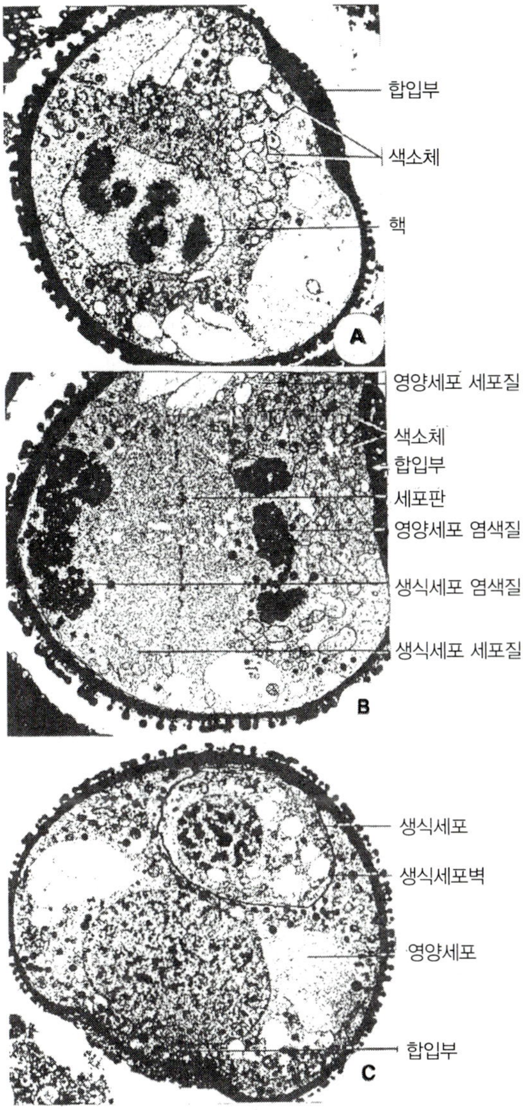

그림 4-4 영양세포와 생식세포의 형성을 보여주는 *Haemanthus katherinae*의 화분. **A.** 소포자 유사분열의 전기; 대부분의 세포소기관은 핵과 furrow 사이에 있다. **B.** 소포자 유사분열의 말기; 대부분의 색소체 및 세포소기관들이 furrow와 영양세포가 형성될 세포판 사이에 있다. **C.** 생식세포가 내벽으로부터 분리되기 전의 2핵성 화분.

유사분열이 시작되기 전 소포자 원형질체에는 두 가지 뚜렷한 변화가 일어난다: (1) 핵이 중심에서 세포 한 쪽으로 이동한다(그림 4-1B). 이러한 핵의 이동은 항상 정해진 방향으로 일어나며, 생식세포의 위치를 결정한다. 생식세포의 위치는 유전적으로 조절되며, 종에 따라 일정하다. 생식세포는 식물에 따라 4분체의 중심에서 먼 외측에 위치하거나(그림 4-2A; 타래난초속), 중심 쪽인 내측에 위치한다(그림 4-2B; *Drimys*속). 따라서 생식세포의 위치가 외측인지 내측인지 여부는 소포자의 유사분열이 4분체 구조 내에서 진행되는 경우 식별이 가능하다. (2) 영양세포가 위치하게 될 쪽의 세포질은 고도로 액포화되어 있다(그림 4-1C). 염색체의 응축이 시작될 때까지 세포질 내 세포소기관들의 분포는 심한 극성을 이룬다(그림

4-4A~C). 대부분의 색소체, 미토콘드리아, 유지방체들은 영양세포가 될 쪽으로 편중된다(그림 4-4B).

소포자 유사분열 시에 방추사는 짧고 비대칭적이다(그림 4-1C). 세포벽 쪽은 뭉툭하며 안쪽은 뾰족하다. 핵분열 후에 생식세포의 핵은 세포벽 쪽에, 영양세포의 핵은 화분세포의 안쪽에 위치한다. 핵분열 말기에 생식세포의 핵 쪽으로 굽은 반구형의 세포판이 형성된다(그림 4-1D).

초기에는 생식세포와 영양세포의 세포질이 두 원형질막에 의해 분리되어 있다(그림 4-1D). 곧 두 원형질막 사이에 생식세포의 벽이 형성되고 이 벽의 양쪽은 화분의 내벽(intine)과 연결된다(그림 4-1E). *Chlorophytum*속, 히야신스속, 자주달개비속 등의 많은 식물에서 이 세포벽 물질이 칼로오스임이 밝혀졌다. 그러나 *Haemanthus*속에서는 아직 밝혀지지 않은 다른 섬유성 물질로 구성된 것으로 보인다. 이때 매우 독특한 현상이 나타난다. 생식세포 벽은 생식세포의 원형질막과 화분세포의 내벽 사이로 계속 생장하여(그림 4-1F) 결국 양쪽 벽의 끝이 만나 합쳐진 후(그림 4-1G) 내벽에서 떨어지게 된다(그림 4-1H). 이 시기의 생식세포는 구형이 되고(그림 4-1H) 영양세포의 중심으로 이동한다. 이후 생식세포의 벽이 사라지고, 생식세포의 세포질은 두 개의 원형질막에 둘러싸이게 되는데, 이것은 자신의 것과 영양세포가 함입되어 생긴 것이다(그림 4-1I). *Chlorophytum*속, 히야신스속 및 자주달개비속의 경우 생식세포 벽은 10~20시간 정도 존재한다.

4.1.1 웅성 배우자체의 발달

1. 영양세포의 발달

소포자 유사분열 후 영양세포는 계속 생장한다. 세포소기관의 수와 크기도 증가하며 액포가 점차 사라지고 RNA와 단백질 함량이 급격하게 증가한다. 핵막은 심한 굴곡을 이룬다(그림 4-1J). 일반적으로 영양세포의 핵은 세포주기의 G_1 시기에 머물며 DNA를 합성하지 않는다. 종종 성숙기의 핵에는 인이 결여되어 있다(그림 4-1I,J). *Haemanthus*속의 경우 초기의 인은 크지만 후기의 것은 작다. 난초과 식물 중에는 영양세포의 핵 내에 인이 있는 것이 있다.

Sanger와 Jakson(1971)에 의하면 *Haemanthus*속의 영양세포 발달은 4단계로 구별된다:

1) 미성숙 단계 – 핵이 구형의 형태를 잃기 시작한다.
2) 성숙 단계 – 딕티오솜 수가 증가하고 유지방체들의 염색밀도가 어두운 상태에서 밝은 상태로 변화하며 색소체에 녹말이 축적된다.

3) 약 열개 직전 단계 – 핵에 심하게 굴곡이 지고 유지방체가 없어지며 색소체의 녹말이 완전히 소실된다.
4) 화분관 발달 단계 – 이 시기의 변화는 제8장에서 서술하기로 한다.

2. 생식세포의 발달

화분벽에서 분리된 직후의 생식세포는 구형이며(그림 4–1H), 이후 화분 발생과정 동안 많은 형태변화가 일어난다. 일반적으로 생식세포는 길게 신장하는데(그림 4–1J) 성숙한 화분에서는 연충 모양으로 보이기도 한다. 길쭉한 형태는 생식세포가 화분관 내로 이동하는 것을 용이하게 한다. 생식세포의 이러한 형태는 생식세포의 긴 축과 평행하게 배열되는 미세소관과 관련이 있다. Sanger와 Jackson(1971)은 타원형인 생식세포를 갖고 있는 화분립에 미세소관을 파괴시키는 것으로 알려진 colchicine이나 isopropyl N–phenylcabamate를 처리하면 생식세포의 모양이 다시 원래의 구형으로 변한다는 것을 보여주었다(그림 4–5).

생식세포의 세포질은 매우 적지만 세포질 내에는 미토콘드리아, 리보솜, 소포체, 미세소관, 딕티오솜과 같은 보편적인 세포소기관들을 갖고 있다. 근대속, *Haemanthus*속, 페튜니아속 등 조사된 식물의 대부분은 생식세포에 색소체가 없지만 자주개자리, 달맞이꽃속의 *Oenothera hookeri* 같은 식물에는 색소체가 있다. 색소체가 있는 경우에도 색소체 내에 녹말은 없다. 보리와 같이 내막 구조가 잘 발달된 경우를 제외하고는 생식세포의 미토콘드리아는 거의 발달되어 있지 않다.

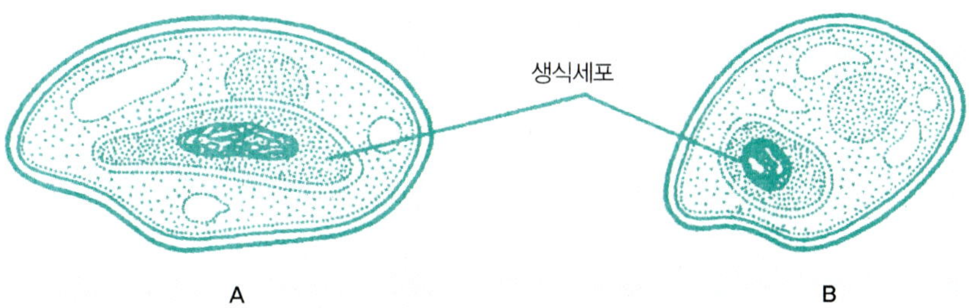

그림 4–5 *Haemanthus*의 성숙한 2핵성 화분에 colchicine이나 isopropyl N–phenylcabamate를 처리했을 때의 효과. A. 무처리 화분. B. 처리화분. 생식세포의 형태가 변하였다.

3. 정세포의 형성

정세포는 생식세포의 유사분열에 의해 생긴다. 이 분열은 화분이 약에서 방출된 이후에 일어나거나 또는 약 내에 있을 때 일어난다. 따라서 전자의 경우 화분은 2세포성이고(그림 4–6A) 후자의 경우에는 3세포성이다(그림

그림 4-6 2세포성 화분(A)과 3세포성 화분(B)의 모식도. 영양세포 핵(*vn*), 생식세포(*gc*), 두 개의 정세포(*sc*).

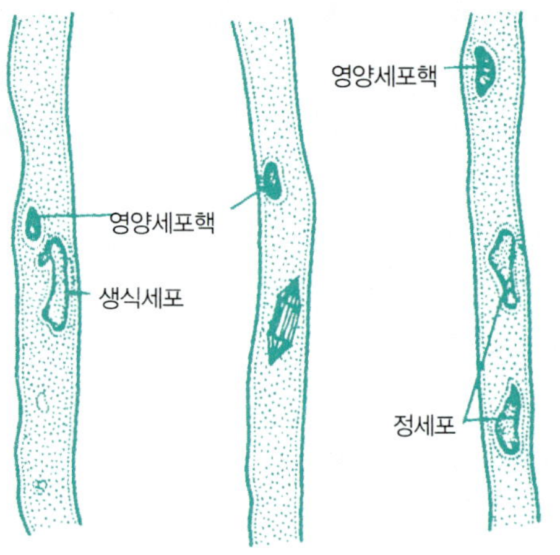

그림 4-7 목화에서 생식세포가 화분관 내에서 분열한다. 화분관의 중간 부분만 나타내었다. **A.** 분열 전. **B.** 분열중인 생식세포. **C.** 두 개의 정세포가 형성된다.

4-6B). 2세포성인 경우 생식세포의 분열은 화분이 주두에 떨어졌을 때 일어나거나(*Holoptelea integrifolia*), 화분관 내에서 배낭에 도달하기 전에(가장 흔한 경우임; 그림 4-7), 또는 드물기는 하지만 화분관이 배낭에 도착한 후에 일어난다(*Euphorbia terracina*).

일반적으로 생식세포 핵에서 일어나는 DNA 합성은 화분 유사분열 직후부터 시작되며, 다소 긴 유사분열이 뒤따른다. 이 기간 동안 생식세포가 신장되어 연충 모양으로 된다.

2세포성 화분의 경우 생식세포의 유사분열은 화분 발아 때까지 지연되며, 세포주기상 전기 또는 드물게는 중기 상태(*Impatiens balsamina*)로 일시적 휴면기를 거치게 된다. 한편 3세포성 화분의 경우 생식세포는 화분 내에서 정상적인 유사분열을 한다.

그림 4-8은 2세포성과 3세포성 화분의 생식세포 핵분열을 모식적으로 보여주고 있다. 화분은 G_1기(DNA 합성 준비기), S기(DNA 합성기) 및 G_2기(핵분열 준비기)를 지나 세포분열 주기의 M기(핵분열기)에 약에서 방출된다. 3세포성 화분은 두 개의 정핵(sperm nuclei)을 가지는 늦은 M기에 방출된다. 2세포성 화분의 생식세포 핵은 분열하지 않은 채

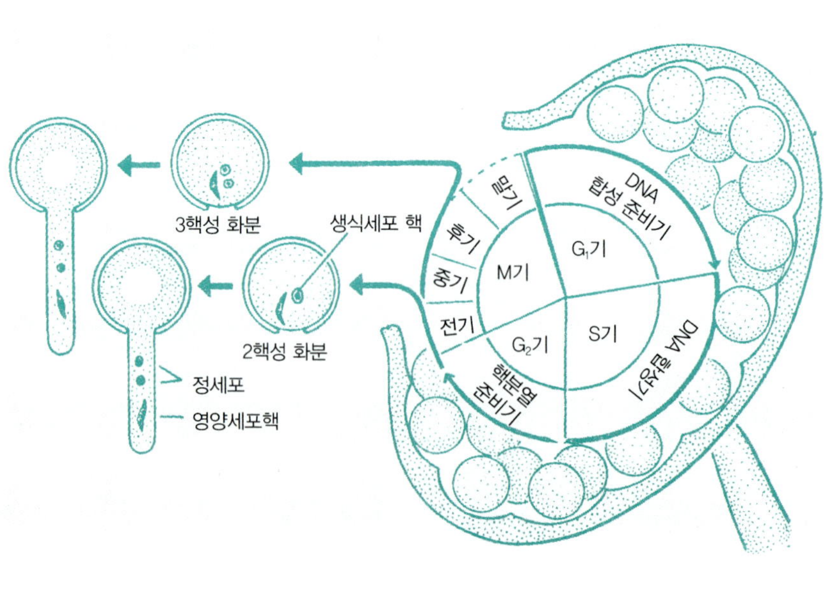

그림 4-8 2세포성 화분과 3세포성 화분의 생식세포 분열을 나타내는 모식도. 2세포성 화분은 세포분열 초기에 방출되고, 3세포성 화분은 분열 후기에 방출된다.

DNA 양은 정핵의 2배를 유지한다. 이 경우 생식세포의 핵은 화분관 내에서 분열한다.

4.1.2 웅성생식질 단위

식물 종의 70%는 2세포성 화분이고 나머지 30%는 3세포성 화분이다. 2세포성 화분을 갖는 과로는 자작나무과, 장미과, 가지과를 들 수 있고, 3세포성 화분을 갖는 과로는 국화과, 십자화과, 석죽과 및 벼과를 들 수 있다. 3세포성 화분은 2세포성 화분에 비해 물질대사가 더 활발하다. 두 유형 모두 화분과 화분관의 물질대사와 관련이 있는 영양세포의 핵(화분관 핵이라고도 함)이 있다. 생식세포는 발아 전(3세포성 화분), 또는 발아 후(2세포성 화분)에 정세포를 만든다. 생식세포와 정세포는 영양세포의 세포질 내에 있으며, 그들 자체의 막과 영양세포의 내막으로 둘러싸여 있다.

Russell과 Cass(1981)는 3세포성 화분을 갖는 식물인 *Plumbago zeylanica*에서 두 개의 정세포와 영양세포의 핵이 밀접하게 연결되어 있다는 중요한 사실을 발견했다(그림 4-9). 두 정세포는 원형질연락사가 있는 벽을 공유하며 서로 연결되어 있다. 정세포 중 하나는 길게 신장되어 있는 부분으로 영양세포핵의 넓은 표면을 둘러싸고 있으며, 부분적으로는 영양세포 핵의 돌출부에 의해 둘러싸여 있다.

성숙한 화분에서 형성되는 이와 같은 연결은 화분관 생장 시까지 이어진다. 정세포는 세포질이 농후하고 세포질 내에는 색소체, 미토콘드리아, 소포체, 리보솜, 소낭, 미세소관 등을 포함한다.

초박편 제작, 살아 있는 정세포의 분리, 컴퓨터에 의한 3차원적인 재구성 기술을 활용하여 *P. zeylanica*의 두 정세포가 세포의 크기와 형태

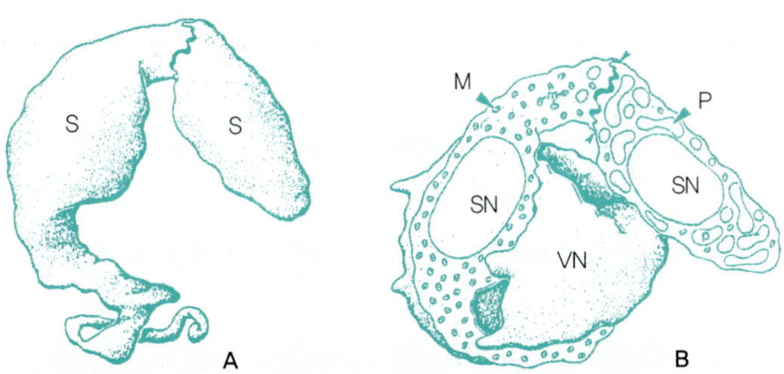

그림 4-9 *Plumbago zeylanica*의 웅성 생식단위. **A.** 컴퓨터로 재구성한 두 개의 정세포(*S*). 두 정세포는 형태와 크기가 다르며, 공통의 벽에 의해 서로 연결되어 있다. **B.** A에 있는 두 정세포의 내부. 색소체(*P*)는 대부분 작은 정세포에 있고, 미토콘드리아(*M*)는 대부분 큰 정세포에 있다. 큰 정세포의 돌기부분은 영양세포의 핵(*VN*)과 연결되어 있다. 표식이 없는 화살표는 두 정세포 간의 공통의 벽을 가리킨다(*SN*, 정세포 핵).

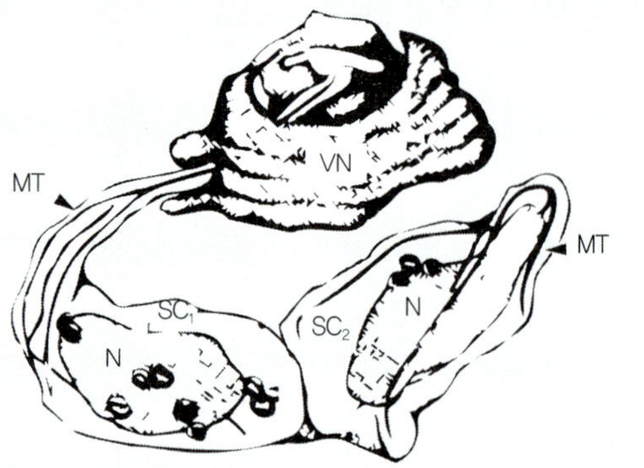

그림 4-10 배추속의 *Brassica campestris* 화분의 웅성 생식단위를 컴퓨터로 재구성한 3차원적 모식도. 영양세포의 핵(*VN*), 정세포(SC_1, SC_2)와 정세포 핵(*N*), 미토콘드리아(*M*)와 미세소관(*MT*)의 배열을 나타내었다.

는 물론 핵의 크기와 세포소기관의 수에도 차이가 있다는 것이 알려졌다(그림 4-9B). 영양핵과 연결되어 있지 않은 작은 정세포에는 평균 24개의 색소체와 40개의 미토콘드리아가 있다. 길게 신장된 부분으로 영양핵과 연결되어 있는 큰 정세포에는 색소체가 없고, 평균 256개의 미토콘드리아가 있다.

그 후 정세포들이 그리고 정세포와 영양세포 핵이 연결되어 있다는 사실이 3세포성 화분을 갖는 식물인 시금치속과 배추속에서도 알려졌다(그림 4-10). 정세포에 색소체가 없는 이들 식물에서도 미토콘드리아의 크기, 형태, 수에 있어서 정세포 이형현상(sperm dimorphism)이 나타난다. 흔히 웅성 생식단위(male germ unit; MGU)라고 부르는 극성화된 수정단위(polarized fertilization unit)가 화분관 발아 후에 정세포가 형성되는 아마릴리스속의 *Hippeastrum vitatum*과 페튜니아와 같은 2세포성 화분을 갖는 식물들에서도 관찰되었다. 이 중 페튜니아는 3차원적 재구성과 형태계측분석(morphometric analysis)을 통해 조사한 결과 MGU 내의 정세포들 간에 형태학적인 차이를 보이지 않았다. 따라서 MGU의 공통적인 특성은 정세포가 영양핵과 밀접하게 연결되어 있다는 것이다.

이와 같은 근거에서 MGU를 나타내는 종은 상당히 많다. 예를 들면 2세포성 화분을 갖는 쌍자엽식물에는 진달래속, *Acacia retinoides*, *Cyphomandra betacea*, 자주개자리, 담배가 있고(그림 4-11), 2세포성 화분을 갖는 단자엽식물에는 *Aloe ciliaris, Galanthus nivalis*, 글라디올러스가 있으며 3세포성 화분을 갖는 쌍자엽식물에는 *Cichorium intybus*, *Catananche caerulea*, *Gerbera jamesonii*, 딱총나무속의 *Sambucus nigra*가 있다.

3세포성 화분을 갖는 단자엽식물인 벼과 식물의 정세포는 영양핵과 연결되어 있지 않으며 정세포 이형현상도 보이지 않는다.

정량적 3차원적 연구에 의하면 보리의 성숙한 화분에는 MGU가 없으며 두 개의 정세포는 형태적으로 같다. 그러나 기내수분 시 5분 내에 영양핵과 생식세포 사이에서 밀접한 연결이 시작되고, 15분 내에 아직 화분 내에 있는 상태에서 두 정세포가 세포신장이 이루어져 세포질교란이 없이 최소 60 nm 거리로 가까이 배열되며, 영양세포 핵이 한 정세포의 신장부위를 3μm 정도 둘러싼다. 주두와 화주 내에서 화분관이 생장할 때에도 두 정세포는 연결되어 한 단위로 이동한다. 따라서 이 식물을 비롯해 벼과에 속한 몇몇 식물에서는 수분 후 화분에서 화분관으로 나가기 전에 MGU가 형성된다. 그러나 정세포와 영양핵이 연결되어 있는 기간이 매우 짧아 화분관 내에서는 이미 이와 같은 연결이 없다. 이와 유사하게 수분 후 영양핵과 정세포가 밀접하게 연결된다는 사실이 아마릴리스속, 진달래속, 옥수수에서 보고되었다. 옥수수에서는 화분이 활성화된 이후에 영양핵과 정세포가 밀접하게 연결되며, 이 연결은 화분관 이동시에도 유지된다.

따라서 MGU의 발생은 화분발아 전에 일어나든 후에 일어나든 피자식물의 일반적 특성으로 보인다. MGU의 개념을 소개한 Dumas 등(1984)에 따르면 MGU가 정세포를 운반하는 운반체로서 역할을 하며 MGU 내 정세포의 질과 위치에 따라서 자성 배우자인 난세포와 극핵 중 어느 것과 결합하는지 여부가 결정된다고 추측된다. 정세포 간의 연결은 옥수수와 보리에서 알려진 이형수정(異形受精, heterofertilization; 중복수정에 관여하는 두 개의 정세포가 각기 다른 화분관에서 유래된 경우)을 줄이는 기능을 할 수도 있다. MGU 자체로는 이동성이 없다. 영양세포핵과 정세포의 표면에 있는 마이오신과 화분세포의 세포질 내에 있는 미세섬유 간의 연관작용을 통하여 화분관 속을 이동한다. 이러한 연관작용은 두 개의 정세포가 배낭에 동시에 도달할 수 있도록 한다. 화분관에서 빠져나온 후 두 정세포는 서로 분리되고 그 바깥의 영양세포막이 소실되며, 화분세포의 세포질에 있는 마이오신이 배낭 안으로의 이동을 촉진하는 정세포의 안쪽 막과 전하를 매개로 한 결합을 하게 된다. 실용적인 면에서 보면 각각의 정세포를 구별할 수 있고 그 중 어떤 정세포가 어떤 자성 세포와 결합할 것인지를 알 수 있다면, 작물개량을 위해 특정 정세포를 유전공학적으로 변형시킨 후 기내수정에 이용할 수 있을 것이다.

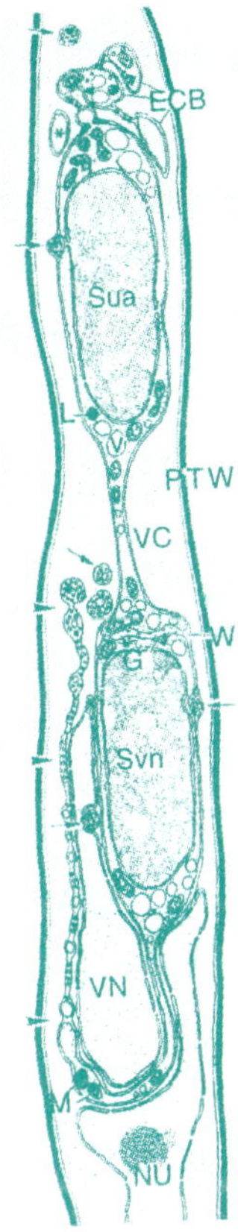

그림 4-11 2세포성 화분의 쌍자엽식물인 담배의 화분관 내에 있는 MGU의 재구성. 앞서가는 정세포(*Svn*)가 영양세포 핵(*VN*)과 따라가는 정세포(*Sua*)에 연결되어 있다. 정세포들은 핵이 없는 세포질체(*ECB*)와 포낭함유체(vesicle-containing bodies, 표식없는 화살과 화살촉)를 생성한다. *G*, 골지체; *L*, 지질체; *M*, 미토콘드리아; *NU*, 인; *PTW*, 화분관벽; *V*, 액포; *W*, 정세포벽.

4.1.3 배우자체의 비정상적인 발달

웅성 배우자체, 즉 화분이 발달하는 과정에서 여러 가지 원인에 의해 아예 화분을 형성하지 못하거나 화분이 제대로 발육하지 못하여 수정 능력을 상실한 불임화분을 만드는 경우가 있는데, 이를 웅성불임(male sterility)이라고 하며 작물의 재배 또는 육종학적으로 대단히 중요하다. 웅성불임은 다음과 같은 몇 가지 주요 원인들에 의해서 발생한다.

1) 약의 발달 억제, 조기 퇴화, 그리고 잎, 화판, 암술 모양으로의 변화 – 이러한 현상은 감수분열 전에 이미 결정된다.

2) 비정상적인 감수분열 및 배우자체 발달

(1) 소포자 모세포나 배우자체에 의해 결정

(a) 비정상적 감수분열 – 감수분열의 실패 또는 유전물질이 불균등하게 분배된 포자를 형성

(b) 비정상적 배우자체 발달 – 감수분열은 정상이나 배우자체 발달이 비정상이거나 불완전함

(2) 포자체에 의해 결정 – 감수분열의 교란 또는 배우자체 발달의 억제

3) 약 열개의 실패 – 정상적인 화분이 생성되었으나 화분이 방출되지 않음

4) 칼로오스의 조기 용해 – 소포자 발생 중 어느 시기에나 조기퇴화가 일어날 수 있음

5) 곰팡이나 바이러스의 감염

여기서는 불임화분이 소포자 모세포나 웅성 배우자체의 비정상적인 작용 또는 포자체의 요인에 의해서 일어나는 두 번째의 경우를 중심으로 살펴보고자 한다. 그 중 앞의 경우(유형 2−1)는 약 내에 임성화분과 불임화분이 섞여 있으나, 뒤의 경우(유형 2−2)는 약 내의 화분이 모두 불임이다.

배우자체성 웅성불임(gametophytic-determined pollen sterility)은 일반적으로 다배체의 감수분열 시 딸세포에 염색체가 불균등하게 분배되는 것과 같이 감수분열의 이상이 원인이 된다. 반수체 시기에 치명적인 결과를 가져오는 유전자 또는 극히 일부 결실된 부위가 이형접합되어 있는 식물에서 불임화분이 생긴다.

포자체성 웅성불임(sporophytic-determined pollen sterility)의 원인에는 유전적 요인, 세포질 요인, 또는 환경 요인들이 있다. 약의 발달 어느 시기에서나 불임이 일어날 수 있다. 피자식물에서는 유전자와 세포질에 의한 웅성불임이 많은데, 세포질성 웅성불임은 식물육종에 있어서 매우 중요하다. 유전적 요인의 화분불임은 열성유전자가 원인이다. 옥수수의 경우는 세포질 요인뿐만 아니라 유전자 요인에 의한 웅성불임도 보인다.

임성인 식물 중에 콩, 옥수수, 끈끈이장구채속의 *Silene pendula* 등은 광주기로, 벼는 온도를 변화시켜 웅성불임을 유도하기도 한다. 오옥신, maleic hydrazide, Dalapon과 같은 화학물질도 선택적으로 웅성불임을 초래한다.

대부분의 경우 웅성불임은 융단조직이 정상적인 기능을 하지 못하기 때문에 일어나며 몇 가지 예를 들면 다음과 같다:

1) 정상적인 RNA 합성의 억제와 DNA 함량의 증가.
2) 융단세포의 비대. 세포질 RNA가 증가하고 다핵이 된다. 세포들이 약실 내를 점유하게 됨으로써 소포자 모세포와 소포자들이 짓눌리게 되거나 이 비대세포들에 흡수되어 버린다.
3) 융단조직의 조기퇴화로 인하여 발달 중인 소포자에 영양 공급 결여.

현재는 담배에서 분리된 융단조직-특이적인 프로모터인 pTA29에 박테

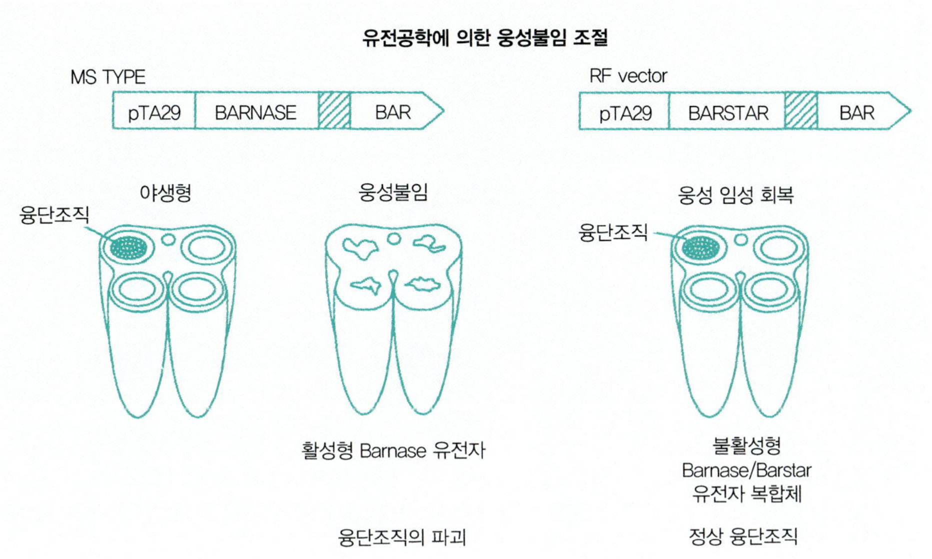

그림 4-12 Barnase와 barstar 유전자를 이용하여 유전공학적으로 웅성불임을 조절하는 모식도.

리아의 BARNASE 유전자를 결합시킴으로써 다양한 피자식물에서 웅성불임을 유도할 수 있다. 이 키메라 유전자(chimeric gene)로 인해 융단조직이 조기에 붕괴되고 소포자 발달이 중지된다. BARNASE 유전자가 있는 식물에 다른 박테리아 유전자인 BARSTAR를 넣으면 BARNASE 유전자에 의해 만들어진 단백질을 불활성화시킴으로써 웅성임성을 다시 회복시킬 수 있다(그림 4-12).

4.1.4 예외적인 특징

1. 사초과 식물의 화분 발달

대부분의 피자식물에서는 소포자 모세포의 감수분열에 의해 4개의 반수성 핵이 생겨나고 이들 모두가 기능을 하는 소포자로 발달한다. 그러나 사초과에 속한 식물들은 화분발달 양식이 특이하다. 감수분열에 의해 생겨난 4개의 핵 중 하나만이 정상적인 기능을 한다. 기능이 있는 핵은 가운데에 위치하며 기능이 없는 3개의 핵은 한 쪽에 몰려 있다. 방동사니속, *Kyllinga* 속 및 고랭이속에서는 기능이 없는 핵들이 세포벽에 의해 기능이 있는 핵들과 구분되어 있다(그림 4-13A,B). 기능이 없는 핵 사이에도 이와 유사한 벽이 형성된다. 기능이 있는 핵은 분열하여 영양세포와 생식세포를 형성한다. 기능이 없는 핵도 분열을 시작하기도 하지만 결국에는 퇴화된다(그림 4-13C).

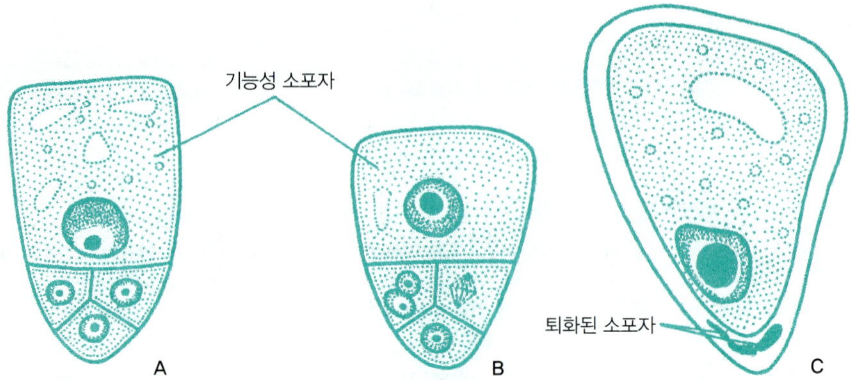

그림 4-13 방동사니속의 화분 발달. **A.** 기능이 없는 소포자들이 한 쪽에 위치한다. 기능이 있는 커다란 소포자는 크고 뚜렷한 핵을 가진다. **B.** 기능이 없는 소포자 핵 중 두 개가 분열하였다. **C.** 기능이 없는 소포자가 퇴화되었다.

2. 화분배낭

일반적으로 성숙한 화분의 핵은 두 개 또는 세 개이다. 간혹 더 많은 핵을 가지는 화분이 있어 비정상적인 웅성 배우자체가 만들어지기도 한다. 그러나 백합과에 속한 식물 중에는 웅성 배우자체의 핵의 수가 증가하여 자성 배우자체, 즉 배낭과 같은 구조가 형성된다. 1898년 Nemec이 처음으로 히야신스의 화판상 약에서 화분배낭(pollen grain embryo sac)을 발견하였다. 이러한 사실은 이후 여러 연구자들에 의해 확인되었다. 이와 유사한 비정상적인 화분이 *Ornithogalum nutans*, 범의귀과의 *Heuchera micrantha* 및 단향과의 *Leptomeria billardierii* 등에서도 보고되었다. 이러한 화분배낭은 영양핵이 계속 분열하여 생기기도 하고, 소포자 모세포가 계속 분열하여 생기기도 한다.

히야신스속의 경우 유전형에 따라서는 일정한 조건 하에 있게 되면 일부 소포자들이 크기가 커지고 포자벽에서 이탈하여 주머니 모양의 구조를 갖는 것이 있다. 이들 중 어떤 것은 기능이 있는 대포자의 핵처럼 3회 분열하여 8핵으로 된 배낭과 유사한 구조를 형성한다. 화분배낭 중 일부는 핵의 수가 더 많거나 적은 경우도 있다. 1930년 Stow는 이러한 화분배낭 내에서 극핵이 융합되는 것을 관찰하였다. 화분배낭을 다른 품종의 정상적인 화분과 함께 한천배지에서 배양하면 화분관은 화분배낭을 향해 화학주성을 나타내기도 한다.

이와 같은 사실은 포자가 배낭으로 발달하도록 하는데 필요한 자극이 배주에만 국한되어 있는 것이 아니라는 것을 의미한다. 어떤 실험조건 하에서는 배양 중인 소포자들이 배낭과 같은 구조를 형성할 수도 있다.

4.2 화분벽의 발달과 구조

4.2.1 화분벽의 발달

화분벽 형성은 크게 두 단계로 이루어진다(그림 4-14). 첫 단계는 4분체 시기에 일어나며 벽물질이 소포자의 세포질에서만 공급된다. 두 번째 단계는 칼로오스벽이 분해되어 소포자가 유리되어 나온 이후에 형성되는데, 벽물질이 소포자에서 뿐만 아니라 융단세포에서도 공급된다. 감수분열 말기 반수성인 4개의 소포자는 칼로오스로 된 벽으로 둘러싸여 있다. 각각의 소포자 자체는 벽이 없고(그림 4-15 A, 4-16 A) 4분체의 칼로오스에 의해 다른 소포자로부터 분리되어 있다. 각 소포자의 벽은 칼로오스벽 내에 있는 동안 형성되기 시작된다.

처음 형성되는 화분벽은 섬유소로 된 원표벽(primexine)이다. 이 섬유소의 미세섬유는 포자의 굴곡을 이루는 원형질막과 칼로오스벽 사이에 생

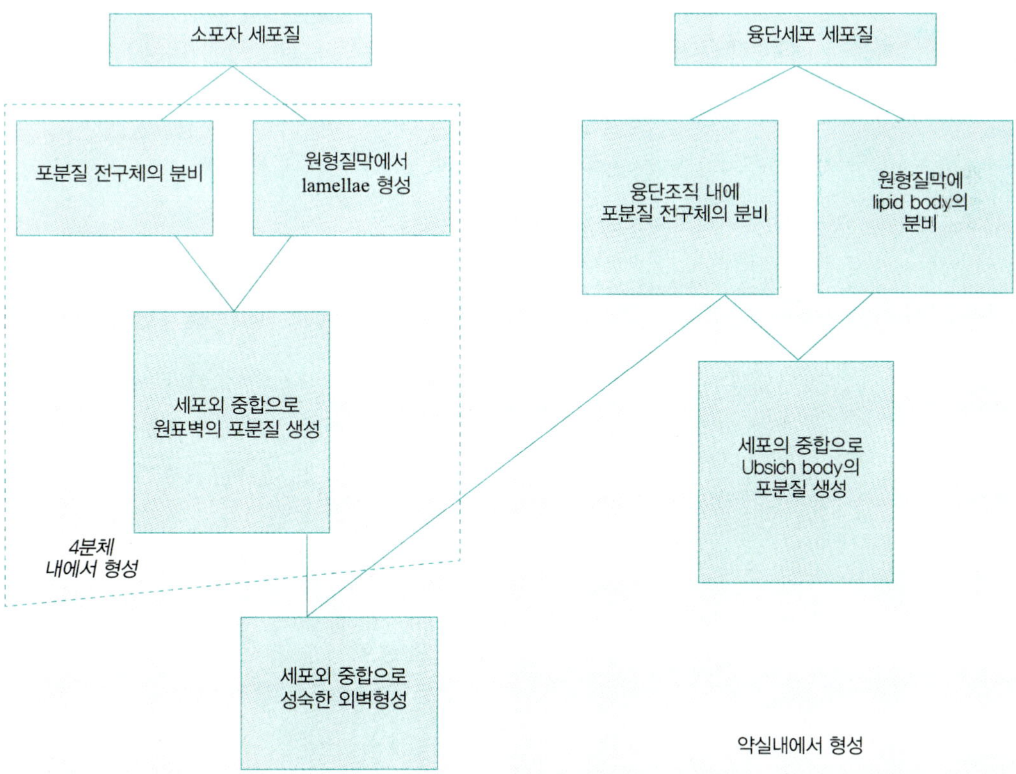

그림 4-14 나리속에서 Ubisch body의 형성과 표벽 발달을 보여주는 모식도.

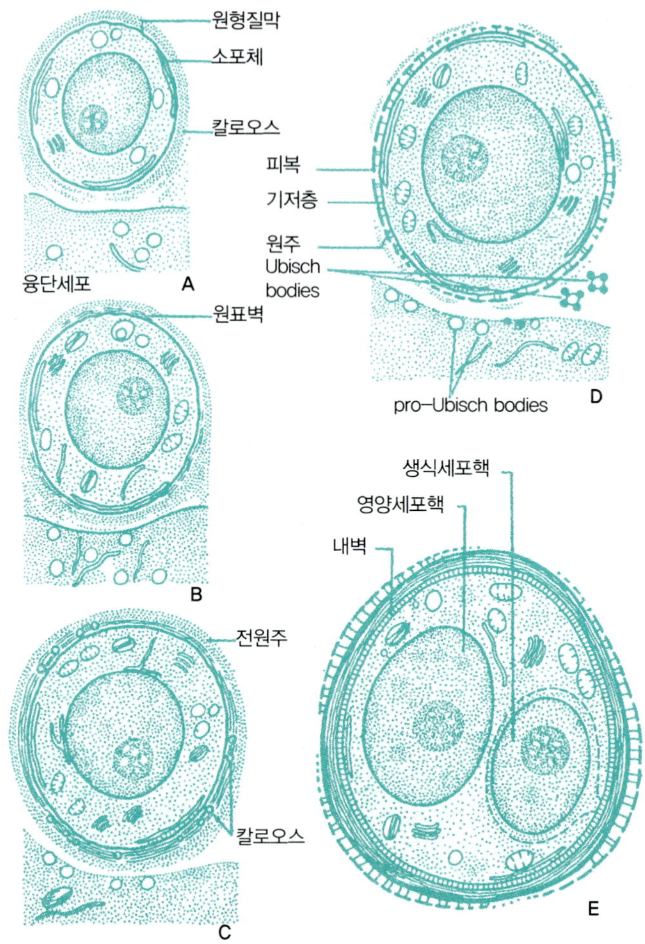

그림 4-15 Ubisch body의 형성과 화분벽의 발달. 상세한 내용은 본문 참조.

긴다(그림 4-15B, 4-16B). 소포자의 원형질막 바로 아래 세포질의 몇몇 곳에는 소포체가 자리잡는다(그림 4-15A,B). 소포체가 있는 부분에는 원표벽이 만들어지지 않으며(그림 4-15B,C), 이 간극들에는 발아공이 생긴다. 섬유소로 된 원표벽이 어느 정도 굵어지면 간극들이 더 나타나고 원형질막 표면의 이 간극에 기둥들이 쌓인다(그림 4-15C, 4-16C,D). 이 기둥들을 전원주(probacula)라고 한다. 이 후 포자의 세포질 내에서는 포분질의 전구체가 합성되며 전원주의 층상 표면에서 축적되는데 이 시기에는 원주(bacula)라고 한다. 원주의 분포와 방향은 매우 다양하며 이에 따라 성숙한 화분의 표벽 형태가 달라진다. 이 후 원주의 하부는 원표벽의 섬유소층으로 확장한 후 연결되어 기저층(foot-layer)을 형성한다(그림 4-15D, 4-15G). 즉, 원주는 이 기저층 위에 있게 된다. 원주의 윗부분 역시 사방

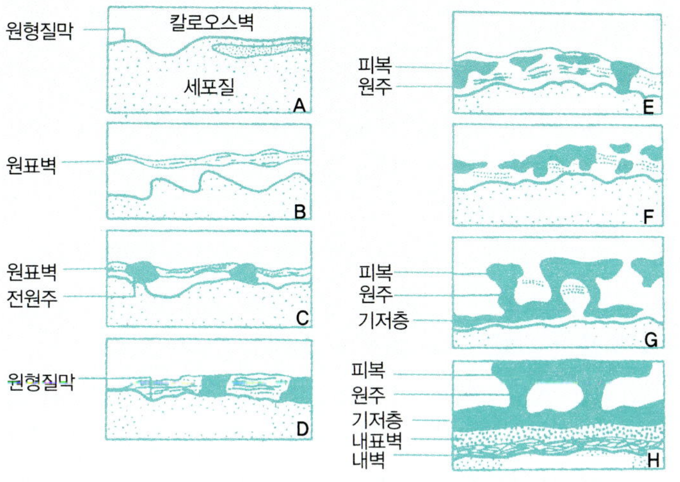

그림 4-16 *Helleborus foetidus*의 화분벽 발달. 소포자 또는 화분벽의 일부만 확대하여 나타내었다. **A.** 원형질막은 칼로오스벽에 의해 직접 둘러싸여 있다. **B.** 섬유소로 된 원표벽이 원형질막과 칼로오스벽 사이에 나타난다. **C, D.** 원표벽에 전원주들이 나타난다. **E.** 원주와 피복이 형성된다. **F, G.** 칼로오스벽이 사라지고 외표벽이 발달한다. **H.** 완전히 발달된 화분벽.

으로 자라서 피복(tectum)을 형성한다(그림 4-15D, 4-16E~H). 화분 표벽층의 정교한 문양은 종종 이 피복 때문에 나타난다. 화분에 따라서는 원주의 끝이 혹 모양으로 되기도 한다. 이때까지의 표벽층 형성은 4분체의 칼로오스벽 내에서 일어난다. 따라서 성숙한 표벽 층의 문양은 소포자가 분리되기 전에 이미 만들어지는 것이라고 할 수 있다.

4분체 말기에 칼로오스가 점차 분해되고(그림 4-15D, 4-16F-H), 각 소포자는 약실 내에서 서로 분리된다. 분리된 소포자에서는 표벽의 가장 안쪽 층과 내벽이 형성된다(그림 4-15E, 4-16H). 내벽 형성은 체세포의 1차벽 형성과 유사하게 딕티오솜의 작용에 의해 일어난다. 내벽 형성에는 두 가지 특징이 있다. 첫째, 내벽의 초기 생장 동안 표벽의 가장 안쪽에 위치한 내표벽(endexine)이 비대해지며 소포자로부터 공급되는 벽물질과 포분질 전구체는 발달 중인 내벽을 통과해야만 한다. 둘째, 판 또는 리본 모양의 단백질성 물질이 내벽의 발아공 근처에 집적된다. 이 단백질은 효소 활성을 갖는다.

소포자벽이 4분체의 칼로오스벽 내에서 형성되는 동안 융단세포의 세포질에서는 구형의 유지방체가 나타난다(그림 4-14A~C). 이들은 pro-Ubisch body라고 하는데 세포표면으로 이동하여 포분질로 둘러싸인 후 약실 내로 방출된다(그림 4-15D). 포분질로 둘러싸인 Ubisch body는 표벽이 두꺼워지는데 관여한다. 그러나 융단세포에서 유래된 포분질로 화분벽의 구조가 새롭게 만들어지는 것은 아니며 단순히 4분체 시기에 만들어진 형태를 두껍게 만든다.

한편 pollenkitt라고 하는 화분벽 밖을 덮고 있는 두꺼운 점액성의 지질로 된 층을 충매식물의 화분에서 많이 볼 수 있다. 화분이 끈적거리고 냄새가 나며 색깔을 띠는 것은 이 pollenkitt 때문이다. Pollenkitt 구성물질은 융단세포에서 공급되며 이후 화분 표면으로 이송된다. 주로 carotenoid와 flavonoid 색소로 되어 있으며 이 때문에 화분이 노란색, 또는 오렌지색을 띠게 된다. Pollenkitt는 그 밖에도 당단백질, 지질, 당지질, 단당류와 같은 물질을 함유하며 끈적거리는 특성을 갖는다.

1979년 Hesse는 충매식물 및 풍매식물인 단풍나무속과 다른 몇 과에서 pollenkitt의 특성과 기능에 관하여 자세히 연구하였다. 그에 의하면 충매식물 종의 pollenkitt는 전자밀도가 높으며 화분 표벽에 균일하게 분포되어 있어 화분이 끈적거리게 한다. 한편 풍매식물의 경우 pollenkitt는 전자밀도가 낮고 분포가 균일하지 않으며 양이 적다. 또 표벽 천공에 침적되므로 화분표면이 가루처럼 끈적거리지 않는다.

Pollenkitt의 기능은 분명하지는 않으나 다음과 같을 것으로 추측된다.

1) 곤충을 유인하는 작용.
2) 자외선으로부터 화분을 보호하는 작용.
3) 끈적거리는 성질로 인해 곤충에 달라붙는 작용.
4) 소수성으로 인해 화분이 멀리 퍼질 수 있게 하는 작용.
5) 포자체성 자가불화합에 관여하는 작용.

4.2.2 화분벽의 일반적인 구조

성숙한 화분벽은 층상구조로 되어 있다. 화분벽은 크게 두 층으로 되어 있는데, 벽의 안쪽 층을 내벽(intine)이라 하고 바깥층을 표벽(exine)이라고 한다. 표벽은 다시 여러 하부층으로 구분되어 있다(그림 4-17).

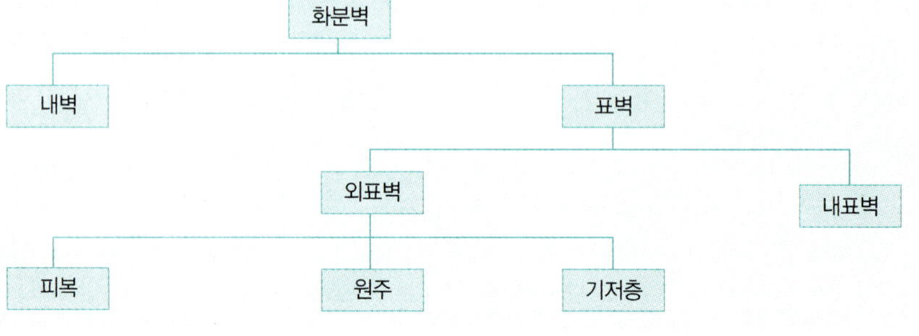

그림 4-17 화분벽층

내벽은 체세포의 1차벽처럼 pecto-cellulose로 되어 있다. 섬유소는 미세섬유로 되어 있고 그 방향은 표면과 평행하다. 내벽의 특성은 특히 발아공 근처에 구슬, 리본 또는 판 모양의 효소단백질이 있다는 것이다.

표벽은 주로 포분질(sporopollenin)이라는 물질로 구성되어 있다. 이 물질은 carotenoid로부터 산화 중합과정을 거친 유도체이며, 물리적 생물학적 분해에 대한 저항성이 강하다. 이와 같은 특성 때문에 화분은 종종 오랜 기간 동안 화석퇴적물에 보존되기도 한다. 또 화분벽은 약에서 주두로 화분이 이동하는 동안 여러 가지 위험으로부터 화분을 보호하는 기능을 한다. 표벽층의 다양한 형태는 분류의 기준이 된다. 과, 속 드물게는 종을 구분할 때에 이용된다.

Scitamineae와 몇몇 열대성 녹나무과 식물의 화분은 매우 특이해서 내벽이 매우 두껍고 표벽은 가시 모양의 돌기가 약간 있는 정도로 감소되어 있다. 이것은 습한 열대 우림에서 화분 이동이 용이하도록 적응된 것으로 생각된다.

4.3 웅성 배우자체의 형태

성숙한 화분립의 외부 형태에 관한 연구 분야를 화분학(palynology)이라고 한다. 화분학이란 용어가 1845년에 Hyde와 Williams에 의해 처음 사용된 이래, 몇 가지 중요한 연구업적이 있었으며, 화분학은 기본적인 측면과 응용적인 측면에서 주요 관심 분야로 떠오르게 되었다.

화분립은 발생초기에 4개가 한 단위가 되어 4분립(tetrad)을 구성한다. 각각의 화분립은 그 양쪽 끝에 2개의 극을 가지며(그림 14-18), 두 극의 연결선을 보통 극축(polar axis)이라 한다. 근극(proximal pole; p.p.)은 근극면(4분립의 중심쪽 반구면)의 중심에 있고, 원극(distal pole; d.p.)은 원극면(4분립의 중심 반대쪽의 반구면)의 중심에 있다. 극축은 항상 화분 정단의 원극과 기부의 근극을 연결하는 직선이다. 화분립들은 그 두 면이 다른 경우 이극성(heteropolar)이라 하고, 유사한 경우 등극성(isopolar)이라 부른다. 이극성 화분립의 경우 한 쪽 면에만 발아구가 존재하고 다른 쪽 면에는 발아구가 없다. 적도(equator)는 등극성 화분립 표면을 따라 양극 중앙을 통과하는 선이다. 통일된 방법으로 화분립을 설명하고 형태를 원활히 비교하기 위하여, 화분 용어를 결정하고 이들에 대해 명확하게 정의하는 일이 매우 중요하다. 화분립에 대한 개략적인 도해를 화분도(palynogram)라고 한다(그림 4-18).

발아구(aperture)는 화분 표면의 연약한 부위로서 직접적 혹은 간접적으로 화분의 발아와 관련되어 있다. 긴 발아구는 구구(colpi), 짧은 발아구

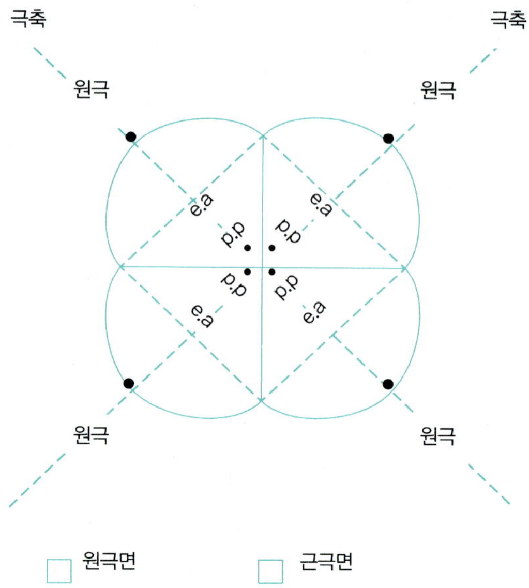

그림 4-18 동일 평면상에 위치한 4분립의 모식도. 각각의 화분에서 극축, 적도면 상의 적도축(e.a.), 원극면, 근극면, 원극 및 근극(p.p.)을 보여주고 있다.

는 공구(pores)라 한다. 발아구는 단순유형(단순발아구, simple aperture)이거나, 복합 유형(복합발아구, compound aperture)으로 나타난다. 단순발아구를 갖는 화분을 구형(colpate; 구구를 가짐) 또는 공형(porate; 공구를 가짐) 화분이라고 한다. 복합발아구는 발아구의 중심부에 해당하는 구역(oral)과 주변부인 구구역(colpal) 또는 공구역(poral)으로 구성되는데, 구구역은 복합구구(compound colpi)를 갖는 공구형화분(colporate pollen)에서, 공구역은 복합공구(compound pores)를 갖는 중공형화분(pororate pollen)에서 각각 관찰된다.

NPC는 발아구의 수(*N*), 위치(*P*), 및 특징(*C*)을 나타낸다(그림 4-19). 이 체계에서 '구(口, treme)'라는 용어는 화분의 분류를 원활히 할 목적으로 '발아구(aperture)'라는 용어 대신 사용이 권장되어 왔다(그림 4-19). 발아구가 없는 화분립은 무구형(atreme) 또는 N_0라고 한다. 발아구가 있는 유구형(nomotreme)은 발아구의 수에 따라 1구형(monotreme; N_1), 2구형(ditreme; N_2), 3구형(tritreme; N_3), 4구형(tetratreme; N_4), 5구형(pentatreme; N_5) 또는 6구형(hexatreme; N_6)으로 분류되며, 6개 이상의 발아구(7 또는 그 이상)가 있는 화분은 다구형(polytreme; N_7)이라고 한다. 수와는 무관하게 발아구가 불규칙하거나 불규칙하게 배열된 경우에는 부정구형(anomotreme; N_8)으로 분류된다.

발아구의 위치(*P*)로는 7종류(P_0~P_6)로 구분한다(그림 4-19). 발아구가 근극면에 위치할 때는 근극면구형(catatreme; P_1), 원극면에 있을 때는

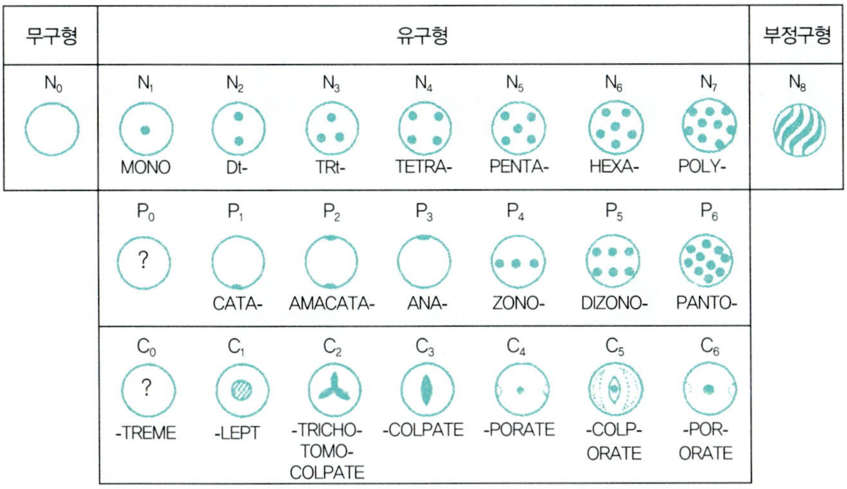

그림 4-19 NPC-체계. 발아구의 수(*N*), 위치(*P*), 특징(*C*)을 나타낸 그림. 자세한 내용은 본문 참조.

원극면구형(anatreme; P_3)으로 나타낸다. 발아구의 중앙이 적도에 위치할 때에는 병구형(zonotreme; P_4)이라 한다. 발아구가 화분 표면 전체에 걸쳐 대략 규칙적으로 배열되어 있으면 산구형(pantotreme; P_6)이라고 부른다.

발아구의 특징(*C*)도 위치의 경우와 같이 7종류(C_0-C_6)로 구분된다(그림 4-19). 발아구의 특징이 알려지지 않았을 때에는 C_0(0는 '의문'을 나타냄)로 나타내고, C_1은 전형적인 발아구가 아닌 발아구와 유사한 얇은 구역, 즉 구상역(leptoma)이 있음을 표현한다. 구상역이 한 개인 경우는 단구상역형(monolept)이며, 구상역이 근극면에 위치할 때에 근극면구상역형(catalept), 원극면에 위치할 때에는 원극면구상역형(analept)이라고 한다. 3개의 좁은 구구를 갖는 화분은 C_2에 포함시키고 3합구형(trichotomocolpate; C_2)이라고 부른다. 나머지 특징들, 즉 C_3, C_4, C_5 및 C_6는 각각 구형(colpate), 공형(porate), 공구형(colporate) 및 중공형(pororate) 화분립을 의미한다.

화분립의 형태는 적도의 지름이 극축 길이의 2배 이상인 매우 납작한 과단구형(peroblate)부터 적도의 지름이 극축 길이의 1/2 이하인 매우 신장된 과장구형(perprolate)에 이르기까지 매우 다양하다. 그러나 화분 형태의 다양성이 식물의 분류와 계통 추구에 매우 특징적인 정보를 제공해 주기는 하지만, 발아구의 경우보다는 덜 중요한 것으로 평가된다.

화분립의 크기는 왜지치속의 약 10μm부터 박과와 분꽃과의 200μm에 이르기까지 매우 다양하다.

4.3.1 화분벽의 특징

Walker와 Doyle(1975)은 화분벽 구조(pollen wall feature)에는 화분벽의 층상구조(stratification), 표벽구조(exine structure) 및 표벽무늬(exine sculpturing)를 모두 포함해야 한다고 제안하였다.

1. 표벽의 층상구조

화분벽을 이루는 2개의 주요 층상구조는 내벽과 표벽이다(그림 4-20). 이들 중 내벽은 안쪽의 다소 균일한 층이다. 내벽은 pecto-cellulose로 되어 있고, 보통 초산분해에 의해 파괴된다. 바깥층인 표벽은 초산 분해에 강하며, 또한 물리적, 생물학적 분해에도 강하다. 이와 같은 표벽의 특징 때문에 화분립은 화석 퇴적물로서 오랜 기간 동안 잘 보존된 상태로 발견된다.

형태학적으로 표벽은 2개의 뚜렷한 층으로 구분된다(그림 4-20). 말하자면 (a) 입체적인 조형물로 구성되는 바깥쪽의 sexine과 (b) 입체적인 조형물이 없는 안쪽의 nexine으로 구분한다. Sexine은 내부의 원주(columellae, bacula)라고 부르는 막대형의 구조물과, 원주의 상부를 덮는 지붕 모양의 피복(tectum)으로 세분된다. 따라서 표벽은 피복, 원주, nexine의 전형적인 3개의 층으로 구성되어 있다. 피복은 평평한 상태이거나 발달과정에 따라 다양한 형태를 띠게 된다.

전자현미경은 물론 광학현미경으로도 표벽은 화학적으로 2개의 층으로 구분됨이 입증되었는데, 바깥층은 외표벽(ektexine)이고 안쪽의 층은 내표벽(endexine)이다(그림 4-20). 이들 두 층이 항상 형태학적으로 구별되는 2개의 층, 소위 sexine과 nexine에 상응하는 것은 아니다. 때때로 nexine의 바깥층, 즉 기저층(foot-layer)은 sexine과 화학적으로 유사하다. 초산 분해된 화분에서 기저층은 alcoholic fuchsin에 의해 붉게 염색된다. 이러한 경우에 외표벽은 sexine과 기저층을 포함하게 된다. 또한 표벽이 화학적으로 2개의 층으로 구별되지 않는 경우도 보고되는데, 이러한 동질성 표벽은 외표벽성이거나 내표벽성일 수 있다.

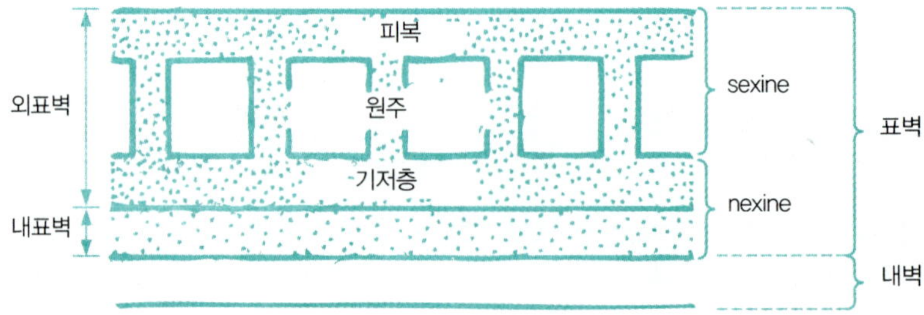

그림 4-20 초산분해 처리를 하지 않은 전복성 화분에서 화분벽의 층상구조를 보여주는 그림.

2. 표벽구조

구조적으로 표벽은 전복성(tectate), 반복성(semitectate) 및 무복성(intectate, atectate)의 3가지 기본 유형으로 나뉜다. 전복성과 반복성 표벽은 nexine, 원주 및 피복으로 구성된다. 전복성 표벽은 피복이 연속된 지붕 모양을 이루는 반면(그림 4-20), 반복성 표벽의 경우는 피복이 부분적으로 천공되어 있고, 천공의 지름이 천공 사이의 화분벽 두께보다 커서 열린 망상구조를 보이게 된다. 피복이 존재하지 않아 원주가 독립적으로 존재하면서 노출되어 있으면 무복성 표벽이라고 한다.

화분벽 표면에 존재하는 미세한 구조물이 표벽의 표면구조를 형성한다. 표면구조의 몇 가지 중요한 유형으로는 평활상(psilate; 표면이 매끄러움), 유공상(foveolate; 작은 구멍이 있음), 추문상(fossulate; 부정형의 홈이 파여 있음), 미립상(scabrate; 1μm 이하의 돌기가 있음), 과립상(verrucate; 1μm 이상의 돌기가 있음), 봉상(baculate; 막대형의 구조물이 있음), 곤봉상(pilate; 정단이 부풀은 막대형의 구조물이 있음), 두상(gemmate; 자루가 없는 구형의 돌기물이 있음), 자상(echinate; 가시모양의 구조물이 있음), 난선상(rugulate; 선상으로 연결된 불규칙한 유선형의 구조물이 있음), 유선상(striate; 선상으로 연결된 비교적 규칙적인 유선형의 돌기물이 있음), 미공상(punctate; 1μm 이하의 미세한 구멍이 있음) 및 망상(reticulate; 열린 망구조가 있음) 등이 있다.

화분벽 문양의 세부 구조물은 화분을 얇게 절단한 면에서 명확하게 나타나며, 화분 전체의 LO-분석(LO-analysis)으로 확인할 수 있다. 화분벽 문양은 현미경의 고위 초점에서 어두운 바닥과 구분되어 밝은 섬 모양으로 나타나며, 하위 초점에서는 밝은 바닥과 구분되어 어두운 섬 모양으로 보인다. 즉, 고위 초점에서 보이는 모습은 하위 초점에서 보이는 것과 정확히 상반되는 것이다. 고위와 하위 초점에서 나타나는 모양을 비교 평가한 것을 LO-형태(LO-pattern)라고 한다(그림 4-21).

그림 4-21 *Costus speciosus*의 LO-형태.

4.4 화분학의 응용

화분학(palynology)은 기초학문적인 면과 응용학문적인 면이 있다. 기초학문적인 면으로는 분류학과 관련된 화분 형태에 대한 연구가 해당하고, 응용학문적인 면으로서는 화석 속의 화분을 연구하는 지층화분학(geopalynology), 대기 중의 화분을 연구하는 대기화분학(aeropalynology), 고초열, 범죄학 등 의학적 관점에서 연구하는 의료화분학(iatropalynology) 및 벌꿀에 포함된 화분을 연구하는 화밀화분학(melittopalynology) 등이 있다.

지층화분학은 석탄 속에 들어 있는 식물 속과 종의 화분을 분류함으로써 석탄층과 석유층의 관계와 같은 층서학적 문제점을 조사하는 주요한 수단이 되며, 암석의 연대 결정에도 도움을 준다. 응용화분학의 용도는 석유지질학(oil geology)에서 최고치를 발휘한다. 많은 화분과 포자의 유형이 화석의 지표역할을 하기 때문에, 화분과 포자는 석유를 함유하고 있는 지층을 탐색하는 데에 공헌해왔다. 실제로 가장 시설이 훌륭한 화분학 실험실들은 석유회사에 의해 설립된 것이다.

대기화분학은 의학, 임학, 고식물학에서의 응용성 때문에 매우 중요하게 다루어지는 대상이다. 현재에는 공기 중의 부유화분이 건초열과 계절성 천식과 같은 알러지들의 유발원임이 입증되었다. 부유화분의 유형에 대한 정보는 알러지 유발원(allergens)을 찾아내는 데 크게 도움이 되고 있다. 건초열을 유발하는 식물의 대부분은 잡초이거나 잔디류 식물이다. 인도에 자생하는 몇몇 알러지를 유발하는 분류군은 가시비름, 비쑥, 흰명아주, 우산잔디, 피마자, 수수새속의 *Sorghum vulgare, Prosopis juliflora* 등이다. 산림에 있는 수목의 종자 생산도 대기 중의 화분 존재와 밀접하게 연관되어 있다.

화분립은 그 지역과 주변 환경의 식생을 매우 잘 반영하기 때문에 범죄장소를 알아내는 데 유용하게 쓰인다. 몇몇 예에서 손톱 밑의 이물질, 신발이나 의복에 묻어 있는 진흙 속의 화분을 연구함으로써 범죄 장소를 알아내는 일이 가능해졌다. 그런가 하면, 위장의 내용물이나 배설물에서 채취한 화분 표본이 브라질에 있었던 몇몇 사망사건의 단서를 제공했던 경우도 있다. 사망의 원인은 독성 화밀(벌꿀)의 섭취 때문인 것으로 밝혀졌다. 무환자나무과의 *Serjania lethalis*라는 독성 식물의 화분이 희생자 중 한 명의 위장 내용물에서 검출되었으며, 희생자들은 독성 화밀을 먹은 후 사망했던 것으로 밝혀졌다.

화분으로 만든 정제, 강장제, 크림 등이 유용한 특성을 나타낸다는 몇 가지 보고가 있다. 화분정제는 전립선염의 치료에 사용되어 왔는데, 이에 대한 치료효과는 반복된 실험을 거쳐 확인된 것이다.

식물은 화분과 화밀의 공급원으로 꿀벌은 이들을 채취하여 먹이를 만든다. 화분은 비타민, 무기염류, 아미노산을 화밀에 제공할 뿐만 아니라 화밀과 화분이 채취되는 식물에 대한 정보를 제공해 준다. 화분은 또한 화밀 내의 혼합물 탐지에 도움을 주고, 부도덕한 상인을 조사하는 데 기여한다. Nair(1963)는 인도의 여러 지역에서 수집된 화밀에 대하여 광범위한 연구를 수행하였다. 이와 같은 분석적 연구는 화분이나 화밀을 생산해내는 식물에 대하여 유용한 자료를 제공해왔다. 숙련된 화밀화분학자는 서로 다른 두 지역에서 채취된 화밀을 쉽게 구별해낼 수 있으며, 또한 화밀이 만들어진 시기도 알아낼 수 있다.

화밀은 어느 한 식물의 화분이 50% 이상 들어 있을 경우 단화성(unifloral)이라 하고, 여러 종류의 식물 화분이 각기 상당한 비율로 포함되어 있을 때에는 다화성(multifloral)이라고 한다. 인도산 76종류의 화밀 시료를 현미경으로 조사한 결과 *Eugenia*속, *Nephelium*속, 무환자나무속, *Putranjiva*속, 귤속, 산박하속, 배추속, *Holoptelea*속, 오리나무속, *Borassus*속 및 종려과 식물의 화분이 포함되어 있음이 밝혀졌다. 이와 같은 분석적 연구는 어떤 지역의 화분과 화밀을 생산하는 식물에 대한 유용한 정보를 제공해 주며, 양봉장을 개설하는 데에 도움을 주게 될 것이다.

Chapter

05 대포자낭

대포자낭(megasporangium)과 보호층인 주피(integument)를 합하여 배주(ovule)라고 한다. 배주는 자방 내벽에 있는 태좌에 주병이라고 하는 자루에 의해 연결되어 있다. 수정을 준비하는 배주는 하나 또는 두 개의 주피로 완전하게 덮인 주심조직으로 이루어져 있으며, 정단부에 작은 구멍을 가지고 있다(그림 5-1). 주공(micropyle)이라고 부르는 이 구멍은 화분관이 배주로 들어가는 주된 통로이다. 주병이 부착된 배주의 기부를 합점(chalaza)이라고 한다. 배낭(embryo sac)이라고 부르는 자성 배우체는 주심조직 안에 있다.

성숙한 배주는 5가지 주된 유형으로 분류된다(그림 5-2). 배주의 유형은 주로 주병과 주공의 위치 관계에 근거를 둔 것이다. 직생배주(orthotropous)에서는 주공과 주병이 일직선상에 놓여 있다. 도생배주(anatropous)는 배주의 단측생장(unilateral growth)으로 인해 주공이 주병 가까이 위치하게 된다(그림 5-1). 피자식물에서는 도생배주가 가장 흔한 유형이다. Davis(1966)에 따르면, 피자식물 전체 과의 82%가 도생배주인 것으로 나타난다(표 5-1). 만생배주(campylotropous)는 배주의 굴곡된 정도가 도생배주보다 덜하다. 곡생배주(amphitropous)는 배주의 굴곡이 주심에 영향을 미쳐 주심이 말굽형태로 되어 있다. 반도생배주(hemianatropous)는 주병이 주심과 주피에 직각으로 놓여 있다.

선인장과에서는 특이한 유형인 권생배주(cincinotropous)가 관찰된다. 주심의 융기는 최초에 주축과 일직선을 이루지만, 단측생장으로 인해 도생배주로 된다. 그러나 굴곡이 계속됨으로써 성숙한 배주에서 주공은 다시 위쪽을 향하게 된다. 피자식물에서 나타나는 여러 가지 유형의 배주 발생빈도를 각 유형의 예와 함께 표 5-1에 나타내었다.

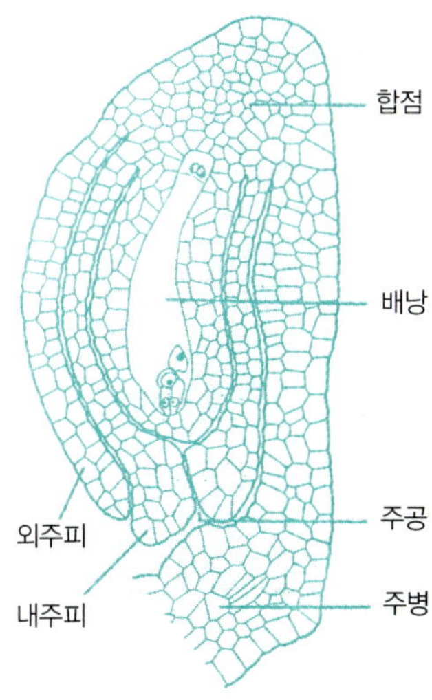

그림 5-1 *Limnocharis emarginata*의 도생배주 종단면.

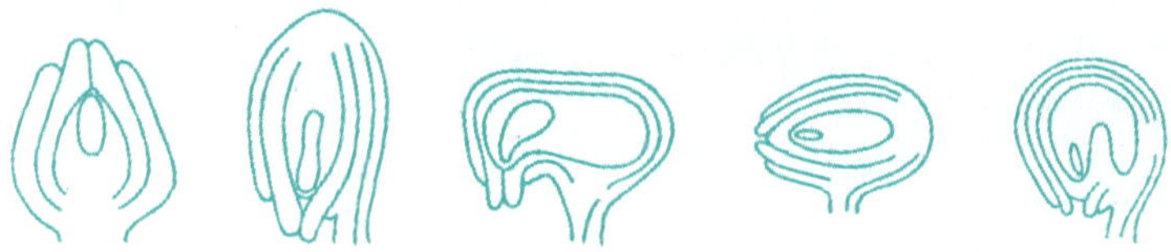

그림 5-2 배주의 형태.

표 5.1 피자식물에서 나타난 배주의 여러 가지 유형(Davis, 1966)

유형	출현한 과의 수*	예
배주		
도생	204	합판화강
직생	20	마디풀과, 후추과
반도생	13	앵초과, Malpighiaceae
만생	5	명아주과, Capparidaceae
곡생	4	Crossosomataceae, Leitneriaceae
권생	1	선인장과
주피		
복주피성	208	대극과, 수선화과
단주피성	90	가지과, 쥐꼬리망초과
주공의 형성		
내주피	88	앵초목, 중심자목
외주피	4	대극과, Podostemaceae
복주피	74	물옥잠과

* 과의 특성으로 알려진 특징만을 고려하였다.

5.1 주피

대부분의 배주는 하나 혹은 두 개의 주피(integument)로 구성된다. 하나의 주피를 가진 배주를 단주피성배주(unitegmic), 두 개의 주피를 가진 배주를 복주피성배주(bitegmic)라고 한다. 단주피성배주는 합판화 식물에서 우세하게 나타나는 반면, 복주피성배주는 주로 이판화와 단자엽식물에서 나타난다(표 5-1). Olacaceae의 일부 식물(*Liriosma, Olax imbricata, Ptychopetalum*)에서 배주는 주피가 결여되어 있는데, 이를 무주피성배주(ategmic)라고 한다.

개체발생학적으로 배주는 태좌 위에 동질적인 조직으로 된 작은 언덕 모양으로 발달한다(그림 5-3A). 이 단계에서 배주는 직생배주 상태를 보

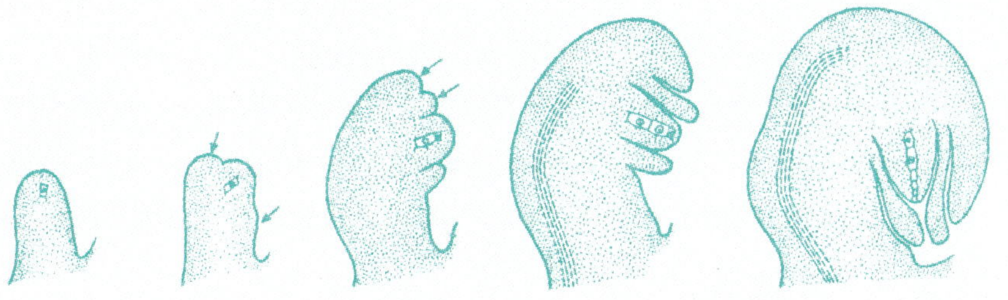

그림 5-3 A~E 서양매발톱꽃의 배주 발달 단계. 화살표들은 주피 원기를 가리킨다.

인다. 주피는 이 조직의 기부 가까이에서 발생하며(그림 5-3B), 이 조직은 성숙한 배주에서 주심을 형성한다. 내주피는 대극과에서는 아표피(subdermal)에서 발생되지만, 다른 모든 식물에서는 표피(dermal)에서 기원한다. 외주피는 표피나 아표피에서 발생한다. 주피의 분화와 더불어 배주는 굴곡을 시작하고(그림 5-3C,D), 대포자 4분체 단계에서 최종적인 형태를 갖춘다(그림 5-3E). 주피는 주심보다 늦게 발달함에도 불구하고 주심보다 빨리 자라기 때문에 주공 지역을 제외하고 주심을 완전히 감싼다. 아주 드문 경우이지만 *Macadamia*속(Proteaceae)에서는 주피의 생장이 아주 느리기 때문에 수정 후에도 주심을 감싸지 못한다.

복주피성 배주에서 내주피는 외주피보다 빨리 분화하지만 보통 외주피가 내주피보다 빨리 자라서 내주피를 덮는다. 성숙한 배주에서 외주피는 내주피에 비해 훨씬 더 크고 두껍다. 때때로 내주피는 외주피를 지나서 밖으로 돌출하기도 한다(Annonaceae, Cactaceae, Proteaceae, Trapaceae).

내 · 외주피의 원기는 독립적으로 주심의 기부에서 발생한다. 그러나 옻나무과의 *Lannea*속에서 내 · 외주피는 하나의 주피 원기의 분리에 의해서 발생한 것이다. 또한 Lecythidaceae와 Myrtaceae에서 배주의 단주피성 상태는 내 · 외주피가 융합되거나 내 · 외주피 중 하나의 생장이 억제된 것으로 생각된다.

배주 부위의 다양한 융합은 배주의 일반적인 특징이다. 복주피성 배주에서 두 개의 주피는 길이로 융합되거나, 또는 내주피는 다양한 길이로 주심과 융합되기도 한다. 도생 배주에서 주병의 측면에 있는 외주피는 흔히 주병과 거의 구별할 수 없는데, 이것은 이들의 선천적인 융합 때문이다(그림 5-2).

특히 선인장과에 속하는 일부 식물에서 합점쪽에 있는

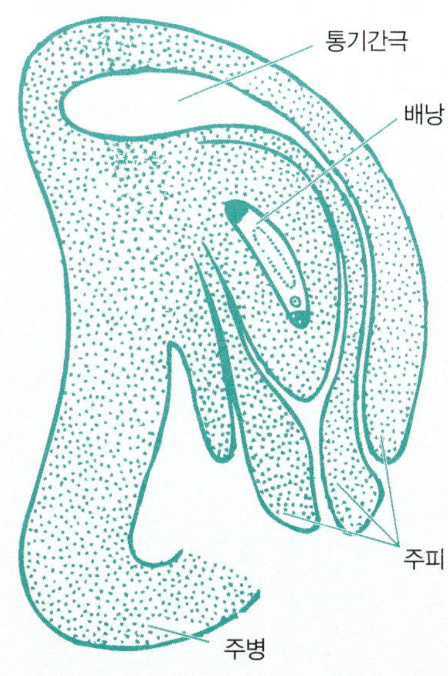

그림 5-4 *Bassia*속 배주의 성숙배낭 종단면. 외주피와 내주피 사이에 뚜렷한 통기간극이 보인다.

외주피와 내주피 사이에 뚜렷한 통기간극이 있다. 이 특징은 *Bassia*속(그림 5-4), 번행초(그림 5-7) 및 *Trianthema argenta*에서도 나타난다. 또한 외주피 표면에 기공이 발달하는 특징이 풍접초속, *Isomeris*속 및 목련속에서 보고되었다. 기공 외에도 많은 엽록소가 아마릴리스, 글라디올러스, *Hymenocallis occidentalis* 및 *Lilium martagon* 등의 주피에서 나타난다.

5.1.1 내강벽

단주피성이며 박층성주심배주를 갖는 합판화강에 속하는 대부분의 식물에서 주심은 배주 생장의 초기 단계에서 퇴화되며, 주피의 가장 안쪽 층은 배낭에 영양공급 기능을 수행하기 위해 특수화된다(그림 5-5, 5-11). 배낭 둘레에 존재하는 특수화된 이 조직을 내강벽(endothelium)이라고 한다. 내강벽의 분화는 복주피성배주를 갖는 일부 식물에서도 알려져 있다. 내강벽은 내주피의 내표피로부터 발생한다. 그것은 주심의 붕괴 이전에 분화하는 것 같다. 내강벽의 발생은 쌍자엽식물의 65개 과에서 관찰되고, 47개 과에서 분류학적 특징으로 이용된다.

내강벽은 보통 단층이지만, 국화과에서는 다층이다. 해바라기의 내강벽은 10~12층으로 알려져 있다. 내강벽 세포들은 방사상으로 신장되고 세포질이 풍부하며(그림 5-5), 녹말과 지방을 저장하고 있다. 이들은 때때

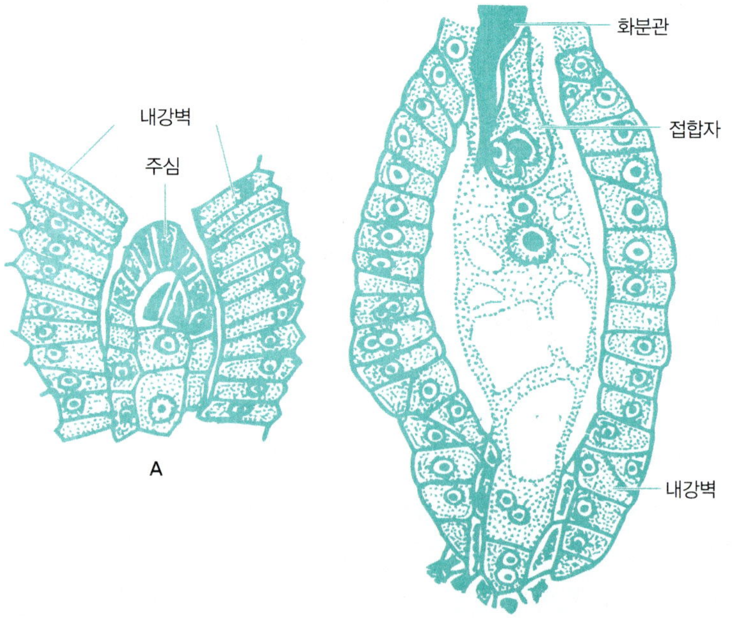

그림 5-5 국화과의 내강벽. A. *Volutarella ramosa*의 대포자 4분체 단계의 내강벽. B. *Golssocardia vosvallia*의 수정 후 내강벽.

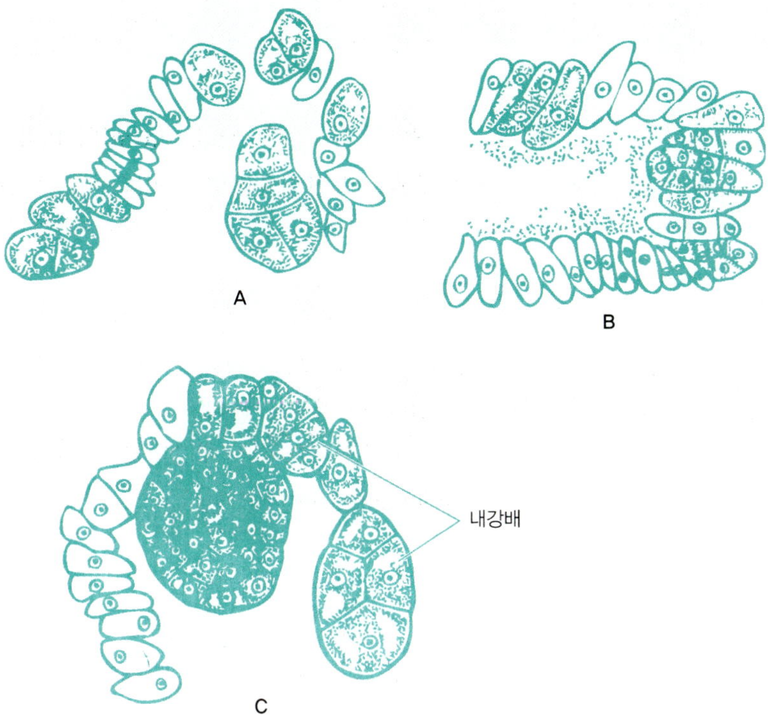

그림 5-6 *Melampodium divaricatum*의 내강벽 세포로부터 부정배의 발달.

로 2배체로 된다. 부전송이풀의 내강벽 세포는 32*n*의 배수성을 보여준다. *Balanites*속의 내강벽 세포는 다핵성이다.

내강벽 세포는 두 개의 각피층에 의해 주심으로부터 분리되는데, 각피층의 하나는 주심에, 다른 하나는 주피에 속한다. 이 두 각피층은 나중에 융합된다. 각피층 외에 내강벽 세포에서도 세포벽이 비후된다. 보통 내강벽은 배낭 전체를 덮는다. 그러나 때때로 내강벽은 합점으로부터 배낭의 2/3 지점까지 발달하거나 배낭의 주공측 말단에 국한되어 발달한다. 내강벽의 분화시기와 활성기간은 다양하다. 어떤 식물에서는 내강벽이 성숙종자의 종피에 뚜렷한 층으로 남아있는 경우도 있다. 또한 꽃고비과, 아마과 및 Plantaginaceae에서는 내강벽이 색소층을 형성하기도 한다.

초미세구조적인 수준에서 내강벽 세포는 분열조직과 분비조직 세포의 특성을 보여준다. 이들은 고농도의 단백질, RNA, 탄수화물, 아스코르브산 및 효소들을 함유하고 있다. 내강벽 세포들은 원형질연락사를 통해 다른 내강벽세포들이나 주피의 세포들과 물질교류를 한다. Esser(1963)는 페튜니아의 내강벽 세포벽에 칼로오스가 존재한다고 보고하였다. 아마도 칼로오스는 수정시에 포자체 조직의 영향으로부터 배낭을 격리시키는 것으로 생각된다.

Chrysanthemum makinoi × *C. japonense*와 같은 불화합성 교배에서 내강벽 세포의 증식은 배낭의 흡수 결과로 생긴다. 이것은 독말풀속, 토마토속, 담배속 및 감자속의 불친화적인 조합에서도 관찰된 바 있다.

내강벽 세포의 한 가지 흥미로운 특징으로 부정배 형성을 들 수 있다. Maheshwari와 Pullaiah (1976)는 *Melanipodium divaricatum*에서 때때로 내강벽 세포들이 난세포처럼 보이고, 세포분열을 하여 접합자배(zygotic embryo)와 유사한 구조를 형성한다고 보고하였다. 이러한 배에는 배병이 결여되어 있는데, 이 점이 접합자 배와 다르다(그림 5–6).

내강벽과 관련된 자세한 구조적, 생리적 연구들이 부족함에도 불구하고, 배낭 가장자리에 내강벽의 존재와 내강벽의 세포학적 특징은 기능적으로 포원조직을 둘러싸는 약의 융단조직과 유사하다. 이런 이유로 내강벽을 주피융단조직(integumentary tapetum)이라고도 한다.

베고니아과, 끈끈이귀개과, 물별과 및 콩과에서 남아 있는 주심세포들은 내강벽과 같은 조직을 형성하는데, 기원이 다르기 때문에 이를 위내강벽(false-endothelium)이라고 한다.

5.1.2 주공

주피의 유무에 따라 주공은 생길 수도 있고, 그렇지 않을 수도 있다. 복주피성배주에서 주공은 보통 두 개의 주피에 의해서 또는 내주피만으로 형성된다. 아주 드물게 외주피만으로 주공이 형성되기도 한다. 두 개의 주피가 관여하여 주공을 만들 때, 외주피가 만든 통로를 외주공(exostome), 내주피가 만든 통로를 내주공(endostome)이라고 한다. 목서초과(Resedaceae)에서는 외주공과 내주공이 동일 직선상에 있지 않기 때문에 지그재그형의 주공을 형성한다.

*Ornithogalum*속의 주공은 주심모자(nucellar cap)와 내주피에서 나오는 침출액으로 채워져 있다. 흥미로운 특징은 외주공을 가로지르는 얇은 막이 발달하여 조세포에서 합성된 주화성 물질들이 주공 내에 남아 있는 것이다. 이것은 화분관이 주공으로 들어오도록 자극한다. 수정 후에는 주공을 폐쇄하는 마개가 형성된다. 마개는 건조와 병원균의 침입을 막아내는 역할을 한다.

5.1.3 폐쇄장치

주공으로 화분관의 신장을 유도하는 배주의 특수한 구조를 폐쇄장치(obturator)라고 한다. 폐쇄장치는 기원, 형태, 해부학적인 구조 및 발달 정도가 다양하다. 이 구조는 태좌나 주병에서 기원하거나, 태좌와 주병 모두에서 기원하기도 한다. 폐쇄장치의 가장 흔한 형태는 주병이 부분적으로 팽창되어 형성된 것이다. 쥐꼬리망초과, 옻나무과, 문주란속에서는 주병이 단순히 무릎관절 형태로 되면서 폐쇄장치의 기능을 한다. *Ceratocephalus*속에서는 주공보다 조금 위에 있는 주병의 표피세포들이 방사상으로 신장되고, 조밀한 세포질을 갖게 되면서 폐쇄장치를 형성하게 된다. 폐쇄장치는 수정 후에 퇴화한다. 번행초에서는 분비성의 표피 모용들로 된 폐쇄장치가 긴 주병의 양쪽에서 발달하는데, 주공쪽보다 주공의 반대쪽에서 더 잘 발달한다(그림 5–7).

대극과와 Cuscutaceae에서는 폐쇄장치가 태좌에서 발달한다. 운향과의 *Aegle*속에서는 주병의 일부 표피세포들이 태좌에서와 같이 풍부한 세포질을 가진 다세포 모용으로 신장하여 주공에 도달한다. Thymelaeaceae에서는 폐쇄장치가 화주에서 기원하는데, 화주통로의 세포들이 신장되어 주

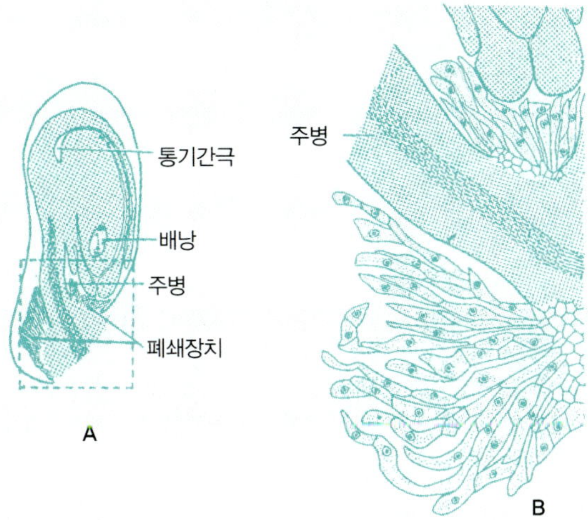

그림 5-7 번행초. A. 성숙한 배낭의 종단면. 주병의 양쪽에 폐쇄장치가 발달한다 B. A에 있는 점선 부위를 확대한 것으로 폐쇄장치의 다세포성 선상모를 보여준다.

공까지 도달한다.

일부 원시식물군(*Exospermum*속, *Drimys*속)에서는 자방강의 정단에 있는 세포들과 주병의 기부에 있는 일부 세포들이 증식되어 분비성 세포로 전환된다. 폐쇄장치는 다양하게 주공을 채우기도 한다. 벼룩이자리속에서는 폐쇄장치가 증식되어 주공강을 완전히 채우게 된다.

*Ornithogalum*속에서는 폐쇄장치의 표면층 세포들이 원주상이며, 풍부한 소포체, 딕티오솜, 소낭 및 다른 세포소기관들을 포함한 조밀한 세포질을 갖는다. 화분관은 폐쇄장치를 따라 신장하고, 폐쇄장치의 세포들은 표면에 침출액을 생산해서 화분관에 영양분을 공급하며 동시에 화학적 안내자 역할을 수행한다. 동의나물속에서는 폐쇄장치 세포가 전이세포의 특징인 이입생장을 보여준다.

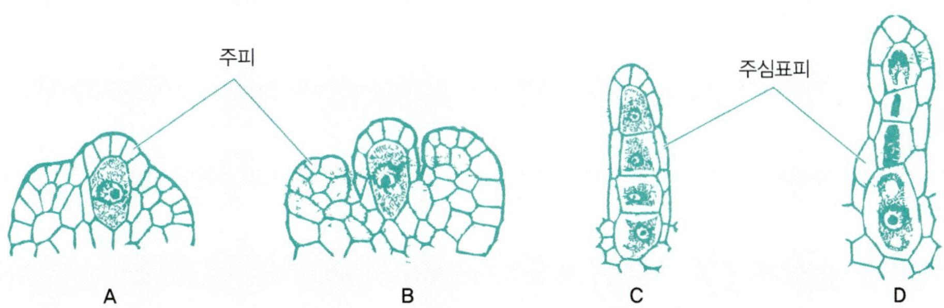

그림 5-8 *Elytraria acaulis*의 박층성주심에서 대포자 발생과정. C와 D에서 주피는 생략되어 있다. A, B. 대포자 모세포 단계. C. 4분체 단계. D. 기능이 있는 합점쪽 대포자는 확대된 반면에 나머지 3개의 대포자들은 퇴화한다.

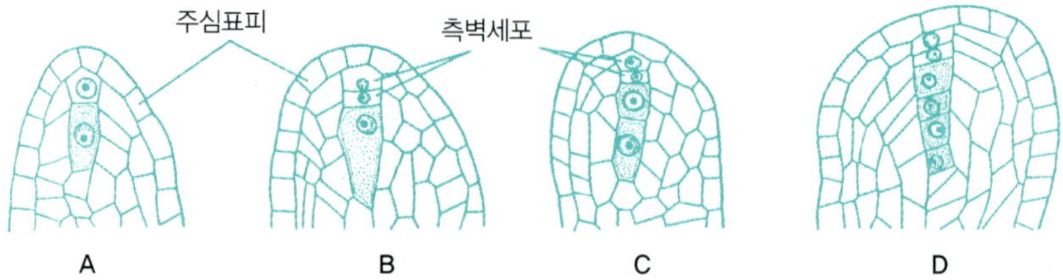

그림 5-9 *Myriophyllum intermedium*의 후층성주심 배주에서 대포자 형성과정. 점이 찍혀 있고 핵이 있는 세포들은 대포자 모세포와 그것의 유도체들이며, 점이 찍혀져 있지 않고 핵이 있는 세포들은 1차 측벽세포와 그것의 유도체들이다. **A.** 포원조직세포의 분열 후에 1차 측벽세포와 1차 포자형성세포가 만들어진다. **B.** 1차 측벽세포는 병층분열을 하지만 1차 포원세포는 단순히 확대된다. **C.** 2분체. **D.** 4분체.

5.2 주심

주심(nucellus)은 대포자낭의 벽이다. 하나의 배주는 하나의 주심만을 갖는다. 그러나 비정상적으로 쌍둥이 주심이 주피의 함입으로 생겨나며, 이러한 현상은 *Aegle marmelos*, *Hydrocleys nymphoides* 등에서 관찰된다.

포원조직은 주심의 표피세포 바로 아래에서 분화한다. 합판화강에서 포원조직세포는 직접 대포자모세포로서의 기능을 하므로 포원세포 역시 하피성이다. 포자형성세포가 하피성이고 포자형성세포를 둘러싸고 있는 주심조직이 단층인 것을 박층성주심(tenuinucellate)이라고 한다(그림 5-8). 일부 과에서 하피성 포자형성조직세포는 횡분열하여 바깥쪽에는 측벽세포를, 안쪽에는 포자형성세포를 형성한다. 측벽세포는 분열하지 않거나 몇차례 병층 및 수층분열을 하는데, 후자의 경우 포자형성세포는 여러 층으로 된 주심조직 안으로 매몰된다(그림 5-9).

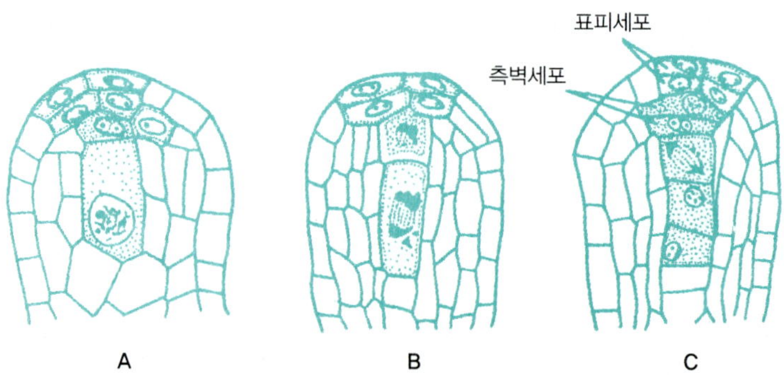

그림 5-10 *Nigella damascena*의 대포자 발생과정. 대포자 모세포는 주심의 표피세포들과 측벽세포들의 분열에 의해 주심조직 내에 매몰된다.

포자형성세포는 주심표피의 세포분열에 의해 주심조직 내부에 매몰되기도 한다(*Anemone*). *Nigella damascena*에서 1차 측벽세포는 주심의 표피와 같이 주변의 주심조직 형성에 기여한다(그림 5-10). 포자형성세포가 하피 안쪽에 있는 배주는 모두 측벽세포들의 형성이나 주심표피의 분열로부터 기원하든 양자 모두에 의해 기원하든 두꺼운 층으로 된 주심을 갖는데, 이러한 주심을 후층성주심(crassinucellate)이라고 한다. 그러나 Davis(1966)는 포자형성세포가 측벽세포의 형성으로 인하여 하피 안쪽의 세포로부터 기원될 때만이 후층성주심이라고 하였으며, 포자형성세포가 주심표피의 분열로 인하여 하피 안쪽에서 기원되는 배주의 경우는 위후층성주심(pseudo-crassinucellate)이라고 하였다. 일반적으로 박층성주심은 좀 더 고등한 합판화 식물에서 나타난다.

Davis(1966)에 따르면, 조사한 314과 중에서 179과가 후층성주심이고, 105과는 박층성주심, 11과는 위후층성주심이며, 나머지 19과의 주심은 일반적이거나 독특한 특징을 지닌다고 하였다.

몇몇 식물에서 주심표피의 세포들은 주공부에서 덮개를 형성한다. *Ornithogalum*속에서 이러한 세포들은 원주상이며 세포벽은 목질화되고, 많은 양의 RNA, 활면소포체, 미세소관 및 팽창된 시스터네 등을 함유하고 있어 세포질이 조밀하다. 이러한 세포에서 소낭의 활발한 활동은 기부벽의 비후와 관련된 것으로 보인다.

보통 주심은 내주피의 안쪽에 남아 있다. 그러나 드물게 주심이 주공 내로 돌출하거나(석죽과), 주공 밖으로 주심부리(nucellar beak)를 형성하기도 한다(대극과). 주심부리는 박과, 분꽃과, 마디풀과 및 버드나무과의 일부에서도 보고되어 있다. 주심세포는 녹말과 단백질 결정체를 저장하고 있다.

주심조직은 발달 중인 배낭이나 배유에 의해 대부분 소모된다. 일부 식물에서는 주심조직이 성숙한 종자 내에서 영양조직으로 남아 있는데, 이를 외배유(perisperm)라고 한다. 이와는 반대로 주심조직이 빨리 분해됨으로써 배낭 주위에 커다란 강소가 형성되면, 이를 위배낭(pseudo-embryo sac)이라고 한다(그림 11-16). 이것은 Podostemaceae의 유일한 특징이다. 위배낭은 대포자 모세포 시기(*Dicreea*속, *Zeylanidium*속)에, 또는 수정 후(*Indotristicha*속, *Terniola*속)에 형성된다. 무배유성인 Podostemaceae에서는 세포질과 유리핵을 함유하고 있는 위배낭이 발달 중인 배에 영양분을 공급한다.

5.2.1 하위세포군과 상위세포군

하위세포군(hypostase)은 배낭의 바로 밑과 주변에 뻗어 있는 유관속 위에 존재하는 일련의 세포들을 말한다(그림 5-11). 이 세포들은 목질화된 두꺼

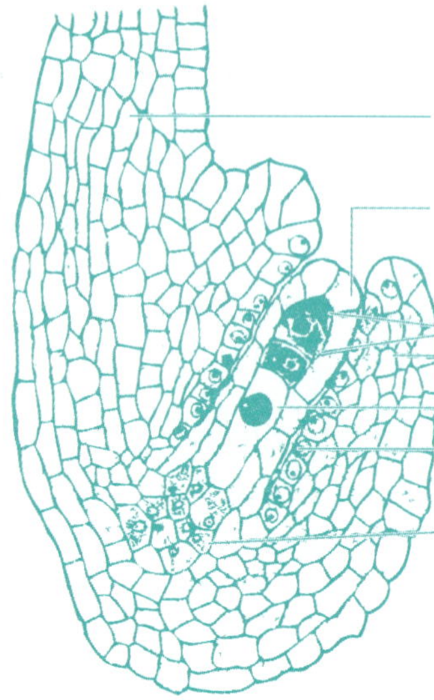

그림 5-11 *Bupleurum tenue*. 4분체 단계에서 배주의 종단면. 하위세포군과 발달초기의 내강벽을 보여주며, 3개의 비기능성 대포자들은 퇴화한다.

운 세포벽을 갖고 있지만, 세포 함유물은 빈약하다. 때때로 하위세포군의 세포는 배낭의 일부를 둘러싸는 경우도 있고, 배주의 주공 쪽 절반까지 뻗어 나가기도 한다. 조직화학적 연구는 용설란속에서 하위세포군 세포가 녹말, 단백질 및 지질을 축적하고 있는 것을 보여주었다. *Ornithogalum*속과 같이 녹말은 있으나 단백질과 지질은 없는 경우도 있다. 하위세포군은 수선화과, 백합과, 생강과, 대극과, Crossosomataceae, 차나무과, 산형과와 같은 여러 과에서 나타난다. 하위세포군은 보리수나무과에서는 수정 후에 뚜렷하게 나타나며, 겨우살이과에서는 포원조직 밑에 있다. *Aristolochia* 속에서는 성숙한 종자 안에도 남아 있다. 하위세포군의 몇 가지 기능은 다음과 같다.

1) 이 조직을 최초로 식별하고 이 용어를 사용한 van Tieghem(1901)은 하위세포군이 생장중인 배낭에 대해 일종의 장벽이나 경계를 형성함으로써 배낭이 배주의 기부로 밀려나는 것을 방지하는 것으로 생각하였다.
2) 덥고 건조한 계절에 장기간 휴면 중인 종자의 수분 균형을 유지시킨다.
3) 배낭과 주병에 있는 유관속을 연결시켜줌으로써 영양물질의 신속한 수송을 용이하게 해준다. Tilton(1980)에 따르면, 하위세포군의 주된 기능은 영양물질의 수송이며, 경우에 따라 2차적으로 저장기능을 수행하기도 한다.
4) 어떤 효소나 호르몬을 생산하거나, 성숙한 종자에서 보호작용을 한다.

하위세포군이 배낭 밑에 있는 주심세포에서 기원된 반면에, 상위세포군(epistase)은 배낭 위에 있는 주심표피에 의해서 형성된다(*Castalia*속, *Costus*속). 상위세포군은 각피화된 세포들이 모여 모자와 같은 구조로 형성되며, 배 발달의 후기단계에서도 관찰된다.

5.3 대포자 발생

주심에 있는 한 개의 하피세포는 포원조직으로서 기능을 수행한다(그림 5-8). 포원조직의 세포는 크기가 크고 조밀한 세포질과 큰 핵을 갖기 때문에 주변 세포들보다 뚜렷하게 나타난다. 박층성주심(그림 5-8)과 위후층성주심에서 포원조직 세포는 직접 대포자 모세포로서 기능을 담당하는 반면에 후층성주심을 갖는 배주에서는 포원조직세포가 병층분열하여 바깥쪽의 1차 측벽세포와 안쪽의 1차 포자형성세포로 나누어진 후, 1차 포자형성세포가 대포자 모세포로서 기능을 수행한다(그림 5-9).

대부분 자성 포원조직은 하나의 세포로 되어 있지만, 작약과나 Crossosomataceae에서는 웅성 포원조직과 같이 일련의 세포들로 이루어진다. 그러나 이들 중의 하나만이 정상적인 기능을 갖는다. 돌나물속 식물에서 다세포성 포원조직은 여러 개의 대포자 모세포로 발달하고, 차례로 사상으로 배열된 대포자 4분체로 발달한다. 다세포성 포원조직은 겨우살이과의 특징이다.

대포자 모세포는 megasporocyte라고 하는데, 감수분열을 하여 4개의 반수체 대포자를 형성한다. 제1 감수분열 후 세포벽이 횡분열하여 2분체를 형성한다(그림 5-9C). 대황속 및 소리쟁이속은 보통 T형의 4분체를 형성하는데, 주공쪽의 2분체 세포는 종분열을 하고 합점쪽의 2분체 세포는 횡분열을 하기 때문이다. 때때로 동일종에서 선형과 T형의 4분체가 형성되기도 한다(*Drimys winteri*, *Laurembergia brevipes*, *Orchis maculata*). 돌나물과, 자라풀과 및 파초과에서 각각 쌍동측형, 4면체형 및 T형의 4분체가 형성되는 것으로 보고된 바 있다.

두 개의 2분체 세포에서 제2 감수분열의 시기가 다르게 일어남으로써 2개의 대포자와 1개의 2분체로 된 3분체가 형성되기도 한다. 예를 들면, *Orchis maculata*에서 제1 감수분열은 두 개의 불균등한 세포를 형성한다(그림 5-12C,D). 2분체의 합점세포는 보통 주공쪽의 세포보다 2배나 더 크다. 거의 언제나 합점쪽의 세포가 먼저 횡분열하여 작은 주공쪽의 세포와 큰 합점쪽의 세포로 나누어짐으로써 3분체가 형성된다(그림 5-12E). 결국 주공쪽의 2분체 세포는 종분열하여 T형의 4분체를 형성한다(그림 5-12F).

세포벽 형성에 의해 두 번의 감수분열이 끝나면 4개의 대포자 가운데

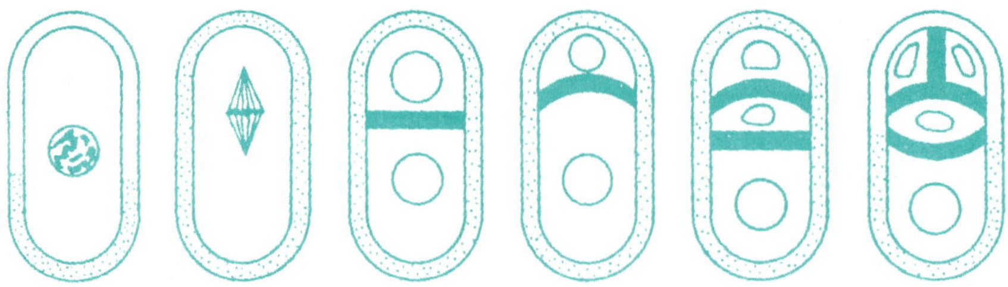

그림 5-12 *Orchis maculata*에서 대포자 발생과정. 고농도의 칼로오스를 가진 지역은 검게 표시하였고, 저농도의 칼로오스를 가진 지역은 점을 찍어 표시하였으며, 칼로오스가 결핍된 지역은 희게 나타내었다. **A.** 이동기의 대포자 모세포. **B.** 제1 감수분열 중기의 대포자 모세포. **C.** 발달 초기의 2분체. **D.** 만곡된 횡벽을 가진 성숙한 2분체. **E.** 3분체. **F.** 4분체.

1개만이 기능을 수행하게 되고, 이것이 자성 배우자체를 형성한다. 나머지 3개의 대포자는 퇴화한다. 보통 합점쪽의 대포자가 기능을 갖는다(그림 5-8D). 그러나 바늘꽃과에서 배낭은 주공쪽 대포자에 의해서 형성된다. *Schizomeria serrata*에서는 대개 합점쪽의 두 번째 대포자가 기능을 수행한다. 제2 감수분열시 세포벽 형성이 수반되지 않는 식물에서, 두 개의 반수체 대포자핵을 갖는 2분체 세포 중 한 개는 배낭형성에 참여하고, 다른 하나는 퇴화한다. 감수분열을 통해서 세포벽 형성이 일어나지 않을 경우에는 4개의 대포자핵 모두가 배낭형성에 참여한다(제6장 참조).

대포자 형성과정의 생리적인 양상은 소포자 형성과정의 연구들과 비교해 볼 때 거의 주목받지 못하였다. 이는 몇 가지 기술적인 어려움 때문이다. 하나의 소포자낭에 수많은 소포자 세포가 있는 것과 비교해 볼 때, 하나의 대포자낭에는 1개의 대포자 모세포만이 존재한다. 또한 대포자 모세포는 소포자 모세포와는 달리 표준 생리학적, 생화학적 기술이 언제나 적용되지는 않는다. 약벽조직의 한쪽을 자르고 다른 한쪽을 누름으로써 유리된 수백 개의 소포자세포를 얻을 수 있지만, 대포자세포에서는 불가능하다. 그러나 소포자 발생과정과 대포자 발생과정 사이에는 아주 밀접한 유사성이 있을 것으로 추측된다.

대포자 모세포의 세포벽은 무작위로 배열된 원섬유가 풍부하게 분포한다는 점에서 인접한 주심세포의 벽과는 다르다. 나리속에서 paramural body는 세포벽과 원형질 사이의 공간에 존재하며, 다당류의 저장과 세포벽 합성에 관여하는 것으로 보인다.

석곡속의 초미세구조에 대한 연구에서 감수분열 전의 대포자 모세포는 원형질연락사를 통하여 인접 세포들과 연결되어 있는 것이 알려졌다. 제1 감수분열의 늦은 전기 동안에 이러한 세포질의 연속성이 상실되는데, 이러

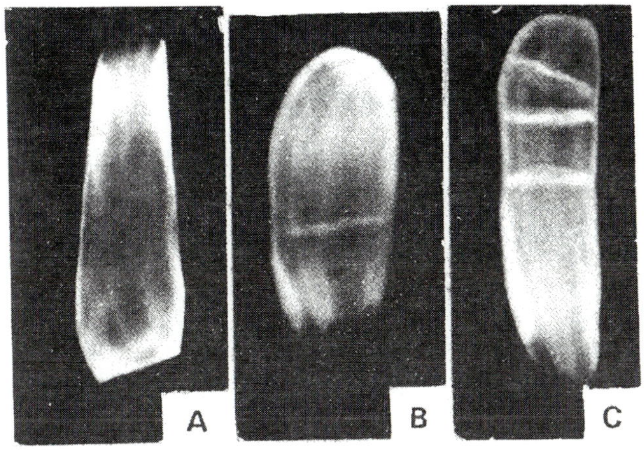

그림 5-13 *Fuchsia hybrida*의 대포자 형성과정. 3단계 형광 사진은 aniline blue로 염색한 후에 얻었다. 밝은 지역은 칼로오스가 있는 곳이다. **A.** 대포자 모세포. **B.** 2분체. **C.** 4분체.

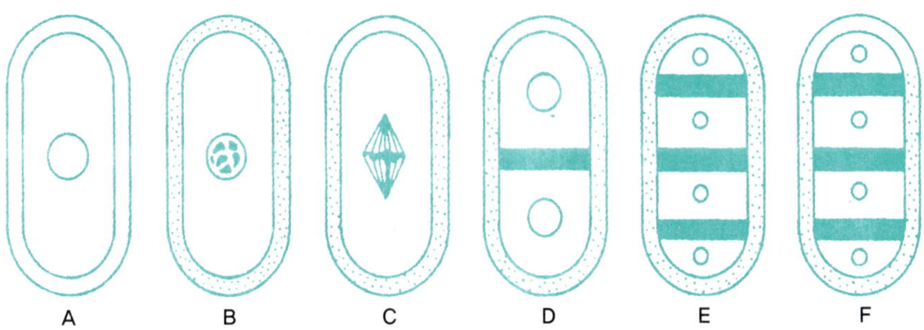

그림 5-14 버들바늘꽃의 대포자 발생 중에 칼로오스의 출현과 소멸을 보여주는 모식도. 고농도의 칼로오스를 가진 지역은 검게 표시하였고, 저농도의 칼로오스를 가진 지역은 점을 찍어 표시하였으며, 칼로오스가 결핍된 지역은 희게 나타내었다. **A.** 대포자 모세포. **B.** 칼로오스가 세포벽에 나타나는 늦은 시기의 대포자 모세포. **C.** 제1 감수분열 중기의 대포자 모세포. **D.** 2분체. **E.** 4분체. **F.** 성숙한 4분체.

한 사실은 옥수수에서 밝혀졌다.

대포자 발생과정에서 나타나는 또 다른 주목할 만한 변화는 대포자 모세포벽에 칼로오스가 퇴적된다는 점이다(그림 5-13, 5-14). Rodkiewicz (1970)가 연구한 43종 가운데 40종이 칼로오스의 퇴적현상을 나타냈으나, 4포자성 배낭을 가진 3종에서는 이런 현상이 나타나지 않았다.

단포자성 배낭에서, 4분체 중 기능적인 대포자는 합점 쪽의 하나이거나 (마디풀형, *Polygonum* type), 주공 쪽의 하나이다(달맞이꽃형, *Oenothera* type). 달맞이꽃형 배낭의 예를 버들바늘꽃에서 살펴보면, 대포자 발생과정의 제1 감수분열 전기 동안에 칼로오스는 대포자 모세포의 벽 전체에서

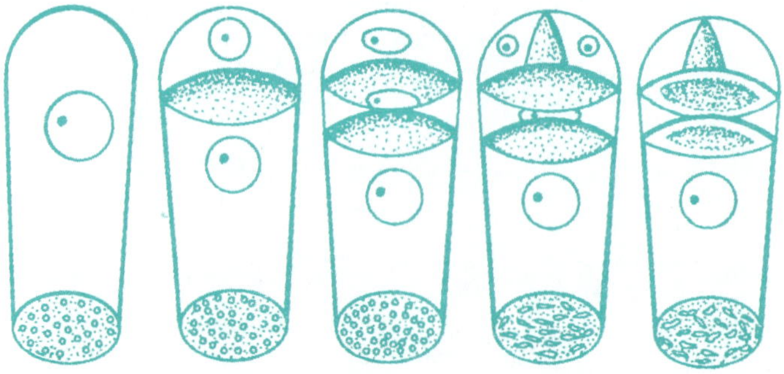

그림 5-15 난초과의 *Epipactis latifolia*에서 대포자 형성과정 중 칼로오스의 분포. 칼로오스가 분포된 지역은 굵은 선이나 진한 점들로 표시하였다. 합점쪽 벽 전체에 걸쳐 칼로오스가 침적된 것에 반해, 사판의 사공에 해당되는 수많은 작은 지역에는 칼로오스가 없다. A. 대포자 모세포. B. 2분체. C. 3분체. D. 초기 4분체. E. 후기 4분체.

나타난다(그림 5-14A,B). 나중에 칼로오스는 사라지거나 주공 정단에서 아주 희미하게 나타나고, 이것은 대포자 발생과정을 통해서 유지된다(그림 5-14C~F). 제1, 제2 감수분열 후에 형성된 횡벽은 칼로오스 성분이 풍부하다. 실제로 횡벽은 외벽보다 칼로오스가 풍부하다(그림 5-14D~F). 제2 감수분열이 끝날 때, 칼로오스는 최초로 주공쪽 대포자의 측벽에서 사라진다(그림 5-14F). 마디풀형 배낭에서 이러한 현상은 합점쪽에서 나타난다. 합점쪽 대포자벽은 아주 약간의 칼로오스를 함유한 부위가 있거나 칼로오스가 없다. 각각의 경우에서 4개의 대포자 가운데 기능이 없는 3개의 대포자는 칼로오스가 풍부한 벽에 의해 완전하게 경계를 이루지만, 기능이 있는 하나의 대포자는 세포벽 전체에 걸쳐 칼로오스의 양이 적다. 기능이 있는 대포자는 마디풀형에서는 합점쪽에 있고, 달맞이꽃형에서는 주공쪽에 있다. 마디풀형 배낭에서 특이한 현상은 닭의난초속의 *Epipactis latifolia*에서 나타난다. 이 식물에서 칼로오스로 포화된 합점쪽 세포벽은 실제로 구멍이 많이 뚫려 있어서 사판처럼 보인다(그림 5-15). 칼로오스는 적어도 두 가지 중요한 특성을 가지고 있는데, 첫째 고도의 불침투성이고, 둘째는 아주 빠르게 합성되고 분해된다는 점이다. 따라서 대포자 형성과정 초기에 대포자 모세포 전체에 걸쳐 원형질연락사가 사라지고, 칼로오스가 나타남으로써 대포자 모세포가 격리되게 된다. 이를 비교해 보면 대포자 형성과정과 소포자 형성과정 동안에 칼로오스가 나타나고 사라지는 현상은 거의 동일하다는 것이 분명하다. 대 · 소포자 모세포의 일시적인 격리는 기본적으로 새로운 발달 형태인 포자 모세포의 분화과정과 관련되어 있다. 대포자 형성과정 동안에 대포자 모세포와 대포자 4분체에서 극성이

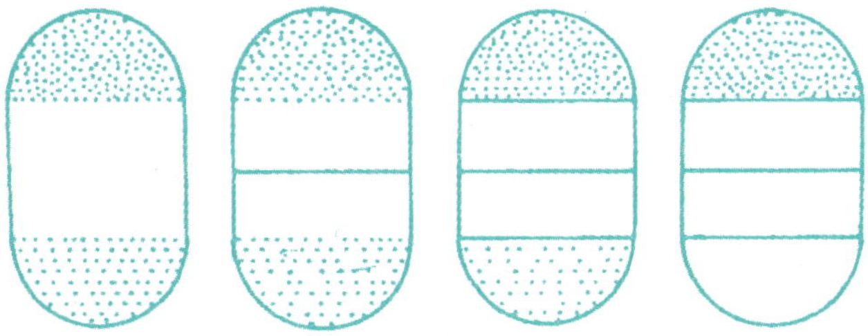

그림 5-16 버들바늘꽃의 대포자 형성과정 중 녹말립(점으로 표시됨)의 분포. **A.** 대포자 모세포. **B.** 2분체. **C.** 초기 4분체. **D.** 후기 4분체.

나타나는 것이 명백하며, 그 결과 기능을 갖는 대포자가 형성되는 것이다. 항상 활발한 기능을 갖는 대포자는 칼로오스가 없는 벽이나 구멍이 많은 벽을 가지고 있어서 물질이 이동할 수 있는 통로를 가지게 된다. 이와는 달리 기능이 없는 대포자는 칼로오스벽에 의해 오랫동안 폐쇄되어 있다가 결국 퇴화한다. de Halac과 Harte(1977)는 배주에서 영양공급의 방향이 4개의 대포자 가운데 어떤 대포자가 배낭이 될 것인지를 결정한다고 하였다.

대포자 모세포와 대포자 4분체의 극성은 세포기관과 녹말립의 분포와 관련된 것으로 보인다. 닭의난초속의 식물에서 대포자 모세포의 합점벽은 이입생장과 원형질연락사를 가지고 있는 다른 세포벽과는 다르다. 대포자 형성과정의 제1 감수분열 전기 동안 합점 부위와는 달리 주공 부위 핵막에는 핵공이 결여되어 있는데, 이는 주공-합점 축을 따라 대포자 모세포 내에 극성의 분화가 있음을 암시한다.

버들바늘꽃에서 초기에 녹말립은 주로 대포자 모세포의 양극에 모여 있는데(그림 5-16A), 주공 정단부 쪽에 상대적으로 더 많이 모여 있다. 대포자 형성과정 동안에 녹말립의 위치는 변화하지 않는다(그림 5-16B). 그 결과 4분체시기에 녹말립은 양극에 있는 두 개의 4분체에 제한되어 분포하고, 중간에 있는 두 개의 4분체에는 결핍되어 있다(그림 5-16C). 녹말립들의 수와 크기는 합점쪽 대포자에서는 점진적으로 감소하는 반면, 주공쪽 대포자에서는 새로운 녹말립들이 합성된다. 결국 기능이 있는 주공쪽 대포자는 녹말립로 채워지고, 기능이 없는 합점 쪽 대포자에서는 녹말립이 사라지게 된다(그림 5-16D).

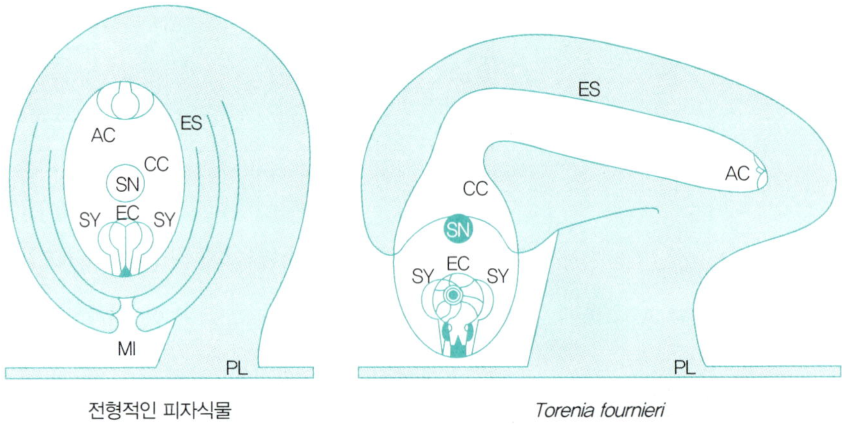

그림 5-17 전형적인 피자식물의 배주(왼쪽)와 배낭이 주공 밖으로 돌출한 배주(오른쪽)를 나타낸 모식도. AC, 반족세포; CC, 중앙세포; EC, 난세포; ES, 배낭; MI, 주공; PL, 태좌; SN, 2차핵; SY, 조세포.

5.4 특수한 형태

5.4.1 주공 밖에서의 배낭 발달

일반적으로 피자식물의 배낭은 두꺼운 주심과 주피에 둘러싸여 주심조직 내에서 발달한다. 그러나 *Gallium*속, *Philadelphus*속, *Thesium*속, *Torenia*속, *Utricularia*속 및 *Vandellia*속 등에서 배낭은 주공 밖으로 돌출하여 발달한다. 현삼과 *Torenia fournieri*의 경우, 난장치와 중앙세포의 반 정도가 주공 바깥에 발달한다(그림 5-17). 이러한 구조는 간섭현미경에 의해 쉽게 관찰되며, 중복수정 과정, 배낭 내로 화분관의 침입, 정세포의 방출과 웅성 및 자성 배우자체의 융합 등을 연구할 수 있는 좋은 재료라고 할 수 있다.

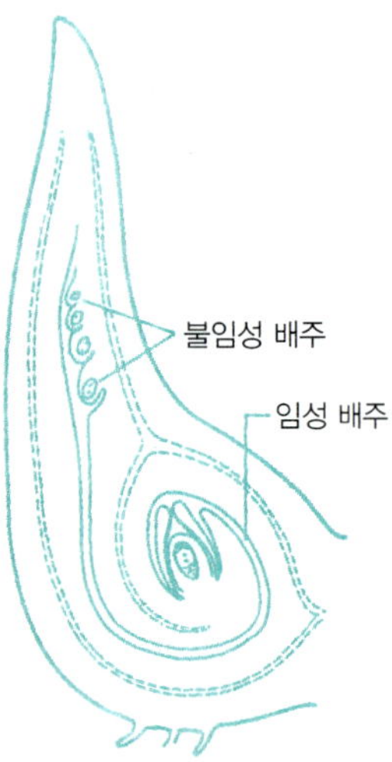

그림 5-18 *Adonis flammea* 심피의 종단면. 임성인 배주 외에 4개의 불임성 배주가 보인다.

5.4.2 퇴화된 배주

미나리아재비과의 수과(achne)를 갖는 속에서 심피들은 하나의 배주를 갖는다. 복수초속(그림 5-18)과 종덩굴속에서 각각의 심피는 임성인 배주 하나와 2~4개의 불임성인 배주를 갖는다. 이와 유사하게 *Anemone obtusiloba*에서는 하나의 임성 배주와 심피 가장자리에 신장된 원통형 구조로 된 2개의 불임성 배주가 있다. *Adonis chrysocyathus*와 *Anemone rivularis*에는 불임성 배주가 없다. 임성 배주와 달리 불임성 배주는 주심과 주피가 분화되어 있지 않고, 유관속도 결여되어 있다. *Anemone obtusiloba* 4~5개의 대포자 모세포에서 갖는 불임성 배주의 발생은 다배주성 골돌과로부터 단배주성 수과로의 진화적 경향을 보여주는 것으로 알려져 왔다.

겨우살이과에는 일반적인 의미의 배주가 없다. 이 과에 속하는 많은 종은 자방 기부에서 원추형의 돌출물을 보여준다(그림 5-19A,B). 태좌 또는 mamelon이라고 부르는 이 구조의 형태적 특성은 많은 논란의 대상이 되어 왔다. *Lysiana*속과 *Nuytsia*속에서는 태좌가 천열되어 있는데, *Helicanthes*속에서는 천열되어 있지 않다. 천열된 태좌에서 포원조직은 각 천열된 조직의 하피에서 분화하는 반면, 천열되지 않은 태좌에서는 아표피조직 전체가 포원조직의 기능을 갖는다.

*Dendrophthoe*속, *Helixanthera*속 및 *Moquiniella*속은 더 모호한 상태를 나타낸다. 이들 속에서는 자방 기부에 어떤 돌출물의 흔적도 없다. 포원조직은 아주 어린 꽃봉오리 시기에 자방강 기부에 있는 하피의 조밀한 조직에서 분화된다(그림 5-20A,B). 포자형성세포는 직접 대포자 모세포로서의 기능을 갖는다. 그림 5-21은 겨우살이과에서 태좌의 퇴화를 도식적으로 보여준다.

5.4.3 대포자 흡기

돌나물과, 녹나무과, 장미과 및 꼭두서니과의 일부 종에서 나타나는 특수한 현상은 대포자 흡기(megaspore haustorium)의 형성이다. *Sedum chrysanthum*과 *S. sempervivoides*에서 각각의 대포자 4분체는 주심의 정단

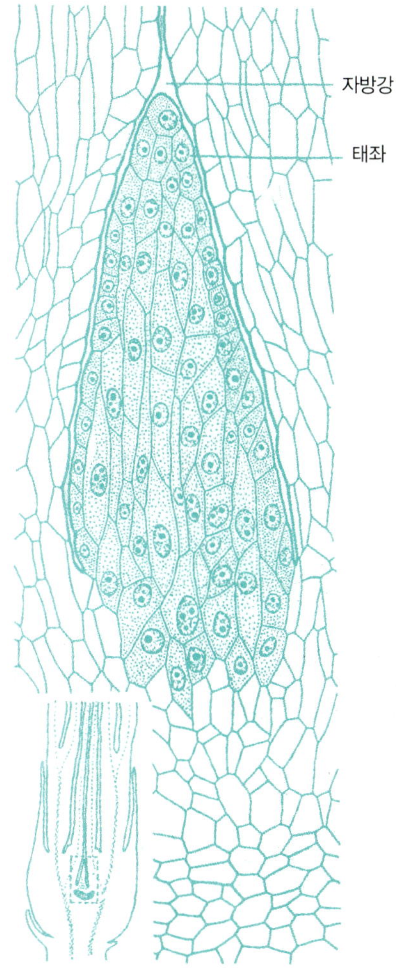

그림 5-19 *Helicanthes elastica*. **A.** 태좌(직사각형 안쪽의 점이 찍힌 돌출물)의 위치를 보여주는 자방의 종단면 모식도. **B.** A에서 이웃한 자방조직을 따라 발달한 원추형 태좌를 확대한 그림.

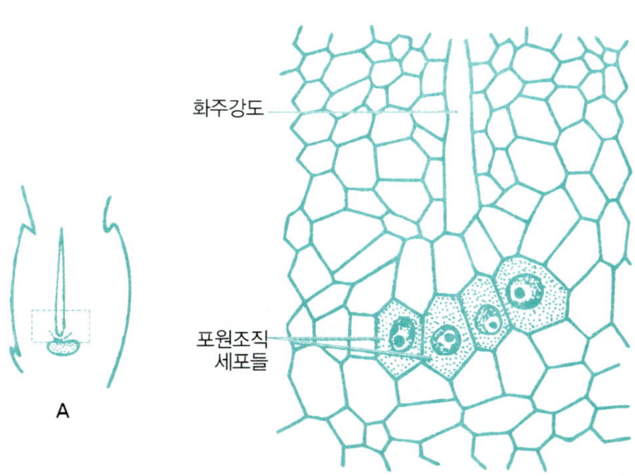

그림 5-20 *Moquiniella rubra*. **A.** 포원조직 세포들(직사각형내의 점 찍힌 부분)의 위치를 보여주는 자방의 종단면 모식도. **B.** A의 직사각형 부위를 확대한 그림으로 자방강의 기부에 위치한 하피성 포원조직을 보여준다.

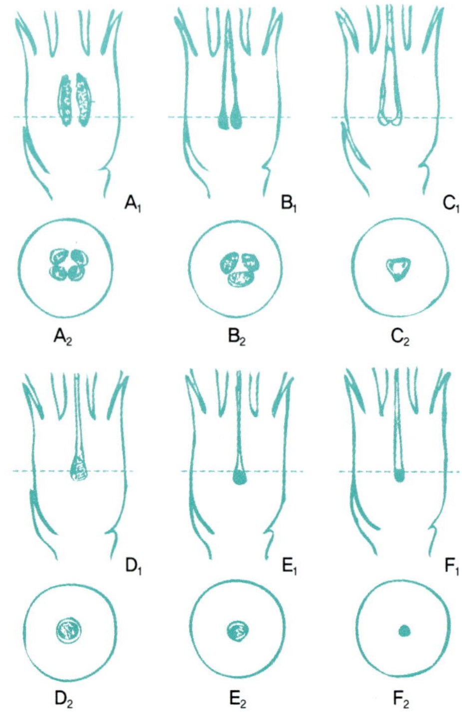

그림 5-21 태좌의 퇴화를 보여주는 겨우살이과의 자방 종단면(A_1~F_1)과 횡단면(A_2~F_2). A_1, A_2. *Lysiana*; 4개의 천열된 태좌를 보여주는 4실 자방. B_1, B_2. *Nuytsia*; 3개의 천열된 자방을 자방을 가진 3실 자방. C_1, C_2. *Macrosolen*; 3개의 천열된 태좌를 가진 1실 자방. D_1, D_2. *Helicanthes*; 천열되지 않은 원추형 태좌를 가진 1실 자방. E_1, E_2. *Amyema*; 포원세포들이 신장한 결과 만들어진 천열되지 않은 태좌를 가진 1실 자방. F_1, F_2. *Helixanthera*; 완전하게 퇴화된 태좌. 점 찍힌 부분이 포원조직이다. 포원조직 세포들은 자방강의 기부에서 분화된다.

을 향해 자라는 관상의 돌출물을 만드는데, 이것이 대포자 흡기이다(그림 5-22). 대포자낭 내에 2~5개의 대포자 4분체가 있기 때문에 주심의 윗부분은 대포자 관(megaspore tube) 또는 흡기의 덩어리를 보여준다. 하나의 흡기관만이 주심표피를 관통하여 여분의 주심소낭(extra-nucellar vesicle)으로 성장한다. 이 대포자관을 만든 대포자만이 배낭을 형성한다.

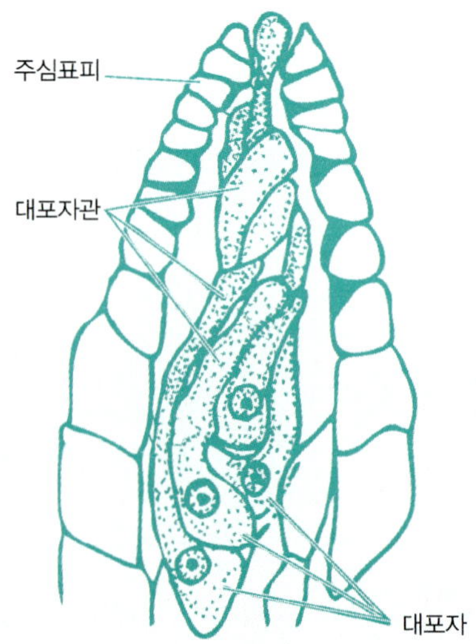

그림 5-22 *Sedum chrysanthum*의 대포자 4분체. 모든 대포자들은 주공을 향해 자라는 대포자관을 가지고 있다.

Chapter

06 자성 배우자체

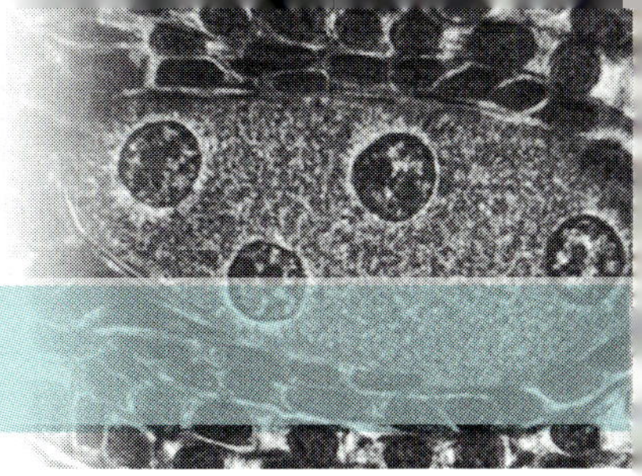

배낭(embryo sac)이라고도 하는 자성 배우자체는 대부분 7개의 세포로 구성되어 있다(그림 6-1). 대형의 중앙세포(central cell)에 있는 극핵은 나중에 유합하여 2차핵(secondary nucleus)을 형성한다. 중앙세포의 주공(micropyle) 측에 1개의 난세포와 2개의 조세포(synergid)로 구성되는 난장치(egg apparatus)가 위치하고, 중앙세포의 합점 측에는 3개의 반족세포(antipodal cells)가 위치한다. 난장치의 세포와 반족세포는 반수성인 반면, 중앙세포는 배수성이다.

일반적으로 대포자 4분체 중 합점 쪽의 기능성 대포자가 신장되면서 배낭의 발달이 시작된다(그림 6-2). 신장은 주공-합점 축에서 주로 일어난다. 초기에는 대포자 세포질이 무액포성이지만 후에는 작은 액포가 출현하며, 이들은 함께 유합하여 대형 액포를 형성한다. 대포자의 최초 핵분열에서 방추사는 세포의 장축을 따라 형성된다. 세포벽 형성은 핵분열을 따라 일어나지 않는다. 대형의 중앙 액포가 두 낭핵 사이에 출현하며, 액포가 확

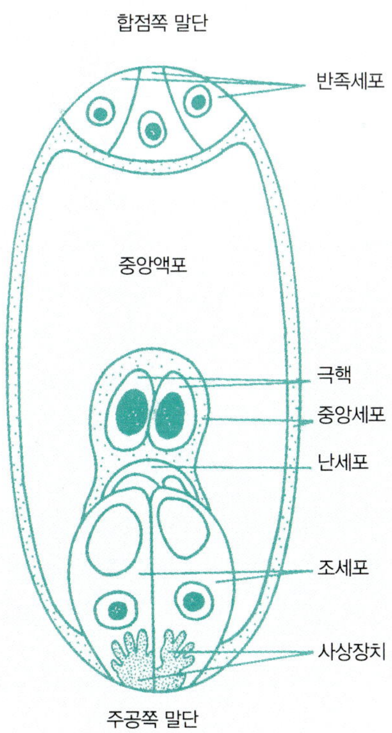

그림 6-1 배낭의 모식도.

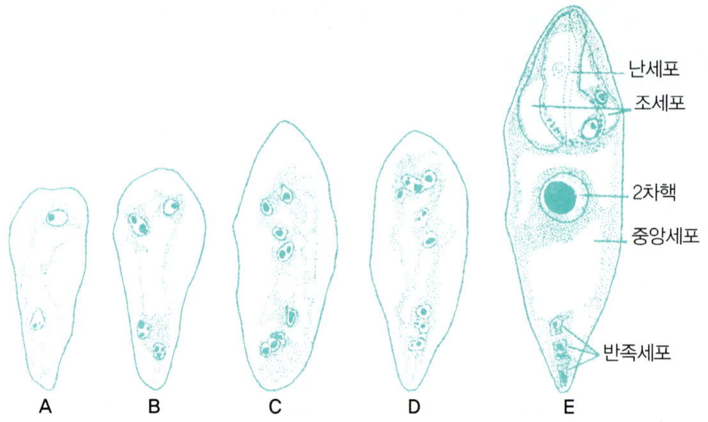

그림 6-2 *Morina longifolia*의 성숙배낭 발생 단계. **A.** 감수분열 후 최초의 유사분열이 진행된 상태의 배낭. **B.** 4핵성 배낭. **C.** 8핵성 배낭. **D.** 좀 더 성숙한 8핵성 배낭. 3+2+3 분포로 되어 있는 핵을 볼 수 있다. **E.** 성숙 배낭.

장되면서 핵은 세포의 반대쪽 양극으로 밀려난다(그림 6-2A). 핵은 2회 유사분열하여 각 극에 4개의 핵이 형성된다(그림 6-2B,C). 이 단계에서 8개의 모든 핵이 공통의 세포질 속에 존재한다(그림 6-2C,D). 마지막 핵분열 후에 세포는 뚜렷하게 신장하여 주머니 모양을 완성한다. 그 후에 배낭의 세포 체제가 만들어진다(그림 6-2E). 배낭의 주공 끝에 있는 4핵 중, 3개의 핵은 난장치로 되고, 4번째 핵은 상부의 극핵으로서 중앙세포의 세포질 내에 남는다. 난장치는 주공측 끝에서만 배낭의 벽에 부착되어 있으며, 대부분은 중앙세포에 의해 둘러싸여 있다. 3개의 세포 가운데 조세포만이 배낭의 벽과 직접 접촉하고 있으며, 난세포의 윗부분은 조세포의 말단부보다 조금 아래에 있다. 합점측의 4핵 중 3개의 핵은 3개의 반족세포를 형성하는 한편, 네 번째 핵은 하부 극핵으로서 작용하며 나중에는 상부의 극핵과 합쳐지게 된다. 이러한 배낭 발달의 양상은 대부분의 피자식물에서 일어나며, 마디풀형이라고 부른다. Davis(1966)에 따르면, 81%의 과가 배낭 발달에서 마디풀형을 보여준다고 한다. 전통적으로 자성 배우자체의 난세포와 다른 세포의 구조에 관한 연구는 박편을 한 재료로 행한 연구에 기초를 두고 있다. 배낭 속에서 대포자 발생, 배우자체 발생 및 수정 초기의 배 발생 동안에 일어나는 전반적 변화는 배주의 투명화와 위상차현미경 관찰에 의해서 연구될 수 있다. 최근에는 살아있는 배낭과 그 구성세포들을 효소 분해에 의해 분리해 냄으로써, 그들의 구조 및 시험관 내에서의 수정에 대한 연구가 가능하게 되었다.

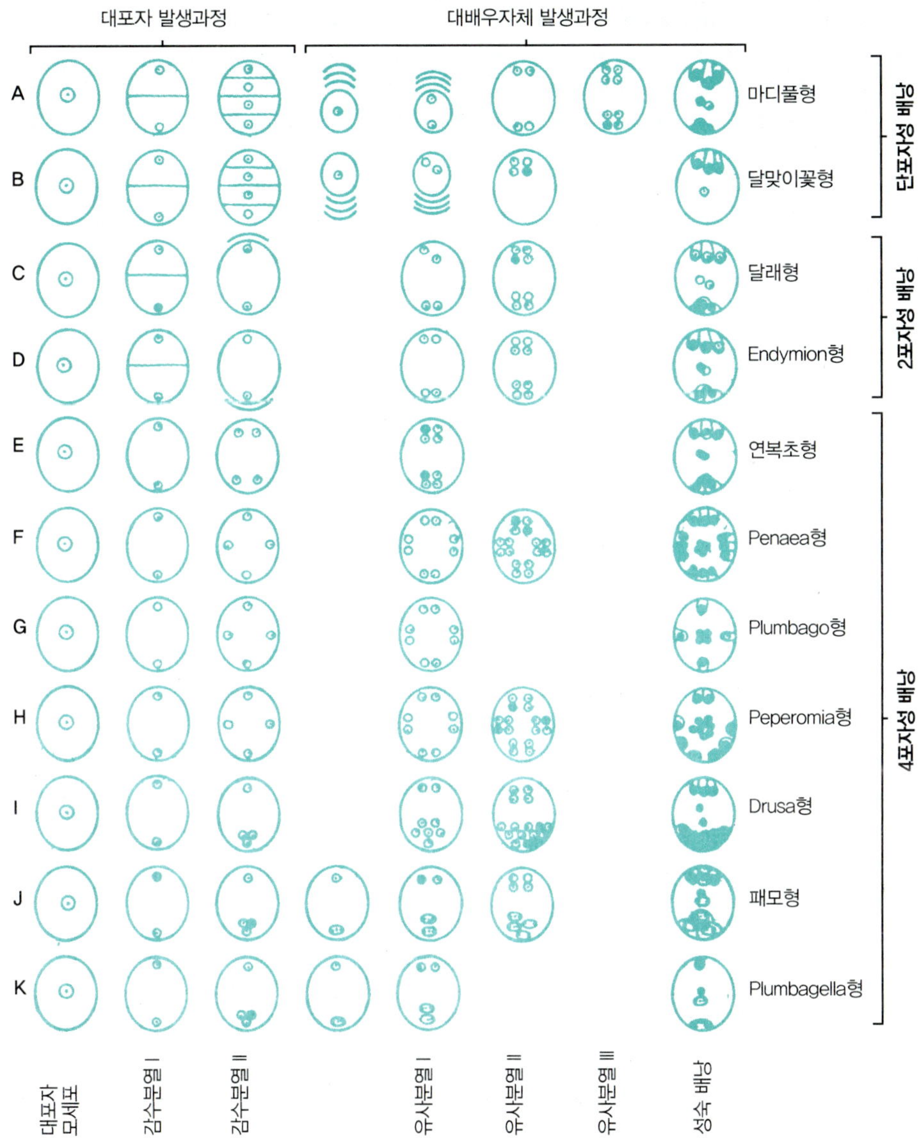

그림 6-3 다양한 유형의 배낭 발생을 보여주는 모식도.

6.1 배낭의 유형

마디풀형의 배낭은 대포자 모세포의 감수분열 결과로 형성된 4개의 대포자핵 중 1개로부터 유래된다. 피자식물에서 배낭 발달의 가장 일반적인 유형이지만 2개 또는 4개의 모든 대포자가 자성 배우자체 형성에 참여하는 식물도 많이 있다. 몇 개의 대포자핵이 자성 배우자체 형성에 어떻게 관여하는가에 따라 배낭은 단포자성, 2포자성 또는 4포자성으로 나누어진다. 각 군은 최초에 기술된 속의 이름을 따서 명명된 배낭유형을 1개 이상 가진다(그림 6-3).

6.1.1 단포자성 배낭

단포자성 배낭의 주요 특징은 마디풀형과 같이 4개의 대포자 중 하나의 대포자에서 유래되었다는 점이다. 이러한 배낭에서 모든 핵은 일반적으로 동일한데, 그 이유는 하나의 핵이 유사분열하여 유래되었기 때문이다. 단포자성 배낭에는 두 가지 유형이 있다.

마디풀(*Polygonum*)형: 배낭이 대포자 4분체의 합점쪽 대포자에 의해 만들어진다. 성숙한 배낭은 3개의 세포로 된 난장치, 3개의 반족세포 및 2핵성 중앙세포로 구성된다(그림 6−3A).

달맞이꽃(*Oenothera*)형: 이 유형의 배낭은 대포자 4분체의 주공쪽 대포자로부터 유래되며 4개의 핵이 있다. 성숙한 배낭의 체제는 1개의 난장치와 단핵의 중앙세포로 되어 있다(그림 6−3B). 이 유형의 배낭은 바늘꽃과의 특징이다. 그러나 오미자는 이 유형의 배낭이 발생하는 식물 중에서 매우 드문 현상을 보인다. 그 차이는 바늘꽃과에서 기능적인 대포자가 주공쪽의 대포자인 반면, 오미자에서는 합점쪽의 대포자가 기능을 담당한다는 점이다.

6.1.2 2포자성 배낭

2포자성 배낭을 가진 식물에서 최초의 감수분열에 의해 세포벽 형성이 수반되며, 그 결과 2분체가 형성된다. 2분체 세포 중 1개만이 두 번째 감수분열을 진행하는 한편, 다른 1개는 퇴화된다. 기능적인 2분체에서 세포벽 형성은 두 번째 분열 후에 일어나지 않으며, 대포자핵 둘 다 배낭형성에 참여한다. 각각의 대포자핵은 2회의 유사분열을 진행하여 8개의 핵을 형성한다. 배낭의 최종 체제는 마디풀형과 유사하다(그림 6−3C,D).

감수분열을 진행하는 동안 분리가 일어나 유전적으로 다른 4개의 핵이 형성된다. 2포자성 배낭이 두 번의 감수분열 생성물로부터 유래되므로 핵은 두 가지의 다른 유전적 조성을 지니게 된다. 4개의 핵은 한 유형의 것이며, 다른 4개는 다른 유형에 속한다. 2포자성 배낭은 두 가지 유형이 있다.

달래(*Allium*)형: 배낭이 합점 쪽의 2분체 세포로부터 유래한다(그림 6-3C).

***Endymion*형**: 배낭이 주공쪽의 2분체 세포로부터 유래한다(그림 6-3D).

특이한 현상이 오미자 식물에서 관찰된다. 배주 중 몇 개에서 자성 배우체의 발달이 2포자성이지만 배낭의 최종 체제는 달맞이꽃형에서 보는 것과 같다. 이것은 2포자성이며, 4핵성 배낭에 대한 유일한 보고이다.

6.1.3 4포자성 배낭

4포자성 배낭은 감수분열 중 세포벽 형성이 수반되지 않으며, 그 결과 감수분열의 끝에서 4개의 반수체 핵 모두가 공통의 세포질 속에 남아 있으며 다핵성 대포자(coenomegaspore)를 형성한다. 다핵성 대포자의 4핵 모두가 배낭 형성에 참여한다. 4포자성 배낭은 2포자성 배낭보다 더 이질적인데, 그 이유는 배낭 형성과 관련되는 감수분열의 4개 생성물이 유전적으로 다르기 때문이다.

4포자성 배낭에서 핵의 행동은 매우 다양하다. 감수분열 후 유사분열이 시작되기 전에 다핵성 대포자 내에서 4개 핵의 배열은 3가지 유형 중 하나이다(그림 6-3); (a) 2 + 2 배열: 주공 쪽에 2개의 핵과 합점 쪽에 2개의 핵(예, 연복초형), (b) 1 + 1 + 1 + 1 배열: 주공 쪽에 1개의 핵, 합점 쪽에 1개의 핵 및 양 측면에 1개씩 위치한 2개의 핵(예, *Penaea*형, *Plumbago*형, *Peperomia*형). (c) 1 + 3 배열: 주공 쪽에 1개의 핵과 합점 쪽에 3개의 핵(예, *Drusa*형, 패모형, *Plumbagella*형). 4포자성 배낭은 핵 융합의 여부, 다핵성 대포자에서 감수분열 후의 유사분열 횟수 및 배낭의 최종 체제에 따라 다음과 같은 여러 가지 유형으로 구분된다(그림 6-3E~K).

1. 핵 융합이 일어나지 않는 형

연복초(*Adoxa*)형: 배낭은 8핵성이고, 감수분열 후 1회의 유사분열에 의해 형성되며, 그 체제는 마디풀형과 매우 유사하다(그림 6-3E).

***Plumbago*형**: 이 유형에서도 감수분열 후 1회의 유사분열에 의해 배낭이 형성되지만, 성숙한 배낭의 체제는 연복초형과는 매우 다르다. 성숙한 배낭은 1개의 난세포와 4핵성 중앙세포로 구성된다. 다른 3개의 핵은 주변 세포로 분리된다(그림 6-3G).

***Penaea*형**: 다핵성 대포자에서 감수분열 후 2회의 유사분열 결과 16개의 핵이 형성된다. 성숙한 배낭은 각각 3개의 세포로 된 4개 그룹으로 구성된다. 한 그룹은 주공 쪽에, 한 그룹은 합점 쪽에 있으며, 두 그룹은 양 측면으로 배열된다. 남은 4개 핵은 극핵으로 행동한다(그림 6−3F). 주공 쪽의 3분체는 일반적으로 난장치로서 기능을 한다.

***Peperomia*형**: *Penaea*형과 같이, 배낭은 16핵을 가진다. 성숙한 배낭의 체제는 1개의 난세포로 구성되는 1개의 난장치와 1개의 조세포, 6개의 주변세포 및 8개의 극핵을 가진 1개의 중앙세포로 되어 있다(그림 6−3H).

***Drusa*형**: 이 유형의 배낭 또한 16핵성이다. 성숙한 배낭은 3세포로 된 정상적인 난장치와 2개의 극핵 그리고 11개의 반족세포로 구성된다(그림 6−3I).

2. 두 번째 감수분열 후 3개의 대포자핵이 융합하여 다핵성 대포자의 합점 쪽에 3배체 핵을 형성하는 유형. 4번째 핵은 주공 쪽에 반수체로 남아 있다.

패모(*Fritillaria*)형: 핵 융합 후에 다핵성 대포자의 양 핵(1개는 반수체, 1개는 3배체)은 두 번 분열하여 각 극에 4개의 핵을 형성한다. 성숙한 배낭은 3개의 반수체 세포로 된 난장치, 3개의 3배체 반족세포 그리고 2개의 극핵(1개는 반수체, 1개는 3배체)을 가진 1개의 중앙세포로 구성된다(그림 6−3J).

***Plumbagella*형**: 핵 융합 후에 각 핵의 단 1회의 분열에 의해서 4개의 핵이 만들어지는데, 2개는 주공 쪽에, 2개는 합점 쪽에 위치한다. 주공 쪽에 있는 반수체 핵 중 하나는 난핵을 형성하고 다른 하나는 상부 극핵으로 작용한다. 이와 유사하게 합점 쪽에 있는 3배체 핵 중 하나는 한 개의 반족세포를 형성하고 다른 하나는 하부 극핵으로 작용한다(그림 6−3K). 패모형과 같이, 1개의 극핵은 반수체이고 다른 하나는 3배체이다.

Martinoli(1939)는 특수한 유형의 4포자성 배낭을 제충국형이라고 하였다. 감수분열의 마지막에서 다핵성 대포자 내의 4핵은 1 + 2 + 1 양식으로 배열되는데, 1개는 주공 쪽에, 1개는 합점 쪽에, 2개는 세포의 중앙에 위치한다. 두 중앙핵의 행동에 근거해 볼 때, 이 유형의 배낭에는 다음과 같은 두 가지 유형의 변이체가 있다(그림 6−4).

1) 두 개의 중앙핵은 밀접하게 결합되어 있으나 융합하지 않는 유형

다른 두 핵은 2회 분열하여 세포의 각 극에 4개의 핵을 만들지만 중앙

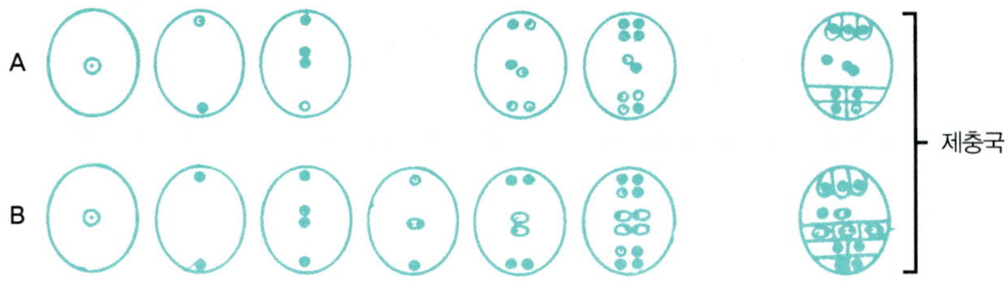

그림 6-4 제충국(*Chrysanthemum cinerariaefolium*)의 배낭 발생 모식도.

의 핵은 한 번도 분열하지 않는다. 결국 배낭은 10핵성이다. 합점 쪽의 4핵 모두는 4개의 반족세포를 구성한다. 주공 쪽의 4핵중 3핵은 난장치를 구성하며 네 번째 핵은 2개의 중앙핵과 나란히 늘어서서 극핵 기능을 한다(그림 6-4A).

2) 두 개의 중앙핵은 융합하여 2배체 핵을 형성하는 유형

융합한 후에 다핵성 대포자 속의 3핵 모두 2회의 유사분열을 한다. 이렇게 하여 각각 4핵으로 된 세 그룹이 만들어진다. 배낭의 분화가 일어나는 시기에 주공쪽의 4핵 중 3핵은 난장치로서 분리되고 네 번째 핵은 극핵으로 남겨진다. 합점 쪽의 4핵 모두와 중앙의 4핵 중 3핵은 7개의 반족세포로 분리되어 나온다. 중앙세포는 중앙의 4핵 중 1개의 2배체 핵과 주공쪽 4핵 중 1개의 반수체 핵으로 남겨진다.

같은 종 또는 같은 개체 속에서도 한 유형 이상의 배낭을 볼 수 있는 것은 전혀 드문 일이 아니다. 예를 들면, Kapil과 Prakash(1966)는 석류풀과의 *Delosperma cooperi*에서 마디풀형(단포자성) 배낭 14%, *Endymion*형(2포자성) 배낭 18%, 4포자성 배낭이 68%라고 보고하였다. 4포자성 배낭 중 47%는 *Drusa*형, 35%는 *Penaea*형, 18%는 연복초형에 속한다. 이와 유사하게 Abe (1971)는 난초과의 *Oreorchis patens*에서 달래형(31%), 연복초형(53%) 및 마디풀형(16%)의 배낭이 있음을 보고하였다. 그러나 성숙한 배낭은 이들 유형의 배낭이 보여주는 8핵 대신에 6핵(난장치, 1개의 극핵과 2개의 합점쪽 핵)만을 가지고 있다.

Hjelmqvist와 Grazi(1965)는 온도가 배낭 유형에 다소 영향을 미친다고 하였다. *Ulmus glabra*는 연복초형과 *Drusa*형 배낭을 보여준다. Hjelmqvist와 Grazi는 이 종의 나무 가지를 환경조절상 속에서 두 그룹으로 나누어 배양하였으며, 온도를 15～19°C와 26～27°C로 다르게 처리하였다. 실험 결과는 표 6-1에 나타나 있는데, 저온(15～19°C)은 8핵성 연복초형 배낭의 발생빈도를 상당히 증가시켰다. 이와 유사한 결과가 다른 몇 종에서도 보고되어 있다.

표 6-1 *Ulmus glabra*에서 두 유형의 배낭 발생에 대한 온도의 영향

배낭 발생 중의 온도	*Drusa*형(%)	연복초형(%)	기타 유형(%)
15~19℃	81	18	1
26~27℃	89	6	5

위의 관찰을 설명하기 위하여 Hjelmqvist와 Grazi는 온도가 세포성장보다는 핵분열과 액포화에 영향을 미친다고 주장하였다. 저온에서 핵분열은 세포성장과 관련하여 지연되며, 그 결과 2개의 대포자핵을 배낭의 두 끝부분에 분리시키는 첫 번째 감수분열 후에 중앙액포가 출현한다. 두 번째 감수분열 후 1회의 유사분열에 의해서 8핵성 연복초형의 배낭이 형성된다. 고온에서는 핵이 세포성장과 관련하여 급속히 분열하며 그 결과 주공 쪽에 있는 단핵을 합점 쪽에 있는 3핵으로부터 분리시키는 두 번째 감수분열이 일어난 후에만 액포화가 나타난다. 두 번의 계속된 핵분열에 의해서 16핵성 *Drusa*형 배낭이 형성된다.

Dharamdhaj와 Prakash(1978)는 고추속에서 겨울에 형성된 배낭은 2포자성이고, 여름에 형성된 대부분의 배낭은 단포자성이었다고 보고하였다.

6.2 성숙 배낭

자성 배우자체에서 최종 핵분열이 일어난 후 난할이 일어남으로써 배낭의 모든 세포가 대포자의 세포벽 안쪽에 형성된다. 배낭벽의 구조는 매우 흥미롭다. 목화에서 배낭벽은 PAS(periodic acid- Schiff) 양성이며 펙틴질이 풍부하다. 옥수수에서는 다층이며 펙토셀룰로오스성이다. Diboll과 Larson(1966)은 자성 배우자체 경계의 가장 안쪽 층은 기능적인 대포자의 벽을 나타내며 외층은 압착된 주심세포의 잔재물이라고 생각하였다. Maze와 Lin(1975)에 의하면, *Stipa*속에서 배우자체의 벽은 세 부위로 구성된다고 한다. 가장 안쪽 부위는 배우자체성인 반면, 중앙 및 외부 부위는 각각 퇴화된 대포자 및 주심세포를 보여준다. 배낭 속에 있는 세포를 분리시키는 세포벽에는 원형질연락사가 관통하고 있다. 배낭의 외부벽은 원형질연락사가 없으며 일부 종에서는 각질화되어 있다.

그림 6-3에 분명히 나타나 있듯이, 배낭의 7세포 8핵 체제는 피자식물에서 가장 흔하다. 마디풀형 이외에도 달래형, *Endymion*형, 연복초형 및 패모형의 배낭에서 관찰된다. 난세포는 피자식물에서 필수적이다. *Plumbago*형과 *Plumbagella*형을 제외하고는 난세포는 항상 2개의 조세포와 결합되어 있다. 예외적으로 *Peperomia*형에서는 1개의 조세포와, 그리고 원

시피자식물인 *Amborella*속에서는 3개의 조세포와 연합한다. 반족세포는 달맞이꽃형을 제외하고는 항상 존재한다. 그러나 반족세포의 수와 배수성은 식물에 따라 다양하게 나타난다.

6.2.1 조세포

조세포는 배낭의 주공 쪽에 있는 신장된 세포이다. 두 개의 조세포가 있을 때 이들은 서로 접촉해 있으며 부분적으로 난세포를 둘러싸고 있다(그림 6-1). 조세포는 주공쪽으로 뾰족하거나 굽어져 있다.

조세포 주위의 세포벽은 불완전하다. 주공쪽으로 세포의 1/3 지점 주위에 뚜렷한 벽이 있는데, 합점쪽 말단으로 갈수록 얇아지다가 나중에는 소실된다(그림 6-9). 결과적으로 합점쪽으로 세포의 1/3 지점에는 세포벽이 없다. 이 부위에서 조세포의 원형질체는 두 겹의 원형질막(하나는 조세포의 막, 다른 하나는 중앙세포의 막)에 의해서 중앙세포의 원형질체로부터 격리된다. 세포벽의 이러한 특징은 목화를 비롯한 많은 종에서 잘 나타나고 있다. *Epidendrum scutella*에서는 세포벽이 조세포 전체에 발달하기도 한다. 때때로는 *Jasione*속과 같이 주공 부위에 각질소의 축적이 있는 경우도 있다(그림 6-5).

사상장치(filiform apparatus)라고 하는 뚜렷한 구조가 각 조세포의 주공측 말단에 있다(그림 6-1, 6-6, 6-9). 사상장치가 조세포벽으로부터 분화된다는 것은 1906년 Habermann에 의해서 알려졌다. 사상장치는 세포벽

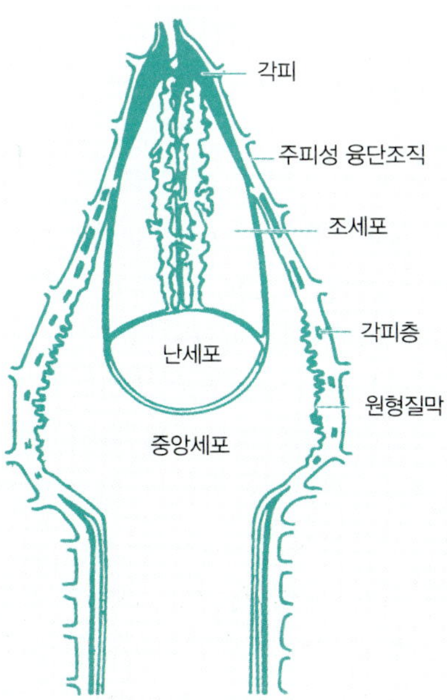

그림 6-5 *Jasione montana* 배낭의 주공쪽 종단면 모식도. 주공쪽 부분과 중간 부분에 비후된 각피가 있는데, 난장치 부위에서는 연속되어 있지 않다. 중앙세포의 원형질막은 크게 접혀져 있으며 영양분의 흡수 표면적을 증가시킨다. 사상장치가 조세포의 전 길이까지 신장되어 있다.

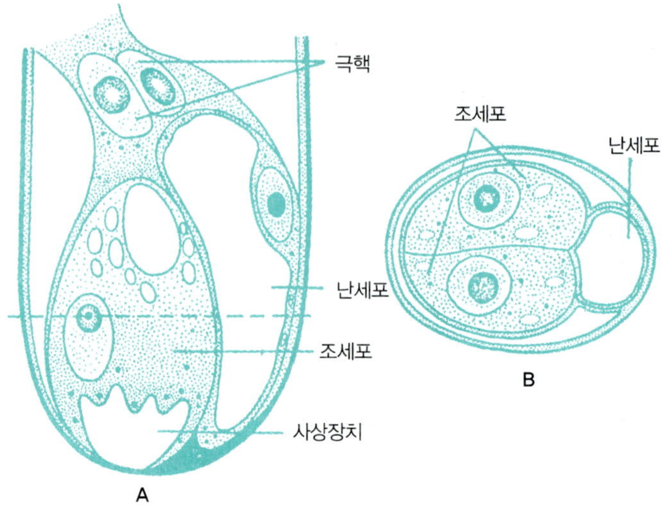

그림 6-6 목화의 성숙 배낭 모식도. A. 주공 쪽의 형태. B. A의 점선부분의 종단면.

이 세포질 속으로 뻗어 있는 손가락 모양의 돌기물로 된 덩어리임이 전자현미경 연구에 의해 밝혀졌다(그림 6-9). 구조적으로 사상장치의 각 돌기물은 비섬유성 초로 둘러싸인 매우 밀집된 미세원섬유의 중심부를 가진다. 돌기물은 많은 다당류를 가진다. 사상장치의 모양은 다양하다. *Torenia*속처럼 구형이거나, 페튜니아속과 해바라기속처럼 조세포의 끝 사이에 쐐기 모양으로 되어 있다. *Jasione*속에서는 사상장치가 조세포의 전 길이를 따라 불규칙하게 신장한다(그림 6-5). 참새피속에서 어린 조세포에는 녹말립이 풍부하게 존재하나 잘 발달된 조세포에는 녹말립이 존재하지 않는 것으로 보아 사상장치가 녹말립이 변형된 물질로부터 형성되는 것으로 추측할 수 있다. 사상장치는 막을 가로지르는 단거리 수송과 관련된 수송세포의 세포벽 형태인 해면벽과 유사하다. *Crepis capillaris*의 조세포는 사상장치와 세포벽의 함입이 없다.

조세포의 세포질은 강한 극성을 가진다. 세포의 합점 쪽은 1개의 대형 액포 또는 많은 수의 작은 액포에 의해 점유된다(그림 6-6, 6-9). 목화에서 이 액포들은 칼슘염류와 탄수화물이 풍부한 것 같이 보인다. 다량의 세포질과 뚜렷한 핵이 세포의 주공 쪽에 존재한다(그림 6-6). 세포질은 미토콘드리아, 소포체 및 딕티오솜이 풍부하며, 특히 사상장치 가까이에 농축되어 있다(그림 6-9). 이와 유사하게 다량의 지질, RNA 및 단백질도 이 부위에 농축되어 있다. 색소체는 극히 적다. 색소체는 목화의 경우 녹말을 함유하지만 옥수수와 페튜니아는 녹말을 함유하지 않는다.

조세포는 수명이 짧은 구조이다. 두 개의 조세포를 가진 배낭에서 1개는 화분관이 배낭 속으로 들어오기 전에 분해되는 한편, 잔존성 조세포(persistent synergid)라는 다른 하나는 배낭이 화분관 방출을 받은 후 즉시

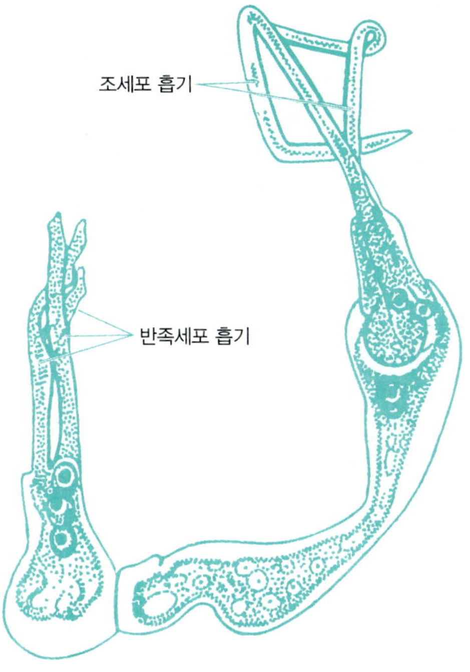

그림 6-7 *Quinchamalium chilense*의 성숙 배낭을 해부한 모식도. 조세포와 반족세포의 흡기를 볼 수 있다.

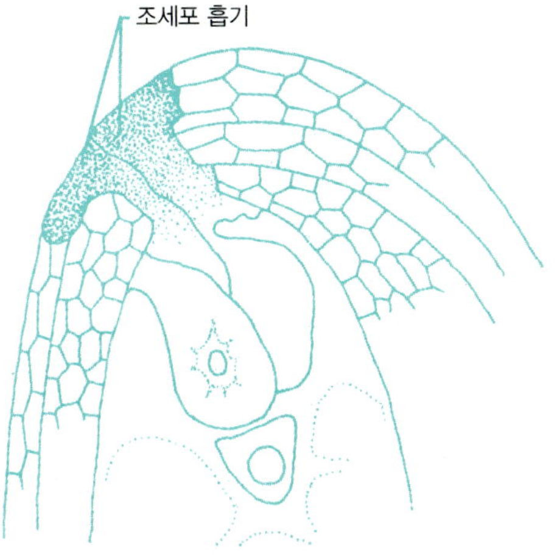

그림 6-8 *Cortaderia selloana*에서 2개의 조세포 흡기가 주공을 관통해 돌출되어 있다.

분해된다. 그러나 가끔 조세포 중 하나가 수정 후 상당한 기간 잔존하기도 한다. 핵은 신장되어 2배체를 보여준다. *Allium angulosum*과 *A. pulchellum*에서 조세포의 핵은 8배체가 된다.

일반적으로 조세포는 배낭 내에서 잔존한다. 그러나 국화과의 일부 종에서는 조세포가 배낭을 뚫고 나와 주공 속으로 돌출한다. *Cotula australis*에서는 조세포 중 1개가 팽대되어 흡기가 된다. 조세포 흡기는 돌나물과의 *Sedum sempervivoides*에서도 발생한다.

단향과 식물인 *Quinchamalium chilense*는 가장 광범위한 조세포 흡기를 보여준다(그림 6-7). 이 종의 조세포는 상당히 크다. 정단부는 신장하여 배낭을 지나면서 파괴되고 주두 조직 내로 성장한다. 이들은 주두 길이의 1/3 정도까지 이르며 최대 길이는 1,200μm이다.

광범위한 조세포 흡기는 벼과의 *Cortaderia selloana*에서 보고된 바 있다. 흡기는 사상장치로부터 손가락 모양의 돌기물로 발생하며 주공으로 침투한다(그림 6-8). 흡기의 내표면에는 조세포로 영양분을 이동하고 흡수하는 작용과 관련된 벽 돌기물이 만들어진다.

세포소기관의 구조와 농도를 조사해 보면 조세포는 매우 활발한 대사작용을 하는 것처럼 보인다. 조세포의 세 가지 기능은 다음과 같다.

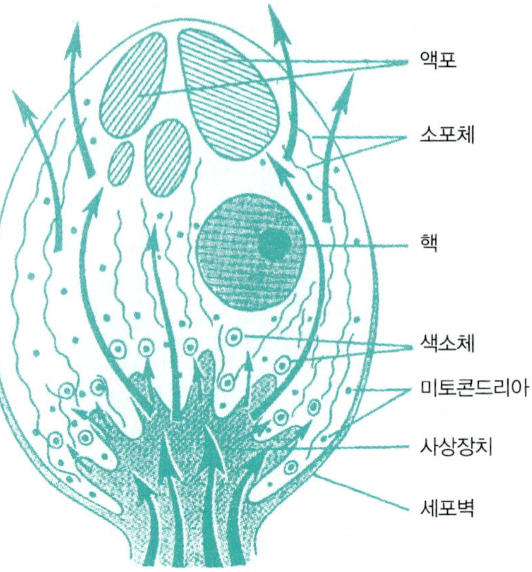

그림 6-9 목화의 성숙한 조세포 모식도. 대부분의 세포소기관들이 사상장치 주위에 농축되어 있다. 화살표는 조세포를 통해 배낭 속으로 영양분이 이동하는 방향을 나타내고 있다.

1) 조세포는 굴화성이 있는 물질을 분비하여 화분관 신장을 유도하는데 중요한 역할을 한다.
2) 분해되는 조세포는 배낭에서 화분관 내 정세포 방출을 위한 공간을 제공한다.
3) Jensen(1965)은 사상장치가 주심으로부터 배낭 내로 물질을 흡수하고 수송하는데 있어 조세포를 도와준다고 하였다(그림 6-9). 또한 사상장치가 이 물질들이 출입하는 통로를 만든다고 하였다. 그러나 많은 학자들은 조세포의 영양과 관련된 기능에 대해서 의문을 나타내고 있다. *Jasione*속에서 배낭의 주공벽 너머로 각피의 존재는 이 견해를 지지해 주고 있다. 최근에 밝혀진 사실에 의하면, 대사산물은 주로 합점쪽 말단을 통해 배낭 속으로 유입된다고 한다.

조세포의 구조와 기능에 대하여 많은 사실이 알려져 있으나, 조세포의 대사작용의 특성, 차별적 행동, 사상장치를 통한 화분관의 유입 및 화분관의 휴지와 열림에 있어서 조세포의 기능 등 몇 가지 의문점은 아직도 해결되지 않은 채 남아 있다.

6.2.2 난세포

난장치의 3개 세포는 삼각형 모양으로 배열된다(그림 6-6A,B). 난세포는 2개의 조세포 및 중앙세포와 세포벽을 공유하고 있음을 보여준다. 난세포는 조세포의 세포벽과 구조와 크기가 비슷한 세포벽을 가진다. 세포벽은 주공 부위에서 더 두터우나 합점 쪽으로 갈수록 얇아진다. 목화, 옥수수 및

*Torenia*속에서는 합점 쪽 말단에 벽이 없다. 냉이속에서 PAS 염색은 합점 쪽에 있는 어떤 벽 물질의 존재를 나타내지만, 어떤 경우에는 정상적인 벽이 없다. *Epidendrum scutella*에서 벽은 난세포 전체에 걸쳐 있는 것 같이 보인다. 주공의 끝에서 난세포의 측벽은 중앙세포벽과 연결되어 있는 것 같다. 실제로 난세포의 말단 벽은 중앙세포의 벽이다. 난세포 벽은 두 개의 조세포 및 중앙세포와 원형질연락사에 의해 연결되어 있으나 바깥쪽 면에서는 원형질연락사가 관통하지 않는다.

난세포는 발생과정 초기에 고도로 극성화된다. 극성은 세포질 성분이 세포의 합점 쪽에 뭉쳐서 존재함으로써 만들어진다. 세포의 주공쪽 말단부는 대형의 액포가 점유한다. 그 결과 난세포에서 액포와 세포질의 분포는 조세포에서와 정반대이다. 그러나 *Epidendrum*속과 옥수수속에서 핵은 난세포의 중앙에 위치하며, 많은 수의 작은 액포가 세포 주변부를 따라 존재한다.

어린 난세포에는 세포소기관이 풍부하다. 그러나 성숙하면 세포소기관은 적어지는데, 이것은 생리학적 활성이 미약함을 나타낸다. 미토콘드리아는 몇 개의 크리스타만 보여준다. 옥수수속을 제외하고는 딕티오솜이 없거나(*Epidendrum*속) 극히 소수이다. 딕티오솜이 존재하더라도 불활성 상태를 보여준다. 웅성 배우자체와 뚜렷하게 다른점은 난세포 내에서 색소체가 발생한다는 사실이다. 난세포는 종에 따라 정도의 차이는 있으나 녹말을 함유하며, 녹말은 수정 또는 초기 배발생 과정 동안 소모된다. 난세포질은 리보솜이 풍부하다. *Nicotiana rustica*의 난세포는 2개의 강한 RNA-양성체(RNA-positive body)를 함유하는데, 이들은 증식하며 전배의 4세포기까지 잔존한다. Sehgal과 Gifford(1978)는 이 구조물이 초기 배발생에서 중요한 몇 가지의 효소합성과 관련이 있다고 하였다.

*Plumbago capensis*에서는 손가락 모양의 세포벽 돌기물이 난세포의 주공 끝에서 많이 발생한다. 외형 및 PAS 양성반응에서 이 돌기물은 조세포의 사상장치와 유사하다. 이 식물에서는 조세포가 없기 때문에 난세포가 배우체 기능 외에 조세포의 역할도 맡는 것으로 보인다. *Cortaderia jubata*에서는 드물게 난세포가 흡기로 발달한다.

6.2.3 반족세포

반족세포(antipodal cell)는 배낭의 모든 세포 중에서 가장 큰 변이를 보여준다. 일반적으로 반족세포는 뚜렷하게 성장하지 않고 수정 전 또는 직후에 퇴화한다. *Mimusops*속을 제외한 Sapotaceae와 Thismiaceae에서 반족세포의 핵은 세포로 발달하지 않은 채 퇴화한다.

많은 식물에서 반족세포는 잔존하며, 이들이 배낭의 영양과 관련된 기

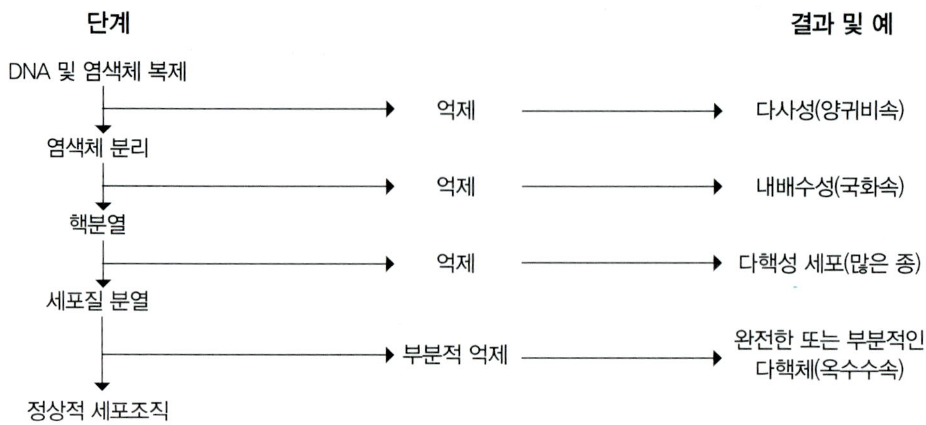

그림 6-10 반족세포에서 일어나는 것으로 알려진 다양한 핵분열 상태의 기원.

능을 가지고 있다는 사실을 암시하는 몇 가지 구조적, 세포학적 특성을 보여준다. 동의나물에서 반족세포는 전배의 8세포기까지 지속된다. 벼과에서 반족세포는 일련의 유사분열을 진행하여 다수의 반족세포를 형성한다. 가장 많은 경우 *Sasa paniculata*에서 300개가 보고되어 있다. 옥수수는 약 20개의 반족세포를 가지고 있으며, 각각 1~4개의 핵을 가진다. 반족세포의 다핵 상태는 *Stackhousia*속, *Tagetes*속 등에서도 관찰된다. 옥수수에서 반족세포의 추가분열이 일어나는 동안 많은 세포의 세포벽은 불완전하게 남아 있으며 인접세포 사이에 원형질의 연속성을 유지하도록 한다. 이것은 결과적으로 다핵성 원형질 또는 다핵체(syncytium)를 형성하도록 한다. 반족세포의 핵은 내배수성(endopolyploidy; 국화속) 또는 다사성(polyteny; 양귀비속)으로 인하여 2배체가 된다. 반족세포에서 여러 가지 핵 상태의 기원은 그림 6-10에 나타내었다.

반족세포의 미세구조나 조직화학적인 측면에 대한 유용한 정보는 많지 않다. Diboll과 Larson (1966)에 의하면, 옥수수의 반족세포는 많은 수의 미토콘드리아, 색소체 및 다편평낭(multicisternae)으로 이루어진 딕티오솜을 가진다. 세포질은 소포체 또는 딕티오솜에서 유래한 작은 소포로 가득 차 있다. 이 세포에서 볼 수 있는 흥미로운 특징은 세포질 속으로 돌출된 유두 모양의 세포벽 이입생장이 있다는 점이다(그림 6-11A). 이 이입생장은 주심과 접하고 있는 세포에 국한되어 있으며 사상장치와 유사하게 보인다. 유사한 벽 돌기물이 매발톱꽃속, 양귀비 및 벼의 반족세포에서도 관찰된다(그림 6-11B). 반족세포 사이의 벽과 반족세포 및 중앙세포 사이의 벽에는 원형질연락사가 산재되어 있다.

반족세포는 ascorbic acid, oxidase 및 sulfhydril 기를 가진 화합물이 풍

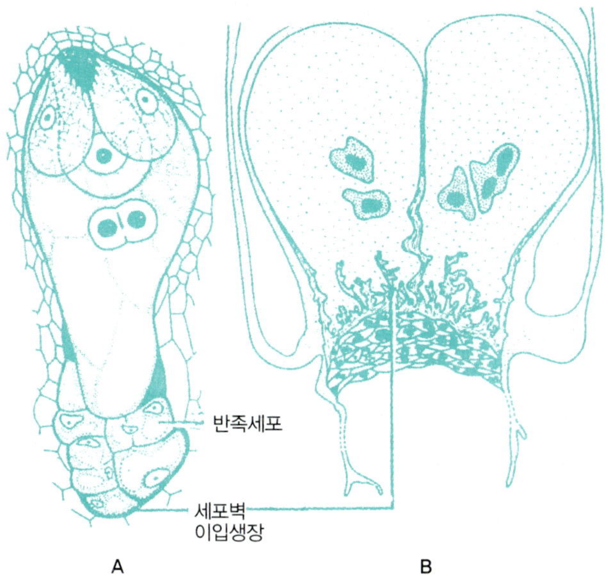

그림 6-11 **A.** 수수 배낭의 종단면 모식도. 반족세포 벽에 있는 뚜렷한 이입생장과 비연속성을 주목. **B.** 서양매발톱꽃 배낭의 합점 부분. 세포벽 이입생장을 하는 2개의 반족세포를 볼 수 있다. 중앙세포는 반족세포와 퇴화된 주심세포를 덮는 치마모양의 팽창부를 형성한다.

부하며, 녹말, 지질 및 단백질도 다량 생성된다. 그러나 RNA와 다당류는 매우 낮은 농도를 보여 준다.

반족세포의 흡기 행동은 많은 식물에서 볼 수 있다(*Grindelia*, *Haplopappus*, *Quinchamalium*). 멕시코양귀비(*Argemone mexicana*)에서 반족세포는 난세포나 조세포보다 훨씬 더 크다. 수정 후 이들은 신장되어 심장형배 단계까지 발달된다. 합점 쪽에서는 8~10층의 주심세포를 소모해 버린다. *Quinchamalium chilense*에서 반족세포의 핵은 개개의 세포로 체제화되지 않는다. 그 대신 벽에 의해서 배낭의 나머지 부분으로부터 분리되어 나오며 다핵의 반족세포실을 형성한다(그림 6-7). 반족세포실은 주병을 통과하여 성장하며, 태좌까지 이르러 크게 분지한다. 반족세포 흡기의 핵은 이상 비대하며 분열하여 5~7개의 핵을 만들기도 한다.

반족세포는 세 가지의 중요한 기능을 한다고 추측된다. 가끔 영양적 가치가 반족세포에 대해 제기되는데, 특히 반족세포가 잔존하고 있을 때이다. 반족세포 세포질의 상태는 매우 활발한 세포의 특성을 나타내고 있다. 반족세포는 다핵 상태, 내배수성, 또는 다사성을 통해 증가된 DNA 함량을 가지고 있다는 점에서 다른 영양조직, 특히 화분낭의 분비성 융단조직 및 주피성 융단조직과의 유사성을 보여준다. 옥수수, 벼 및 양귀비의 반족세포에서 벽 돌기물의 형성은 소위 수송세포의 모습을 보여주어, 이들 세포가 배낭의 영양공급과 관련이 있을 것이라는 견해를 지지해 준다.

또한 반족세포는 다량의 녹말, 지질 및 단백질을 저장하기도 하는데, 이들은 배유와 배가 발달할 때 이용된다. 반족세포의 또 다른 기능은 배유의 생장과 발달을 조절하는 물질을 생성하고 분비하는 것이다.

6.2.4 중앙세포

중앙세포(central cell)는 배낭을 구성하는 세포 중 가장 대형이며 배유의 모세포이다. 최종 핵분열 후에 배낭의 신장은 주로 중앙세포의 중심에 위치하는 대형 액포의 팽창에 기인한다. 중앙세포에 있는 액포는 당, 아미노산 및 무기염류의 저장소인 것으로 추측된다.

소위 극핵이라 부르는 중앙세포의 핵은 매우 대형이며 뚜렷한 인을 가진다. 이들은 세포질연결사에 의해 세포의 중앙에 떠 있거나 난장치에 근접한 세포질 내에 있다(그림 6-1). 후자의 경우에 배낭의 합점 쪽에는 대형의 액포가 자리잡게 된다. 두 극핵은 중복수정 전 또는 수정 도중에 융합하여 2차핵을 만든다.

난세포와 달리 중앙세포의 세포질은 모든 세포소기관이 풍부하여 강한 합성작용의 중심부인 것으로 보인다. 세포질 내에는 녹말, 때로는 단백질과 피토페리틴(phytoferretin)을 함유한 색소체가 있다. 냉이속의 중앙세포는 지방을 당으로 전환시키는 글리옥시솜과 관련된 많은 소구체(sphaerosome)를 가진다. 흥미롭게도 잘 발달된 엽록체도 이 세포에서 보고되어 있다. 미토콘드리아도 많다. 현저하게 많은 수의 딕티오솜은 일반적으로 중앙세포의 세포질과 관련이 있다. 딕티오솜은 활발한 상태를 나타내는 많은 수의 소포를 생성한다. 많은 리보솜이 있으며, 보통 단독 리보솜 또는 작은 폴리솜 상태로 존재한다. 중앙세포는 저장물질을 충분히 갖고 있는데, 이는 수정과정과 초기 배유 발달 단계에서 유용하게 이용된다.

중앙세포의 벽은 배낭의 각 부위에 따라 매우 다양하다. 주심에 접한 부위가 가장 비후되어 있다. 난세포 및 조세포와 접촉하고 있는 부위에서는 불완전한 벽의 특징을 보여준다. 난장치의 합점쪽 말단부 쪽으로는 끝으로 갈수록 얇아지며, 최종적으로 중앙세포의 원형질막과 난세포 및 조세포의 원형질막 사이에는 벽이 존재하지 않는다. 중앙세포는 원형질연락사 연결부를 통해 난세포, 조세포 및 반족세포와 연결되어 있으나, 중앙세포와 인접한 주심세포 사이에는 이러한 연결이 없다.

주공 또는 합점 쪽에 세포벽 돌기물이 존재하는 사실은 중앙세포가 주변의 주심 또는 주피로부터 영양물질을 흡수한다는 것을 보여준다. 서양매발톱꽃에서는 중앙세포가 치마 모양의 팽창부를 형성하는데(그림 6-11B), 측벽의 연장부분을 가진 이러한 흡기의 신장구조는 배주조직 속으로 들어간다. 이 신장구조는 흡수 이외에 주심조직의 소화를 돕는 효소를 분비한다.

6.3 배낭의 영양분

주심은 배낭으로 유입되는 영양분을 위한 뚜렷한 통로인데, 그 이유는 주심이 배낭을 완전히 둘러싸고 있기 때문이다. 배주의 형태는 배낭 속으로 영양분의 주된 통로가 합점 쪽 말단이라는 사실을 시사해 준다. 주병에는 유관속이 공급되는 부위가 있는데, 주병은 배주로 영양분을 공급하는 정상적인 통로인 것으로 추측되며 유관속 말단부는 주피의 기부에서 끝난다. 그곳으로부터 영양분은 유관속 말단부와 배낭의 합점 쪽 말단 사이에 있는 주심조직을 통해 배낭 속으로 통과한다. 가끔 하위세포군이라는 일군의 특수 세포가 주병의 유관속 말단부와 배낭의 합점 사이에 있다. 일부 학자들은 하위세포군이 배낭으로 영양분을 이송하는데 관련된다고 하였다. 그러나 Coe(1954)는 *Zephyranthes*속에서 이 조직이 영양과 관련된 작용을 한다는 사실을 지지할 만한 증거를 발견하지 못하였다. 그러나 그의 실험은 배낭 속으로 가용성 동화물질을 이송하는데 합점이 참여한다는 사실을 확인해 주었다. *Zephyranthes drummondii* 식물의 잎을 통해 ^{14}C로 표지된 동화물질을 처리한 후 배주 속에 있는 가용성 및 불용성 유도물질의 분포를 자기방사법으로 추적하였을 때, 가용성 유도물질은 유관속 말단부, 주심의 합점 부위 및 배낭의 세포질과 액포에 대부분 농축되어 있음을 알 수 있었다.

배낭 속으로 영양물질을 이송하는데 합점이 관여한다는 사실을 지지하는 다른 증거는 다음과 같다.

첫째, 배낭의 합점 쪽에서 주심에 접하고 있는 반족세포 내에 세포벽 돌기물이 발달한다는 사실로 이루어 반족세포가 수송세포인 것으로 생각한다. 반족세포 내의 세포벽 돌기물은 옥수수와 양귀비에서 관찰되었다.

둘째, *Quercus gambelii*에서 외주피는 녹말이 풍부하며 이 세포들은 잘 발달된 많은 수의 원형질연락사로 서로 연결되어 있는 한편, 내주피는 이러한 특징을 갖지 않는다. 더욱이 유관속은 외주피에 한정되어 발생한다. Postament라 부르는 일군의 주심세포가 합점 끝에 있는 배낭 속으로 돌출된다. 이러한 관찰에 근거하여 Mogensen(1973)은 이 식물에서 배주 속으로 영양물질의 이동이 일어나는 가능한 경로는 외주피로부터 합점까지이며, 또한 postament를 통해 배낭까지 수송된다고 하였다.

셋째, Ryczkowski(1971)는 수정된 배주에서 아미노산의 농도가 배낭의 합점 끝에서 가장 높았으며, 이곳에는 뚜렷한 합점–주공 구배가 있음을 보여주었다.

배낭 속으로의 영양물질 유입은 합점 끝을 통해 주로 일어나는 것으로 보이며, 자성 배우자체의 전 표면을 둘러싸고 있는 주심세포로부터 영양분

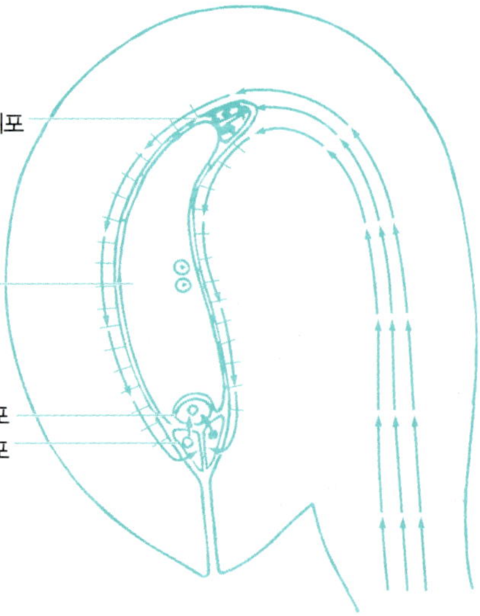

그림 6-12 애기금어초의 배주 속에서 수정 전 영양물질의 이동을 보여주는 모식도.

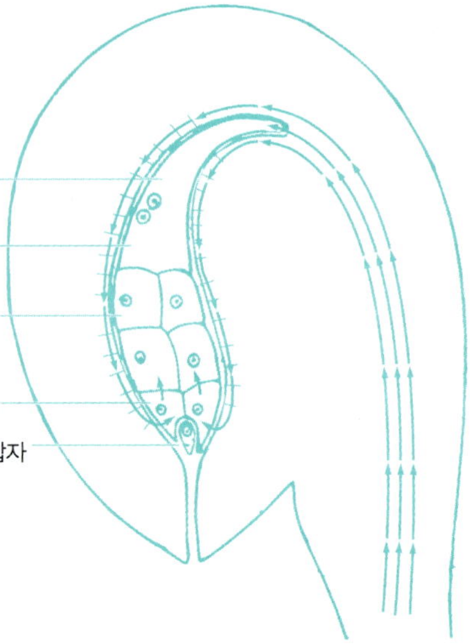

그림 6-13 애기금어초의 배주 속에서 수정 후 영양물질의 이동을 보여주는 모식도.

을 흡수하는 것으로 보인다. 많은 종에서 배낭이 주피와 직접 접촉함으로써 주심은 발생중인 배낭에 의해서 완전히 소모되어 버린다.

이러한 경우에 주피의 내표피는 배낭 주위에 분비성 내피를 형성한다. 특수화된 이 층은 다른 분비성 융단조직과 많은 유사성을 보여주는데, 외부 조직으로부터 영양분을 흡수하여 이것을 배낭으로 공급하는 것으로 생각된다.

애기금어초의 배주에 대한 세포화학적 연구를 기초로 하여 Kallarackal과 Bhatnagar(1981)는 수정 전에는 조세포가 난세포의 영양과 관련되고 반족세포는 중앙세포의 영양과 관련되어 있으며, 수정 후에는 배유로 발달함을 암시하였다. 양양분이 합점으로부터 주공 쪽에 도달하기 위한 분명한 경로는 주피성 융단조직이며, *Linaria*속에서는 잔존하여 매우 활발한 대사작용을 한다. 수정 후에 주공 쪽 배유 흡기는 활성화되어 조세포의 기능을 가지게 되고 합점 쪽 배유 흡기는 반족세포의 위치에서 발달 중인 배유에 영양분을 공급하는 역할을 한다. 애기금어초에서 수정 전과 후에 배낭 속으로 영양분을 이송하는 가능한 경로를 그림 6-12와 6-13에 나타내었다.

앞에서 설명한 영양분의 이송방법 외에도, 어떤 식물에서는 배낭이 배주 밖으로 성장하여 흡기가 된 후 배주조직과 심피조직으로부터 영양분을 얻기도 한다. 흡기구조는 배낭의 각 세포로부터 발생하기도 한다.

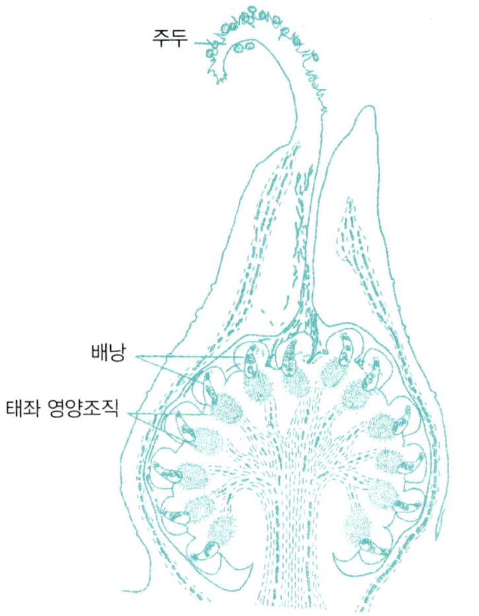

그림 6-14 *Urticularia flexuosa*의 자예 종단면. 태좌의 유관속 말단부와 배낭의 흡기 정단부를 가진 태좌의 영양조직을 나타낸다.

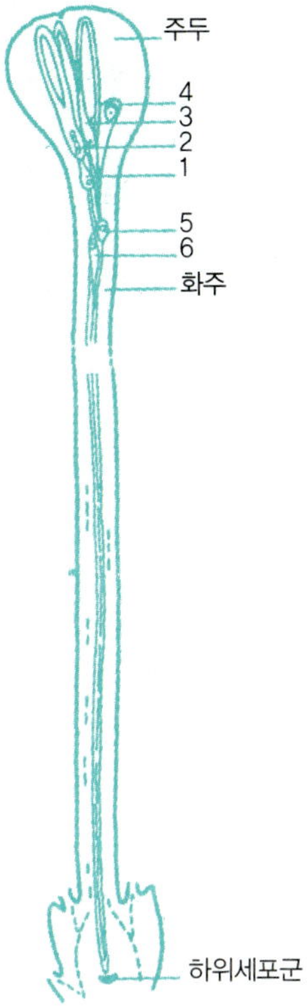

그림 6-15 *Moquiniella rubra*의 자예 종단면. 6개의 배낭 중 3개(1~3)는 주두에 도달한 후 뒤로 굽어진다.

6.4 배낭의 흡기 행동

조세포와 반족세포의 흡기(haustorium) 외에도 배낭 전체가 배주조직 밖으로 성장한다. 중앙세포로부터 주공 쪽이나 합점 쪽 신장구조, 즉 돌기(caeca)를 형성하며, 여러 심피조직 속으로 성장하여 흡기로 작용한다.

주공 쪽에 있는 배낭의 배주 밖 신장구조는 단향과(Santalaceae)에서 매우 흔하다. *Mida*속, *Quinchamalium*속 및 *Santalum*속에서 배낭은 4핵성 시기에 배주 밖으로 성장하는 한편, *Leptomeria*속에서는 성숙배낭기에서 배주 밖으로 성장한다. 통발과의 *Urticularia*속에서는 배낭의 2핵성 시기에 주심 표피와 비기능성 대포자의 잔재물이 완전히 소실된다. 배낭의 정단부는 배주를 통과하여 성장하며, 태좌와 접촉하게 된다. 4핵성 시기에 배낭 정단부는 태좌의 영양조직 내로 관통하기 시작하며 성숙배낭기에 영양조직 내로 매몰되어 버린다(그림 6-14). 이 경우에 배낭 정단부는 흡기로 작용한다. 쥐꼬리망초과의 *Nelsonia campestris*에서 4핵성 배낭은 주공으로부터 돌출되어 태좌 내부에 머무른다. 난장치는 태좌 내부의 배낭 속에

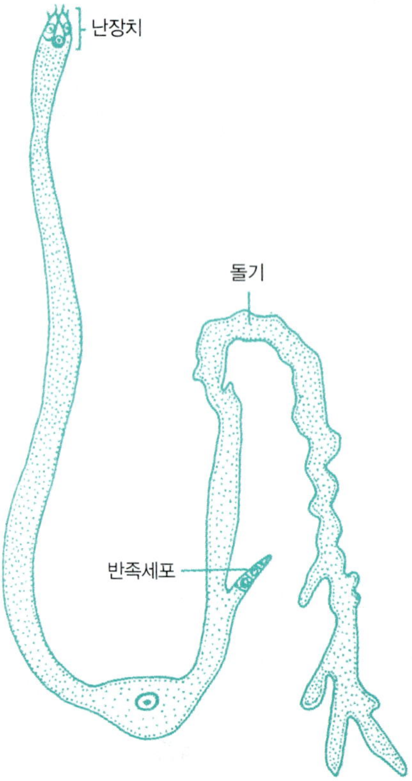

그림 6-16 *Santalum album*의 성숙 배낭. 배낭의 합점 쪽에서 반족세포를 그대로 둔 채, 긴 신장구조로 성장한다.

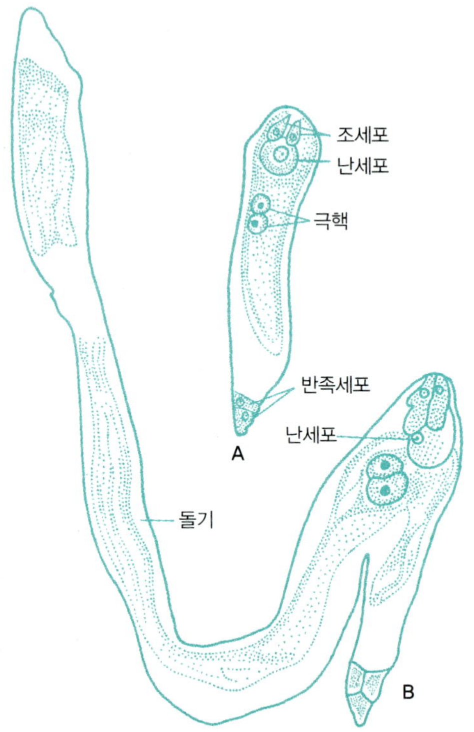

그림 6-17 *Comandra umbellata*. **A.** 어린 배낭. **B.** 난장치와 같은 높이에서 발생한 뚜렷한 측면 돌기를 가진 성숙 배낭.

서 조직화된다.

겨우살이과에서 배낭은 위쪽을 향해 다양한 높이로 성장한다. *Macrosolen cochinchinensis*의 경우 배낭은 화주의 기부까지, *Lepeostegeres gemniflorus*는 화주 길이의 1/5까지, *Dendrophthoe falcata*는 화주 길이의 절반까지, *Helixanthera ligustrina*는 주두까지 이른다. 가장 긴 배낭은 *Moquiniella rubra*에서 볼 수 있다. 이 배낭의 정단부는 때로는 주두와 접촉한 후에 화주 속으로 2~4mm 뒤쪽으로 굽어져 있다(그림 6-15). 이러한 배낭에서 최대 길이는 약 48mm이다. *Phthirusa pyrifolia*와 *Struthanthus vulgaris*는 예외인데, 1개의 배낭만이 각 자방 속에서 발달한다.

대부분의 겨우살이과와 단향과 식물에서 반족세포는 본래의 자리에 위치하나, 배낭의 합점 쪽 측면에 돌기 형태의 신장된 구조를 보여준다(그림 6-16). *Scleropyrum*속에서는 반족세포가 합점의 흡기 속으로 이동한다.

합점 쪽 신장구조는 매우 빈번하게 발생하지만 주공 쪽 신장구조는 드물다. 후자는 *Nuytsia*속(그림 6-18), *Atkinsonia*속 및 *Comandra*속(그림

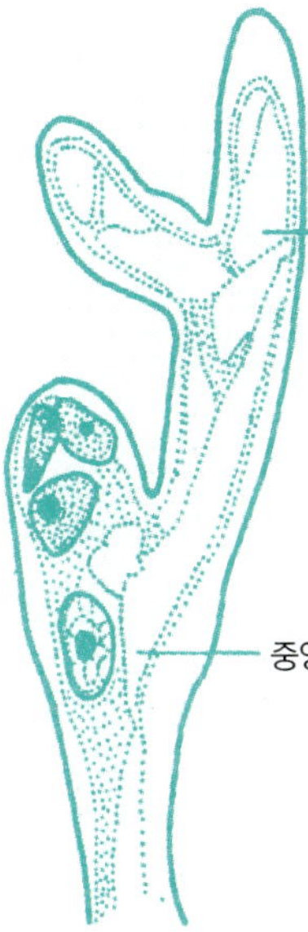

그림 6–18 *Nuytsia floribunda*의 성숙 배낭에서 분지한 돌기를 보여주는 주공 쪽 말단부.

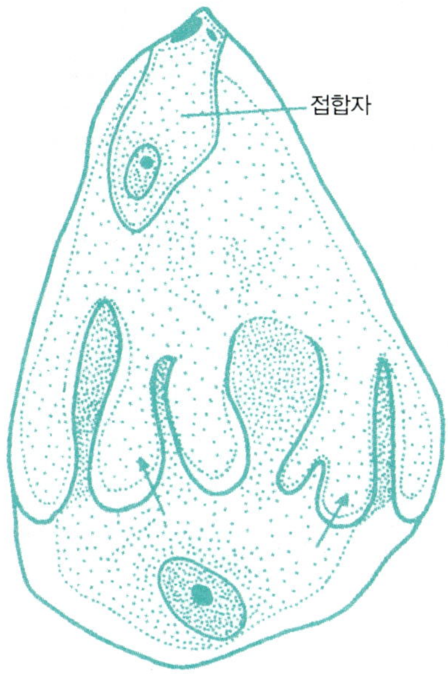

그림 6–19 *Exocarpus strictus*의 수정 후 배낭. 손가락 모양의 돌기(화살표)를 볼 수 있다.

6–17)에서 보고되어 있다. 이들의 신장구조는 난장치와 거의 같은 높이에서 작은 측면 돌기물로 발생하여 화주의 통로를 향해 신장하며 나중에는 화주 조직을 관통한다. *Nuytsia*속에서 주공 쪽의 신장구조는 분지하기도 한다(그림 6–18).

*Exocarpus strictus*에서 손가락 모양의 많은 돌기물이 배낭의 중앙으로부터 발생하여 치마처럼 하부 쪽으로 걸쳐 있다(그림 6–19). 이들은 흡수면을 제공하는 것 같다. 배낭의 정단부로부터 생겨나 태좌 너머로 신장하는 관상의 흡기 돌기물은 *Exocarpus*속의 다른 종에서도 나타난다.

Chapter
07 수분

수분(pollination)은 일반적으로 약에서 주두(stigma)로 화분이 옮겨지는 과정을 일컫는다. 제3장에서 서술하였듯이 화분은 여러 층의 세포로 단단하게 둘러싸인 약벽으로 된 화분낭에서 형성된다. 그러므로 수분작용이 일어나기 위해서는 가장 먼저 약낭이 열려서 화분이 방출되는 것이 필요하다.

7.1 약의 열개

약 조직의 성숙과 건조는 약 열개에 필수적이다. 성숙한 약은 적당한 온도와 습도의 범위 내에서 열개한다. 약이 열개할 때는 2가지 뚜렷한 과정을 거친다. (a) 약이 발생할 때 약벽 내에 단단한 기계층이 열개부(stomium)라고 부르는 특정부위를 제외하고는 모든 약실(locule) 주위에 두껍게 발달하게 된다. (b) 두 번째 과정은 실제로 약이 열개할 시점이 되면 기계적인 층들이 활성화되어 약벽의 열개부를 따라서 약이 터지도록 힘을 가해준다(그림 7-1).

보통 내피(endothecium)는 그 구성세포들이 두꺼운 섬유질층을 가지고 있어서 약이 열개할 때 기계적인 기능을 한다. 차풀속 종류는 내피에 두꺼운 섬유질이 없는 대신에 세포 안과 밖 그리고 방사상의 벽이 불균등하게 두꺼워져서 내피벽이 수축할 때 기계적인 힘으로 약이 열개되도록 한다.

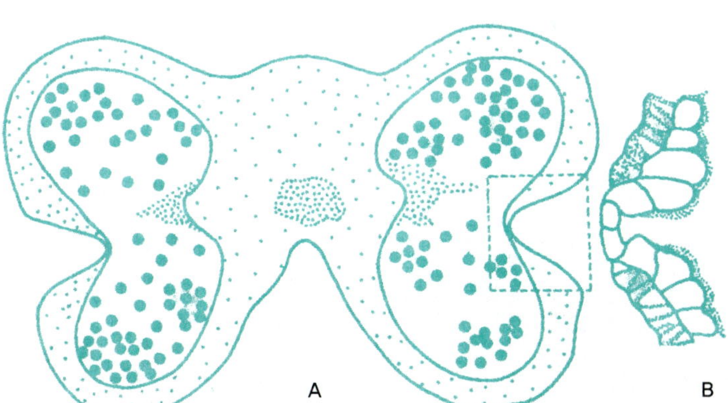

그림 7-1 A. 성숙한 약의 횡단면. B. 성숙한 약의 양쪽의 열개부를 나타내기 위한 A의 점선부분의 확대.

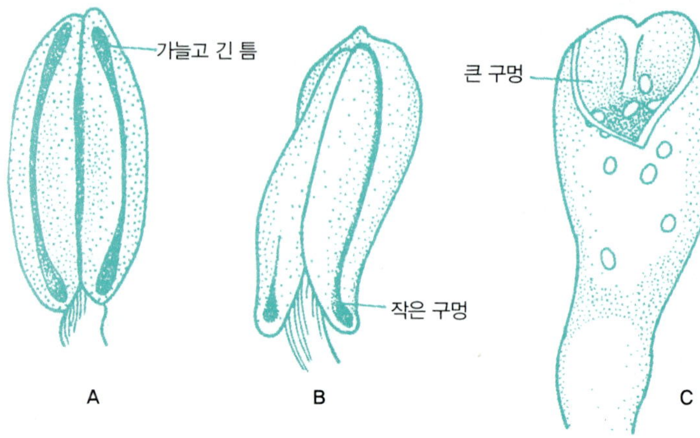

그림 7-2 약 열개. **A.** 가늘고 길게 갈라진 틈(백합속). **B.** 기저 부위의 작은 구멍(차풀속). **C.** 1개의 큰 구멍.

*Dillenia*속의 어떤 종의 경우는 때때로 약 열개의 기계적인 역할을 표피세포(epidermis)가 대신하기도 한다.

또한 백합속은 대부분의 피자식물과 같이 열개부가 약엽(anther lobe)의 긴 방향으로 띠 모양을 이루고 있어 세로로 길고 가늘게 갈라진다(그림 7-2A). 그러나 다른 종류에서는 열개부가 종에 따라 다양하게 나타나는데 그 대표적인 것으로 선개(旋開, lid), 판개(瓣開, valve; 매자나무과), 공개(孔開, pore; 가지속, 차풀속, 애기풀속; 그림 7-2B,C)가 있으며 또는 수분매개체(*Garcinia* sp.)에 의하여 열개될 수도 있다. 나자스말속의 약벽은 불규칙하게 갈라진다.

제비꽃이나 괭이밥 종류와 같이 폐화수분(cleistogamous)을 하는 꽃들에서는 내피가 축소되고, 약들은 전혀 열개하지 않은 채 화분이 화분낭(pollen sac) 안에서 발아하여 화분관이 약벽을 뚫고 자란다.

7.2 화분 이동

화분의 이동형태에 따라 수분작용을 두 가지로 나눌 수 있다. 같은 꽃의 약에서 주두로 화분이 옮겨지는 것을 자가수분(self-pollination) 또는 자가수정(autogamy)이라 하며, 다른 꽃 사이에 화분이 옮겨지는 것을 타가수분(cross-pollination)이라 한다. 타가수분은 같은 식물의 두 꽃 사이에서 수분이 일어나는 개체내 타가수분(geitonogamy)과 다른 식물의 두 꽃 사이에서 일어나는 개체간 타가수분(xenogamy)으로 다시 세분할 수 있다. 유전학적인 관점에서 볼 때 같은 식물 내의 모든 꽃들은 보통 유전학적으로 동일하기 때문에 개체내 타가수분은 자가수분과 다를 바 없으며, 진정한 타가수분은 동종이든 타종이든 다른 식물 사이의 수분인 개체간 타가수분을 일컫는다. 그러나 생태학자들은 수분작용이 개체내 타가수분이든 개체간 타가수분이든 화분이동에 있어서 비슷한 생태학적인 요인이 요구되기 때문에 하나의 범주에 포함시키기도 한다. 특별한 사항이 없다면 우리는 생태학자들의 개념으로 분류하여야 할 것이다.

7.2.1 자가수분

자가수분은 약의 열개와 동시에 주두가 화분을 받아들일 수 있는 양성화에서만 가능하다. 피자식물은 대부분은 개방화(chasmogamous flower)인데, 이는 수분 매개자에게 성숙한 약과 주두를 노출하는 꽃들을 말한다. 이것이 이루어질 수 있는 것은 (a) 꽃의 열개에 의해서 (b) 닫힌 꽃에서는 매개자에게 그들 스스로 드러낼 수 있는 돌출기관을 가짐으로써 가능하게 한다. 여기에서 생식기관을 드러내지 않고 종자를 맺는 또 다른 식물군이 있는데, 이런 식물을 폐쇄화(cleistogamous flower)라고 하며 폐쇄화에서 일어나는 수분을 폐화수분(cleistogamy)이라 부른다. 이것은 자가수분을 촉진할 수 있는 가장 효과적인 꽃의 적응이다. 폐화수분은 선천적으로 일어나거나 가혹한 생태적 환경 조건에 의해 초래될 수 있다.

닭의장풀속의 종류는 두 가지 형태의 꽃이 핀다. 즉 (a) 밝은 색깔(푸른색 또는 보라색)을 가진 지상부의 충매화와 (b) 땅속줄기의 지하경에 있는 폐화수분되는 지하부의 어두운 색깔의 꽃이 있다.

어떤 극단적인 환경 조건 아래에서는 개방화 식물이 폐화수분의 꽃을 피우기도 한다. 세계에서 가장 뜨거운 사막지역 중의 하나인 Timbuctu에서는 일년내내 지표온도가 70~80℃이고, 보통 사람 키 높이(170cm)에서는 40~44℃ 정도이다. 이런 지역에서는 사람 키 높이 이상의 관목과 교목의 꽃은 충매화인 반면에 곤충이 서식할 수 없는 지표 부근의 식물은 자가수분을 한다. 비교적 온화한 기후에서 자라는 낭아초속의 종은 꿀벌에 의해 수분되는 반면에, Timbuctu의 가장 건조한 지역에서 자라는 종은 꽃이 닫혀 있는 동안에 약이 열개하여 효과적인 자가수분을 한다.

Timbuctu에서 자라는 닭의장풀속의 종류는 지상부에서는 아름다운 푸른빛이 감도는 꽃에 웅성 생식기관만 갖고 있는 불완전화이지만 지하부의 꽃은 털이 많은 총포로 둘러싸인 완전화로서 2개 또는 3개의 꽃이 함께 핀다. 꽃 주위의 총포에 의해 형성된 움푹 패인 곳은 건조로부터 어린 꽃봉오리를 보호하기 위해 점액질로 채워진다. 이들 꽃은 양성화로서 자가수분에 의해 수정이 되며 때로는 폐쇄화로서 땅 밑에서 꽃피고 수정하기도 한다.

아욱과 종류에서 볼 수 있듯이 오크라(*Abelmoschus esculentus*)의 웅예는 단체웅예로서 작은 화사에 단체웅예의 약들이 달라붙어 하나의 화사를

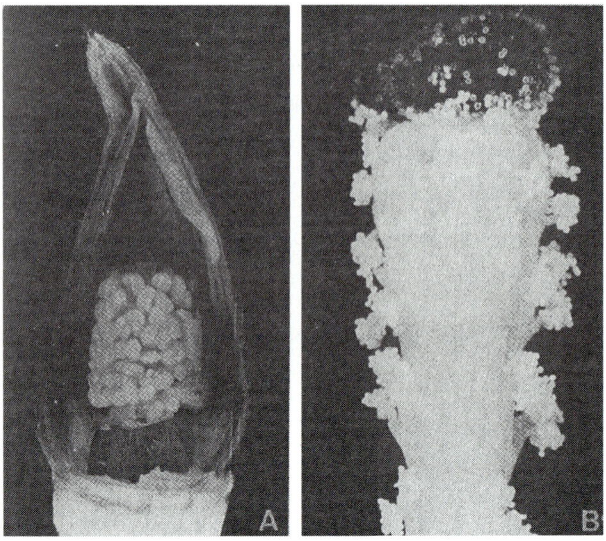

그림 7-3 오크라의 자가수분 기작. A. 웅예와 주두의 배열을 나타내기 위하여 꽃의 외피를 제거한 꽃봉오리의 일부분. B. 개화시의 생식기관. 즉 웅예관이 성장하여 주두의 아래에서 열개되며, 주두는 약간 아래쪽에서 열개된 약과 접촉이 이루어진다.

이룬다. 두상화서의 주두는 화사 위로 돌출되어 있고(그림 7-3A) 약들은 개화하기 약 5시간 전에 열개되며, 약이 열개되면 주두는 약간 아래쪽에서 약과 접촉하거나 약의 윗부분에서 접촉되어 수분된다. 후자의 경우 열개된 약이 날리면 화사는 어느 정도 성장하여 주두 부위에서 수분이 이루어지도록 한다(그림 7-3B). 오크라꽃의 화관과 화분을 먹고 사는 풍뎅이는 오크라꽃의 수분에 중요한 역할을 하는데, 풍뎅이가 꽃 안쪽으로 기어 오르내리는 동안 주두의 표면 위로 화분을 옮겨준다.

7.2.2 타가수분

1. 타가수분을 유도하는 꽃의 기작

대마와 버드나무와 같은 단성화는 타가수분이 필수적이나, 양성화이면서 자가수분이 이루어지지 못하도록 억제할 수 있는 기작은 다음과 같다.

1) 자가불임(自家不姙, self-sterility)

주두에 화분이 내려 앉아도 종자결실이 보장되지 않는다. 즉, 예를 들어 *Petunia axillaris*에서 자가수분으로 형성된 화분관은 화주의 중앙 부분쯤에서 성장이 정지된다. 자가불임성 식물에서 자가수분 후의 수정 실패는 자신의 주두 위에서 화분이 발아하지 못하도록 억제하기 때문이다. 같은 꽃 내에서 수정이 이루어지지 못하도록 하는 이런 식물을 자가불임 또는 자가불화합성(self-incompatible)이라

한다.

2) 자웅이숙(雌雄異熟, dichogamy)

자웅이숙은 수술과 암술의 성숙시기를 다르게 가지는 것이다. 범의귀속과 물봉선속의 종류에서 약은 같은 꽃의 주두가 성숙하기도 전에 열개하므로(웅예선숙:protandry) 자가수분이 불가능하게 하는 반면, 쥐방울속 종류의 꽃은 약이 성숙하여 열개되면 주두가 쇠퇴함으로써(자예선숙:protogyny) 자가수분을 억제할 수 있는 안전장치를 가진다. 자예선숙은 십자화과와 장미과에서 흔히 볼 수 있다.

3) 자가수분장애(自家受精障碍, herkogamy)

어떤 양성화에서는 수술과 암술의 구조 자체가 자화수분이 이루어지지 못하도록 되어 있다. 석죽과의 몇 종에서는 주두가 화사의 길이보다 길게 자라서 화분이 주두 위에 떨어지지 못하도록 하기도 하고 *Gloriosa*속의 약은 주두와 멀리 떨어져 있어 자신의 화분이 주두에 닿지 않는 거리에서 열개한다. 난 종류에서는 화분괴에 화분이 뭉쳐 있는 상태로 남아 있어 자화수분이 이루어지지 못하게 한다.

4) 이형화주(異形花住, heterostyly)

자가수분을 방해하기 위한 이 기작은 같은 꽃이라도 화주와 화사의 길이가 두 가지 이상으로 다양하게 나타나는데(그림 7-4), 다른 꽃 사이에서는 효과적인 수분이 이루어지도록 하고 같은 꽃 사이에는 자가수분이 이루어지지 못하도록 한다. 앵초속의 종류는 두 가지 형

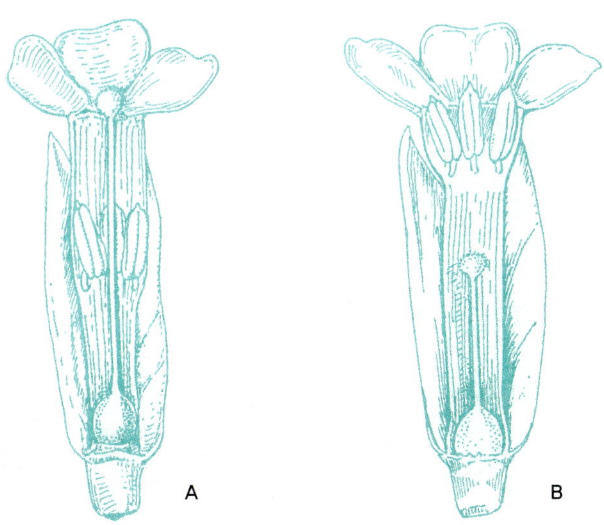

그림 7-4 앵초속의 2화주성. **A.** 장주화형(pin-eyed)으로 화관이 좁은 꽃. **B.** 단주화형(thrum-eyed)인 화관이 넓은 꽃.

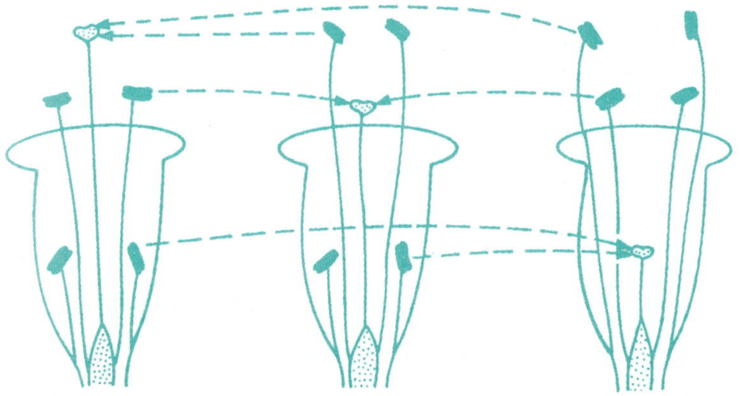

그림 7-5 3화주성. **A.** 긴 화주 및 정상 수술과 짧은 수술을 갖는 꽃. **B.** 중간 길이의 화주 및 긴 수술과 짧은 수술을 갖는 꽃. **C.** 짧은 화주 및 정상 수술과 긴 수술을 갖는 꽃. 화살표로 나타낸 것처럼 3가지 형태의 꽃 중에서 같은 형태의 꽃 사이보다 다른 형태의 꽃 사이에서 효과적인 수분이 이루어진다.

태의 꽃을 가짐으로써(2형화주, distyly) 이형화주의 대표적 예로 인용된다.

(1) 장주화형(pin-eyed, long-styled; 그림 7-4A): 긴 화주, 긴 주두의 돌기, 짧은 수술 그리고 작은 화분을 가진다.

(2) 단주화형(thrum-eyed, short-styled; 그림 7-4B): 짧은 화주, 작은 주두의 돌기, 긴 수술 그리고 큰 화분을 가진다.

화관이 넓은 단주화형의 꽃에서 주두의 위치는 화관이 좁은 형태인 장주화형의 꽃에서 약이 있는 위치이며, 그 반대도 마찬가지다. 일반적으로 단주화형의 꽃에서는 오직 장주화형 꽃의 화분이 날아와 효과적으로 수분될 수 있으며, 반대로 장주화형의 꽃에서는 단주화형 꽃의 화분이 효과적으로 수분될 수 있으나 같은 형태의 꽃 사이에서는 수분이 이루어지지 않는다.

부처꽃속과 괭이밥속의 종류는 같은 속 내에서 3형화주(tristyly)가 나타난다. 이들은 화주와 수술의 길이에 따라 세 가지 형태의 꽃을 가진다(그림 7-5). 같은 형태의 꽃 속에서는 수분이 잘 이루어지지 않고 오히려 다른 형태인 두가지 꽃에서 화분이 주두에 효과적으로 수분될 수 있다.

2. 매개체

동물의 유성생식은 수컷과 암컷의 적극적이고 자발적인 행동에 의해서 이루어진다. 수컷은 배우자와 결합하기 위하여 걷거나, 기거나, 수영하거나 또는 날아갈 수도 있다. 그러나 식물은 다르다. 수꽃과 웅성기관은 다른 꽃의 자성 기관에 닿을 수 있는 특별한 수단이 없기 때문에 수꽃에서 암꽃 주두로 화분을 옮기는 것은 외부 매개체에 의존해야만 한다. 나사말류만이 드물게 수꽃이 암꽃으로 직접 이동하는 것을 제외하면 대개는 바람, 물, 곤충 그리고 박쥐 등의 매개체를 이용하여 이동한다.

1) 풍매(anemophily)

풍매는 환경에 의존하는 수분매개 방식으로 방향성이 없고 비경제적인 방법이다. 풍매된 화분은 바람이 부는대로 옮겨 다니면서 수많은 시행착오를 거쳐서 주두에 도달할 것이다. 바람을 통하여 화분이 운반되는 동안에 상당히 많은 양의 화분이 적당한 주두에 닿지 못하고 도중에 소비되게 된다. 따라서 풍매화 식물들은 엄청난 양의 화분을 생산해야 한다. 식물 개체마다 산쪽풀속은 135만 개, 옥수수는 1,850만 개의 화분을 생산하는 것으로 추산되고 있다.

풍매화는 작고 눈에 띄지 않는 보잘것없는 꽃을 피운다. 화피편이 거의 축소되었거나 없다. 화분은 작고 가볍고 부드러우며 건조하여서 바람에 의해 먼 거리까지 이동될 수 있는데, 1,300km 이상의 거리까지 날아가는 경우도 있다.

풍매화의 꽃은 방출된 화분이 바람에 의하여 잘 날리도록 적응하여 왔다. 포플러, 개암나무, 뽕나무와 같은 웅성화는 자유롭게 흔들릴 수 있고 화분이 미풍에도 잘 날릴 수 있도록 매달린 미상화의 꽃을 갖는다. 벼과식물도 풍매화인데 잎의 뭉치 위에 길게 축을 내서 꽃을 피운다. 꽃은 바람이 세게 불어도 떨어지지 않도록 화서 축에 단단하게 달라붙어 있다. 그러나 각 수술의 화사는 길게 자라서 화관 밖으로 돌출되어 있다. T자 모양인 약은 화사의 꼭대기에서 자유롭게 모든 방향으로 흔들릴 수 있다. 쐐기풀과 종류의 화사는 꽤 길다. 꽃봉오리가 터져서 개화할 때면 스프링이 갑자기 힘껏 당겨지는 것처럼 화사가 탄력을 받아 튕겨져 화분이 멀리 날리게 한다.

풍매화 식물의 암꽃은 바람으로 운반되는 화분을 붙잡기 위하여 효과적인 구조를 가지고 있다. 대체로 주두가 크고 깃털 모양이거나(벼과식물), 솔 모양(부들)이고, 화관 밖으로 돌출되어 있다. 풍매화를 갖는 나무(신갈나무, 포플러, 개암나무)에서는 주두가 그다지 크지는 않지만 주두의 전체 표면적은 화분을 포착하기에 충분한 면적을 제공한다.

풍매화는 자방 내 배주 수의 감소와 관련이 있다. 이것은 바람에 실려 운반된 화분이 주두에 정확하게 닿을 가능성이 희박하다는 것을 의미하는데, 풍매화의 꽃이 많은 수의 배주를 생산한다면 대부분의 배주

그림 7-6 개화된 옥수수. 웅성 화서와 자성 화서의 분포를 주의깊게 관찰할 필요가 있다.

가 수정이 안 된 채로 남아 있게 될 것이다. 벼과식물에서는 자방 내에 하나의 배주가 있을 뿐이다.

옥수수 화분은 아주 크고 무겁기 때문에 가벼운 미풍에는 흩날리지 않는다. 그러나 잔잔한 바람에도 화분을 방출하기 위하여 웅성화서를 흔들면 화분이 수직으로 아래로 떨어진다. 한 그루의 옥수수 식물에서 웅성화와 자성화가 수직으로 배열됨으로써 화분이 무거워 멀리 날리지 못하는 결점을 보완한다(그림 7-6). 수꽃은 정생하며 암꽃은 약간 낮은 높이의 결순에서 핀다. 암꽃의 옥수수 수염은 주두이며, 길이가 23cm에 달하여 수꽃으로부터 떨어진 화분을 충분히 붙잡을 수 있다.

2) 수매(hydrophily)

물속에서 생육하는 수생식물이 모두 물을 통해서 수분되는 것은 아니다. 어떤 종류는 물의 잇점을 이용하기도 하지만 대부분은 바람(물수세미속, 가래속)이나 곤충(택사속, 수련속)을 통해서 수분이 이루어진다.

풍매화와 마찬가지로 수매화의 화피는 크게 축소되었거나 아예 없다. 별이끼속 종류의 경우 수꽃은 단 1개의 화분으로 이루어졌으며 암꽃은 노출된 심피를 가질 뿐이다. 수매화는 두 가지 형태가 있다.

수중수매(水中水媒, hyphydrophily): 수중에서 수분되는 식물로는 붕어마름속, 나자스말속, 거머리말속 등이 있으며 이들은 해수 중에 생육하는 다년생이다. 화분 자체가 수매를 촉진하는데 적합하게 적응된 독특한 실례이다. 화분은 대단히 길고(250μm 이상) 바늘처럼 생겨서 마치 화분관처럼 보인다. 이 화분의 중력은 해수와 똑같아서 어떤 깊이의 물에서도 자유롭게 떠다닐 수 있는 특징이 있다. 이런 종류의 식물은 주두가 매우 길어서 화분이 물속에서 자유롭게 떠다니다가 주두에 닿으면 주두 주위에 돌돌 감겨서 수분이 이루어진다.

수표수매(水標水媒, ephydrophily): 나사말속의 종류는 수표수매의 전형적인 예이다(그림 7-7). 이들은 수중에 사는 자웅이주의 식물로서 꽃을 수면 아래에서 피운다. 웅성화가 성숙하면 모체식물로부터 분리되어 수면 위에 떠오른다. 각 웅성화는 3개의 악편과 2개의 수술로 이루어졌으며 약들은 악편 가장자리 위로 돌출되어 있다. 한편 암꽃은 물 아

그림 7-7 나사말속의 수표수매를 나타낸 그림.

래에서 성장하다가 수분할 시기에 이르면 얇고 길며 가느다란 화경을 길게 성장시켜 물 표면까지 자라게 된다. 이 식물은 물속에서는 수직이지만 화경이 자라서 물 표면에 이르면 거의 수평을 유지한다. 꽃 무게 때문에 암꽃 주위에 작은 잔 모양의 웅덩이가 형성된다. 물 표면에 떠다니던 수꽃은 암꽃 가까이에 오게 되면 이 웅덩이에 빠지게 되며, 이때 약이 노출된 주두에 닿게 되고 화분덩어리가 주두로 옮겨지게 된다. 수분이 끝난 암꽃은 나선으로 모이면서 물밑으로 가라앉게 된다. 따라서 과실은 물 아래에서 성숙된다.

3) 충매(entomophily)

곤충은 수분매개자로서 중요하며 그들이 매개하는 꽃과는 밀접한 관계를 이룬다. 수분매개자는 주로 꿀벌, 파리, 말벌, 나방과 풍뎅이이다. 이들 중 꿀벌, 파리 그리고 풍뎅이는 주행성이며, 나방은 야행성이다.

수많은 곤충 중에서 꿀벌이 가장 주요한 매개자인데 "충매화의 80% 이상은 꿀벌에 의해서 수분된다"라고 할 정도이다. 꿀벌에 의해 수분되는 꽃은 밝고 아름다운 꽃 색깔을 가지며, 달콤한 향기를 가지거나 많은 꿀을 생산하기도 한다. 꿀벌은 적색에 대해서는 색맹이며, 황색, 제비꽃색 그리고 자색을 볼 수 있다. 꿀벌은 먹이(화분과 꽃의 꿀)를 수집하기 위해 꽃을 방문하지만, 이런 과정에서 수분매개자로서 중요한 역할을 하게 된다.

사루비아는 꿀벌 수분에 대해 고도로 특수화된 꽃의 기작을 상세하

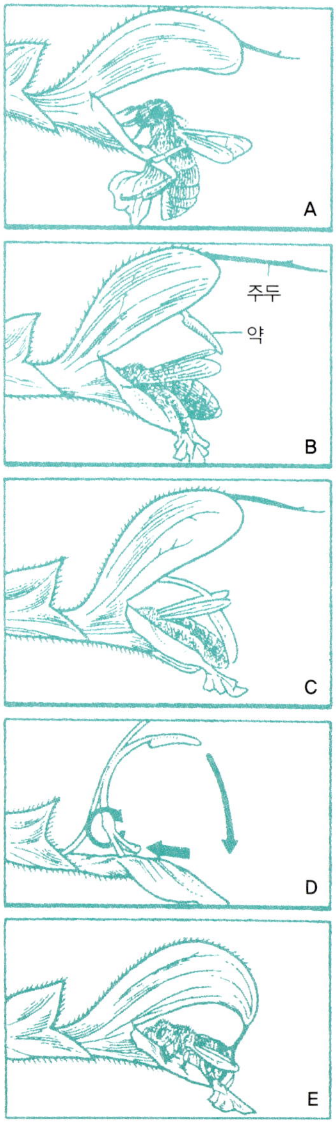

그림 7-8 사루비아에서 꿀벌에 의한 수분. A~C. 약에서 꿀벌로 화분이 옮겨지는 단계. D. 수술의 구조. 화살표는 약에서 꿀벌의 등으로 화분이 이동하는 기작을 나타냄. E. 화분이 꿀벌에서 주두로 이동함.

게 보여준다(그림 7-8). 사루비아 꽃의 화관을 살짝 열어보면 2개의 수술이 화관통(corolla tube)에 붙어있다. 그 중 1개는 불임성이고 나머지 1개만이 생식력을 갖는다. 이중 불임성 수술은 꽃의 입구 하순의 불임판에 붙어 있다. 한편 번식력이 있는 수술은 연결조직이 자라기 때문에 얇은 판으로부터 분리가 되어 화관의 상순 바로 아래에 위치하게 된다. 꿀벌이 화관의 하순 위에 앉아서 꿀을 얻기 위해서 불임판을 밀게 되면 상순에 있던 번식력있는 약이 자동적으로 내려오게 되어 꿀벌의 등 위에 화분을 묻힌다(그림 7-8A~D). 한편 약에서 이미 화분이 방출된 꽃은 주두가 밑으로 쳐진 상태로 있기 때문에 화분을 실은 꿀벌이 꽃을 방문하면 꿀벌의 등에 묻어 있던 다른 꽃의 화분이 주두에 묻게 되어(그림 7-8E) 수분이 이루어진다.

파리는 주로 썩은 고기냄새, 사람 대변냄새 그리고 담배나 식물 썩은 냄새와 같은 불쾌한 냄새에 의해 유인된다. 쥐방울덩굴속, *Arum*속 그리고 *Ceropegia*속은 수분을 위하여 소위 "파리함정(fly-trap) 기작"을 개발하였다. 쥐방울덩굴속의 종류는 꽃 기저부위에 하나의 긴 화개관(perianth tube)이 있는데(그림 7-9), 이것은 나중에 생식기관으로 둘러싸인다. 화개관의 속은 미끈미끈하고 수축된 많은 털로 덮여 있다. 이 식물에서 암술은 약이 열개하기 약 10일 전에 성숙한다(자예선숙). 꽃의 폭발적이고 강렬한 냄새에 의해서 유인된 작은 파리는 화개관을 지나 생식기관이 있는 기저부위로 들어가는데, 이때 화개관의 털은 파리가 쉽게 들어가도록 하기도 하지만 파리가 달아나는 것을 방해하기도 한다. 기저부위로 들어온 파리가 달아나기 위해 주두에 대고 발버둥치는 동안 파리가 가져온 화분이 주두에 떨어져 수분이 효과적으로 이루어진다. 한편 수분이 끝난 후 약이 성숙하여 열개되면 파리는 화분을 몸에 묻히고 밖으로 나가서 다른 꽃으로 이동하게 되는데, 수분이 끝난 화개관의 털은 시들고 옆으로 쳐져서 파리가 밖으로 나갈 수 있게 된다.

난초 종류인 *Ophrys speculum*는 수분을 위해 전체 동물계에서 가장 정선된 유인책을 찾아내었다. 이 난초는 *Colpa aurea*라는 털이 많은 나나니벌(wasp)에 의해 수분이 이루어진다. 나나니벌 수컷은 암컷과 공중에서 교미하기 위하여 암컷이 나타나기 약 4주 전에 은신처를 떠나 땅위에서 생활하는 일정한 습성을 가진다. 난초 꽃은 나나니벌 수컷이 나타나는 같은 시기에 개화하여 암컷 나나니벌과 비슷한 모양의 꽃과 향기로 수컷 나나니벌을 유인한다(그림 7-10). 미숙한 수

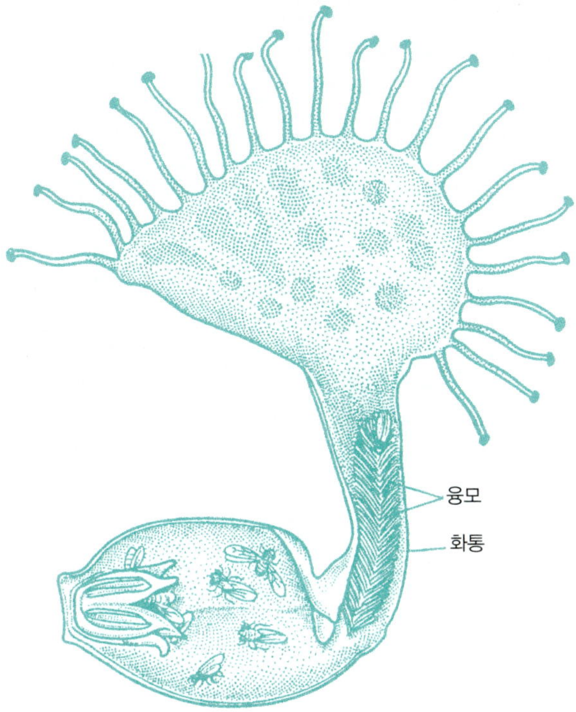

그림 7-9 *Aristolochia fimbriata* 꽃의 종단면. 화관이 확장된 기부에 갇힌 파리와 화관의 내부에 아래로 굽은 털이 보인다.

컷 나나니벌은 난초 꽃을 암컷 나나니벌로 착각하고 교미하기 위하여 땅으로 내려온다. 나나니벌 수컷이 잘못된 교미행동을 반복하는 동안 난초 꽃의 화분을 둘러쓰게 되고 수분을 충실히 수행하게 되는데, 이런 곤충과 식물의 관계는 단지 식물에게 유익할 뿐이다.

나방에 의하여 수분되는 꽃은 대부분 어스름해지는 저녁 무렵에 개화하며, 꽃 색깔은 아름답지 않은 대신 다량의 향기로 나방을 유인한다. 꿀벌과는 달리 나방은 꽃에 앉지 않으며 꽃 위를 맴돌다가 긴 주둥이를 화관 속에 삽입하여 꽃의 꿀을 빤다. 유카는 *Tegeticula* 속 나방과 절대적인 공생관계로 진화되어 왔다. 나방은 유카꽃 없이는 생활주기를 완벽하게 끝낼 수 없으며, 유카꽃의 수분매개자는 오직 나방 뿐이다. 암컷 나방은 밤에 유카의 흔들리는 흰꽃을 방문하여 머리 아래에 화분을 공 모양으로 모은다. 이 암컷 나방은 화분 수집이 끝나면 꽃의 자방에 산란관을 삽입하고 자방의 구멍 안쪽에 알을 낳는다. 그런 다음 화주 꼭대기로 기어올라 주두 내에 화분공을 밀어넣어 수분이 이루어지도록 한다. 나방의 유충에게는 유카의 어린 씨앗보다 더 좋은 먹이는 없다. 유충이 성숙될 때까지는 상당한 양의 유카 종자가 소비되기도 한다. 성숙한 유충은 자방벽을 먹어치우고 자방에서 탈출하여 땅 속에서 성체로 성장한다. 번데기에서 나

그림 7-10 *Ophrys speculum* 의 꽃이 피어 있는 작은 가지.

방으로 변태되는 시기에 유카꽃이 동시에 피어난다. 이것은 자연에서 가장 잘 분화된 수분기작의 하나이다.

4) 조매(ornithophily)

열대지방에서는 조류가 곤충보다 수분매개자로 더 중요하다. 벌새, 태양조 그리고 벌꿀새는 규칙적으로 꽃을 방문하여 수분을 매개하는 대표적 조류이다. 조매화의 일반적인 특징은 꽃의 형태가 관 모양(담배속), 컵 모양(*Callistemon* 속) 또는 단지 모양(일부 석남과 식물의 화관)이고, 꽃의 색깔은 밝으며, 또한 다량의 화분과 꿀을 생산한다는 점이다. 이들은 몇 종류의 예외를 제외하고는 거의 무취하다. 이들의 암술과 수술은 매개 화개엽 위로 돌출되어 있다.

조류는 좋은 시력을 가지고 있으며, 좋아하는 색깔의 순서는 적색, 연분홍색, 남색, 오렌지색, 황색, 흰색, 녹색 그리고 밤색 순이다. 벌새는 꽃에 머무르는 동안에 꿀을 따기 때문에 곧추선 꽃보다는 매달린 꽃을 좋아한다. 반면에 태양조는 위에서 내려다보는 장대 위치에서 꽃의 꿀을 빨아먹기 때문에 곧추선 꽃을 좋아한다.

Strelitzia regime 꽃의 수분은 태양조에 의해 이루어진다. 꽃은 작은 배 모양의 포에 싸여 있는데, 3개의 악편 중 2개가 길고 끝이 딱딱한 창 모양으로 되어 있다. 수술과 심피는 이 창끝 안에 단단히 싸여있어 새가 날아와 압력을 가할 때만 터진다. 이 식물의 독특한 특징은 수많은 화분을 가진 화분낭이 끈적거리고 가느다란 실 모양으로 되어 있다는 점이다. 새가 꽃에 날아들 때마다 실 모양의 화분낭이 새의 가슴이나 복부에 달라붙어서 화분을 한 꽃에서 다른 꽃으로 이동시킨다.

5) 박쥐매(cheiropterophily)

박쥐는 열대지방에서만 수분매개자로 활용된다. 박쥐매 식물은 단독으로 단정화서를 이루거나 길게 화경이 자라서 가지와 잎으로부터 멀리 떨어진 곳에 다발로 피어난다. 이런 특징은 박쥐가 꽃을 찾을 때 쉽게 발견되도록 한다. *Mucuna gigantea*의 꽃은 매우 긴 화경을 가진다. 이 꽃은 오르지 해가 지고 어두워질 무렵에만 개화하는데, 이때 약도 동시에 열개하게 된다.

꽃들은 만발하여 강한 향기를 내뿜는데 “역겹다”, “퀴퀴하다” 또는 “신 우유와 같다” 등 여러 가지로 묘사된다. 이 꽃은 강한 향기 외에 많은 양의 꿀을 생산하는 반면 꽃 색깔은 아름답지 않은데, 왜냐하면 수분매개체가 야행성이기 때문이다. 수분매개자인 박쥐는 길고 가느다란 주둥이와 넓은 혀를 가지고 있다. 이들은 발톱으로 꽃을 힘있게 쥐고서 꽃의 꿀을 핥아먹는다. 몸집이 큰 초식성 박쥐인 *Eidolong helvum*은 꽃의 꿀을 얻기 위해 *Adansonia digitata*의 꽃을 방문한다. '수술 덩어리'를 갖는 이 꽃은 주두가 꽃의 화피 위로 돌출되어 있다. 박쥐가 수술덩어리에 가슴을 대고 꽃에 앉아서 꽃의 꿀을 핥아먹는 동안 박쥐 가슴은 매우 많은 화분으로 온통 뒤덮이게 되며, 다음 꽃을 방문하였을 때 꽃의 주두 위에 화분을 털어놓는다.

소시지나무(*Kigelia africana*)는 꽃의 기부에 많은 꿀을 가지고 있는 통상의 화관을 갖는 꽃으로, 이 꽃에는 꿀을 얻기 위해 화관 안으로 들어갈 수 있는 몸집이 작은 *Micropteris pusillus*라는 박쥐만 수분매개자로 이용된다. 박쥐가 화판 위에 내려서 꽃의 꿀을 핥아먹는 동안에 박쥐의 등은 온통 화분가루로 뒤범벅이 된다.

Chapter

08 수정

수정(fertilization)이란 웅성 배우자와 자성 배우자의 융합을 뜻한다. 피자식물에서 자성 배우자체는 주두로부터 멀리 떨어져 있는 자방의 깊숙한 곳에 있다. 화분(웅성 배우자체)은 정상적으로 주두에 앉으며, 주두에는 화분을 자성 배우자체 안쪽의 난세포에 도달시킬 수 있는 장치가 없다. 이 식물군에서 수정을 효과적으로 하기 위해서 화분 입자는 주두 위에서 발아하여 화분관을 발달시킨다(그림 8-1). 이 관은 화주 속으로 생장하여 배주에 도달하면(그림 8-2), 난세포 가까이에서 정세포를 방출한다. 정세포 중 하나는 난세포와 융합하여 접합자(zygote)를 형성하고, 다른 하나의 정세포는 극핵 또는 2차 핵과 융합하여 1차 배유핵(primary endosperm nucleus)을 형성한다. 화분관의 길이는 난세포에 도달하기 위해서 생장하기 때문에 화주의 길이에 따라 결정되며, 또한 화주의 길이는 종에 따라 매우 다양하다. 예로써 사탕무의 화분관은 2~3mm 정도 자라는 반면, 옥수수에서는 450mm쯤 자란다. 화분관의 생장 속도는 초당 1μm 이상으로 대단히 빠르다.

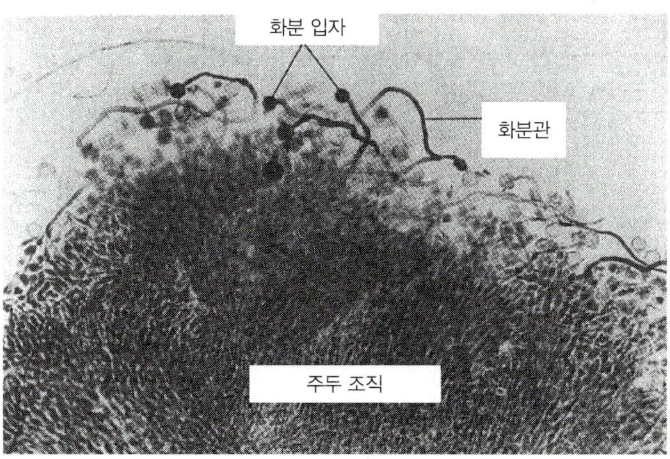

그림 8-1 *Petunia axillaris*의 주두에서 볼 수 있는 화분 입자와 이로부터 발달된 화분관.

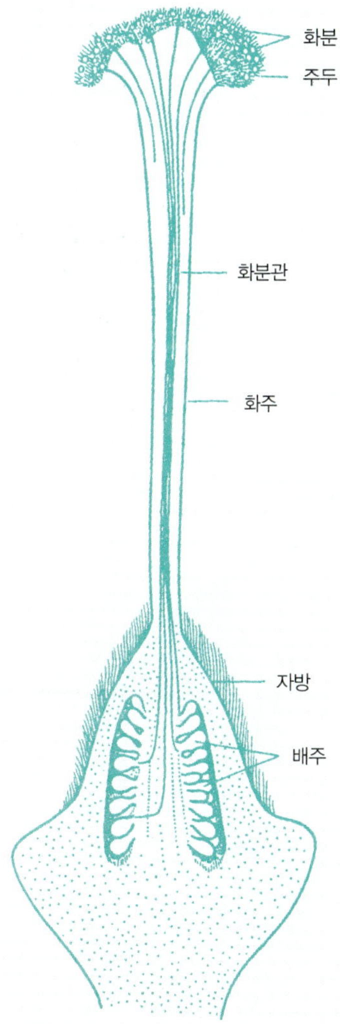

그림 8-2 오크라(*Abelmoschus escluentus*)에서 수분된 암술의 종단면. 화분관은 화주에서 여러 가지 길이로 자라며, 몇 개는 배주에 도달한다.

8.1 화분 발아와 화분관 생장

하나의 화분 입자는 오직 하나의 화분관만을 발달시키는 것이 정상이다. 그러나 하나 이상의 많은 화분관이 발달할 수도 있다. 예를 들면, 접시꽃의 화분관은 10개까지, 아욱속의 *Malva neglecta*에서는 14개까지 관찰된 바 있다. 일반적으로 여러 화분관 중 단 하나만이 더 잘 자란다. 화분 입자가 난초처럼 4분체로 합쳐져 있거나, 박주가리과처럼 덩어리(화분괴, pollinia)로 되어 있는 식물에서는 수많은 화분관이 동시에 형성되며 이들은 모두 생장할 수도 있다(그림 8-3). 유이화서(葇荑花序, ament)를 갖는 몇몇 식물에서 화분관이 분지되는 것을 아주 흔히 볼 수 있다.

화분이 발아하기 위한 첫 번째 필요조건은 수분 흡수에 의한 수화이다. 수화는 몇 초에서 몇 분 사이에 이루어지며, 화분 입자의 비활성 세포질을 활성화시킨다. 비활성 상태의 화분에서 관찰된 것과 비교하여, 활성화된 화분에서는 많은 세포소기관이 상당히 변화된다. 예로써, 토마토속의 *Lycopersicon peruvianum*의 화분 입자가 활성화되는 동안에 (a) 성숙한 화분에서 층상 배열된 조면소포체의 형성, (b) 많은 소낭의 형성(작은 것은 펙틴 섬유소 벽의 형성에 관여하며, 큰 것은 섬유소 벽 층의 형성에 관여함), (c) 얇은 칼로오스 층의 형성(엄밀히 딕티오솜의 활성과 관련되며 화분관이 발달하는 구멍, 즉 발아구 아래에서 첫 번째로 발달됨), (d) 리보솜으로부터 폴리솜의 형성, 그리고 (e) 색소체 속에 라멜라 형성 등과 같은 뚜렷한 변화가 관찰된다. 화분 입자가 활성화되더라도 미토콘드리아, 지질체, 생식세포 및 영양핵 등에는 어떤 변화도 일어나지 않는다.

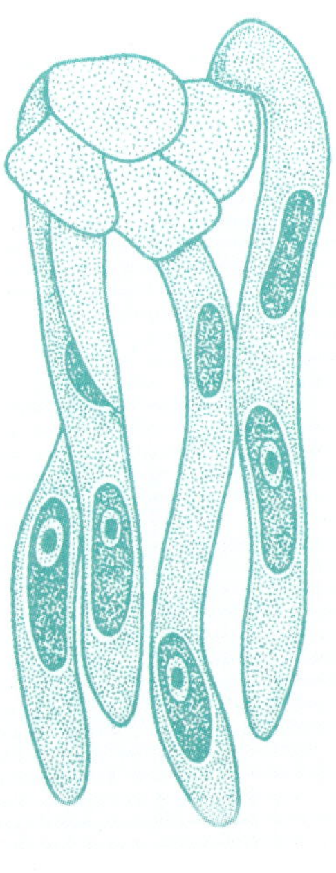

그림 8-3 보춘화속의 *Cymbidium bicolor*의 4분체 화분 입자에서 발아된 화분관들.

화분이 형태적으로 성숙하기 전에, 화분 발아와 관련된 특수한 RNA들이 전사되어 불활성 상태로 저장된다는 사실이 알려졌다. 결과적으로 actinomycin-D와 같은 전사저해제가 존재하더라도 화분은 발아하고 화분관은 일정한 길이까지 생장할 수 있다.

토마토에서 화분관의 체제는 길이가 150μm에 이르렀을 때 최종적으로 완성되며, 생식세포와 영양핵은 화분관 속으로 이동한다. 이 시기에 화분관은 다음과 같은 네 부분으로 뚜렷하게 구분된다. (a) 정단부위(apical zone) 또는 생장지역(growth region)은 끝에서 2~4μm의 길이로서, 부풀어 있고 수많은 크고 작은 소낭을 가지나 세포소기관은 없다. (b) 차정단 부위(sub-apical zone)는 입자상 세포질과 많은 세포소기관을 가지며, 소낭은 이 부분에서 형성된다. (c) 핵 부위

(nuclear zone)는 영양핵과 생식세포(나중에는 2개의 정세포) 등을 갖는다. 그리고 (d) 액포화 부위(vacuolarization zone)는 화분관의 활성 세포질과 비활성 세포질 사이의 전이부분을 형성하며, 매우 액포화되어 있고 끝은 칼로오스 마개(callose plug)로 막혀 있다.

8.1.1 화분관의 생장과 구조

화분관은 일반적으로 화분 입자에 있는 발아구에서 나온다. 발아구 부위는 보통 아주 얇은 표벽층만으로 덮여 있다. 발아는 수화 그리고 내벽 바깥쪽에 있는 펙틴층의 팽창으로 시작되며, 이로써 표벽이 터지게 된다. 화분 입자의 거의 모든 내용물은 화분관 속으로 이동한다. 화분관의 빠른 생장은 주로 끝 부분에서 일어난다. 생장하는 관에서 대부분의 세포질(2개의 정세포와 영양 핵이 이동한)은 정단부위에 제한되어 있으며, 큰 액포가 화분 입자와 관의 오래된 부분을 채운다(그림 8-4A,B). 칼로오스 마개가 세포질의 뒤에서 일정한 간격을 두고 연속적으로 형성되어 생장하는 관의 정단 부위에 세포질을 제한시킨다. 그 결과 완전히 자란 화분관은 많은 구획으로 나누어진다. 칼로오스 마개는 세포벽의 안쪽 면에 둥근 고리 모양으로 생기며, 점차로 관의 중심을 향하여 자라서 결국 관을 막는다(그림 8-5A~C). 화분 입자 쪽으로 마개 뒤에 남아 있는 약간의 세포질은 점차로 퇴화한다. 이와 같이 칼로오스 마개에 의해서 화분관이 분할됨으로써 세포질과 핵들의 역류를 방지할 수 있다.

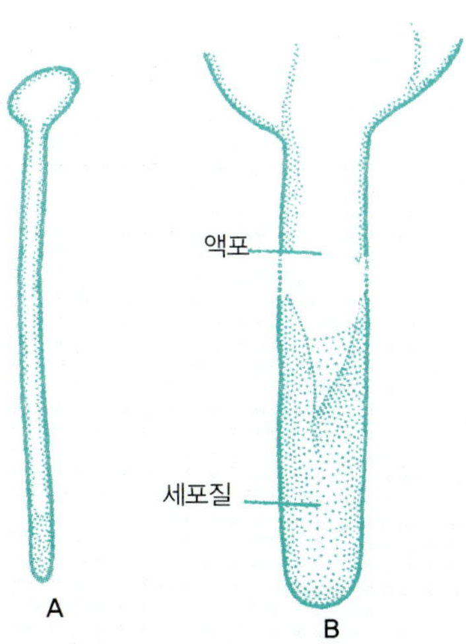

그림 8-4 A. 발아된 화분 입자에서 생장하는 화분관의 세포질은 정단부위에 제한되어 있다. B. A의 화분관에서 확대된 정단부위.

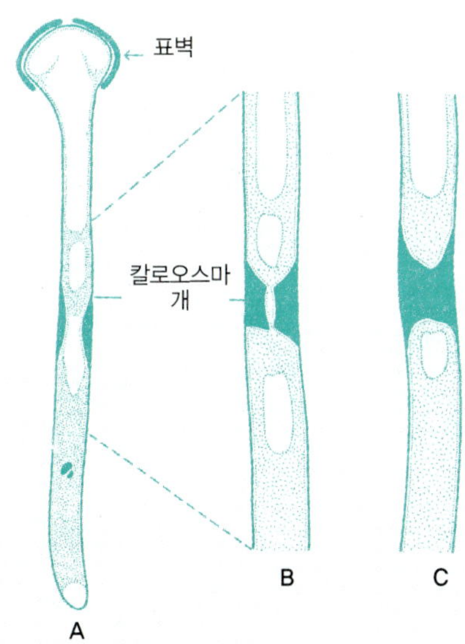

그림 8-5 생장하는 화분관에서 칼로오스 마개의 단계적 형성. A. 시작단계. B. 중간 시기. C. 화분관이 완전히 막히는 시기.

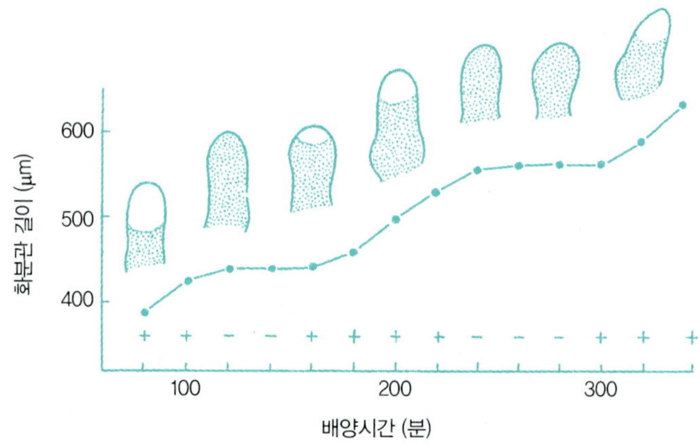

그림 8-6 백합속의 *Lilium longiflorum*에서 화분관 신장과 "캡 블록(cap block)" 출현 사이의 관계. 캡 블록이 사라졌을 때(− 표시) 화분관의 생장은 중지되며, 캡 블록이 다시 나타나면(+ 표시) 관이 생장하기 시작한다.

고성능 광학현미경 하에서 화분관의 맨 끝은 반구형이고 투명하게 나타난다(그림 8−5A). 그 뒷부분의 세포질은 입자를 포함하고 있는 것으로 보인다. 정단부위의 투명한 부분을 "캡 블록(cap block)"이라고 하며, 화분관이 생장하는 동안만 존재하다가 생장이 정지되면 없어진다(그림 8−6).

캡 블록 뒤의 세포질에는 미토콘드리아, 골지체, 조면 및 활면 소포체, 소낭, 녹말체, 그리고 지방체 등이 풍부하다. 캡 블록 부위에는 소기관이 없으나, 골지체에서 유래된 소낭이 매우 많다(그림 8−7). 이 소낭들은 풍부한 다당류 또는 RNA를 가지고 있으며 화분관벽 형성과 관련되어 있다.

피자식물의 정세포는 스스로 움직일 수 없지만, 주두의 아래쪽으로 성장하는 화분관의 끝을 향해 영양세포 세포질이 이동함에 따라 서서히 이동한다. 정세포를 둘러싸고 있는 세포질에서 세포골격은 화분관의 끝을 향하는 정세포의 운동과 깊은 관계가 있다. 주로 미세소관으로 구성된 정세포의 내부 세포골격은 타원형의 모양으로 바뀌어 정세포가 화분관을 통해 쉽게 이동하도록 한다. 주로 미세소관과 액틴 필라멘트로 구성된 정세포 주변 세포질의 세포골격의 배열, 방향과 분포 구배에 따라 화분관 아래로 정세포의 이동이 결정된다. 세포 내의 근육세포에 있는 미오신 폴리펩티드가 있다는 것으로 보아 정세포가 세포질 소기관의 움직임과 유사하게 액틴케이블을 따라 움직이는 것으로 유추할 수 있다.

화분관 벽: 화분관 벽은 세 층으로 되어 있다. 즉, 바깥에는 펙틴층, 중간에는 β-1,4-글루칸이 풍부한 섬유 성분의 펙틴 섬유소층, 그리고 안쪽에는 β-1,3-글루칸이 풍부한 무정형 칼로오스층으로 이루어져 있다. 이 세 층은 (a) 정단부를 덮는 펙틴층, (b) 정단부의 옆구리 부분에서 처음으로 나

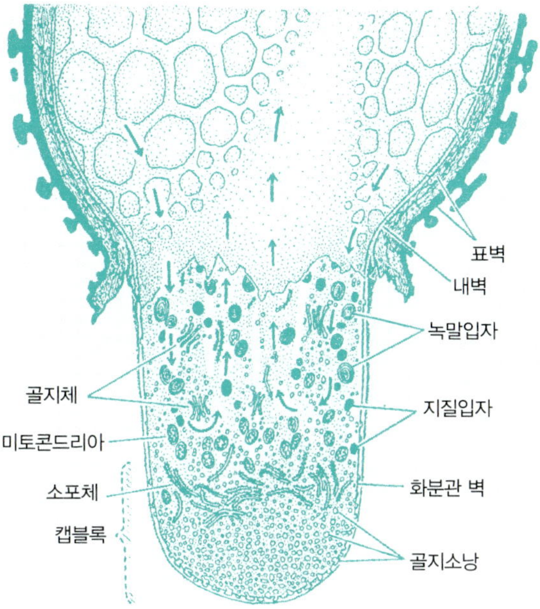

그림 8-7 백합에서 신장하는 화분관의 미세구조를 나타낸 모식도. 캡 블록 부위에서 화분관 끝으로 이동되어 있는 많은 골지 소낭을 볼 수 있다. 관의 나머지 부분에는 소포체, 미토콘드리아, 골지체, 녹말입자 및 지질입자 등이 있다.

타나는 중간의 펙틴 섬유소층, 그리고 (c) 안쪽의 칼로오스층 순으로 집적된다. 화분관의 끝은 원래의 원형질막으로 경계되어 있지 않으며 얇은 섬유상 벽을 갖고 있다. 활발하게 생장하는 화분관의 끝 부분에 있는 원형질막은 분비 소낭이 빠르게 융합되기 때문에 항상 동적인 상태에 있다.

캡 블록 부위에 있는 세포벽은 매우 풍부한 펙틴질을 가지며, 이 물질은 화분 입자 쪽으로 갈수록 점차 감소한다. 벽을 구성하는 섬유소의 미세섬유는 화분관의 끝에서 무질서하게 배열되어 있는 반면, 오래된 관 부분에서는 관의 주축에 약 45도의 두 방향으로 배열되어 있다. 칼로오스는 생장 부위 뒤에 있는 벽 위에 집적된다. 또한 칼로오스는 화분관의 생장이 정지되었을 때만 관의 끝에 집적된다.

8.1.2 화분관의 발아와 생장에 미치는 요인

화분 발아와 화분관 생장에 영향을 미치는 요인에 관한 정보의 대부분은 화분 입자를 영양배지에서 배양하여 얻은 것이다. 화분은 조건을 조절하면서 배양할 수 있으며 여러 가지 물질에 대한 반응도 조사할 수 있다. 그러므로 화분 발아와 화분관 생장을 우선 영양배지(기내, *in vitro*)에서 다루고, 다음에 주두, 화주, 그리고 자방(생체내, *in vivo*)에서 다룰 것이다.

1. 기내 화분 발아와 화분관 생장

화분 입자는 식물체에서 쉬고 있는 상태이지만, 수분을 흡수하면 팽창하면서 활성을 띠게 된다. 그러므로 높은 상대습도는 기내에서나 생체내에서 화분 발아를 위해서 첫째로 중요한 필요조건이다. 어떤 식물의 화분은 포화된 대기에서 쉽게 발아한다. 그 밖에도 다음과 같은 요인들이 화분 발아와 화분관 생장에 중요한 것으로 알려져 있다.

1) 탄수화물

영양배지에서 화분 입자를 발아시키기 위해서 당은 항상 필요하다. 당은 두 가지 역할, 즉 삼투압의 조절과 호흡을 위한 물질로 작용한다.

많은 종의 화분은 물속에 놓여 있을 때 터질 것이나, 일정량의 당을 첨가하면 화분 속으로 물이 확산되는 속도를 제한시키므로 화분관의 파열을 방지한다. 화분 발아와 화분관 생장을 촉진하는 능력을 조사한 결과 많은 당 가운데에서 설탕(화분 속에 있음)이 가장 효과적인 것으로 밝혀졌다.

Iwanami(1959)에 의하면, 수분을 흡수한 후 화분관 생장이 시작될 때까지 걸리는 시간은 화분이 떨어질 당시 화분 입자 속에 있는 당의 종류에 의해 결정된다. 주로 포도당을 함유하고 있는 봉선화 화분 입자는 발아하는데 단지 2~3분이 걸린다. 반면, 백합속의 화분은 주로 설탕을 갖고 있으며 발아하기 위해서 30~40분 걸린다.

2) 붕소

무기물질 가운데 붕소는 붕산 또는 붕산염의 형태로 화분 발아와 화분관 생장에 가장 극적인 효과를 미친다. 대부분 식물의 화분은 붕소의 함량이 부족하다. 사실상 이러한 결핍은 주두와 화주에 있는 비교적 높은 수준의 붕소에 의해서 보충된다. 따라서 화분 입자가 기내에서 자랄 때 많은 양(10~20 ppm)의 붕소를 배지에 공급해야 한다. 붕소는 발아율과 화분관 생장률을 높이는 것은 물론 화분관의 파열을 감소시킨다. 붕소는 그 밖에도 수분 흡수 등에 영향을 미치며, 당을 전위시키고, 탄수화물 생합성과 관련된 효소에 직접 또는 간접으로 영향을 주는 등의 역할을 한다.

3) 칼슘

칼슘이온(Ca^{2+})이 화분 발아와 화분관 생장의 속도와 방향에 중요한 역할을 한다는 충분한 증거가 있다. 화분의 발아와 화분관 생장 비율은, 화분 입자가 배지에서 분리되어 있을 때에 비하여, 화분 입자들이 큰 집단을 이루고 생장하였을 때 훨씬 더 좋다(그림 8-8). 이것을 "집단효과(population effect)" 또는 "군집효과(crowding effect)"라고 한다. 집단

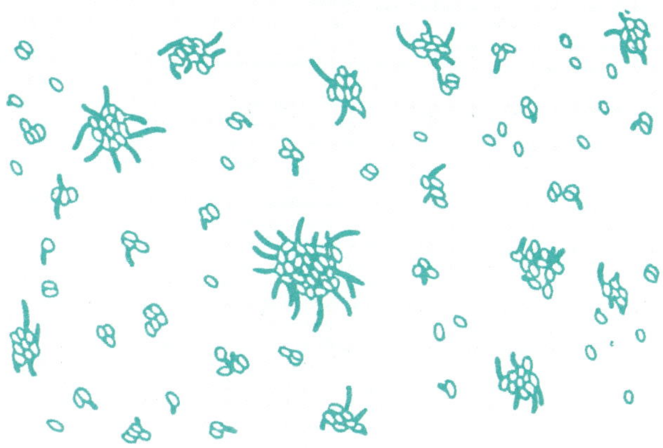

그림 8-8 화분 발아율과 화분관 생장 속도는 화분 입자들이 영양배지 위에서 하나씩 떨어져 있을 때에 비하여, 많은 수의 입자들이 집단을 이루고 있을 때 더 좋다.

효과는 칼슘이온에 의해서 일어난다. 화분 입자는 매우 적은 양의 칼슘을 갖고 있다. 액체배지에서 칼슘은 화분 밖으로 빠르게 확산되기 때문에, 화분 속에서는 발아에 충분하지 않은 낮은 농도로 유지된다. 화분 입자가 반고체 배지의 표면 위에 큰 집단으로 있을 때, 확산되어 나온 칼슘은 화분 입자 사이의 공간에 걸려 머무를 수 있고 따라서 집단효과를 일으킬 수 있다.

생장하는 화분관은 끝 부분에서 자유 칼슘이온의 기울기를 보인다. 즉, 맨 끝에서는 3μM 이상이며, 끝에서 20μm 정도 떨어진 곳에서는 0.2μM 이하로 떨어진다. 그러나 생장하지 않은 화분관에서는 이런 특징이 나타나지 않는다. 화분관 속으로의 Ca^{2+} 유입 및 이 이온의 통로는 화분관의 최정단부에 제한되어 있으며, 이 부분에서 화분관의 생장이 일어나고 원형질막이 가장 심하게 변형된다. Ca^{2+} 농도는 화분관의 생장 속도 변화와 직접적으로 관련이 있다. 화분관 생장을 저해하는 상태에서는 Ca^{2+}의 유입이 차단되어, 관의 끝에서 세포내 Ca^{2+} 기울기를 감소시킨다. 상태가 정상으로 되돌아갔을 때 세포내 기울기는 다시 형성된다. 우선 Ca^{2+} 수준은 정단부에서 증가하여 끝이 팽창된다. 그 후 Ca^{2+} 수준이 가장 높고 팽창된 부분에서 생장이 다시 시작된다.

4) 플라보놀

실제로 모든 화분은 때로 매우 높은 수준으로 플라보놀을 축적한다. 이 방향성 화합물은 약의 융단조직으로부터 유래되며 화분 발아와 화분관 생장에 중요한 역할을 한다. 플라보놀 성분이 결핍된 페튜니아와 옥수수의 화분은 발아할 수 없거나 건강한 화분관을 형성할 수 없기 때문에 자가불임이다. 그러나 이러한 결함은 조건적이다. 나노몰(nM) 농도의 플라보놀을 화분 현탁액이나 수분 후 주두에 바르면 플라보놀이 결핍된 화분의 발아를 유도할 수 있다. 이러한 생식 결함은 정상형 주두에서 나온 배출물을 발라서 고칠 수 있다. 주두 배출물과 같은 생물활성 화합물은 플라보놀의 일종인 kaempferol이라고 알려졌다.

5) 효소

화분 입자 속에는 cellulase, pectinase, 그리고 callase 등이 있다. 화분을 발아배지에 넣으면 cellulase와 pectinase가 곧 방출된다. 이 효소를 외부에서 공급하면, 화분관 신장 속도를 증가시킨다. Cellulase와 pectinase는 화분관 정단부의 유연성을 증가시켜 관을 신장하게 한다.

6) 식물 호르몬

옥신과 지베렐린에 의해서 화분관 생장이 촉진되는 사례가 기록된 바 있으나, 그 효과는 뚜렷하지 않다.

7) 물리적 요인

온도는 화분관 생장에 영향을 미치는 물리적 요인 가운데 가장 중요하다. 생장 속도는 온도의 증가에 따라 상당히 향상된다. 최적온도의 범위는 20~30℃이다. 그러나 몇몇 불화합성 식물의 자가수분에서, 높은 온도는 화분관 생장을 저해하는 것으로 알려졌다.

2. 생체 내에서 화분 발아와 화분관 생장

주두는 화분을 포착하고 보유하기 위해서 특수화된 표면을 갖고 있다. Konar와 Linskens(1966)는 페튜니아에서 주두의 발달을 연구하였다. 어린 주두는 가운데가 약간 들어간 원주상 조직으로서 위아래 두 부위로 나눌 수 있다. 위는 표피로 구성되어 분비부위를 형성하고, 아래는 옆으로 확장된 1~3층의 세포로 구성되어 저장부위를 이룬다. 많은 표피세포가 분열하여 두 세포로 된 주두 돌기를 형성한다. 배출물은 분생강소(分生腔所, schizogenous cavity)에 축적된다(그림 8-9).

주두의 주 기능은 화분의 발아에 필요한 물을 공급하는 것이다. 많은 식물에서, 주두는 또한 화분 발아에 필요한 배지를 배출물의 형태로 공급한다. 배출물은 주로 지질과 페놀 성분으로 이루어져 있다. 그 외에 소량의 당, 아미노산, 단백질, 그리고 펩티드 등이 함유되어 있다. 배출물의 조성은 종에 따라 다양하다. Ciampolini 등(1981)에 의하면, 폐쇄형 화주(solid style)를 갖는 종에서 배출물은 다당류, 단백질, 지질 등으로 구성된 반면, 개방형 화주(hollow style 또는 open style)의 경우는 오직 다당류로만 되어 있다.

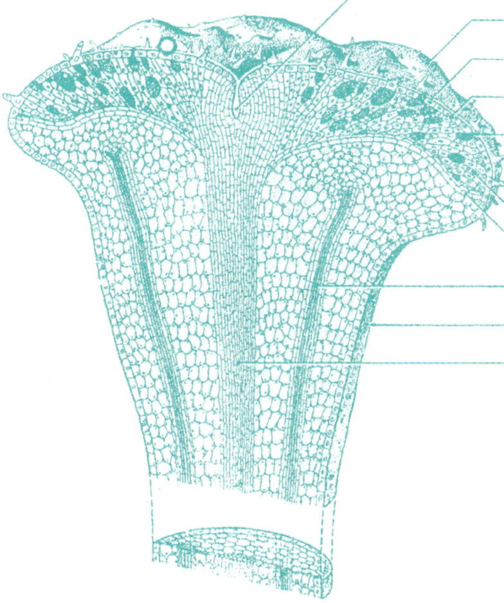

그림 8-9 수분 직전의 *Petunia hydrida* 주두를 나타낸 모식도.

페튜니아처럼 주두에서 배출물을 분비하는 경우 이를 습성 주두(wet stigma)라고 하며, 목화처럼 분비하지 않는 경우를 건성 주두(dry stigma)라고 한다. Heslop-Harrison과 Shivanna (1977)은 거의 1,000여 종의 단자엽식물과 쌍자엽식물을 조사하여 습성 및 건성 주두를 구별하였다. 그들은 화분을 받아들이는 주두 세포의 배열 및 돌기 세포의 유무에 바탕을 두고 분류하였다.

많은 이화주성 식물에서 꽃 형태의 구조적 차이는 주두의 유두상 돌기(papillae)에서 드러난다. 아마속의 *Linum grandiflorum*에서 장주형 주두는 건성형이고 매끄러우며, 돌기는 뚜렷한 각피-피막(cuticle-pellicle) 층으로 덮여있다. 한편, 단주형 주두는 습성이고 혹 모양의 돌출 구조가 있어 매끄럽지 않으며, 각피–피막 층이 파열되어 있다.

습성 주두에서 배출물은 각피층 아래에 축적되기 시작한다. 결과적으로 각피와 피막이 모두 팽창하여 파열되기 때문에 배출물이 방출되어 주두 표면에 모인다. 배출물은 강한 점성과 굴절성 그리고 접착성을 갖고 있으며, 이의 주요 기능은 화분의 보유와 발아에 있는 것 같다.

주두의 유두상 돌기들은 풍부한 세포소기관을 갖고 있으며, 대단히 액포화되어 있고 여러 개의 핵을 갖는 경우도 있다. 시금치에서 유두상 돌기는 세 부분, 즉 돌출된 말단부, 넓은 중앙부, 좁은 기저부 등으로 구별할 수 있다(그림 8-10). 말단부는 수많은 미토콘드리아, 소포체, 리보솜, 그리

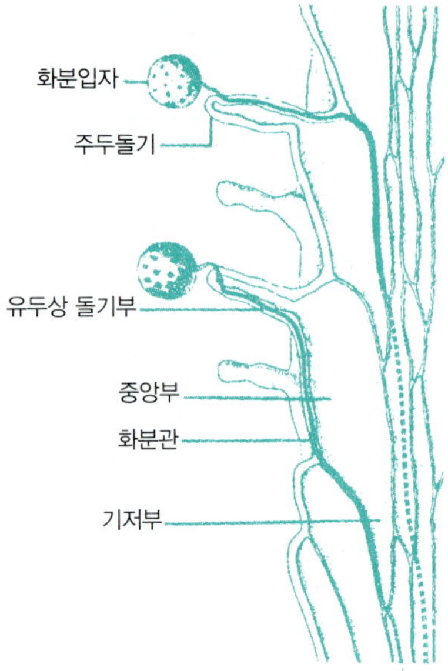

그림 8-10 시금치에서 주두의 위 및 속에서 화분관 생장을 나타낸 모식도.

고 딕티오솜 등을 가지고 있으나, 색소체는 기부에 집중되어 있다.

*Aptenia cordifolia*에서 주두의 유두상 돌기는 섬유상 물질을 지닌 수많은 소낭을 갖고 있다. 이 소낭들은 소포체와 연속되어 있는 것으로 보아 아마도 소포체에서 기원될 것이며, 배출물의 분비를 담당한다. 그림 8-11은 분비 경로를 나타낸 모식도이다.

십자화과의 *Diplotaxis tenuoifolia*와 같은 식물에서 주두는 각피로 덮여 있다. 화분 입자는 발아에 필요한 물을 얻기 위해서 효소로 각피소(cutin)를 분해한다. 화분 입자는 한 벌의 정교한 효소를 갖고 있다. 이 효소들 중 약간은 세포벽에 존재하여 화분 입자가 주두와 접촉하자마자 이용될 수 있다.

8.1.3 화분관의 통로

화분 발아 후 화분관은 목화속처럼 주두돌기의 표면에서 자라거나, 또는 백합속처럼 세포벽의 섬유소-펙틴층을 통해서 자란다. 화분관이 돌기 기부에 도달하면 주두 조직의 세포간극 속으로 자란다. 그 후 계속되는 관의 생장 경로는 화주의 성질에 따라 다르다.

형태학적 특징을 바탕으로 화주는 폐쇄형, 개방형, 그리고 반폐쇄형 등 3가지 유형으로 나뉜다. 폐쇄형 화주는 주로 쌍자엽식물에서 생기며, 화주 중앙에 길고 특수화된 세포들로 구성된 '통과조직(transmitting tissue)' 또는 '유도조직(conducting tissue)'을 갖는 것이 특징이다. 통과조직은

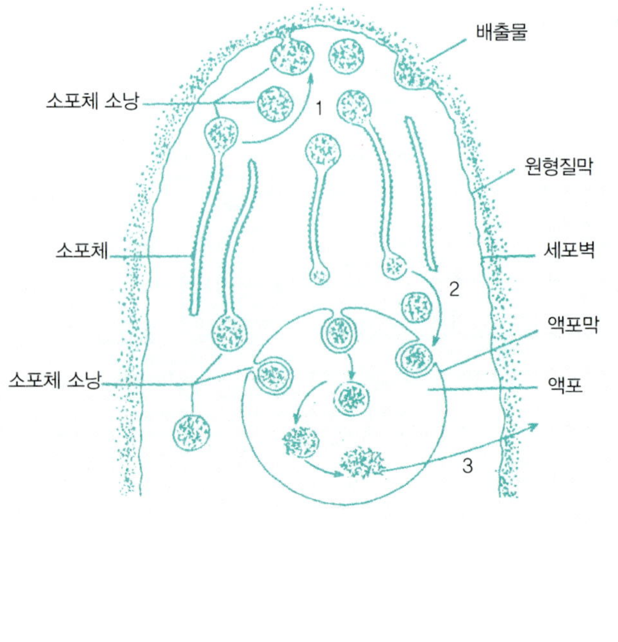

그림 8-11 *Aptenia cordifolia*의 주두 돌기에서 분비 경로를 가정하여 요약한 모식도. (1) 소포체에서 유래된 소낭들의 외포작용에 의해서 배출물의 입자상 분비가 미성숙한 돌기에서 일어난다. (2) 소포체에서 기원된 소낭들이 식세포작용에 의해 액포 속으로 들어간다. 소낭 내용물은 막이 분해된 후 액포의 물질과 혼합된다. (3) 퇴화된 원형질과 혼합된 배출물은 전분비(holocrine)에 의해 배출된다.

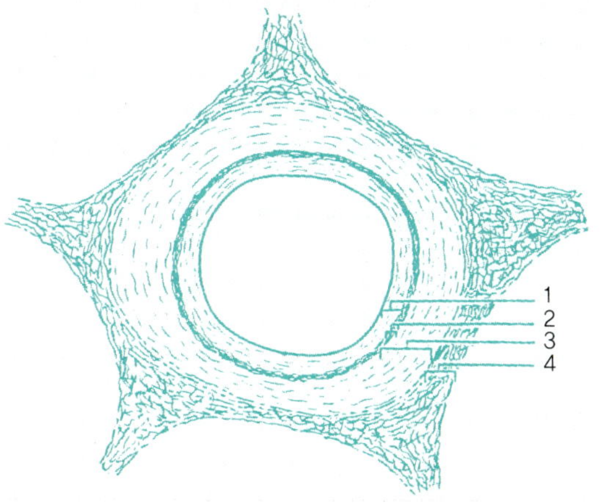

그림 8-12 목화의 폐쇄형 화주에서 통과조직의 세포벽층의 조성. 화분관은 펙틴질이 대단히 많은 3번 층을 통해서 생장한다.

Withania, *Solanum nigrum*, *Petunia*, *Lycopersicon* 및 담배에서는 한 줄로 되어 있는 반면에, *Solanum melongena*에서는 다층으로 되어 있다. 횡단면에서 통과조직의 세포는 원형으로 나타나며, 주로 펙틴으로 된 세포간극 물질로 둘러싸인 매우 두꺼운 세포벽으로 나누어진다(그림 8-12). 목화에서 통과조직의 세포는 분비물에 의해 둘러싸여 있지 않다. 통과조직의 세포는 보통 하나의 핵과 높은 밀도의 세포질을 갖는다. 이 세포들은 횡벽에 원형질연락사가 있으나 나중에 막힌다. 통과조직의 세포는 수많은 미토콘드리아, 색소체, 조면 소포체, 딕티오솜, 그리고 리보솜을 가지고 있다. 세포간극 물질의 기원은 아직 알려지지 않았지만, 소포체와 딕티오솜이 이 물질의 분비에 관련된 것으로 믿어진다. 폐쇄형 화주를 갖는 많은 식물에서 세포간극 물질은 탄수화물, 단백질, 당단백질, 그리고 acid phosphatase, peroxidase, esterase 등과 같은 약간의 효소를 포함한다.

콩과식물에서 개방형 화주는 개방된 정도가 다르다. 동부속의 *Vigna unguculata*는 폐쇄형에서 개방형으로 전이되는 상태를 보인다. 즉, 주두와 화주 위 부분의 2~3mm 정도는 폐쇄형이며, 그 아랫부분은 통과조직이 분해되어 점차 속이 빈 작은 통로, 즉 강도(腔道, canal)로 발달한다. 따라서 화주의 기부는 개방형이 되며 강도와 맞닿은 표면을 따라 강도세포(canal cell)들이 배열되어 있다. *Crotaria*속과 *Cajanus*속 같은 몇몇 콩과식물의 화주는 속이 완전히 빈 개방형이다.

목화속의 *Gossypium hirsutum*과 페튜니아에서 화주는 폐쇄형인데 화분관은 펙틴이 풍부한 세포벽층(그림 8-12의 3번 층)으로 통로를 만들면서 자란다. 시금치에서 화주에 도달한 화분관이 처음에 세포간극을 통해서 자라지만, 그 후에는 세포벽과 원형질막을 통해서 자란다(그림 8-10).

개방형 화주를 갖는 식물(단자엽식물에서 흔히 생김)에서는 주두에서부

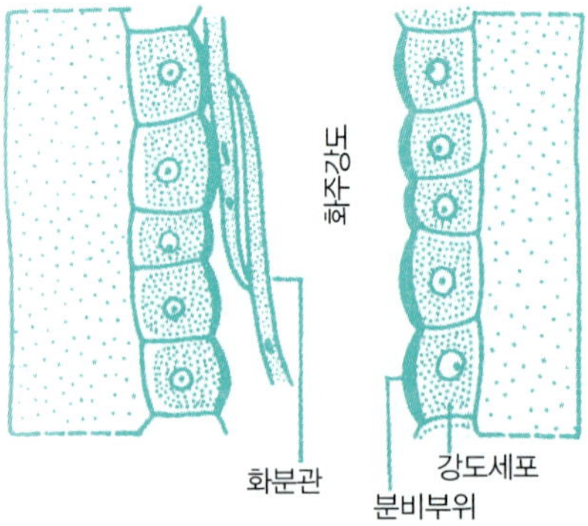

그림 8-13 개방형 화주의 종단된 부분. 화주 속의 비어 있는 화주강도와 맞닿는 표면을 따라 커다란 강도세포들이 있다.

터 화주의 기부까지 관통하는 화분관의 강도들이 나 있다. 강도와 맞닿는 쪽에 분비성 강도세포들이 한 층으로 배열되어 있으며(그림 8-13), 이 세포들은 다핵성 및 다배체로 될 수 있다. 성숙한 화주의 강도는 아마릴리스속 및 백합속처럼 분비액을 지닐 수도 있고 또는 *Crocus*속 및 *Gladiolus*속처럼 건조한 상태로 남아 있을 수도 있다.

백합속에서 강도세포의 가장 현저한 구조적 특징은 빈 강도와 마주하는 쪽에 8~14μm 두께의 반구형 "분비부위(secretory zone)"를 갖는 것이다(그림 8-13). 분비부위는 다음과 같이 세 부분으로 이루어진다(그림 8-14). (1) 바깥쪽의 1μm 두께의 세포벽 층(L_1)은 주로 섬유소로 되어 있다. (2) 7~13μm 두께의 입자상-섬유상 세포벽 층(L_2)은 세포질과의 경계부분에서 세포질 속으로 불규칙하게 돌기가 나와 있다. 이 층에서 섬유소의 미세섬유들은 불규칙하게 퍼져 있으며 L_1에 있는 섬유소와 연속되어 있다. 이 층에서 입자들은 아마도 단백질과 복합체를 이룬 펙틴 성분일 것이다. (3) L_2와 세포질 사이의 불규칙한 중간 부분에는 세관과 소낭의 집합 구조인 "paramular body"를 갖고 있다.

귤속의 *Citrus limon*에서도 강도세포의 안쪽 접선 벽이 매우 두꺼워져서 두 층으로 이루어진다. 화주 속의 화분관 강도와 마주하고 있는 바깥층은 섬유성이며 균질한 반면, 안쪽 층은 입자성이며 균질하지 않다.

백합속에서 강도세포 아래에 있는 유조직 세포들이 약간의 점액성 물질을 합성하여 강도세포로 수송하면, 강도세포는 점액 물질을 화주강도

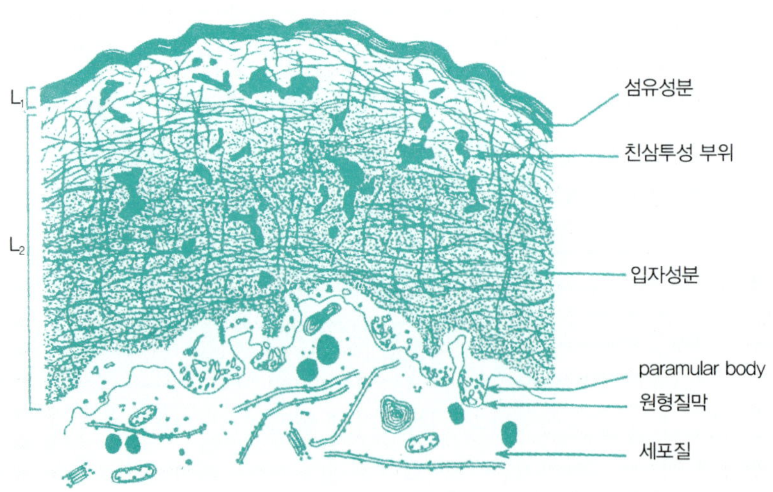

그림 8-14 백합속의 전형적인 강도세포에서 분비부위와 이웃한 세포질을 나타낸 모식도.

(stylar canal) 속으로 분비하는 것으로 제안된 바 있다. 수분된 후 강도는 분비물로 채워지며, 분비물은 화분관 생장을 위한 영양물질로 이용된다. Rosen과 Thomas (1970)는 백합에서 주두 세포와 강도세포는 물질을 분비한다는 측면에서 기능적으로 비슷하나, 주두의 돌기에서 분비부위는 발견되지 않는다고 하였다. 어린 화주에서 강도와 맞닿아 있는 강도세포의 안쪽 벽은 각피를 가지고 있다. 백합속에서 화주가 좀 더 성숙한 후에 각피가 파열됨으로써 분비물이 화주강도 속으로 분비될 수 있는 반면, *Crocus*속 및 *Gladiolus*속에서는 각피가 그대로 남아 있어서 분비물이 강도세포들과 팽창된 각피 사이에 축적된다.

강도세포에서 분비된 물질은 단백질, 탄수화물, 그리고 지질 등을 포함하며, esterase와 acid phosphatase의 활성을 나타낸다. *Ornithogalum candatum*에서 분비는 세 단계에 걸쳐 일어난다. 흥미롭게도 각 단계에서 특별한 세포소기관과 분비 산물이 다르게 나타나는 것이 특징이다. 첫 단계에서, 리보솜과 조면소포체가 매우 많이 나타나며 분비물에는 지질과 단백질이 포함되어 있다. 두 번째 단계에서, 활면소포체가 많아지며 색소체 및 미토콘드리아의 수와 지질의 농도가 증가한다. 마지막 단계에서, 큰 딕티오솜이 많이 나타나고 색소체는 더 이상 뚜렷하게 나타나지 않으며 탄수화물이 현저하게 생산된다. 그러나 토마토속에서 화주의 분비물은 두 단계에 걸쳐 생산되며 탄수화물의 합성은 단백질이 합성된 후에 이루어진다.

반폐쇄형 화주는 선인장과와 *Artabotrys*속에서 생기며 폐쇄형과 개방형의 중간 특징을 보인다. 통과조직은 화주강도의 한쪽에만 제한되어 있다.

8.1.4 암술 배출물의 기능

주두와 화주의 배출물은 다음과 같은 여러 가지 중요한 기능을 수행하는 것으로 알려져 있다.

1) 주두 위에서 화분의 접착, 수화, 그리고 발아를 돕는다.
2) 곤충의 공격 또는 미생물의 감염으로부터 암술을 보호한다.
3) 주두의 탈수를 막는 액체 각피로 작용한다.
4) 수분하는 동안 수분 매개자를 위한 먹이로 제공된다.
5) 주두와 화주를 통하여 생장하는 화분관을 위한 영양물질로 제공된다.

화분관은 항상 자방의 방향으로 자란다는 사실과 관련하여, Strasburger (1887)는 암술 속에서 화분관의 생장 통로는 배주에서 분비되는 물질에 의해 인도된다고 하였다. 결과적으로 배주, 태좌, 자방의 안쪽 표피, 그리고 화주 등은 화분관을 유인하는 것으로 밝혀졌다(그림 8-15). 더욱이, 암술 조각을 배지 위에 놓았다가 나중에 제거하면, 화분관은 암술 조각이 놓

그림 8-15 화분관이 암술 조직의 화학 굴성적에 유인되는 것을 증명하기 위한 "표면 실험". 모든 화분관이 암술 조직을 향하여 생장한다.

여 있던 지점을 향하여 자란다. Schildknecht와 Benoni(1963)는 달맞이꽃속과 수선화속에서 아미노산 및 당과 결합된 아미노 혼합물이 화분관을 유인하는 굴화성(chemotropism)을 일으킨다고 하였다. 그러나 Rosen(1964) 그리고 Mascarenhas와 Machils(1962) 등은 각각 백합속과 금어초속에서 굴화성에 의한 유인 반응을 관찰하지 못했다. Mascarenhas와 Machils는 Ca^{2+}이 금어초의 암술에 자연적으로 존재하는 굴화성 작용물질이라고 제안하였다. 그들은 또한 암술에서 칼슘의 조절에 의해 화분관이 한쪽 방향으로 자라는 것은 일반적으로 가능한 일이라고 하였다. 그러나 금어초의 암술에서 세포화학적으로 측정된 Ca^{2+}의 분포는 굴화성적 유인작용을 일으킬 수 있는 상태로 분포하지 않는다. 화주 전반에 걸쳐서 Ca^{2+} 농도가 매우 낮고 거의 일정하며, 주두와 자방에서 약간 높다. 자방에서는 태좌와 자방 벽에서 Ca^{2+} 농도가 극히 높으나 배주에서는 비교적 낮고, 주공 또는 배낭에서도 증가하지 않는다. 달맞이꽃속에서도 암술의 각 부분에서 Ca^{2+}은 비슷하게 분포한다. 화분관이 주두에서 배주를 향해 생장하는데 Ca^{2+} 기울기의 증가가 필수적이라면, 암술에서 이러한 Ca^{2+}의 해부학적 분포가 나타나서는 안 될 것이다. 더욱이 백합, 옥수수, 군자란속 및 문주란속에서는 Ca^{2+}이 화분관을 유도하는 작용을 가지지 못한다. 이러한 두 경우의 관찰은 Ca^{2+}이 단독으로 암술에서 화분관의 단일 방향 생장을 조절한다는 제안을 수용할 수 없음을 의미한다.

Mascarenhas(1975)는 암술에서 화분관의 단일 방향 생장을 조절하는 기작에 관하여 새로운 가설을 제안하였다. 이 설에 의하면, 화분관이 한 방향으로 곧게 자라기 위해서 굴화성 물질(들)의 기울기는 필요하지 않으며, 화분관의 경로를 따라서 단지 어떤 역치 이상의 농도로 존재하는 굴성 요소만이 필요할 것이다. 굴성 요소의 가파른 기울기는, 화분관이 배주로 향하기 위해서 태좌에서 급선회해야 하는 경우와 같이, 화분관의 생장 방향을 급격히 전환해야 하는 암술의 제한된 부위에서만 필요하다. 이러한 Mascarenhas의 가설은 처음에 Iwanami(1959)에 의해 지지되었다. 그는 백합의 암술에서 굴화성 요소의 기울기가 존재하지 않음을 분명히 증명하였으며, 또한 서로 다른 화주와 주두 부분을 이용하여 화분관의 생장 방향에 관하여 연구하였다. 암술을 수평으로 놓고 그 속에 구멍을 뚫은 다음 화주 안쪽 표면 위에 화분을 놓고 발아시켰더니, 55%의 화분관은 자방을 향해서 자랐고 나머지 45%는 주두를 향해서 자랐다. 이와 비슷하게 화주의 일부분을 잘라서 윗부분을 아래로 향하도록 놓은 다음 그 꼭대기에서 화분이 발아될 경우, 거의 모든 화분은 아래 방향으로 자랐다. 이러한 관찰은 화주 속에 굴화성 요소의 기울기가 존재하지 않음을 분명하게 암시한다.

8.1.5 배주 속으로의 화분관 침입

화분관은 자방에 도달한 후에 배주 속으로 들어가는 길을 찾는다. 화분관이 배주 속으로 들어가는 위치에 따라서 수정은 3가지 유형으로 구분된다(그림 8-16).

주공수정(porogamy): 이 유형은 가장 흔하며, 화분관이 주공을 통해서 들어간다.

합점수정(chalazogamy): 이 유형은 화분관이 합점의 끝 부분에서 배주로 들어간다. 이 유형은 목마황속에서 관찰된다.

중위수정(mesogamy): 이 유형은 화분관이 일단 배주의 중간 부분으로 들어간 다음 호박속처럼 주피를 거쳐 주공을 통해 들어간다. 그러나 *Pistacia*속처럼 주병을 거치는 경우도 있다.

연구자들은 주공수정과 관련하여 화분관이 배주 속으로 들어가고 이어서 배낭을 향하여 자라는 것은 사상장치(filiform apparatus)에 의해서 주공 속으로 분비되는 굴화성 물질에 의해 조절된다고 제안한 바 있다. 굴화성 유도에 의해 화분관이 배낭을 향하여 자란다는 생각은 Rosen(1965)에 의해 지지되었다. 그러나 그는 굴화성 물질이 조세포보다는 주공 자체에 의해서 분비된다는 견해를 갖고 있다.

Chao(1972)는 참새피속의 *Paspalum orbiculare*를 세포학적으로 상세히 조사하여, 주피의 말단부분을 구성하는 세포들이 자가분해되어 만들어진 점액성 물질이 주공 속으로 분비됨으로써 화분관에 대한 저항을 최소화하도록 하고 화분관을 최종 목적지로 안내한다는 것을 증명하였다. 점액성

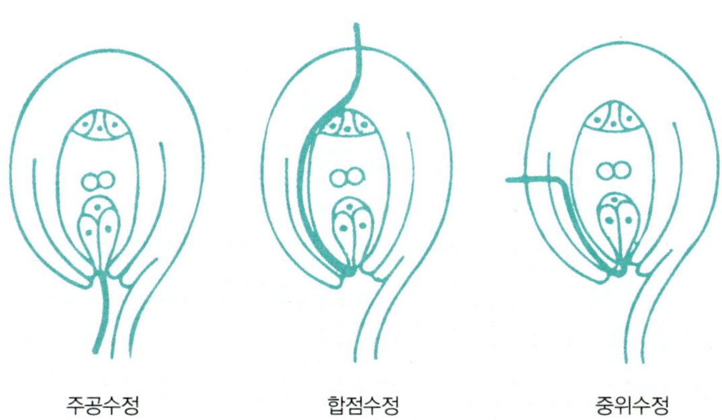

그림 8-16 화분관이 배주 속으로 들어가는 방식.

분비물은 주로 수용성 탄수화물로서 화분관을 기계적으로 그리고 화학굴성적으로 생장하도록 돕는다. 그러나 Higashiyama 등(1997, 1998, 2000)의 최근 연구에서 현삼과의 *Torenia fournieri*에서는 난장치(egg apparatus)를 포함하는 주공 쪽의 배낭의 반이 주공 밖으로 돌출되어 있는데, 이는 지속 조세포가 화분관 유인 물질을 분비하는 것으로 해석한다.

화분관이 배주 속으로 들어가도록 촉진하는 특수한 구조는 유도장치(obturator)이다(제5장 참조). 이 장치는 화분관을 배주에 도달시키기 위해서 일종의 다리를 형성한다. 수정 후 유도장치는 수축되어 사라진다. 유감스럽게도, 합점수정 또는 중위수정에서 화분관의 배주 침입 기작에 관한 적절한 설명이 이루어져 있지 않다.

배주와 같은 구조가 없는 겨우살이과 식물에서는 배낭이 현저하게 신장되어 화주 속의 화주강도 또는 주두의 어느 지점에서 화분관과 만난다.

8.1.6 배낭 속으로의 화분관 침입

화분관이 배주의 어느 부분으로 침입하느냐 하는 것과는 무관하게, 화분관은 반드시 주공 쪽에서 배낭 속으로 들어간다(그림 8-16). 화분관은 사상장치의 끝으로 들어가며, 그 곳을 통해 자란 다음조세포의 세포질에 도달한다(그림 8-17). 화분관이 들어가는 두 조세포 중 어느 한쪽은 미리 결정되어 있는 것 같다. 대부분의 경우 침입된 조세포는, 수분이 이루어진 후, 화분관이 도착하기 전에 퇴화하기 시작한다. 화분관을 받아들이는 이러한 조세포는 퇴화한 후에 원형질막과 액포막이 없기 때문에 쉽게 구별된다. 그러나 페튜니아속에서 조세포는 화분관이 도착할 때까지 어떤 가시적인 변화를 보이지 않는다. 목화에서 화분관-암술 상호작용의 결과로서 배주 속의 지베렐린(GA) 농도가 증가하는 것이 조세포의 분해를 가능하게 하는 원인으로 언급된 바 있다. 목화에서 수분이 이루어지지 않은 암술의 배주를 GA_3가 포함된 배지에서 배양하면, 조세포는 수분이 이루어진 꽃에서와 비슷한 상태로 퇴화한다. 현삼과의 *Torenia fournieri*의 화분관은 사상장치를 통해 배낭으로 들어가고 화분관의 내용물을 큰 힘으로 방출하는데(1,200$\mu m^3 s^{-1}$), 이때 동시에 조세포 중 1개는 파열되고 화분관이 그 자리에 위치하게 된다.

화분관의 내용물은 조세포 속으로 방출되며, 관은 배낭 속에서 더 이상 자라지 않는다. 그러나 *Plumbago*속에서는 난세포의 끝에 있는 사상장치를 통해서 조세포가 없는 자성 배우체로 들어간다. 화분관은 난세포의 세포벽을 뚫고 들어가서, 난세포와 중앙세포 사이에 정세포와 화분관 핵을 방출한다. 이러한 방출 과정은 몇 초 이내에 일어난다. 목화에서 화분관 내용물은 관 끝에서 약간 아래에 있는 곳에 생긴 구멍을 통해서 방출된

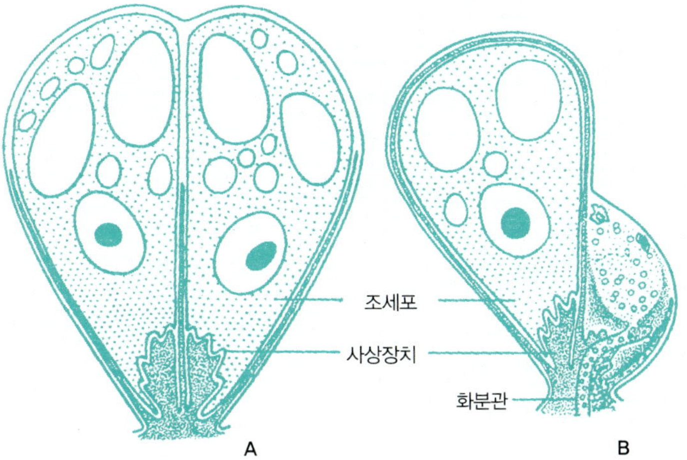

그림 8-17 화분관의 내용물이 방출된 후 조세포에서 일어나는 변화를 요약한 모식도. A. 수분이 이루어진 꽃의 조세포. B. 화분관의 내용물이 방출된 후의 조세포.

다. 이 구멍은 반드시 합점을 향한 쪽에 생긴다(그림 8-17, 18, 19). 그러나 *Epidendrum*속과 *Plumbago*속에서는 관의 끝에 구멍이 생기는 것으로 알려져 있다.

8.1.7 화분관 내용물의 방출

화분관 내용물 속에는 2개의 정세포, 영양핵, 그리고 상당량의 세포질 등이 포함되어 있다. 세포질 부분은 쉽게 퇴화하는 화분관 속에 남아 있다. 화분관에 의해 방출된 세포질과 조세포의 세포질이 혼합되는 경우는 거의 볼 수 없다. 두 세포질은 분리된 채로 남아 있다. 조세포의 세포질은 주공 쪽에 한정되

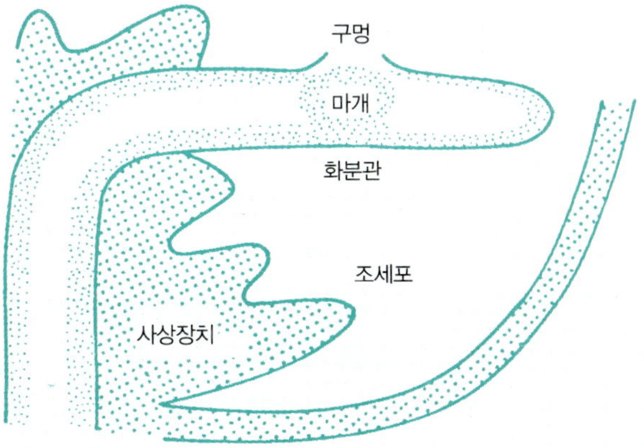

그림 8-18 화분관이 침입된 조세포 부분을 확대한 것으로서 화분관의 끝으로부터 약간 아래에 구멍이 있다.

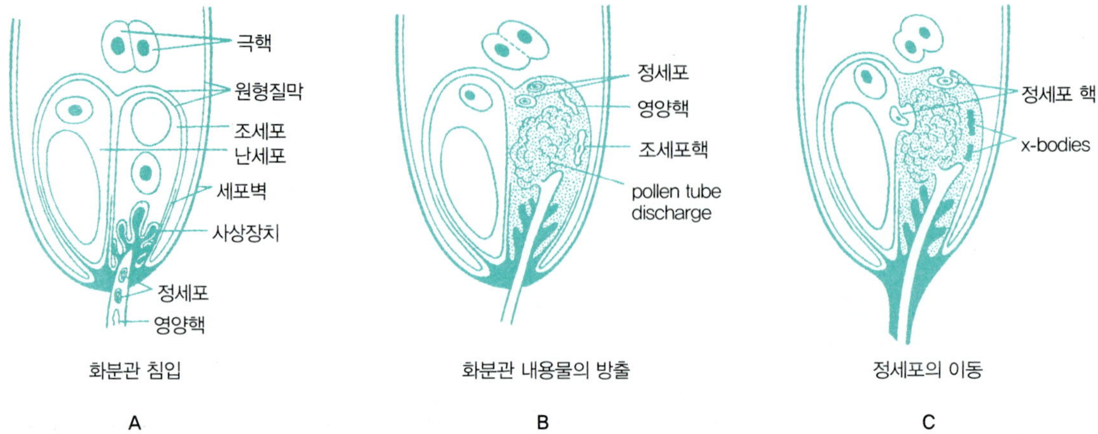

그림 8-19 배낭에 침입한 화분관과 그 내용물의 방출 및 정세포의 이동을 보여주는 모식도.

어 있고, 화분관의 세포질은 합점 쪽에 제한되어 있다. 화분관 세포질은 작고 수많은 다당류 구체(0.5~1.0 μm)를 갖고 있어서 쉽게 구별될 수 있다. 화분관에서 방출된 세포질은 곧 퇴화 과정을 거친다.

정세포: 화분관 속에 있는 2개의 정세포는 각각 원형질막으로 경계되어 있는 세포이다. 화분관 속에서 정세포는 보통 서로 가까이 있다. 정세포의 세포질은 보통의 세포소기관을 갖고 있다(제4장 참조). 미세관은 정세포의 운동성과 관련된 것으로 생각되어 왔다. 핵은 뚜렷한 인을 갖고 있다.

수분 후 배낭 속의 변화: 앞서 언급한 바와 같이, 화분관에 의해 침입된 조세포는 나머지 다른 하나의 조세포보다 빨리 퇴화한다. 이들은 각각 퇴화 조세포 및 지속 조세포라고 한다. 퇴화된 조세포는 다음과 같은 몇 가지 특징을 보인다.

1) 합점 쪽에 있던 커다란 액포가 사라진다.
2) 핵과 인이 약간 납작해지며 핵막이 사라진다.
3) 소기관들이 해체된다.
4) 결정체가 세포질에 나타난다.

X-BODIES: 발생학자들은 화분관 내용물을 받아들인 조세포 속에서 2개의 짙게 염색된 난형 구조를 오래 전부터 관찰해 왔는데, 그 성질이 확실하지 않았기 때문에 이들을 X-bodies라고 표시하였다(그림 8-19C). 이들은 영양핵의 잔유물, 조세포핵의 잔유물, 정세포의 세포질, 이웃한 주심세포들, 퇴화된 대포자의 잔유물 등 여러 가지로 해석되어 왔다. 그들의 모양과 조세포 속의 분포, 그리고 DNA를 함유한다는 사실 등을 바탕으로 하여, Jensen (1972)은 2개의 X-bodies 중 하나를 조세포핵의 잔유물, 나

머지 하나는 영양핵의 잔유물이라고 해석하였다(그림 8-19B,C). 조세포가 없는 *Plumbago*속에서는 하나의 X-body만을 볼 수 있는데 이는 영양핵의 잔유물로 생각된다.

8.2 중복수정

Nawaschin(1898)은 화분관에서 방출된 2개의 정세포가 수정에 관여함을 처음으로 밝혔다. 정세포들은 2개의 서로 다른 배낭의 구성요소와 수정한다. 피자식물에서는 그 수정 현상이 특이하여 중복수정(double fertilization)이라고 한다. 하나의 정세포 핵이 난세포의 핵과 융합되며, 이를 배우자융합(syngamy)이라고 한다. 또 다른 하나의 정세포 핵은 중앙세포로 이동하여 극핵 또는 극핵의 융합체인 2차핵(secondary nucleus)과 융합하여 1차 배유핵(primary endosperm nucleus)을 형성한다. 대부분의 식물은 2개의 극핵을 갖는다. 결과적으로, 두 번째 수정은 3개의 핵이 융합하게 되며, 그 현상을 삼중융합(triple fusion)이라고 한다. 그러나 제6장에서 기술된 바와 같이, 어떤 식물에서는 오직 하나의 극핵만 있으며, 2개 이상의 극핵을 갖는 경우도 있다.

8.2.1 정세포의 이동

정세포는 완벽한 세포로서 조세포 속으로 방출되나, 단지 정세포의 핵만이 정세포 밖으로 이동한다고 생각하는 것이 일반적이다. 그러나 웅성 세포질도 때로는 수정에 포함됨을 시사하는 증거가 제시된 바 있다. Russell(1980)은 *Plumbago*속에서 배우자가 융합하는 동안 웅성 배우자의 세포질 소기관들도 전달됨을 증명하였다. 비슷하게, Cass(1981)는 보리에서 웅성 세포질이 난세포 속으로 들어감을 밝혔다. 이 관찰은 보리에서 정세포의 세포질에 있는 바이러스가 난세포에 전달되고 양친의 색소체가 차세대에 유전된다는 사실에 의해서 확실하다.

정세포 수송의 모형은 현재 가정의 단계에 있다. Jensen(1973)에 의하면, 정세포 중 하나는 난세포의 원형질막과 접촉하는 반면, 다른 하나의 정세포는 중앙세포의 원형질막과 만난다. 접촉 지점의 원형질막이 융합하고 2개의 정세포 핵이 각각 난세포 및 중앙세포 속으로 방출된다(그림 8-19A~C). 정세포의 핵들이 예정된 세포로 들어간 후, 웅성 핵은 세포질 유동에 의해서 수동적으로 난세포 핵으로 또는 극핵으로 운반된다. Belayeva(1981)는 정세포는 차례로 조세포로부터 방출된다고 보고하였다. 첫 번째 정세포는 난세포에 끌려가는 반면, 두 번째 정세포는 세포질 유동을 통해서 중앙세포로 이동한다. 정세포 중에서 하나가 먼저 난세포 속으

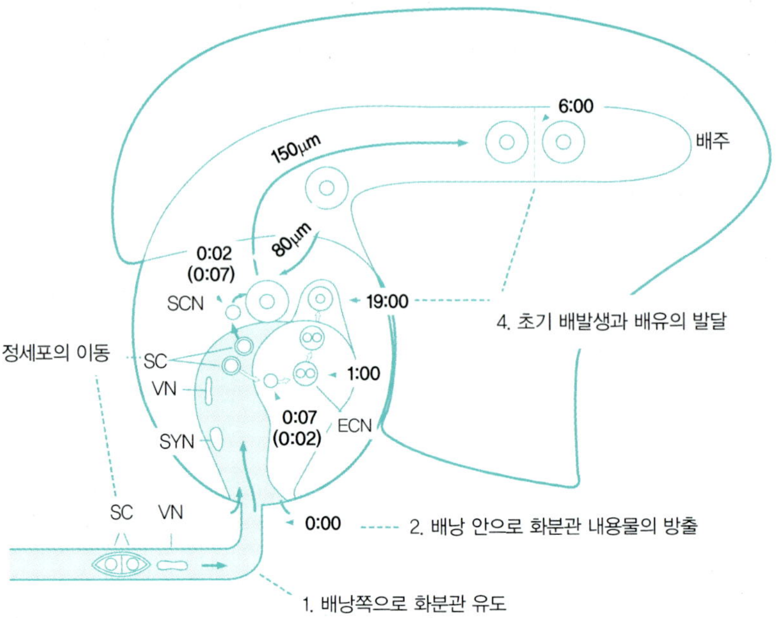

그림 8-20 *Torenia fournieri*의 시험관 내 중복수정 모식도. 4가지 과정을 알 수 있다. (1) 배낭 쪽으로 화분관 유도. (2) 배낭 안으로 화분관 내용물의 방출. (3) 난세포와 중앙세포로 정세포의 이동. (4) 초기 배발생과 배유 발달. 화분관 내용물의 방출 이후의 경과는 시간으로 표기한다. ECN, 난세포 핵; FA, 사상장치; PT, 화분관; SC, 정세포; SCN, 조세포 핵; VN, 영양 핵.

로 들어간 다음, 다른 하나가 중앙세포로 들어간다. 그래서 첫 번째 정세포의 핵이 난세포의 핵에 도달하고 난 다음 두 번째 정세포의 핵이 극핵에 도달한다. 그러나 정세포 핵과 난세포 핵의 융합은 정세포 핵과 극핵의 융합보다 훨씬 더 오래 걸린다. 그 이유는 활성이 없는 난세포에 비하여 중앙세포는 활발한 상태이기 때문이다.

Higashiyama 등(1997, 1998, 2000)은 중복수정의 동적작용에 대한 상세한 연구로 현삼과의 *Torenia fournieri*에서 화분관이 배낭의 주공 쪽 끝을 향하여 이동하는 것을 직접 관찰하였다(그림 8-20). 그들은 화주의 자른 기부로 반쯤 노출된 화분관과 돌출된 배낭 내 배주를 고체 배지의 얇은 층에서 공동 배양하는 시험관 내 방법을 구축하였다. 어떤 식물의 화분관은 배낭 안으로 들어가는 두 조세포 사이의 사상장치의 중간으로 정확하게 자란다. 열에 의해 죽거나 손상된 조세포를 갖는 배주에서는 사상장치를 향해 화분관이 자라지 않는다는 사실은 살아 있는 조세포가 화분관 유도 화학물질을 분비한다는 것을 의미한다. 또한 이미 화분관을 받아들인 배낭에서는 더 이상 화분관을 유인하지 않는다는 사실에서 화분관을 수용한 후 유도활동이 중단되는 것을 알 수 있다. 화분관은 조세포 중의 하나로 들어가는 것이 아니라 2개의 조세포 사이의 배낭으로 들어간다. Higashiyama 등 (2000)에 의하면 화분관은 폭발적인 초기속도(약 12,000μm^{3}s^{-1})가 내용물을 터뜨리고 방출함과 동시에 2개의 조세포 중 하나를 파괴한다. 이로 인해 목표로 하는 자성 배우체(즉, 난세포와 중앙세포)로 2개의 정세포가 성공적으로 이동된다.

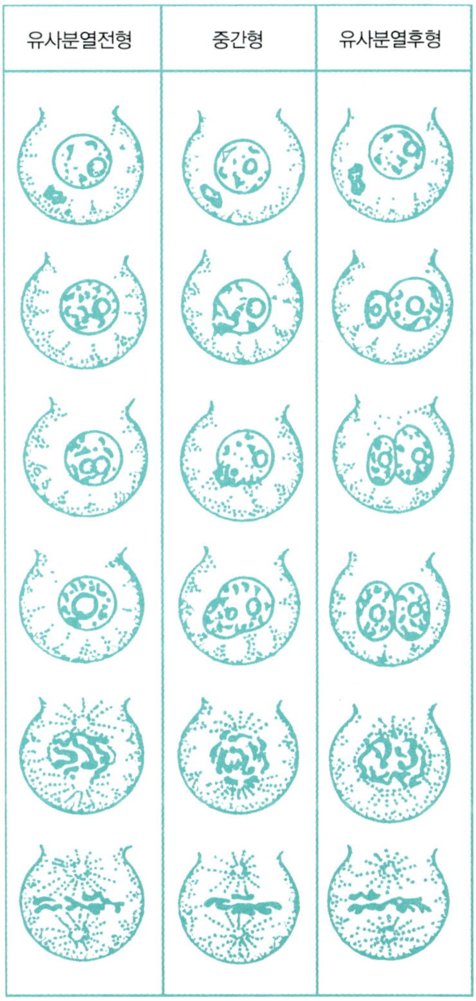

그림 8-21 배우자융합의 유형.

8.2.2 배우자융합

난세포의 핵과 정세포의 핵이 융합하는 것을 배우자융합(syngamy)이라 한다. Gerassimova-Navashina (1960)는 3가지 유형의 배우자융합을 언급하였다(그림 8-21). 그녀에 의하면, 2개의 핵이 접촉될 무렵에 난세포의 핵은 간기 말엽의 상태에 있는 반면, 웅성 핵은 이전 유사분열의 말기에 있다.

유사분열전형(premitotic type): 정세포의 핵은 난세포의 핵과 접촉하고 있는 상태에서 즉시 융합하며, 이어서 접합자 핵이 분열한다. 예) 포아풀과, 국화과.

유사분열후형(postmitotic type): 정세포의 핵과 난세포의 핵은 잠시 동안 접촉한 상태를 유지하고 있다가 두 핵이 분열(접합자 유사분열)에 들어간 후에만 융합한다. 예) 백합속과 패모속.

중간형(intermediate type): 정세포의 핵은 이전의 유사분열을 완료한 후에 난세포의 핵과 융합한다. 핵막의 융합이 일어난 다음일지라도, 두 핵의 내용물은 완전히 혼합되지 않는다. 접합자 유사분열의 전기에서 때로 두 벌의 염색체가 분리된 상태로 나타날 수 있다. 예) 봉선화속.

8.2.3 정세포 세포질 형질의 유전

Coren(1909)과 Bauer(1909)는 각기 고등식물인 *Mirabilis jalapa*와 *Pelargonium zonale*에서 색소체 표현형의 비멘델유전(non-Mendelian inheritance)을 발견하였다.

1987년 Miyamura 등은 색소체 DNA(ptDNA)의 전이에 대해 세포유전학적인 세부연구를 수행하였고, 생식세포 내에서 색소체 DNA의 두 가지 기본적인 양상을 확인하였다. 이는 (1) *Mirabilis jalapa*, *Lycoris radiata*,

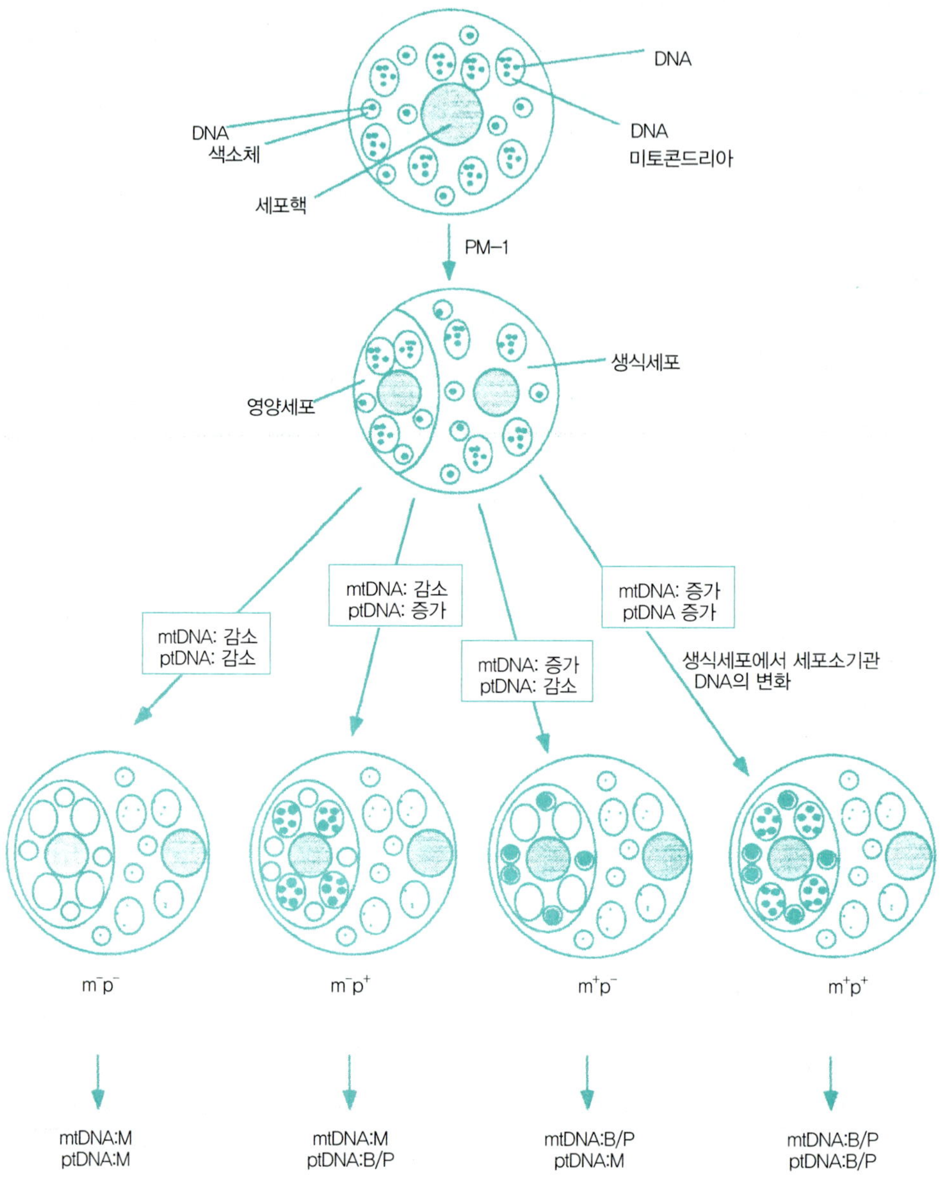

그림 8-22 4가지 형태의 생식세포에서 세포소기관 DNA의 변화를 나타낸 모식도. 성숙한 생식세포에 세포소기관 DNA가 있을 때는(m^+ 혹은 p^+), 첫 번째 화분 유사분열 직후 세포소기관당 DNA 양이 증가하지만, 세포소기관 DNA가 없을 때(m^- 혹은 p^-)는 감소한다. 생식세포 내의 세포소기관 DNA의 모든 변화는 증가하거나 감소하거나 간에 첫 번째 화분 유사분열 직후에 나타나며, 미토콘드리아 DNA 양과 색소체 DNA 양은 독립적으로 조절된다. 해당 세포소기관의 양친/웅친유전(B/P)일 때 세포소기관 DNA가 증가하고, 자친유전(*M*)일 때 감소한다.

*Nicotiana tabacum*와 같이 정세포에서 색소체 DNA가 사라지는 것과 (2) *Pelargonium zonale*, *Oenothera biennis*, *Rhododendron indicum*와 같이 정세포에 색소체 DNA가 존재하는 경우이다. 따라서 *Mirabilis jalapa*와

*Pelargonium zonale*는 각각 색소체 핵의 전형적인 모친유전과 양친유전을 보인다.

2001년 Kuroiwa와 그의 동료들은 Technovit 7100 시료로 채운 화분립의 절단면을 형광염료인 DAPI와 DiOC6(3′,3′−dihexylocarbocyanine iodide)로 이중 염색하여 색소체와 미토콘드리아를 구별하는 방법을 개발하였다. 그들은 이 기술을 이용하여 이미 세포소기관의 유전학이 밝혀진 8가지의 피자식물을 대상으로 화분발달과정 동안 미토콘드리아 DNA와 색소체 DNA의 행동양상을 연구하였으며, 그 결과 세포소기관의 유전자들이 자친 혹은 양친 유전을 하는 첫 번째 화분 유사분열 (PMI) 직후 세포소기관의 DNA 양의 변화에 의해 결정된다는 것을 밝혔다. 이 시기 동안 세포소기관의 수는 변하지 않지만 미토콘드리아 DNA와 색소체의 DNA 양은 서로에 대해 개별적으로 급격하게 증가하거나 감소한다. 양친유전을 보이는 식물에서는 생식세포가 형성된 직후 색소체와 미토콘드리아 각각 혹은 둘 다의 DNA 양이 급증하며 세포소기관의 핵이 정세포까지도 지속된다. 반면에 자친유전을 보이는 식물에서는 DNA가 급격하게 분해되어 핵이 없는 세포소기관을 갖는 정세포가 만들어진다. 미토콘드리아와 색소체의 유전이 서로에 대해 개별적이므로 생식세포/정세포와 세포질유전에서 미토콘드리아 DNA와 색소체 DNA의 존재 여부에 따라 4가지 유형의 피자식물이 나타난다(그림 8−22). 이들은 (a) mt^+pt^+(*Pelargonium zonale*), (b) mt^-pt^+(*Pharbitis nil*), (c) mt^-pt^- (*Triticum aestivum*, *Antirrhinum majus*, *Lilium longiflorum*)과 (d) mt^+pt^-(*Musa acuminata*)이다. 이들 연구는 초기에 Mogensen(1996)이 추측한 바와 같이, 첫 번째 화분 유사분열 동안 생식세포로부터 세포소기관들이 제외되는 것이 세포소기관의 직접적인 자친유전 기작은 아니라는 것을 시사한다.

알팔파의 경우 색소체와 엽록체 DNA의 유전은 양친에 의하나 웅친과 자친에 의해 유전되는 정도는 유전형에 따라 다르다. 색소체의 수는 형제 정세포(brother sperms) 간에는 동일하다. 자성 배우자체의 양적 3차원적 재구성에 의하면 성숙한 난세포에 있는 색소체의 분포, 크기, 수는 알팔파의 유전형에 따라 다르며 색소체 유전 양상에 영향을 미친다. 색소체 유전에 관하여 자성이 강한 유전형은 자성이 약한 유전형에 비해 난세포 내의 색소체들의 크기가 크고 그 수도 더 많은 것으로 나타났다. 또 색소체들은 약한 자성 유전형에서는 핵의 적도판 아래에 분포하며(그림 8−23A), 강한 자성 유전형에서는 핵 주변에 고르게 분포한다(그림 8−23B). 난세포에서의 색소체 분포 양상은 접합자와 2세포기의 원배에서도 그대로 유지된다. 따라서 강한 자성 유전형에서는 접합자의 첫 번째 부등분열 후 자친 색소체가 정단세포와 기부세포에 동일하게 분배된다. 한편 색소체 대부분이

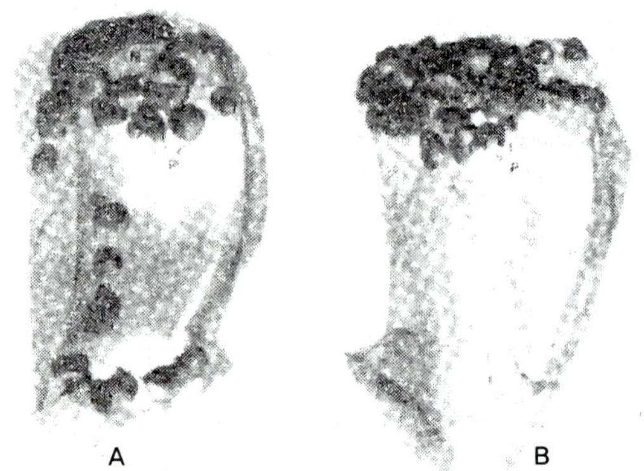

그림 8-23 컴퓨터로 재구성한 알팔파의 난세포. **A.** 자성이 약한 유전형 CUF-B의 난세포. 색소체(*P*)가 대부분 접합자의 분열이 일어나게 될 핵 중앙 부위 아래(주공 쪽)에 분포되어 있다. **B.** 자성이 강한 유전형 6-4의 난세포. 색소체(*P*)가 핵 주변에 고르게 분포되어 있다.

난세포 핵의 중앙 횡단선 아래에 분포하는 약한 자성유전형에서는 접합자의 첫 번째 분열 후 자친 색소체의 대부분이 배병을 형성하게 되는 기부세포에 있게 된다. 배의 본체를 형성하게 되는 크기가 작은 정단세포에는 자친 색소체가 매우 적다. 이와 비슷하게 웅친의 색소체도 불균등하게 분포하는데 정단세포에는 자친 색소체보다는 웅친 색소체가 더 많다. 알팔파의 약한 자성과 강한 웅성 유전형 간의 교잡시 다음 세대의 90%는 웅친 색소체가 나타난다.

8.3 보기 드문 특징

8.3.1 분지된 화분관

피자식물에서 정상적인 화분관은 수정 후 곧 분해되며 분지되지 않는다. 그러나 몇몇 보고서들은 드물게 화분관이 3주 동안 지속될 수 있다고 주장한다. 호박속과 바늘꽃과의 일부 식물에서 화분관의 끝 부분이 분지되는 경우를 관찰한 바 있다. Ramanna와 Mutsaerts(1971)는 시금치 화분관의 10~12%가 화주 부분과 주공 근처에서 분지되며 흡기(haustorim)와 비슷한 구조를 만드는 균류의 균사처럼 자란다고 하였다. Wilms(1974)는 시금치에서 화분관 생장을 재조사하여 화분관의 분지는 주로 주공에서 일어나며 분지된 부분은 안쪽 주피와 바깥쪽 주피 사이 및 주위에서 자란다는 것을 밝혔다. Wilms에 의하면, 화분관의 분지현상은 아마도 수정 후에 일어나는 현상으로 생각된다. 처음에 많은 화분관이 주심으로 들어갈 수 있으나, 일단 배낭 속에 침입한 화분관이 분지되는 주공 부위에서 확인되었다. Ramanna와 Mutsaerts는 분지된 화분관들이 주피, 주심, 그리고 다른 자방 조직 속으로 침입하여 흡기의 기능을 한다고 하였다. Wilms는 이에 동의하지 않으며, 그에 의하면 화분관의 분지들은 주피 또는 다른 조직을 침입하지 않는다. 화분관 분지들은 단순히 주심과 주변의 조직 사이로 가지를 친다. 그는 어떤 흡기 구조도 발견할 수 없었다. 결국, 화분관이 흡기의 기능을 하는지는 의문스럽다.

8.3.2 다정자현상

2개 이상의 정세포가 하나의 배낭 속에 방출된 상태를 다정자현상(polyspermy)이라고 한다. 이것은 하나의 화분관 속에 2개 이상의 정세포가 형성되거나 또는 하나의 배낭에 하나 이상의 화분관이 침입하기 때문에 생길 수 있다. 다정자현상은 비정상적으로 생기는 것이다. 정상적으로 하나의 배낭은 2개의 정세포만을 받는다. 다정자현상에 의해서 하나 이상의 웅성핵이 난세포와 수정될 수 있으며 또는 나머지 정세포들이 조세포와 반족세포 등과 같은 배낭의 다른 구성요소와 수정할 수도 있다. 2개 이상의 화분관이 들어간 배낭에서 난세포의 핵과 융합하는 정세포의 핵은 하나의 화분관으로부터 유래될 수 있으며, 극핵과 융합하는 또 다른 정세포의 핵이 다른 화분관으로부터 기원하는 이질수정(hetero fertilization)이 일어날 수도 있다.

Chapter

09 유성적 불화합성

자연 상태에서는 바람에 날려 오거나 곤충에 의해 운반되어 온 다양한 화분이 주두에 도달한다. 그러나 이 모든 화분이 수정에 성공하는 것은 아니다. 암술에는 적절한 장치가 있어서 올바른 교배형인 화분만 정상적으로 수정되도록 하며, 나머지는 버려진다. 정상적인 자성 배우자를 가진 암술이 수정 능력을 가진 화분과 수정하였으나 종사를 맺지 못한다면 이 암술과 수술은 불화합 관계를 이루며, 이러한 현상을 유성적 불화합성(sexual incompatibility)이라고 한다. 유성적 불화합성은 종간(다른 종의 개체 사이)이나 종내(같은 종의 개체 사이)에서 일어날 수 있는데, 종내 불화합성을 자가불화합성(self-incompatibility)이라고 한다. 이 두 가지 유형의 불화합성이 갖는 중요한 생물학적 의미는 뒤에서 설명한다.

Linskens(1975)에 따르면, 종간 불화합성은 이형성이어서, 염색체의 다른 좌위에 있는 둘 이상의 유전자에 의해 조절된다. 종간 불화합성에 의해 자유로운 타가수분(cross-pollination)이 방지되며, 새로운 품종이나 종이 만들어질 수 있게 된다. 불화합 관계에 있는 종간 교배에서는 수정이 일어나지 않거나, 배유의 부적절한 발달이나 배와 배유의 불화합으로 인해 잡종 배가 유실되는 배우자융합 현상이 나타난다. 불화합성에 관한 생리학이나 생화학 연구는 대개 자가불화합성에 관해서만 이루어져 왔다. 종간 불화합성에 대한 연구가 거의 이루어지지 않았다는 것은 두 불화합성 유형의 기본적인 조절 기작이 매우 비슷하다는 것을 의미한다.

9.1 자가불화합성

대다수의 피자식물은 이계교배(outbreeding)를 하므로, 다른 식물 개체의 화분에 의해서만 수정되며 자신의 화분으로는 수정되지 않는다. 자연 상태에서는 꽃에서 자웅이숙(dichogamy), 자가수분장애(herkogamy), 단성현상(unisexuality) 등의 다양한 적응이 진화되어 자가수분을 방지한다. 그러나 식물에서 이계교배를 일으키는 가장 광범위하고 효과적인 장치는 자가불화합성으로, 자가수분되었을 때에는 종자를 맺을 수 있는 자성과 웅성 배우자를 생산하지 못하도록 한다. Cruz-Garcia와 McClure(2001)에 의하면, 자가불화합성은 116개 과에서 보고되어 있다. 형태학 측면에서 자가불화합성은 두 유형으로 나눈다.

9.1.1 이형 자가불화합성

이형 자가불화합성(heteromorphic self-incompatibility)인 경우, 같은 종 내에 형태적으로 구분되는 2화주성(distyly) 또는 3화주성(tristyly)인 교배형*이 존재하며, 교배시험을 하지 않아도 쉽게 분간할 수 있다. 교배형의 차이는 일반적으로 수술과 화주의 상대적 길이와 관련되어 있다(제7장 참조). 이 유형의 불화합 반응은 2화주성인 앵초속처럼 대립유전자를 2개 갖는 유전자 1개에 의해 조절되거나, 3화주성인 부처꽃속처럼 대립유전자를 각각 2개씩 갖는 유전자 2개에 의해 조절된다. 이형 자가불화합성의 그 밖의 특성은 다음과 같다.

1) 불화합 반응은 포자체에서 결정된다.
2) 불화합성 화분관은 화주 내에서 억제된다. 한 가지 예외로, *Armeria maritima*는 주두 표면에서 억제된다.
3) 불화합성 유전자의 우성 대립유전자 형질이 화분과 화주 모두에서 나타난다.

Cruz-Garcia와 McClure(2001)에 의하면, 이형 자가불화합성은 25개 과에서 나타난다.

9.1.2 동형 자가불화합성

동형 자가불화합성(homomorphic self-incompatibility)인 경우, 같은 종 내의 모든 교배형은 형태적으로는 구분되지 않으며 적절한 교배시험을 해야 구별된다. 이 유형을 나타내는 종은 수많은 교배형을 갖는다. 동형 자가불화합성이 이형 자가불화합성보다 흔하며, 91개 과에서 알려져 있다.

화분의 교배형을 결정하는 요인의 기원에 따라 두 가지 범주로 구분한다.

배우자체형 자가불화합성(gametophytic self-incompatibility, GSI): 웅성 배우자(화분)의 유전형에 의해 불화합 과정이 결정된다. 백합과, 벼과, 가지과, 토끼풀속이 여기에 속한다.

포자체형 자가불화합성(sporophyte self-incompatibility, SSI): 화분을 만들어낸 포자체의 유전형에 의해 불화합 과정이 조절된다. 국화과, 십자화과가 여기에 속한다.

* 교배형(mating type)은 유사한 육종 양상을 보이는 개체의 집단을 의미한다. 서로 다른 교배형에 속한 개체 사이에서만 합당한 수분이 일어날 수 있다. 동일한 교배형 사이에서 수분이 일어나면 종자를 맺지 못한다.

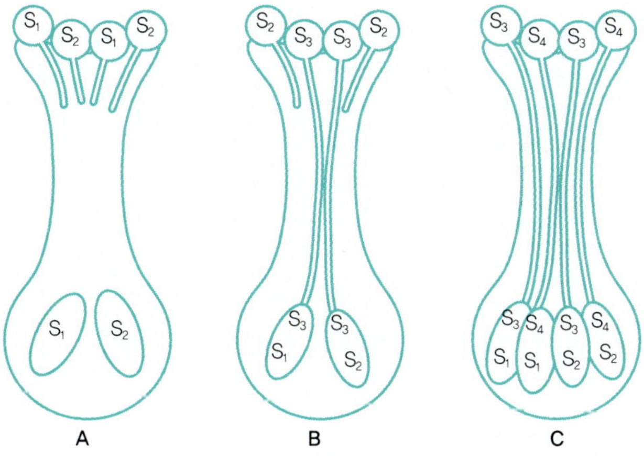

그림 9–1 S_1S_2 식물의 암술에 대해 배우자체형 자가불화합성(GSI)을 나타내는 화분의 반응. **A.** S_1S_2 식물의 화분은 그 어떤 것이라도 수정이 불가능하다. **B.** S_2S_3 식물의 화분 중에서는 S_3 화분만 수정 가능하다. **C.** S_3S_4 식물의 화분은 모두 수정 가능하다.

9.2 자가불화합성의 유전학적 기초

불화합성은 유전자-생리학적 현상이다. 따라서 이 현상의 생리학적 측면을 다루기 전에 자가불화합성의 유전학적 배경에 대해 먼저 이해하는 것이 좋을 것이다.

자가불화합성의 유전학적인 조절에 대해 가장 일반적인 것은 1925년에 East와 Mangelsdorf가 최초로 제안한 "이반인자설(opposition S-alleles)"이다. 이 가설에 따르면 불화합 반응은 S-유전자라는 단일 유전자에 의해 통제되는데, 이 유전자의 대립유전자는 여러 개이다. 암술세포에 있는 두 대립유전자 중 어느 것이든 화분립(pollen grain)의 S-대립유전자와 같다면, 그 암술에서는 화분립이 기능을 나타내지 못한다. 예를 들어 암술을 포함하는 포자체 세포에 S_1S_2 대립유전자를 갖는 식물에 대해 생각해보자(그림 9–1). 이 식물은 소포자형성(microsporogenesis) 동안 두 가지 유형의 화분—S_1 대립유전자와 S_2 대립유전자를 갖는 화분—을 절반씩 생산한다. 이반인자설에 따르면, 이들(S_1과 S_2 화분)은 모두 이 식물체의 화주에서는 수정을 이루지 못한다(그림 9–1A). 이들 두 대립형질이 모두 화주세포에 존재하기 때문이다. 그렇지만 이 식물을 유전자형이 S_2S_3인 식물의 화분으로 수정시키면, S_3 대립유전자를 가진 50%의 화분립은 기능을 나타내고 S_2 대립유전자를 가진 나머지 50%는 기능을 나타내지 못할 것이다(그림 9–1B). 그러나 S_3S_4 식물의 화분은 S_1S_2 식물의 암술에 대해 모두 기능을 나타낼 수 있다(그림 9–1C). 이 두 식물 사이에 공통적인 대립유전자가

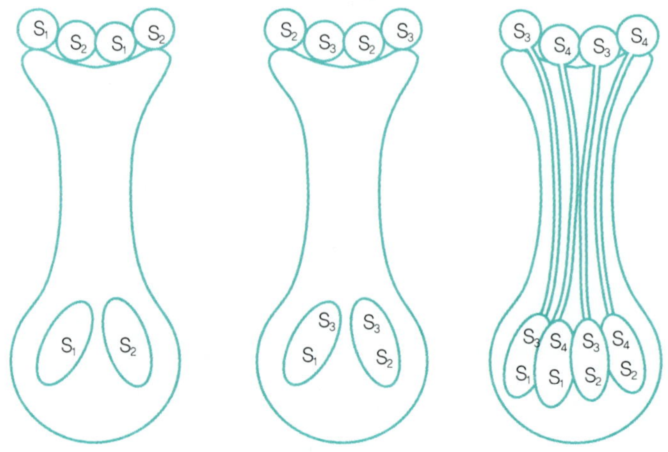

그림 9-2 S_1S_2 식물의 암술에 대해 포자체형 자가불화합성(SSI)을 나타내는 화분의 반응. S_1S_2**(A)**와 S_2S_3**(B)** 식물의 화분은 그 어떤 것이라도 수정이 불가능하다. 그러나 S_3S_4**(C)** 식물의 화분은 모두 수정 가능하다.

없기 때문이다. 지금까지 설명한 바와 같이, GSI(배우자체형 자가불화합성)에서 불화합 반응을 결정하는 요인은 화분(웅성 배우자체)의 S-대립유전자이다.

SSI(포자체형 자가불화합성)에서는 모든 화분이 S-대립유전자와 상관없이 유사하게 행동한다. 예를 들어 S_1S_2 식물의 화분은 S_1 또는 S_2 대립유전자를 갖는데, S_1이 우성이면 S_1처럼, S_2가 우성이면 S_2처럼, 우열관계가 없다면 S_1+S_2로 행동한다. 다시 말해 웅친 포자체 조직 내에 화주 조직의 대립유전자와 같은 대립유전자가 하나라도 존재한다면, 모든 화분이 그 화주에서 기능을 나타내지 못한다(그림 9-2). 따라서 S_1S_2 식물에 대해 S_1S_2 식물은 완전한 불화합 관계를 이루며(그림 9-2A), S_1S_4나 S_1S_5, S_2S_3(그림 9-2B), S_2S_4, S_2S_5 등에서도 마찬가지이다. 그러나 S_3S_4(그림 9-2C)나 S_3S_5 등은 100% 화합 관계를 이룬다.

벼과식물은 2-유전자 좌위를 가지는, 즉 2인자성(bifactorial) GSI를 나타내는데, 여기에 관련된 두 유전자 S와 Z는 복대립성(polyallelic)이다. S와 Z는 화분에서는 협력하여 작용하지만 암술에서는 독립적으로 작용한다. 이러한 2인자성 GSI는 다른 GSI와 달리 3-핵 화분을 가지며, SSI와 마찬가지로 거부반응이 주두에서 일어난다.

이형 자가불화합성은 1쌍의 대립유전자가 관여하는 2대립성(diallelic) SSI이다. 이 경우, 두 대립유전자를 S와 s라고 한다. 2화주성에서는 짧은 화주에 대한 대립유전자(S)가 긴 화주에 대한 대립유전자(s)보다 우성이다. 장주화식물(long-styled plant, pin plant)은 동형접합체(ss)이지만, 단주화식물(short-styled plant, thrum plant)은 이형접합체(Ss)이다. 화주와 수술의 길이 이외에도 화분의 크기와 무늬, 화주 유도조직의 세포 외형, 주두 형태 등의 다양한 표현형이 흔히 두 가지 형태로 나타난다. 불화합성 표현형과 형태적 이형 사이의 재조합 현상은 대부분의 경우 이형 자가불화합성이 두 가지 연관군에 의해 조절된다는 사실을 의미한다. 이 연관군 중 하나는 형태와 관련된 형질에 대한 유전자군이고 다른 하나는 S/s 불화합성 유전자 좌위이며, 이 두 연관군은 밀접하게 연관되어 초유전자로 행동한다.

Shivanna와 Johri(1985)에 의하면 3화주성(tristyly)은 각각 2개의 대립 유전자를 갖는 두 유전자 M과 S에 의해 결정된다. 장주화식물은 두 유전자 모두 열성 동형접합인 경우(mmss), 중주화식물(medium-styled plant)은 S는 동형열성이며 M은 우성 동형접합(MMss)이거나 이형접합(Mmss)인 경우, 단주화식물은 M과 무관하게 S가 이형접합인 모든 경우(MMSs, MmSs, mmSs)이다.

9.3 수정 장벽

불화합성에 있어 수정 장벽(fertilization barrier)은 여러 단계에서 일어날 수 있다.

9.3.1 수분 단계

불합리한 자가수분을 피하기 위해 적응한 방법인 자웅이숙, 자가수분장애, 단성현상 등에 대해서는 제7장에서 자세하게 설명하였다.

9.3.2 수정전 단계

주두 표면에서 화분이 발아할 때부터 화주 내부의 난세포 부근에서 웅성 배우자 방출에 이르기까지 어느 단계에서나 억제가 일어날 수 있다.

주두 표면: 화분이 발아하지 못하거나, 발아해도 화분관이 주두 내부로 들어가지 못한다.
예) 십자화과, 벼과.

화주 내부: 주두 안으로 들어간다 해도, 화분관이 화주의 길이만큼 길게 자라지 못한다.
예) 백합과, 가지과.

9.3.3 배우자융합 단계

화주를 따라 자란 화분관이 원추리속에서는 자방 안으로 들어가지 못하며,

콩과의 벌노랑이와 아카시아속에서는 배주 안에서 성장이 멈추고, *Theobroma cacao*의 경우 배낭 속에서 성장이 멈춘다. 이로 인해 웅성 배우자와 자성 배우자의 융합이 일어나지 못하게 된다.

수분 단계의 장벽은 주로 형태학이나 생태학적 특성에 의해 일어나며, 수정전 단계와 배우자융합 단계의 장벽은 생리학적 요인에 의해 나타난다. 자가불화합성에 관한 생리학, 생화학적 연구는 지난 40년 동안 주로 주두와 화주에서 일어나는 웅성 배우자체의 반응에 국한되어 수행되었다. 자성 배우자체에 대해서는 연구에 필요한 재료를 대량으로 얻기 어렵기 때문에 거의 이루어지지 않았다.

Brewbaker(1957)에 의하면, 일부 예외가 있으나 자가불화합성 유형, 화분의 세포학적 특성, 억제 장소 사이에는 매우 긴밀한 상관관계가 있다. GSI는 2-세포성 화분을 갖는 종에서 보편적이며, SSI형은 3-세포성 화분을 만드는 종과 관련되어 있다. 더욱이 GSI형에서는 화분이 정상적으로 발아하고 화분관이 주도를 관통하지만 화주의 기부에는 도달하지 못한다. 따라서 이 경우에는 불화합성 웅성 배우자체에 대한 거부반응이 화주에서 일어난다. 그러나 SSI형에서는 거부반응이 주두에서 일어난다. 즉, 주두에서 화분이 발아하지 못하거나 화분관이 주두를 관통하지 못한다. 그러나 주두를 우회하여 화주 안에 화분립을 직접 넣어주면 화분관이 정상적으로 자라 수정이 가능하게 된다. 자가불화합성의 두 유형 사이에 뚜렷이 구분되는 몇 가지 특성을 표 9-1에 정리하였다.

벼과(Poaceae), *Oenothera organensis*, *Theobroma cacao* 등은 위에서 설명한 내용에 대해 예외적인 불화합성 특성을 보인다. 벼과의 화분은 3-세포성이며 호흡률이 높지만, 잘 알려져 있는 GSI형이다. 바늘꽃과의 *Oenothera organensis*와 양귀비과의 개양귀비는 의심할 여지없이 GSI형

표 9-1 포자체형(SSI)과 배우자체형(GSI) 자가불화합성의 일부 특성

특성	불화합성 유형	
	SSI	GSI
화분		
세포학적 특성	3-세포성	2-세포성
기내 발아	어려움	쉬움
생존기간	단기간	장기간
호흡률	높음	낮음
주두	마름	젖음
거부반응 위치	주두 위	화주 안

이지만, 거부반응이 주두 표면에서 일어난다. SSI형이지만 수정장벽이 화주에서 나타나는 이형 불화합성 식물인 개나리속, 부처꽃속, 괭이밥속, 앵초속 역시 예외적인 특성을 보인다.

9.4 불화합성의 생리학과 생화학

불화합과정은 두 반응으로 나누어 볼 수 있다.

1. 인식반응

인식반응(rccognition reaction)은 분자수준에서 일어나며, 특정 화분립을 받아들일 것(화합성)인지 거부할 것(불화합성)인지 여부를 암술이 인식한다. SSI형에서는 화분이 주두에 접촉하자마자 인식반응이 즉시 일어난다. *Oenothera organensis*과 개양귀비 등의 일부 GSI형에서도 역시 이러한 반응이 일어나는 것으로 보인다. 예를 들어 양벚에서는 화분 인식에 주두가 필수적으로 존재하여야 한다. 불화합성 수분의 경우라 할지라도 원래의 주두를 제거한 화주의 절단 부위에 인위적인 주두를 올려놓으면 화분립이 발아될 수 있으며, 자라나는 화분관이 화주를 지나 자방에 도달하게 된다. 따라서 이러한 경우에는 인식반응과 거부반응이 시간과 공간에 의해 구분되어 있다. 그러나 GSI형에서는 일반적으로 인식반응과 거부반응 모두 암술 내부에서 일어난다.

2. 거부반응

인식반응은 화분의 종류에 따라 특이하게 나타나는 암술에서 일어나는 생리학, 생화학적 과정이다. 불화합성 수분에서는 이러한 변화의 표현형이 드러나면 거부반응(rejection reaction)이 일어난다. 거부반응은 SSI형에서는 화분 발아를 억제하거나 화분관이 주두 안으로 들어가지 못하도록 함으로써 주두에서 일어나고, GSI형에서는 화분관의 생장을 억제하거나 화주 안에서 화분관이 터지도록 함으로써 화주에서 일어난다.

종내 불화합성과 종간 불화합성에 대한 생리학, 생화학적 연구는 화분과 주두 사이의 상호작용에서 화분 벽과 화분 벽에 있는 단백질의 역할에 집중되어 왔다. 일찍이 1894년에 Green은 수화시킨 화분에서 다양한 가수분해효소가 방출되는데, 이들 효소가 화분·주두 상호작용에서 어떤 역할을 할 것이라고 추정하였다. 그러나 화분 벽이 이동성 단백질의 저장소로서 중요하다는 사실이 Tsinger와 Petrovskaya-Baranova(1961)에 의해 최초로 알려졌다. 이들은 세포화학적 연구방

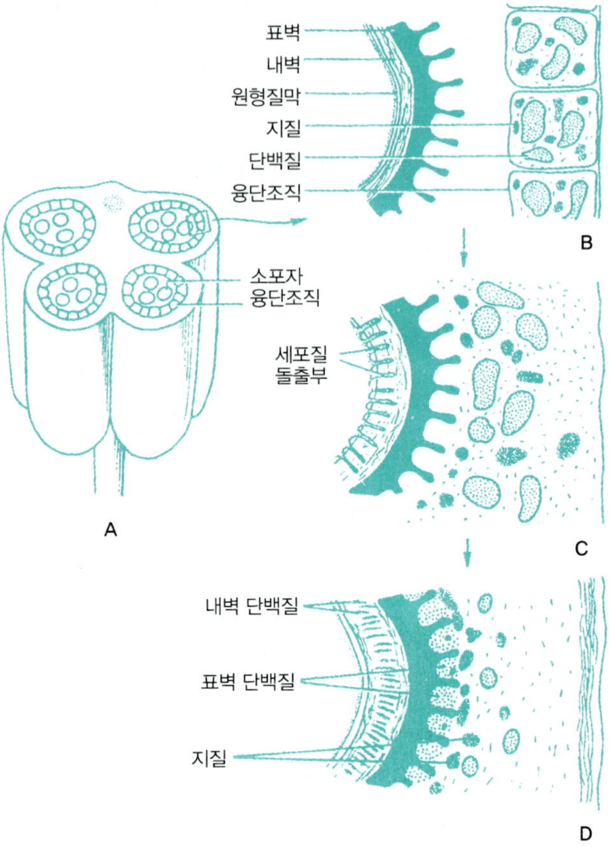

그림 9–3 내벽 단백질과 표벽 단백질의 기원. **A.** 약(anther)의 단면도. 융단조직으로 둘러싸인 어린 소포자가 보인다. **B~D.** 내벽 단백질은 화분 세포질에서, 표벽 단백질은 융단조직에서 기원된다.

법을 이용하여 작약속과 *Amaryllis*속 화분의 내벽과 표벽 모두에 존재하는 단백질의 뚜렷한 농도를 관찰하였으며, "벽이 원형질체 섬유가닥(protoplasmic strand)에 의해 천공되어 있으며, 화분립과 주두 사이의 교환과정에서 매우 중요한 역할을 수행하는 살아 있는 생리학적 구조인 것으로 보인다"고 결론지었다. 그 후 화분 벽의 발달과정을 전자현미경을 이용하여 연구한 결과, 표벽과 내벽에 단백질성 물질이 존재한다는 사실이 명백하게 밝혀졌다(그림 9–3). Lewis 연구진은 화분 벽의 단백질들이 종간 또는 종내 불화합성과 관련되어 있을 것이라고 생각하였다. *Oenothera organensis*는 GSI형이며 웅성 배우자체의 억제가 주두에서 일어나는데, Makinen과 Lewis(1962)는 이 식물의 화분립에 있는 이동성 단백질의 상당량이 S-유전자 특이적이라는 사실을 밝혔다. 이어서 Lewis 등(1967)은 불화합성에 관여하는 인식 단백질이 화분 벽에서 세포 외부에 결합되어 있음을 관찰하였다. 이들 단백질은 GSI형 식물에서는 내벽에, SSI형 식물에서는 표벽에 존재한다.

화분 벽과 화분 벽에 있는 단백질이 불화합 반응과 관련하여 매우 중요하다. 따라서 화분과 주두 사이의 상호작용을 설명하기 전에 이들 단백질이 화분 벽의 두 영역인 내벽과 표벽에 통합되는 과정을 설명하는 것이 좋을 것이다(그림 9−3).

내벽: 내벽은 화분 벽의 안쪽 층이며, 소포자가 4분체에서 방출된 후에만 형성된다. 내벽의 다당류 기질에는 단백질성 박층이 묻혀 있는데, 대게 발아공 주변에 밀집되어 있다. 내벽 발달에 대한 연구 결과 내벽에 통합된 단백질은 배우자체의 세포질에서 기원하는 것으로 알려졌다.

Knox와 Heslop-Harrison(1970)은 국화과인 코스모스 화분의 내벽에 단백질성 물질이 축적되는 과정을 연구하였다. 이들은 내벽이 (a) 초기 내벽 층의 축적, (b) 단백질을 포함하지 않는 얇은 pecto-cellulose 층, (c) 다당류와 단백질성 박층이 번갈아 축적된 구간면(mesocolpium) 부위의 층, 그리고 (d) 단백질 박층이 없는 가장 안쪽의 다당류 층의 순서로 4단계를 거쳐 발달된다고 설명하였다. 따라서 단백질을 함유하는 층은 표벽과 접촉하지 않으며 화분 세포질과도 접촉하지 않는다. 아욱과를 비롯한 여러 식물에서도 이와 유사하게 내벽에 단백질성 박층이 분산되어 있다는 사실이 알려져 있다. 아욱과 등의 다공성 화분에서는 일반적으로 단백질이 발아공 주변에 분포하며, 홍초속 등의 발아공이 없는 단자엽식물에서는 내벽 전체가 단백질성 물질로 덮여 있다. 내벽은 효소 활성을 갖는데, 이것은 화분 세포질에서 유래한 단백질과 연계되어 있다.

표벽: 대부분의 피자식물에서 화분립은 잘 발달된 표벽을 가지고 있다. 제4장에서 설명한 바와 같이 표벽은 nexine이라는 연속된 내부 층과 sexine이라는 무늬가 있는 외부 층으로 이루어진다. Sexine은 막대모양의 원주(bacula)로 이루어지는데, 원주의 말단 부위는 다양한 각도로 팽창되어 있다. 극단적인 경우에는 인접한 원주의 말단 부위들이 합쳐져 미세한 구멍이 뚫려 있는 지붕처럼 생긴 피복(tectum)을 형성한다. 화분 발달의 마지막 단계에서 융단조직(tapetum)이 약실 내부로 여러 물질의 혼합물(tryphine이라고 함)을 방출한다. 이 혼합물의 중요한 구성성분 두 가지는 (a) 카로티노이드를 함유하는 작은 지질 방울과 (b) 섬유-과립성 단백질(fibro-granular protein)이다. 섬유-과립성 단백질은 단일막으로 감싸인 cisterna 안에 들어 있다. 전복성(tectate) 화분을 갖는 아욱과 식물에서는 융단조직이 파괴된 후 내용물이 화분립 표면에 쌓인

다. Cisterna 막이 파괴되고 그 내부의 단백질이 미세한 공극을 통해 피복으로 들어가서 원주 사이의 공간에 축적된다. 착색된 지질은 피복 표면에 남아서 pollenkitt를 형성한다(제4장 참조). 무속의 비전복성 화분에서도 이와 유사한 방식으로 단백질이 융단조직 세포에서 sexine 내강으로 전이되는 것으로 알려져 있다.

내벽에서는 많은 효소가 발견되지만, 표벽에서는 단 하나의 효소 활성만 나타난다.

화분 벽 단백질의 방출: 화분 벽-층에 있는 포자체나 배우자체에서 기원한 단백질은 즉시 방출될 수 있다. 주두에서든 배양접시에서든, 화분이 수화되면 화분 벽 단백질 방출이 촉진된다. 포자체에서 기원한 표벽 단백질은 몇 초(최대 30초 이내) 안에 빠져나오지만, 배우자체에서 기원한 내벽 단백질은 몇 분 정도 소요된다. 두 종류의 단백질이 이처럼 단계적으로 방출되는 것은 실험 목적에 맞추어 두 분획을 순수하게 분리하여 모을 수 있어서 매우 유용하다. 포자체 기원 단백질이 즉시 방출되는 사실로부터 GSI형보다 SSI형에서 거부반응이 훨씬 빠르게 일어나는 것을 부분적으로 설명할 수 있다.

9.4.1 주두 표면에서 일어나는 억제

SSI형(이형 자가불화합성은 제외)과 일부 GSI형(Poaceae, *Oenothera*속)에서는 인식반응과 거부반응이 주두 표면에서 일어난다. 즉, 화분이 발아지 못하거나 화분관이 비정상적이어서 주두를 관통하지 못한다. 이러한 경우에 주두를 우회하여 화분을 화주에 직접 넣어주면 정상적인 수정이 이루어진다. 따라서 수정 장벽이 주두에 제한되어 있음을 알 수 있다.

십자화과의 *Arabis*속과 *Brassica*속에서는 주두가 각피층으로 덮여 있다. Kroh(1966)에 따르면, 화분관이 이 각피층을 화합성 수분에서는 관통할 수 있지만 불화합성 수분에서는 관통하지 못한다. 그러나 화분립을 화합성 주두에 놓아두었다가 불화합성 주두로 옮긴 경우에는 화분관이 각피층을 관통한다. 이 사실에서 각피층을 분해하는 효소인 cutinase는 화합성 주두에서만 활성화되며, 일단 활성화되면 불화합성 주두에서라도 그 효과를 유지하는 것으로 추정할 수 있다. 그러나 Dickinson과 Lewis(1973)의 전자현미경 관찰 결과에서 화분의 행동은 화합성 주두와 불화합성 주두에서 다르지 않았다. 각피층은 불화합성 수분은 물론 화합성 수분에서도 분해되었다.

거부반응이 주두 표면에서 일어나는 대부분의 종은 분비물이 거의 없는 건성 주두(dry stigma)를 가지고 있다. 그러나 건성 주두는 각피층 위에

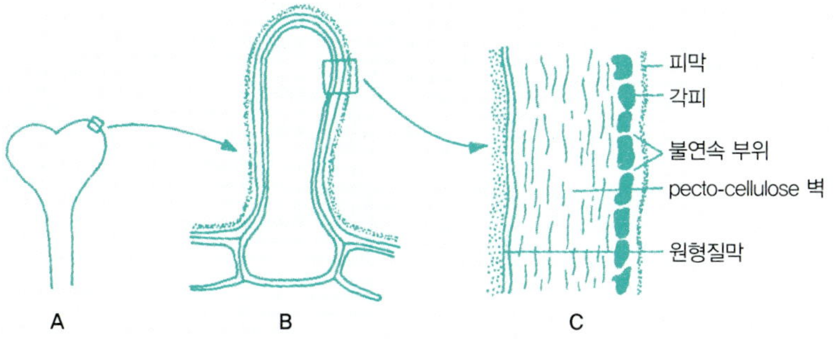

그림 9-4 주두에 있는 유두상 돌기의 구조. C에서 각피의 불연속 부위를 주목하시오.

피막(pellicle)이라는 수화층을 가지고 있다. Dickinson과 Roberts(1981)에 의하면 이 피막은 동적 구조이다. 지질 막에 단백질이 모자이크를 이루며 떠 있는데, 많은 단백질이 인위적 조건에서 빠르게 재생된다. Mattsson 등(1974)은 이들 단백질의 일부가 esterase 활성을 가지고 있다고 보고하였다. 따라서 비특이적 esterase 활성과 pronase에 의한 단백질 분해를 조사하면 피막층의 위치를 조직화학적 방법으로 확인할 수 있다. Shivanna(1982)에 의하면 이 층의 정확한 기원은 알 수 없지만, 각피의 불연속 부위를 통해 유두상 돌기(papilla)의 표면 위로 피막이 돌출하는 것으로 보인다(그림 9-4). 화분을 받아들인 주두 표면은 곧 주두의 유두상 돌기 세포에서 스며나온 물로 인해 촉촉해진다. 이에 자극되어 표벽 단백질이 몇 초 안에 유출되고 피막의 단백질과 결합한다. 이러한 일은 십자화과에서는 화분이 주두에 내려앉은 후 10~15분 후에 일어난다. 피막은 주두에서 표벽 단백질을 받아들이는 수용체 자리로 추정되며, 이들 피막과 표벽의 단백질 상호작용이 불화합 반응과 관련되어 있는 것으로 보인다.

불화합성 수분에서는 (a) 화분이 발아하지 못하고, (b) 발아가 되더라도 화분관이 매우 짧고, (c) 화분관 하나가 억제되면 다른 화분관이 생기고, (d) 화분관 끝이 부풀어 부착기 같은 구조가 만들어지는 등, 웅성 배우자체의 여러 가지 비정상적인 행동이 알려져 있다. 불화합성 화분에 대해 가장 두드러지는 주두의 반응은 화분과 접하는 지점 바로 아래인 원형질막과 주두 유두상 돌기의 pecto-cellulose 층 사이에서 칼로오스 마개가 발달하는 것이다(그림 9-5). 칼로오스 마개는 화분관 끝에서도 나타난다. 칼로오스-반응체가 나타나면 화분관의 생장이 멈춘다. 화분과 주두 사이의 반응은 매우 제한된 부위에서 일어나며, 동일한 주두에 내려앉은 다른 화분의 발아를 방해하지 않는다. 주두 세포에 칼로오스가 축적되는 현상을 이용하여 특히 거부반응이 주두에서 일어나는 불화합성 화분을 검출할 수 있다. 이러한 생물검정법은 불화합 반응에 표벽 단백질이 관여한다는 직접 증거로

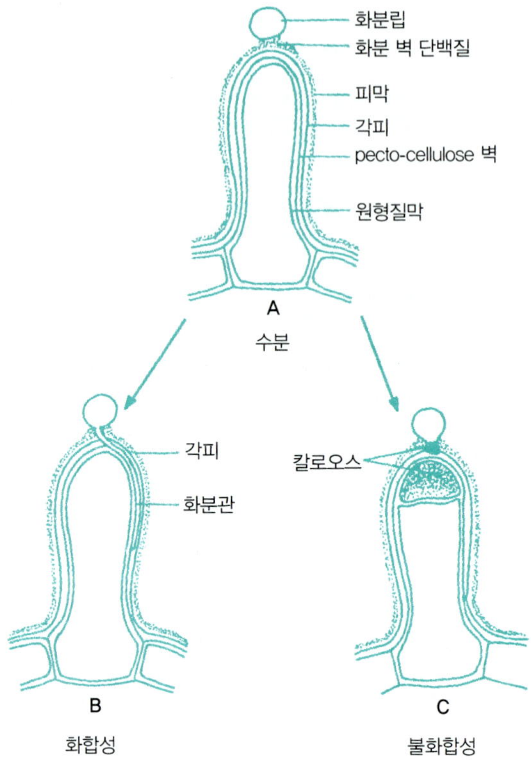

그림 9-5 국화과와 십자화과에서 나타나는 화분과 주두의 상호작용. **A.** 화분 벽 단백질이 피막 안으로 방출되고, 그 내부에서 인식반응이 일어난다. **B.** 화합성 화분관이 각피를 관통하여 유두상 돌기를 따라 자라난다. **C.** 불화합성 화분관은 각피를 관통하더라도 더 이상의 생장이 억제된다. 불화합성 화분 아래에 있는 주두 유두상 돌기에 칼로오스가 축적된 것을 주목하시오.

이용된다. Dickinson과 Lewis(1973)에 의하면, 추출한 표벽 단백질을 주두에 처리하면 온전한 화분과 비슷한 반응을 나타낸다. 주두 위에 약의 융단조직 단편을 놓아도 동일한 반응이 나타난다. 이로부터 화분 벽 발달에 관한 연구에서 이미 제시된 바와 같이, 표벽 단백질이 포자체에서 기원하였다는 사실을 알 수 있다.

거부반응이 화주가 아니라 주두에서 일어나는 벼목 잡초와 같은 GSI형에서는 불화합성 수분에 의해서도 주두의 유두상 돌기에 칼로오스가 축적되지 않는다. 그러나 화분관에서는 칼로오스가 매우 뚜렷하게 축적된다. 극단적인 경우에는 발아공에 칼로오스가 축적되면 화분 발아 자체가 억제되기도 한다. 벼과에서는 인식반응이 수분 후 몇 분 안에 완결되며, 그 후 10분 이내에 화분을 수용할 것인지 거부할 것인지 여부가 결정된다.

9.4.2 화주에서 일어나는 억제

Poaceae와 *Oenothera*속을 제외한 GSI형에서는 인식반응과 거부반응이 화주에서 일어나는데, 화분관이 화주 길이의 2/3 정도 생장한 후에 시작된다. 유전학 연구를 통해 웅성 배우자 쪽의 인식요인은 융단조직이 아니라 웅성 배우자체 자체에서 만들어지는 것으로 밝혀졌다. Pandey(1979)에 의하면, 화분 벽이 발달하는 동안 내벽에 통합되는 단백질이 관여할 가능성도 있다. 그러나 거부반응이 SSI형에 비해 상당히 지연되어 나타난다는 점에서 인식물질의 합성, 활성화, 방출 과정이 지연될 가능성도 역시 존재한다. 이로 인해 거부반응이 화분관에서 나타나는 것으로 보인다.

GSI형에서는 화주세포에서 S-대립유전자 산물을 분비하기 때문에 불화합 반응이 일어난다. Dickinson 등(1982)은 화분의 불화합성을 인식하는 일에 가장 밀접하게 연관되어 있는 폴리펩티드는 극성이 높은 당단백질이라고 보고하였다.

Bredemeijer와 Blass(1975)는 *Nicotiana alata*의 경우, 불화합성 화분관을 가진 화주에서 peroxidase-10 활성이 매우 높다는 사실을 보고하였다. 화합성 화분관을 가진 화주에서는 이 효소의 활성이 매우 낮았다. 더욱이, 자가수분이 가능한 어린 화아 단계에서는 화주에서 이 효소의 활성이 높아지지 않는다. 이 효소의 활성이 높아지는 현상이 나타나는 것은 개화 직전에 암술이 자가-화합성에서 자가불화합성으로 갑자기 바뀌는 현상이 일어나는 때와 일치한다. 따라서 불화합성 화분관의 거부반응에 peroxidase-10이 관련되어 있다고 추정할 수 있다. 자가수분과 타가수분 이후에 화주와 자방에서 나타나는 단백질 대사의 변화 양상 역시 보고되었다. Deurenberg(1976)에 따르면 자방에서는 단백질 대사가 화분관이 도달하기 훨씬 전에 변화하는데, 이러한 변화를 유도하는 어떤 신호가 주두나 화주에서 자방으로 전달되는 것으로 보인다. Linskens(1975) 역시 GSI형의 인식반응은 화분관이 화주조직, 심지어는 주두와 접촉하는 아주 이른 시기에 나타난다고 하였다.

Van der Donk(1975) 및 Herrero와 Dickinson(1979) 역시 페튜니아에서 불화합성(S) 대립유전자의 산물인 폴리펩티드가 수분된 후에 비로소 합성된다고 보고하였다. 그러나 Sharma와 Shivanna (1982)는 기내 생물검정시험을 통해 페튜니아에서 자가불화합성 요인(들)이 수분되기 이전에도 화주에 존재한다고 하였다. 이러한 현상은 담배속에서도 나타난다. Dickinson 등(1982)은 또 다른 GSI형 식물인 백합에서도 수분된 후에 자가불화합성에 관여하는 새로운 단백질은 아무것도 화주강도 안으로 분비되지 않았다고 보고하였다. 따라서 S-대립유전자 산물의 합성반응은 수분에 의해 유도되지 않는다.

불화합성 화주에서는 인식된 후에 화분관의 생장이 여러 방식으로 억제될 수 있다. 페튜니아에서는 불화합 반응이 화분관 벽의 비후화와 화분관 원형질의 퇴화를 수반한다. 이러한 관찰 결과와 그 밖의 여러 유전학, 생화학적 고찰을 통해 Van der Pluijm과 Linskens(1966)는 불화합성 단백질의 작용 부위는 화주가 아니라 화분관 표면일 것이라고 추정하였다. Makinen과 Lewis(1962)가 최초로 제안한 이 가설은 de Nettancourt 등(1973)에 의해서 토마토속의 *Lycopersicon peruvianum*에서 자가화합성 수분과 자가불화합성 수분 이후에 나타나는 화분관의 미세구조 연구를 통하여 더욱 구체화되었다. 화합성 화주를 따라 생장하는 화분관은 원통형의 정단부위를 가지고 있으며, 그 벽은 뚜렷한 두 층—미세원섬유로 이루어진 외부층과 균질하며 전자밀도가 낮은 내부층—으로 구분된다. 불화합성 화주에서 자라는 화분관은 초기에는 정상 구조를 보이지만, 화주 길이의 2/3 가량 자란 후에는 내부층이 점차 얇아져서 결국 사라진다. 내부층의 소실과 함께 화분관 원형질 내부에 소립자(직경 0.2μm)가 나타난다. 내부층이 소실되고 화분관이 소립자로 채워지면, 외부층이 두꺼워져 선단부위가 부풀어 오른다. 이 단계에서 화분관이 터져 내용물을 방출한다. 이러한 사실에서 불화합 반응이 능동적 과정임을 분명하게 알 수 있다. 즉, 불화합성 화분관이 화주에서 터지는 것이 화합성 화분관이 난세포 근처에서 터지는 것과 비슷하다. 불화합성 화분관에서만 나타나는 소립자는 불화합성 단백질과 화분관 벽 구성성분의 혼합물로 이루어진 것으로 보인다.

Rosen과 Gawlik(1966)은 백합에서 화분관의 정단부위가 화합성 화주와 불화합성 화주에서 생장할 때에 현저한 차이를 나타낸다는 사실을 보고하였다. 화합성 화주에서는 화분관의 정단부위가 수송세포의 형태를 보이지만, 불화합성 화주에서 자라는 화분관에서는 이러한 형태가 나타나지 않는다. 이러한 사실을 바탕으로 이들은 화합성 화분관은 정단부위를 통해 암술의 분비물을 흡수할 수 있기 때문에 억제되지 않는다고 추정하였다. 반면에 불화합성 화분관은 이러한 능력이 없으므로 생장이 지체된다고 하였다.

불화합성 화주에서 나타나는 화분관의 비정상적 반응으로는 (a) 화분관 생장의 지체, (b) 화분관 핵의 비정상적—생식세포가 분열하지 않거나 영향 핵이 처음 몇 시간 안에 사라지는— 반응, (c) 화분관 정단의 분지, 칼로오스 마개의 수 증가, 또는 비후된 벽에 높은 밀도의 섬유소 미세원섬유의 고밀도 분포 등이 있다.

주두 표면에서 일어나는 억제와 마찬가지로, 화주에서도 화분관과 화주의 밀접하게 연속된 세포들 사이에서 거부반응이 집중적으로 일어난다. 동일한 화주에서 생장하는 유전자형이 다른 화분관 사이에서는 상호작용이 일어나지 않는다.

McClure 등(1990)은 *Nicotiana alata*에서 GSI가 화주에 있는 ribonuclease(RNase) 활성을 갖는 S-유전자 산물인 당단백질을 통해 나타나게 된다고 주장하였다. 이들이 *Nicotiana alata*와 *Lycopersicon peruvianum* 등의 자가불화합성 종에서 RNase 활성을 측정한 결과, 화주에서는 높게 나타났지만 화분립과 화분관에서는 매우 낮았다. 이 가설에 따르면, 불화합성 수분에서는 화주에 있는 RNase가 화분관으로 뚫고 들어가 원형질에 있는 RNA를 분해함으로써 화분관의 생장이 억제된다. 반면에 이들 종의 화합성 수분에서는 화주의 RNase를 억제하거나 불활성화하는 S-유전자 산물이 화분관에 있기 때문에 수정이 가능하다. 담배 등의 자가화합성인 종의 화주에서는 RNase 활성이 나타나지 않는다.

지금까지 동형(homomorphic) 자가불화합성에 대해 알아보았다. 이형 SSI에서는 동형 SSI와 다른 몇 가지 특성이 나타난다. 이형 자가불화합성에서는 융단조직에서 유래한 화분 벽 단백질이 불화합 반응에서 아무런 역할도 하지 않으며, 나아가 자가수분이 일어난 후 주두의 유두상 돌기에 칼로오스가 형성되지 않는다.

앵초속의 *Primula obconica*에서는 장주화 식물과 단주화 식물 사이에, 또는 화합성 교배와 불화합성 교배 사이에 화분 발아율 차이가 나타나지 않는다. 이 분류군에서 자가불화합성 반응은 화분이 발아한 후에만 나타나는데, 거부반응이 일어나는 부위는 두 유형에서 다르다. 단주화식물에서는 인식반응과 거부반응이 주두에서 일어나므로 화분관은 주두 표면에서만 자라고 아주 적은 수만 주두를 뚫고 들어간다. 반면에 장주화식물에서는 화분관이 주두를 관통하는 속도는 자가수분이나 타가수분의 경우 거의 같다. 그러나 자가수분의 경우 화주의 상단 부위에 도달하는 화분관의 수는 타가수분의 경우에 비해 아주 적다. Stevens와 Murray(1982)에 따르면 단주화식물에서도 인식반응은 주두 표면에서 일어나지만, 주요 거부반응은 암술조직 안에서 일어난다.

Lewis(1943)는 이형 자가불화합성을 나타내는 아마속의 *Linum grandiflorum*에서 나타나는 두 가지 유형의 꽃에서 화주세포와 화분립의 삼투압 변이를 바탕으로 자가불화합성의 생리학적 기초를 설명하고 육종에 적용하였다. 이에 따르면, 단주화에서 화주세포는 11% 설탕 용액과, 화분은 80% 설탕 용액과 동등한 삼투압을 보인다. 반면 장주화에서는 화주세포는 20% 설탕 용액과, 화분은 50% 설탕 용액과 동등한 삼투압을 보인다. Lewis(1943)에 따르면 화합성 교배(단주화×장주화, 또는 장주화×단주화)에서 화분과 화주의 삼투압은 약 4:1의 비율을 보이며, 이 비율에서 상당히 벗어나면 불화합성이 유도된다. 예를 들어 단주화의 암술이 자신의 화분으로 수분되면 화분은 화주세포보다 7배나 높은 삼투압을 가지게 된다. 따라서 화분관이 과량의 물을 흡수하여 화주 안에서 터지게 된다. 반면에 장주화가 자가수분된 경우에는 화분립이 전혀 발아하지 못한다. 주두에 비해 화분립의 삼투압이 매우 낮아서 물을 흡수하지 못하기 때문이다.

9.5 불화합성의 생리학과 생화학

9.5.1 혼합 수분

혼합 수분(mixed pollination) 방법은 불화합성 화분을 화합성 화분(mentor 화분 또는 인식 화분이라고 함)과 혼합하여 수분함으로써 주두를 속이는 것이다. 이때 mentor 화분에 의해 수정되는 것을 방지하기 위해 mentor 화분을 방사선으로 불활성화시키거나, 화학물질(예, 메탄올) 처리 또는 반복적인 냉동-해동을 통해 죽인다. 화분 벽 단백질은 이러한 처리로 인해 손상되지 않는다.

Stettler와 Ager(1984)는 mentor 화분을 이용하여 종간 불화합성(담배속, 오이속, *Passiflora*속, *Populus*속), 포자체형 자가불화합성(코스모스, *Theobroma cacao*), 배우자체형 자가불화합성(페튜니아, *Malus* sp., *Nicotiana alata*)을 극복한 몇 가지 사례를 정리하였다.

표 9-2는 mentor 화분에 의해 불화합성을 극복하는 기작을 요약한 것이다. 기작 A와 B는 주두 표면에서 일어나는 사건을 설명하고자 제안된 것이다. 기작 A에서는 화합성인 mentor 화분의 표벽이나 내벽의 인식단백질이 억제반응을 차단하여 불화합성 화분이 발아하고 주두를 관통할 수 있도록 한다. 기작 B에서는 단백질의 인식작용보다는 표벽에 있는 hexane-용해성 화합물(주로 지질성 화합물)의 역할이 더 중요해 보인다. 이 두 가설 모두 화합성 화분에서 추출한 각각의 물질을 불화합 화분과 섞어 그 효과를 살펴본 실험 결과에 기반을 두고 있다. 기작 C에서는 mentor 화분의 효과가 화주에서 나타나며, 특히 GSI에서 현저하다. Pandey는 mentor 화분의 내벽이나 표벽에서 방출되는 비특이적 화분생장물질(pollen growth substance)로 인하여 불화합성 화분관이 추가로 생장한다고 하였다. 기작 D에서는 아마도 mentor 화분이 수정과 종자 성숙과정을 간접적으로 촉진하는 것으로 보인다. 이 기작에 따르면 발달 중인 mentor 화분관에서 나오는 자극신호가 과실 형성과 배주 확장, 단위결과(parthenocarpy) 유도에 기여한다.

표 9-2 Mentor 화분의 효과를 설명하는 기작

Mentor 효과가 나타나는 부위	기작
주두 표면	A. Mentor 화분이 인식단백질을 제공하여 불화합성 화분이 발아할 수 있도록 한다. B. Mentor 화분이 P-factor를 공급하여 주두의 S-factor와 상호작용을 통해 불화합성 화분을 받아들이도록 한다.
화주	C. Mentor 화분이 화분생장을 촉진하거나 조절하는 물질을 제공하여 불화합성 화분관이 생장하도록 한다.
기부 조직	D. 화분관이 암술을 관통한 후에 mentor 화분이 배주와 자방을 비롯한 과실조직의 생장에 필요한 물질을 공급한다.

9.5.2 화아 수분

일부 식물에서는 초기 화아 단계에서 수분이 되는 화아 수분(bud pollination)이 종내 불화합성을 극복하는데 매우 효과가 높다는 것이 입증되었다. Shivanna와 Rangaswamy(1969)에 의하면, 페튜니아속의 *Petunia axillaris*에서 수분을 지연시키거나 저장해 둔 화분으로 수분시켰을 때에는 자가불화합성을 극복하지 못하였지만, 개화 2일 전(화관 길이 2.5~3.0cm)에 자가수분시키면 종자가 맺혔다. 화아 단계의 주두는 개화시기에만 나타나는 분비물을 분비하지 않는다. 그러나 페튜니아속에서는 주두가 아니라 화주에서 억제현상이 일어나기 때문에, 이러한 차이로는 자가수분 후 화아가 정상적인 수정되도록 할 수 있는지 설명할 수 없다. 더욱이 활짝 핀 꽃에서 얻은 주두 분비물을 암술에 처리하면, 그 분비물이 동일한 식물의 것이든 다른 식물의 것이든, 자가수분은 물론 타가수분 후에도 종자를 맺는다. 적어도 이러한 경우에 불화합성 요인이 주두 분비물에 존재하지 않는다는 사실은 분명하다.

불화합 반응을 일으키는 화분 요인에 상보적인 화주에 있는 요인은 개화할 때 또는 개화 직전에만 나타나는 것으로 보인다. 그러므로 이 불화합성 요인이 나타나지 않은 화아 단계에서 주두가 자가수분되면 화분관이 정상적으로 자라 수정이 이루어지게 된다.

9.5.3 그루터기 수분

불화합 반응이 주두에서만 일어나거나(Hecht, 1960), 화주 길이가 화분관이 자랄 수 있는 최대 길이보다 길 때(Swaminathan과 Murty, 1957)에는 주두와 화주 일부를 잘라내어 불화합성을 극복할 수 있다.

Charles 등(1974)에 의하면, 고구마속의 *Ipomoea thichocarpa*에서 자가불화합성이 나타나는 1차적 부위는 주두 표면인데, 여기에서 화분의 발아가 억제된다. 주두를 제거하거나 화주의 말단부위 절반을 잘라낸 후 그 절단면에서 수분시키는 그루터기 수분(stub pollination) 방법을 사용하면, 화분이 아주 잘 발아하고 화분관 생장이 억제되지 않아 자방 안으로 들어가게 된다.

Swaminathan과 Murty(1957)는 담배속 식물 사이에서 *N. tabacum* × *N. rustica* 교배와 *N. tabacum* × *N. debney* 교배는 실패하였지만, 이들의 상반교잡(reciprocal cross)은 성공하였다. 그 이유는 *N. tabacum*이 다른 두 종에 비해 화주가 길어서 화분관이 자방에 이르지 못하기 때문이다. 이 문제를 극복하기 위해서 이들은 *N. tabacum*의 화주를 적당히 잘라낸 뒤, 절단면에 agar-sucrose 배지를 발라주어 화분이 발아하는데 필요한 물질을 공급하였다. 그 후 *N. rustica*나 *N. debney*의 화분으로 수정시킨 결과 수정이 정상적으로 이루어졌다.

9.5.4 자방내 수분

불화합 부위가 주두 표면이나 화주 안에 있을 때에는 화분 현탁액을 자방 안에 직접 넣어주면 불화합성을 극복할 수 있다. Kanta 등(1962)이 보고한 이 기술은 자방내 수분(intra-ovarian pollination)이라고 하는데(그림 9-6), 자방 표면을 에탄올로 소독하고 벽에 2개의 구멍을 뚫은 후, 하나로는 화분 현탁액을 주입하고 다른 하나로는 자방 내부의 공기가 빠져나가도록 한다. 증류수로 만든 화분 현탁액을 주사기를 이용하여 자방 안으로 주입한 후, 두 구멍을 모두 petroleum-jelly로 밀봉한다. 자방 내부에서 화분립이 발아하여 수정이 이루어진다. 만약에 화분립이 발아하는데 특정 물질(들)을 필요로 한다면, 주입하기 전에 현탁액에 혼합하면 된다.

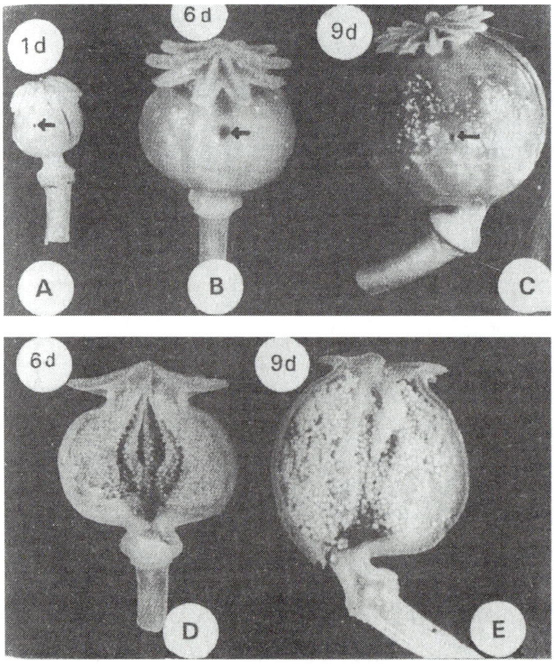

그림 9-6 양귀비의 자방내 수분. 화살표는 바늘로 찌른 구멍이다. A~C. 화분 현탁액 주입 후 1, 6, 9일째의 자방. D, E. 각각 B와 C의 과실 종단면. 종자가 많이 맺혀 있다.

자방내 수분을 통해 양귀비과의 *Argemone mexicana*, *A. ochroleuca*, 양귀비, 개양귀비 등에서 정상적인 종자를 얻을 수 있었다. Kanta와 Maheshwari(1963)는 이 기술을 이용하여 *Argemone mexicana*와 *A. ochroleuca* 사이에서 종간 잡종을 개발하였다.

이 기술의 한계는 자방 용적이 큰 식물에게만 적용할 수 있다는 점이다.

9.5.5 기내 수분

기내 수분(*in vitro* pollination)도 수정의 전접합체 장벽(prezygotic barrier)을 극복하는 방법 중 하나이다. 기내수분을 위한 실험적인 내용은 제17장을 참고하기 바란다.

9.5.6 주두 표면의 변형

앞에서 설명한 바와 같이 주두가 건성이고 SSI형인 식물에서는 화분의 표면 단백질과 주두 표면에 있는 피막의 성질이 화분의 화합성 또는 불화합성을 결정하는 필수 요인인 것으로 보인다. 이러한 경우에, *Brassica*속에서는 주두에 lectin의 일종인 concanavalin A를 처리하면 피막(pellicle)과 결합하여 차폐되기 때문에 자가불화합성이 일어나지 않는다. 이와 비슷하게 Triton X-100 등의 계면활성제나 hexane 등의 유기용매를 주두에 전처리하면, 피막이 변형되거나 부분적으로 용해되어 불화합 반응이 일어나지 않는다. 은백양의 표벽에 있는 물질을 *n*-hexane을 이용하여 제거하여도 역시 미루나무와 불화합 반응을 일으키지 않는다.

그러나 이런 방법은 실용적이지 않다. 불화합 반응을 막기 위해 주두에 이러한 물질을 처리하면 대부분 화분의 부착과 발아에 좋지 않은 영향을 주는데, 예를 들면 칼로오스가 형성되지 않는다.

Monteiro 등(1988)은 배추에서 수분하기 10~15분 전에 1.5% NaCl 용액을 주두에 처리한 결과 역시 자가불화합성이 극복되었다고 보고하였다. NaCl 용액을 미량 떨어뜨리거나 솜에 적셔 발라주면, 주두에서 화분 부착과 발아가 증가하고 칼로오스 형성이 감소된다.

9.5.7 화주의 열 처리

일부 식물체에서는 다소 높은 온도(최고 50℃ 정도)에서 자가불화합성이 감소한다고 알려져 있다. 불활성화되는 부위는 화분이 아니라 화주이다. Hopper 등(1967)은 백합에서 수분하기 전에 화주를 50℃에서 6분 동안 처리하면 자가불화합성이 억제될 수 있다고 하였다. 낮은 온도(25℃나 45℃)에서는 효과가 없었으며, 높은 온도(55℃)에서는 암술조직이 손상되었다. Wricke(1974)에 의하면, 흥미롭게도 매우 효율적인 자가불화합성 기작을 가지고 있는 호밀은 30℃ 정도의 낮은 온도에서 자가수정이 촉진되었다.

Pandey(1973)는 화주에 열처리하면 자가불화합성 종이 자가화합성으로 유도되는 것은 아마도 자가불화합성 반응에 관여하는 특이적인 동위효소의 선택적 불활성화 또는 변성에 기인할 것이라는 몇 가지 증거를 제시하였다. 이러한 열에 대한 동위효소의 뚜렷한 특이성은 다양한 온도 조건에서 식물이 적응하는데 있어서 중요한 역할을 하였을 것으로 보인다.

9.5.8 방사선 조사

Brewbaker와 Natarajan(1960), Lewis와 Crowe(1954), Pandey(1970) 등의 몇몇 연구자들이 불화합성을 극복하는 데 있어서 방사선 조사가 유용하다고 보고하였다. 이들은 이러한 효과가 불화합성 유전자(들)의 돌연변이에 기인한다고 하였다. 몇 가지 예에서 방사선 조사로 인해 화분에서 불안정한 세포학적 변화가 일어나거나(Pandey, 1963), 또는 화주에서 억제물질이 변형되어(Kumar와 Hecht, 1965) 불화합 반응이 일시적으로 일어나지 못하는 것으로 추정하고 있다.

De Nettancourt와 Ecochard(1968)은 *Lycopersicon peruvianum*의 자가불화합성 클론에 감마선을 조사하여 결실률을 높일 수 있었다. 이처럼 방사선 조사에 의해 자가수분 후에 결실률이 높아진 것은 꽃의 미성숙 탈리(premature abscission)가 억제되었기 때문이다. Pandey(1974)는 담배에서 어린 화아 단계의 부친에 방사선을 조사하여 종간 불화합성을 극복하였다.

방사선 조사는 GSI형에서만 화합성을 이루는 데 유용하다고 알려져 있다.

9.5.9 화학적 처리

자가수분 또는 타가수분 후에 결실이 이루어지지 않는 것이 꽃의 미성숙 탈리 때문이라면, 탈리를 억제하거나 지연시키는 특정 화학물질을 처리하면 불화합성을 극복할 수 있을 것이다. Chaudhury (1965)는 *Maranta*속 식물의 소화경에 p-chlorophenoxyacetic acid(옥신의 일종)를 $100mgL^{-1}$ 농도로 처리하여 꽃의 수명을 연장하였으며, 타가수분에 의해 종자를 얻었다. 이와 비슷하게 고구마에서도 화주에서 화분 발아나 화분관 생장이 억제되지 않지만, 개화 1~3일 후에 자방이 탈리되어 자가수분 후에 종자가 맺히지 않는다. Charles 등(1974)은 2,4-D(옥신의 일종)를 $100mgL^{-1}$ 농도로 처리하여 꽃의 수명을 연장하였으며, 이로 인해 수정과 초기 배발생을 촉진시킬 수 있었다. 그러나 완전한 식물체를 얻으려면 배 배양이 필수적이다.

Hodgdon과 Hecht(1975)는 달맞이꽃속의 *Oenothera organensis*에 p-chloromercuribenzoate (5×10^{-4}~2×10^{-3}M)를 처리하면 불화합성 화주에서 화분관의 생장이 뚜렷하게 촉진된다고 보고하였다. Henry와 Ascher(1975)는 백합의 절취한 화주에서 나타나는 자가불화합성 반응은 kinetin에 의해 극복할 수 있다고 보고하였다.

9.5.10 고농도의 CO_2 처리

O'Neill 등(1984)과 Palloix 등(1985)에 따르면, 수분시킨 후 포화된 상대 습도 100%에서 CO_2 농도를 정상 대기보다 100배 높은 4~6%로 몇 시간 동안 유지하면, *Brassica*속의 종들은 자가불화합성 수분에서 화합성 수분으로 바뀐다. Knox 등(1986)에 의하면, 이 방법은 *Brassica*속의 식물 육종에 중요하게 이용되는데, F_1 잡종 종자를 생산하기 위해 양친 계통을 유지하는데 드는 시간을 상당히 절약할 수 있기 때문이다. 예전에는 자가불화합성 식물을 육종하려면 곤충을 이용하여 화아 자가수분을 유도하였다. 꿀벌은 높은 CO_2 농도에 의해 나쁜 영향을 받기 때문에, 대개 파리를 이용하여 수분시킨다.

9.5.11 체세포 잡종 육성

유성적 불화합성을 극복하기 위하여 체세포로부터 분리해낸 원형질체를 융합하는 기술도 이용된다. 이 기술을 이용하면 유성적 불화합성 때문에 전통적인 교배방법으로는 얻을 수 없는 잡종을 육성할 수 있다. 체세포 잡종 육성을 위한 실험적인 내용은 제17장을 참고하기 바란다.

9.6 불화합성의 생물학적 중요성

식물의 동계교배(inbreeding)와 이계교배(outbreeding) 사이의 균형은 자연 상태에서 종내 불화합성과 종간 불화합성에 의해 조절된다. 자가수분이 광범위하게 일어나는 식물은 동형접합 개체가 많아져 생존가치가 매우 낮게 된다. 이런 문제를 피하고 이계교배를 통해 종 내부에 이형접합성을 유지하기 위한 방편으로 자연계에서는 자가불화합성이 나타났다. 반면에 종간 불화합성으로 인해 다른 종 사이에 생식격리가 나타나며, 이로 인해 돌연변이나 우연한 교잡에 의해 새로운 품종이나 종이 분화되기도 한다. 한 종의 두 집단 사이에서 유전가 자유롭게 교환되지 않는다면 이들은 두 변종으로 간주한다. 만약 집단 사이의 차이가 충분히 커지면 두 품종이나 종으로 간주하게 된다.

이러한 자연적인 가치에도 불구하고, 불화합성은 식물을 개량하려는 노력에 상당한 장애가 될 수 있다. 식물 육종과 유전학 연구에 있어서 동형접합 식물체의 중요성에 대해서는 제16장에서 설명하였다. 약 배양(anther culture) 기술이 도입되기 전에는 주로 자가수분을 이용하여 동형접합 개체를 얻었다. 몇 가지 식물에서는 자가수분 방식이 중요한 수단으로 꾸준하게 활용되고 있다. 이러한 맥락에서 자가불화합성은 심각한 문제점이다. 마찬가지로 종간 불화합성도 다른 종 사이의 교잡을 방해하기 때문에 두 식물의 유용한 특성들을 갖춘 더 나은 식물을 육종하는 일에 장애요인이 된다. 불화합성 조절기작에 대한 지식은 이러한 문제를 극복하는 효과적인 방법을 개발하는데 도움이 될 것이다.

Chapter 10

배유

배유(endosperm)는 사람에게 가장 중요한 식물의 산물이다. 사람은 열량의 2/3 가량을 배유에서 얻는다. 다양한 곡물(밀, 벼, 옥수수, 보리, 기장, 귀리 등)과 그 상품(콘플레이크, 팝콘, 맥주 등)의 대부분은 배유이다. 다양한 조리용 기름(코코넛기름, 옥수수기름)과 산업용 기름(야자기름, 피마자기름, *Jatropha* 기름*)은 배유에서 유래한 것이다. 배유는 또한 그 기원과 발달과정이라는 면에서 식물 조직 가운데 독특한 성격을 지닌다. 배유는 피자식물의 발생 중인 배에서 가장 흔한 영양조직이다. 기능 면에서는 나자식물의 자성 배우자체와 비교할 수 있으나, 그 기원은 독특하다. 나자식물의 자성 배우자체는 수정하기 전에 분화하며 반수체이지만, 배유는 수정 결과로 만들어지며 대개 3배체이다. 중복수정이 일어난 난세포는 접합자(zygote)라고 하며, 극핵들과 두 번째 웅성 배우자가 융합하여 형성한 산물은 1차배유핵(primary endosperm nucleus)이라고 한다. 접합자는 조직화된 배로 발달하는 반면, 1차배유핵은 거의 형태가 없는 조직인 배유로 발달한다. 정상적인 종자 발생과정에서 배, 배유, 모체 조직 사이의 유전적 균형이 결정적 역할을 한다. 옥수수의 *indeterminate gametophyte*(*ig*) 돌연변이체는 부속 극핵을 만들고, 이로 인해 수분과 수정 과정에서 $2n$~$8n$의 배수성을 가지는 배유를 형성한다. 그러나 오직 $3n$ 배유만이 완전하게 발육한다.

피자식물 중에서는 난초과, 마름과, Podostemaceae의 식물만 배유를 형성하지 않는다. 배유가 존재하는 경우, 발생 중인 배가 배유를 소비하여 무배유 종자로 되거나(완두, 콩) 또는 성숙한 종자에 남은 배유가 발아 중인 종자에서 배의 생장을 돕는다. 배유 종자의 예로는 곡류, 피마자, 코코넛 등이 일반적이다. 배유는 곡류와 코코넛의 식용부분이며, 상업용 피마자기름의 원료이다.

무수정 종(apomict species)인 *Brachiaria setigera*는 배유로부터 3배체인 배와 유식물이 만들어진다고 보고된 유일한 사례이다.

10.1 배유의 발달

1차배유핵은 난세포 바로 아래에 있으며, 형성되자마자 분열을 시작한다.

---

* *Jatropha*는 대극과(Euphorbiaceae) 식물이며 바이오에너지 원료로 사용한다. 비식용작물이며 경작이 쉽고, 환경친화적이라는 장점을 가지고 있다.

3중융합(triple fusion)이 일어나는 동안에 오직 정핵만이 2개의 극핵과 융합하며, 웅성 세포질은 이 과정에 참여하지 않는다. 1차배유핵의 막은 2차핵과 웅성 핵 모두에게서 받은 것이다.

수정 이후에 중앙세포의 미세구조에 몇 가지 변화가 일어나 1차 배유 세포의 분화에 필요한 대사활동과 단백질 합성기구의 조직화가 증가된다. 배유는 발달 양상에 따라 핵형(nuclear), 세포형(cellular), 헬로비형(helobial)** 배유의 세 유형으로 구분한다.

Davis(1966)에 의하면, 당시에 조사된 피자식물의 288개과 가운데 166개과는 핵형 배유를, 72개과는 세포형 배유를 가지며, 단 17개과만이 헬로비형 배유를 가진다. 세포형 배유는 대개 쌍자엽식물에 국한되며, 단자엽식물 중에서는 오직 천남성과와 개구리밥과에서만 나타난다. 헬로비형 배유를 가진 17개과 가운데 14개과는 단자엽식물이다.

10.1.1 핵형 배유

핵형 배유(nuclear endosperm)에서는 1차배유핵의 분열과 뒤이은 몇 차례의 핵분열에서 세포벽이 형성되지 않는다. 그 결과 배낭의 중앙세포는 몇

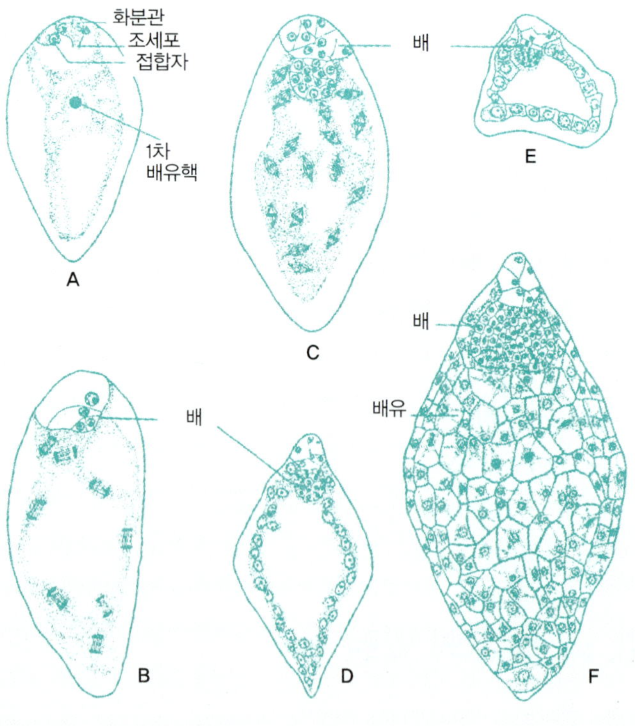

그림 10-1 깨풀속의 *Acalypha indica* 에서 나타나는 핵형 배유. **A.** 수정 후의 배낭. 1차배유핵과 접합자는 아직 분열하지 않은 상태이다. **B, C.** 배유 핵이 동조적으로 분열하고 있는 배낭. **D.** 주변부로 이동한 배유 핵. **E.** 세포화가 일어난 배낭의 주변부. **F.** 완전히 세포화한 배유.

** 'Helobi'의 어원은 Gk. *helos*로 늪지(沼澤地)를 뜻하며, 늪지대에 서식하는 단자엽식물인 헬로비목(Helobiales)에서 유래한 것이다. '소생족형(沼生族形)'으로 표기하기도 한다.

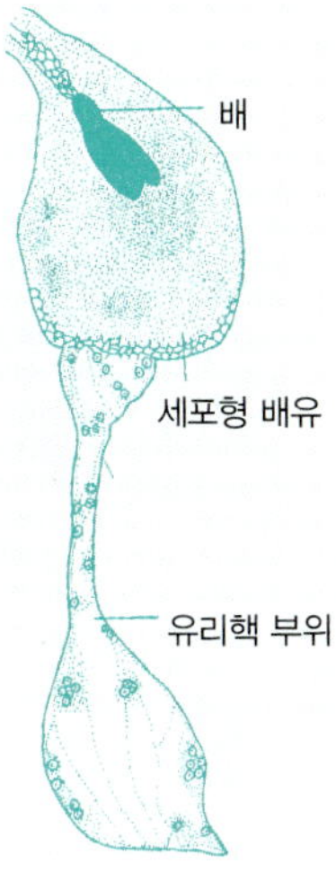

그림 10-2 콩과의 활나물속에서 배유의 상반부는 세포화되고, 하반부는 유리핵 상태로 남는다.

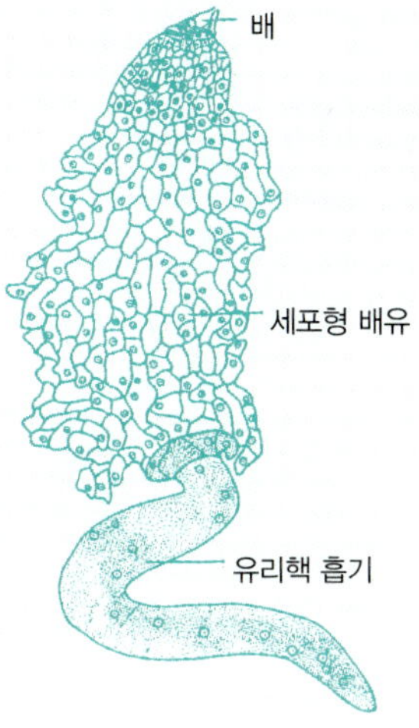

그림 10-3 *Grevillea robusta*의 배유. 세포화된 배유 부위의 합점 말단에 충양돌기 모양의 유리핵 흡기가 보인다.

천 개에 이르는 핵이 현탁되어 있는 상태가 된다(그림 10-1A~D). 이런 상태에서 배유는 발달 중인 배에 의해 점차 소비되거나(*Floerkea*속, *Limnanthes*속, *Oxyspora*속), 나중 단계에서 세포형 배유로 바뀐다. 후자의 경우가 더욱 일반적이며, 세포벽은 대개 구심성으로 바깥부위에서 중앙 쪽으로 형성된다(그림 10-1E). 세포화가 일어나는 정도는 크게 다르다. 배유는 대개 완전하게 세포화되지만(그림 10-1F), 팥속에서는 배 주위에서만 세포화가 일어난다. 활나물속에서는 세포벽 형성이 배낭의 윗부분에서만 이루어지고, 합점부(chalazal region)는 유리핵 상태로 남으며 흔히 신장되어 흡기(haustorium)처럼 행동한다(그림 10-2).

Kausik(1938, 1941)은 해부 기술을 이용하여 최초로 *Grevillea robusta*에서 배유의 합점 말단에 충양돌기 모양의 흡기가 존재한다는 사실을 밝혔다(그림 10-3). 그 후 박과, 콩과, Proteaceae의 몇 종에서 배유 흡기가 보고되었다. *Grevillea*속에서는 합점의 배유 흡기가 끝까지 유리핵 상태로 남아있는 반면에, 박과의 *Coccinia*속과 *Citrullus fistulosus*에서는 다핵성 방으로 분할된다. 배유 흡기 중 가장 긴 것은 박과의 *Echinocystis lobata*에서 보고되었는데, 길이가 16mm에 이른다.

*Lomatia*속에서는 합점의 흡기 이외에도 수많은 손가락 모양의 단세포성 돌기가 배유 전체에 걸쳐 존재하여(그림 10-4), 배유의 흡수 표면적을 늘려준다.

Nijalingappa와 Devaki(1979)는 사초과의 *Scleria foliosa*에서 주공 부

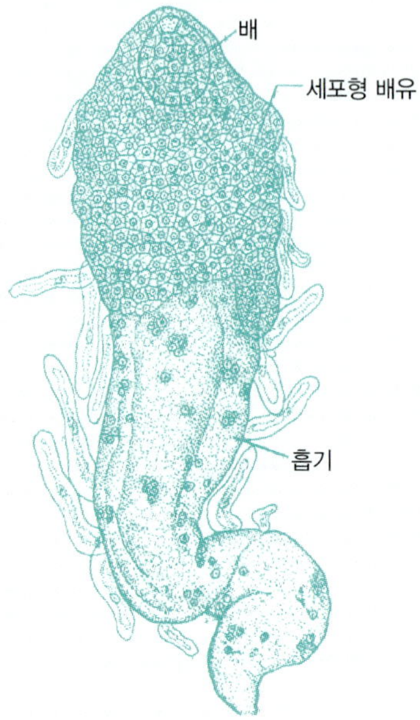

그림 10-4 *Lomatia polymorpha*의 어린 종자에서 적출해낸 배를 감싸고 있는 배유. 흡기뿐 아니라 배유 표면에도 몇 개의 단핵성 돌기가 존재한다.

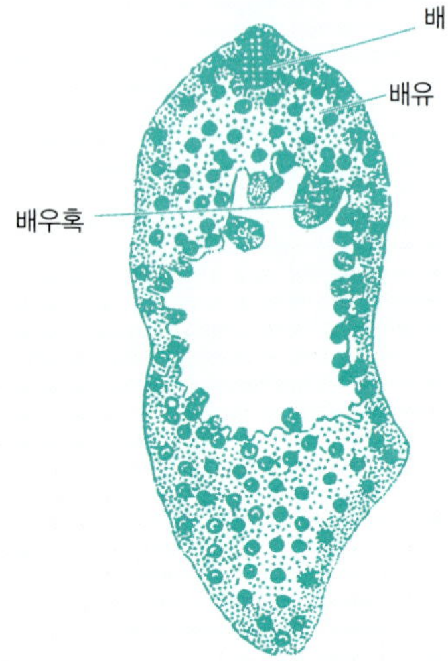

그림 10-5 노박덩굴과의 *Stackhousia*속 식물의 배유. 배유혹이 보인다.

위와 합점 부위에 배유 흡기가 모두 존재한다고 보고하였다. 사초과에서 배유 흡기가 존재한다는 보고는 이것이 유일하다.

코코넛에서 배유의 발달은 특기할 만하다. 1차배유핵은 유리핵 분열을 여러 번 거듭한다. 과실의 길이가 50mm 정도에 이르면 배낭에 투명한 액이 가득 차고, 이 속에 다양한 크기의 수많은 핵이 떠다닌다. 나중 단계(과실 길이 100mm 정도)에서는 유리핵에 더해 다양한 수의 핵을 가지는 세포가 여러 개 추가된다. 이들 세포와 유리핵은 점차 내강의 주변부에 정착하고, 세포화된 배유의 층들이 나타나기 시작한다. 이것이 코코넛의 과육을 형성한다. 세포화된 배유의 양은 세포가 분열함에 따라 더욱 늘어난다. 성숙한 코코넛의 액상 배유는 밀크처럼 되고, 유리핵이나 세포는 들어 있지 않다.

야자과의 *Areca catechu*에서는 배유의 발달은 코코넛과 비슷하지만, 배낭의 내강이 작고 배유가 성장하면 가득 채워져 나중에는 매우 단단하게 된다.

흥미롭게도 일부 식물에서는 배유혹(endosperm nodule)이 형성되는데, 이들은 배낭에 덧대어 있는 주변부에서 유래한다. 배유혹은 냉이속, 버드나무속, *Carica*속, *Cinerea*속처럼 핵을 가지고 있기도 하며, 수크령속, *Stackhousia*속(그림 10-5), 일부 박과 식물처럼 탈핵되어 있기도 한다. 배유혹의 세포질에는 다양한 소기관이 풍부하게 존재한다. 배유혹의 기능은 분명하지 않지만, 장차 본래의 배유와 합쳐지거나 퇴화될 것이다.

10.1.2 세포형 배유

세포형 배유(cellular endosperm)의 특징은 유리핵 시기가 존재하지 않는다는 점이다. 1차배유핵의 분열과 분열 직후의 몇 차례 핵분열 이후에 세포벽 형성이 규칙적으로 이루어진다(그림 10-6A~E). 아보카도의 경우, 1차배유핵의 첫 번째 분열 이후에 형성된 세포벽 성분은 칼로오스인 것으로 보인다. 이 유형의 배유에서는 공통적으로 흡기가 존재하는데, 핵형 배유에 비해 변이가 많이 나타난다. 흡기는 주공쪽이나 합점쪽에 있을 수 있으며, 때로는 한 식물 내에 두 유형의 흡기가 존재하기도 한다.

주공쪽 흡기는 봉선화과의 *Impatiens roylei*와 *Hydrocera triflora*에서 나타난다. 일본목련(*Magnolia obovata*)에서 2-세포성 합점 흡기가 발달하는 과정을 그림 10-7에 나타내었다. 1차배유핵의 첫 번째 분열 이후 세포벽이 가로로 형성되어 크기가 거의 같은 2개의 방으로 나뉘어진다(그림 10-7A). 주공쪽 방(micropylar chamber)은 빠르게 모든 방향으로 분열한다(그림 10-7B). 합점쪽 방(chalazal chamber)은 횡으로 분열하며 속도가 비교적 느리다. 그 결과 주공쪽 말단의 큰 덩어리에 합점부위가 꼬리처럼 붙어 있는 모양이 된다(그림 10-7C). 꼬리의 상부는 더욱 분열하여 배유조직에 세포를 추가한다. 꼬리의 기부에 있는 2~3개의 세포가 길게 신장하여 흡기를 형성하며(그림 10-7D), 이 흡기가 주심의 합점부 안으로 뚫고 들어간다.

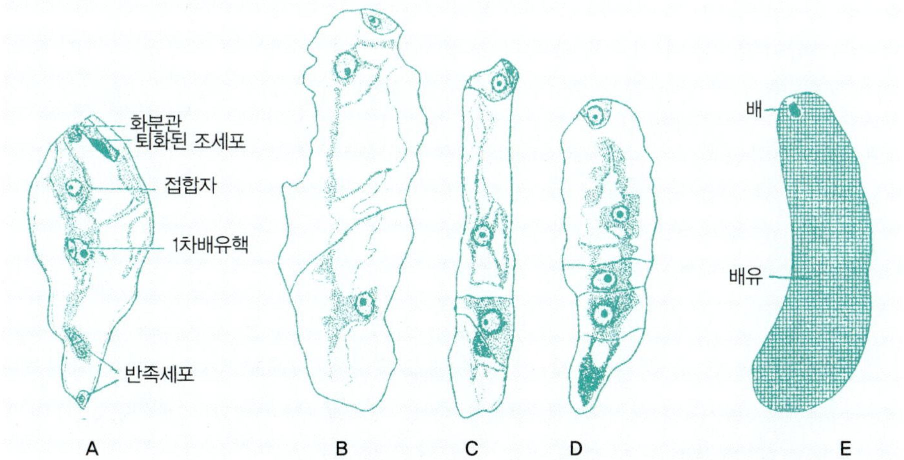

그림 10-6 *Drimys winteri*의 세포형 배유. **A.** 수정 후의 배낭. **B~D.** 각각 2-세포기, 3-세포기, 4-세포기 배유. **E.** 세포형 배유가 가득 찬 후기 배낭.

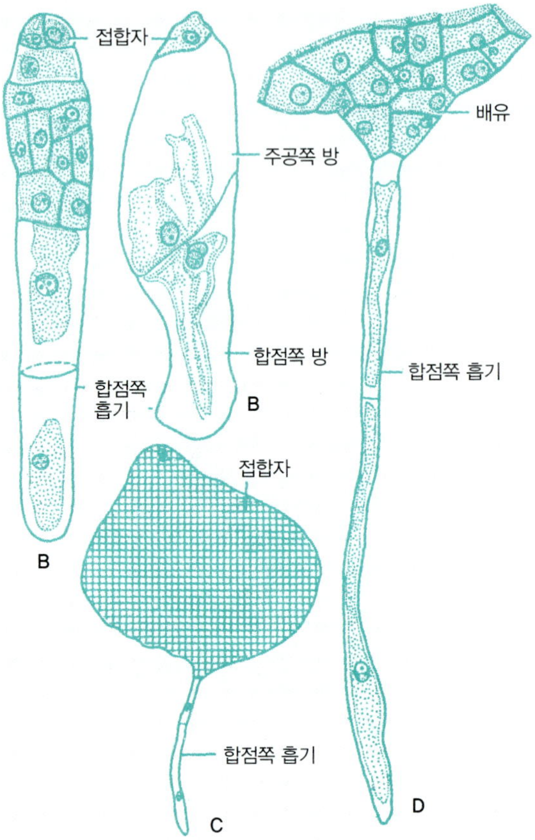

그림 10-7 일본목련에서 배유의 발달. **A.** 2-세포기 배유 **B.** 13-세포기 배유. 접합자가 아직 분열하지 않았다. **C.** 구형기의 배유. 2-세포성 합점쪽 흡기가 보인다. **D.** C의 한 부분을 확대한 그림. 배유의 일부 세포와 합점쪽 흡기가 보인다.

단향과의 *Iodina rhombifolia*에서는 합점쪽 흡기가 많이 분지된다. 수정되기 전에 흡기가 형성된다. 미수정 배낭의 합점 말단에 큰 맹관(caecum)이 만들어지고, 이것의 하부 말단이 태좌 속으로 뻗어나가 가지를 친다. 수정이 일어나면 1차배유핵이 분열하고 이어서 중앙세포의 횡분열이 일어나는데, 그 결과 주공쪽 방과 합점쪽 방이 형성된다. 배유 본체는 주공쪽 방에서만 파생되며, 합점쪽 방은 공격적인 단세포성 흡기로 작용한다. 핵은 맹관 속으로 이동한 후 두꺼워진다(약 600μm). 흡기 말단에서 분지가 많이 생겨나 산호 같은 모양으로 된다(그림 10-8A,B).

현삼과의 *Melampyrum lineare*와 *Blumenbachia insignis*는 합점쪽 배유 흡기는 물론 주공쪽 배유 흡기도 가지고 있다. 며느리밥풀속의 주공쪽 흡기는 관상 돌기가 많이 있는 4-세포성 단일세포로 이루어진다(그림 10-9A,B). 돌기 중 하나가 뻗어나가 주병 안으로 들어간다. 합점쪽 흡기는 2-핵성 세포이며, 윗부분은 넓고 아랫부분은 좁다.

쥐꼬리망초과에서는 배유가 비대칭으로 발달하며, 특징적인 주공쪽 흡기와 합점쪽 흡기가 나타난다. 이 과에 속하는 식물에서 나타나는 일반적

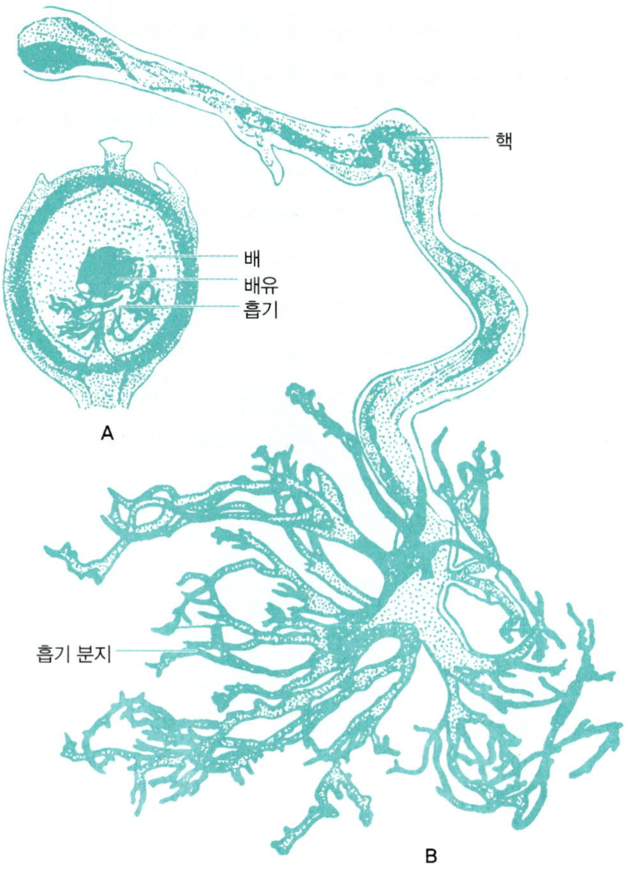

그림 10-8 단향과의 *Iodina rhombifolia*. **A.** 구형기 과실의 종단면. 합점 배유의 공격적인 성질을 주목하시오. **B.** 흡기를 확대한 그림. 하부 말단이 분지되어 있으며, 지나치게 두터워진 과비대핵(hypertrophied nucleus)을 가지고 있다.

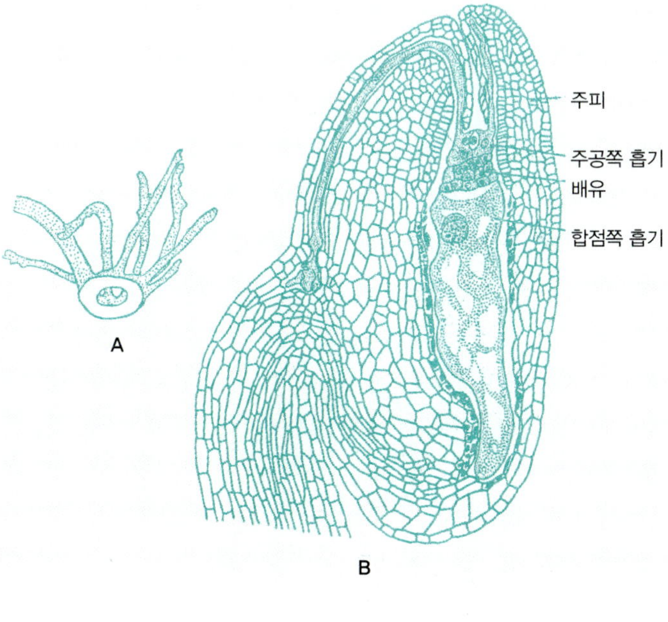

그림 10-9 며느리밥풀속의 *Melampyrum lineare*에서 나타나는 배유 흡기. **A.** 적출한 주공 흡기. **B.** 어린 종자의 종단면. 주공쪽 흡기의 돌기 하나가 주병 안으로 뻗어 있다. 단세포인 합점쪽 흡기도 보인다.

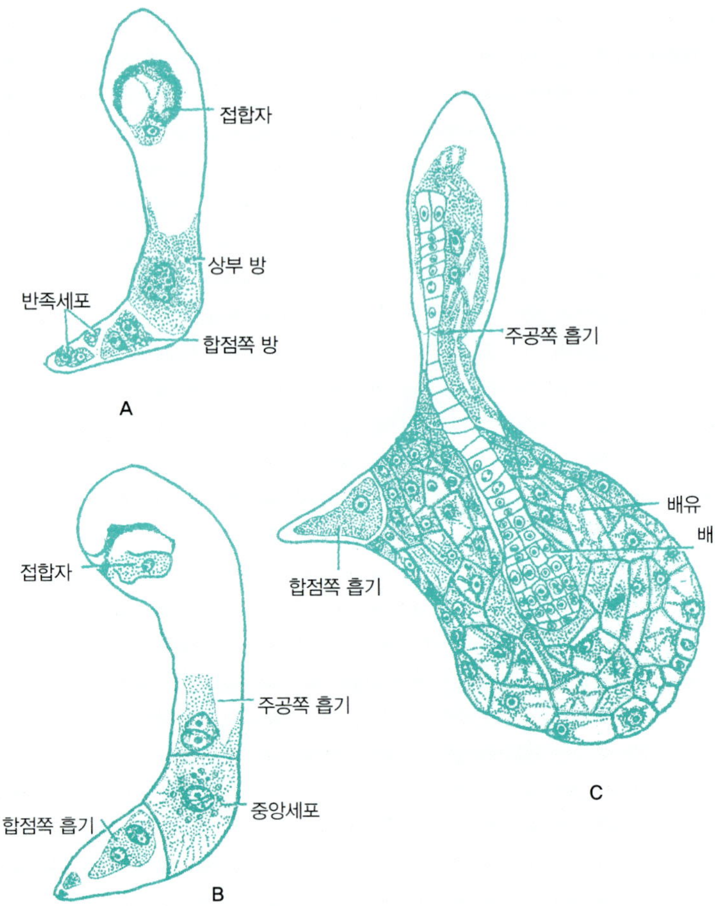

그림 10-10 쥐꼬리망초과의 *Barleria cristata*에서 나타나는 배유 발달. **A.** 2-세포기. 합점쪽 방은 2-핵성이다. **B.** 3-세포기. **C.** 중앙세포에서는 세포형 배유가 형성되었다. 주공쪽 흡기와 합점쪽 흡기에 주목하시오.

인 배유 발달 양상은 **그림 10-10**과 같다. 1차배유핵이 배낭의 합접 말단으로 이동한 후 분열하여 작은 합점쪽 방과 큰 위쪽 방을 형성한다(그림 10-10A). 위쪽 방은 다시 횡분열하여 직선으로 늘어선 3개의 세포를 형성한다(그림 10-10B). 합점쪽 방과 주공쪽 방은 발달하여 흡기가 되고, 중앙세포는 진정한 배유를 형성한다(그림 10-10C). 중앙세포의 행동은 다양하게 나타난다. 중앙세포가 핵 분열할 때부터 즉시 세포벽이 형성되어 처음부터 세포형인 배유로 되거나(*Barleria prionitis*, *Elytraria*속), 유리핵 분열이 몇 번 일어난 후 세포벽이 형성되기도 한다. 후자의 경우, 중앙세포의 세포화는 완전하거나(*Barleria cristata*, *Schaueria*속), 부분적으로(*Ruellia tuberosa*) 일어난다. 아래쪽 유리핵 부위는 기저부 장치(basal apparatus)라고 부른다.

쥐꼬리망초과의 일반적인 배유 발달 양상과 다른 사례가 *Blepharis*속과 *Thunbergia*속에서 나타난다. 이들에게서는 같은 과에 속하는 다른 식물에서 볼 수 있는 3개의 세포가 직선으로 늘어선 형태가 나타나지 않으며, 합점부 흡기도 가지고 있지 않다. 1차배유핵이 분열한 후에 주공쪽 방과 합점쪽 방이 형성된다. 전자는 자라서 흡기가 되고, 후자는 진정한 배유가 된다. *Thunbergia* 속의 주공쪽 흡기는 가지를 친 다핵체 구조(coenocytic structure)이다.

Arekal(1961)에 의하면 *Klugia notoniana*에서는 흥미로운 흡기 발달 양상을 볼 수 있다. 이 식물에서는 합점쪽 흡기와 주공쪽 흡기가 모두 나타난다(그림 10-11). 합점쪽 흡기는 처음에는 2핵성 세포지만, 후에 두 핵이 융합하여 단핵성 세포로 바뀐다. 단핵성 흡기는 주피의 표피 아래 세포들을 소비하면서 옆과 위로 생장한다(그림 10-11). 주공쪽 흡기는 두 개의 단핵성 세포로 이루어지며, 합점쪽 흡기의 활성이 쇠퇴하기 시작하는 종자 발달 후기에만 활성을 나타낸다.

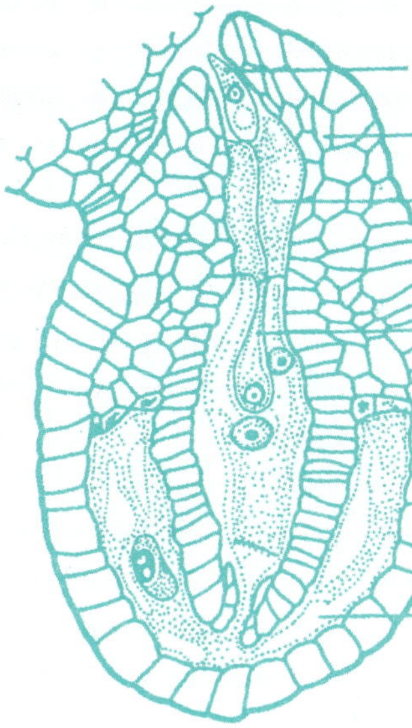

그림 10-11 *Klugia notoniana*의 배유 흡기. 배주의 종단면으로 측면 상부로 생장하는 합점쪽 흡기와 주공쪽 흡기를 볼 수 있다.

Torosian(1971)은 숫잔대속의 *Lobelia dunnii*에서 배유 흡기의 미세구조를 연구한 결과 이들이 흡수 기능을 가지고 있다는 강력한 증거를 얻었다. 흡기 세포는 세포벽 안쪽으로 생장하여 원형질막의 함입을 초래하며 수송세포로 작용한다. Brisson과 Peterson(1975)은 월귤속의 *Vaccinium macrocarpon*에서 주공쪽 방의 세포질과 합점쪽 배유 흡기 안으로 뻗어 있는 손가락처럼 생긴 세포벽 돌기들을 관찰하였다. 그러나 창질경이의 세포벽은 돌기가 없이 매끈하며, 주공쪽 흡기에서도 이러한 돌기를 볼 수 없다.

겨우살이과의 배유 발달은 독특하다. 진정한 배주가 없으며, 자방에 있는 모든 배낭은 서로 밀착되어 있다. 수정이 일어난 후에 1차배유핵이 배낭의 기저부위로 이동하여 분열한다. 자방에 있는 모든 배낭의 배유는 발달과정 동안에 융합하여 하나의 혼재형 배유(composite endosperm)를 형성한다(그림 10-12). Venturelli(1981)에 따르면 *Struthanthus vulgaris*는 겨우살이과에서 특이한 경우이다. 배유가 하나의 단일 배낭으로 발달하고,

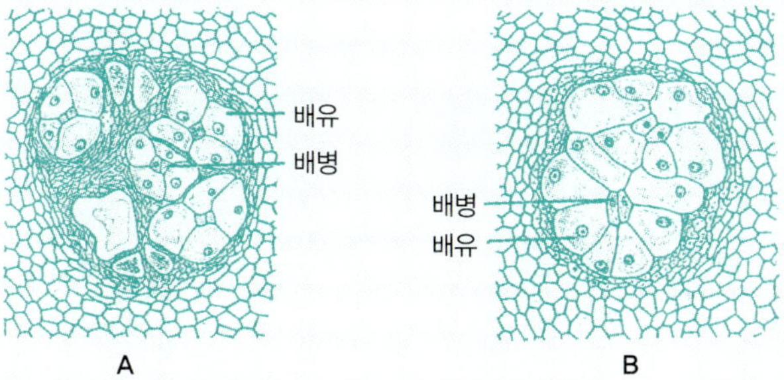

그림 10-12 *Tolypanthus involucratus*의 혼재형 배유. A. 자방의 횡단면. 각각 4열의 배유와 2열의 배병을 가지는 4개의 배낭이 보인다. B. 발달 후기의 동일한 자방. 자방에 있는 모든 배유가 융합되어 혼재형 구조를 형성하였다.

따라서 혼재형 구조를 형성하지 않는다.

10.1.3 헬로비형 배유

헬로비형 배유(helobial endosperm)는 주로 단자엽식물에서 나타난다. 1차배유핵은 배낭의 합점 말단으로 이동한 후 분열하여 큰 주공쪽 방과 작은 합점쪽 방을 형성한다(그림 10-13A). 주공쪽 방에서 유리-핵 분열(그림 10-13B)과 세포 형성이 일어나게 되는데, 그럴 경우 상당히 후기에 시작된다(그림 10-13C). 합점쪽 방에서는 핵이 분열하지 않은 채 남아 있거나 분열하더라도 몇 번만 분열한다. 이 경우, 대개 유리핵 분열이 일어난다(그림 10-13D). 그러나 때로는 *Phylidrum lanuginosum*의 경우처럼 세포성 분열을 하기도 한다.

10.1.4 곡류형 배유

옥수수나 보리 등 곡류의 경우, 완전히 분화한 배유는 4종류의 세포로 이루어진다(그림 10-14).

1) 녹말성 배유 세포의 안쪽 덩어리: 녹말과 단백질의 주 저장소이다.

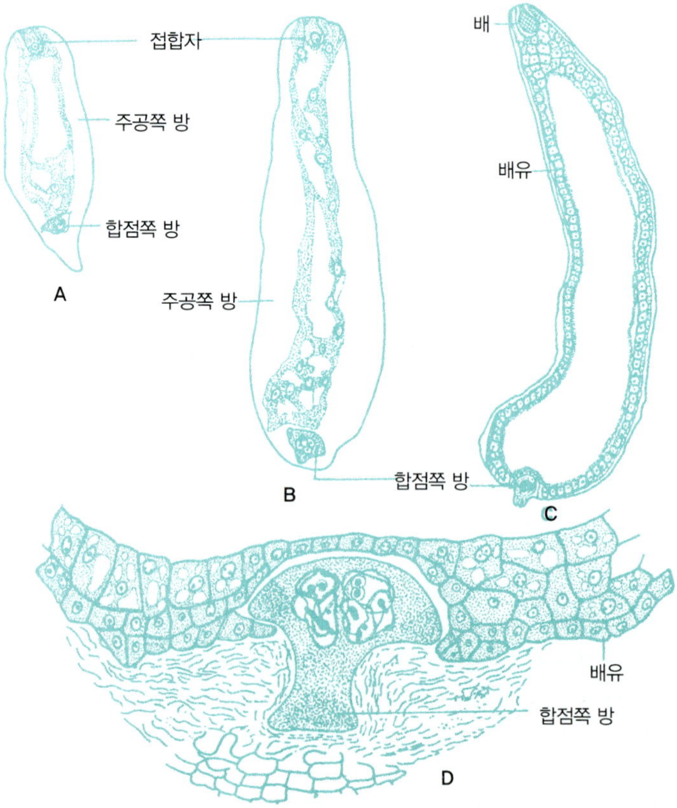

그림 10-13 백합과의 *Asphodelus tenuifolius*에서 나타나는 헬로비형 배유. **A.** 2-세포성 배유. 큰 주공쪽 방과 작은 합점쪽 방을 주목하시오. **B.** 이후의 시기. 다핵성 주공쪽 방과 4-세포성 합점쪽 방이 보인다. 접합자는 아직 분열하지 않았다. **C.** 주공쪽 방의 주변부는 세포화되었다. **D.** 종자의 하단부위를 확대한 그림. 다세포성 합점쪽 방이 보인다.

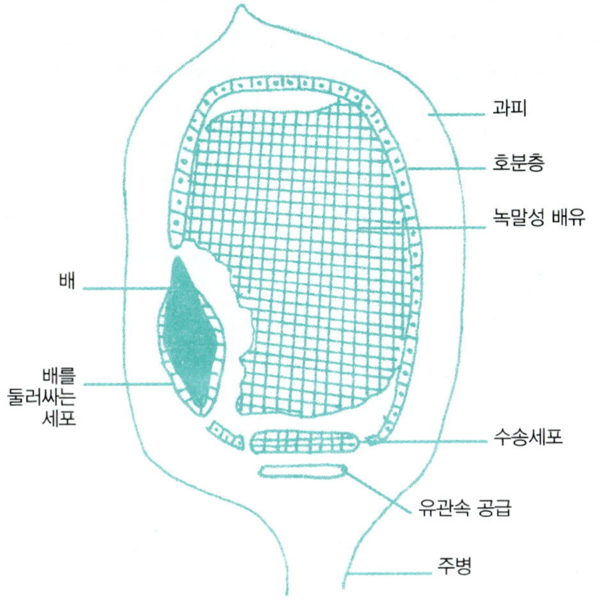

그림 10-14 옥수수의 미성숙 낟알(수분 후 10일). 녹말성 배유는 주병 위의 합점 말단에서 1층의 호분세포와 1~3층의 수송세포로 감싸여 있다. 배는 배유의 배 주변 부위의 세포에 의해 부분적으로 감싸여 있다.

2) 주변부 호분(aleurone): 녹말성 배유를 감싸고 있으며, 때로는 안토시아닌에 의해 착색되어 있다. 두께는 다양해서 옥수수에서는 1층이며, 벼에서는 1~3층, 보리에서는 3층이다.
3) 수송세포: 변형된 호분세포라고도 하며, 모계의 관다발구조(maternal vasculature) 위에 있는 합점 말단에 주로 위치한다. 이들 세포는 두꺼운 2차벽 안쪽으로 내생장하는 특성이 있으며, 모친 식물로부터 광합성 산물을 흡수하는 것을 촉진한다. 옥수수에서는 수송세포에 인접한 2~3 세포층 역시 내생장한다.
4) 배유 내강을 덧대는 배를 둘러싸는 세포층: 배를 품고 있으며, 세포질 밀도가 높은 작은 세포들로 구성된다. 배를 둘러싸는 세포는 처음에는 배 전체를 감싸고 있지만, 성숙하면 배병 주위에만 남는다.

10.2 배유의 세포화와 배유 세포의 다핵화

10.2.1 배유의 세포화

배유의 미세구조를 연구하여 배유의 세포화에 대한 유용한 정보를 얻었다. 밀의 세포벽 형성 개시 단계에 대한 연구 결과는 다양하게 나타났다. Morrison과 O'Brien(1976)은 배유 세포의 첫 번째 층이 형성되는 과정에는 격막형성체(phragmoplast)가 참여하지 않는다고 보고하였다. 이들에 따르면 세포화 과정은 중앙세포의 세포벽에서 구심성으로 자라는 벽의 발달과 함께 시작된다. 이들 수층벽(anticlinal wall)***의 유리된 말단이 분지되고, 인접한 벽에서 나온 분지들이 큰 중앙액포와 가장 가까운 쪽에서 융합한다. 이로 인해 유리핵을 지닌 중앙세포가 단핵 세포의 단일층으로 바뀌게 된다. 이들 세포가 규칙적으로 수층분열과 병층분열을 반복하여 세포화가 완성된다. Mares 등(1977)도 역시 첫번째 수층벽이 유사분열 방추체와 무관하게 중앙세포의 세포벽 돌기로서 나타난다고 믿었다. 그러나 Morrison과 O′Brien과는 다르게, 이들은 수층벽은 분지되지 않지만 독립적으로 자라서 열린 관으로 이루어진 "폐포상 구조(alveoli)"를 형성한다고 생각하였다. 핵분열 후 정상적인 격막형성체가 만들어짐에 따라 첫번째 병층벽(periclinal wall)이 폐포상 구조 내부에서 만들어지며, 그 결과 주변 세포층과 폐포상 구조의 내층이 새롭게 만들어진다(그림 10-15). 그 후 수층벽의 유리 말단은 구심성 생장을 계속하고 얼마 후에는 열린 관이 또 다시 병층분열을 하여 두 번째 주변 세포층을 만들어낸다. 수층벽의 이러한 구심성 생장과정과 주변 세포층 절단은 중앙세포의 두 측면에서 나온 수층벽의 유리 말단이 서로 융합할 때까지 지속된다.

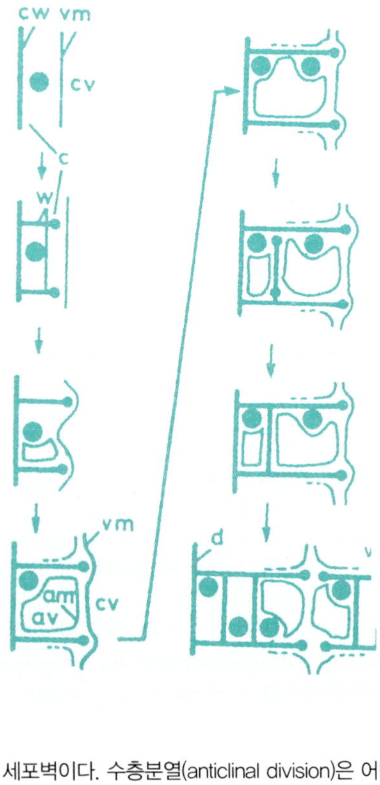

그림 10-15 밀에서 유리핵 배유가 세포화되는 일련의 과정. ●, 배유 핵; ─●, 생장 중인 세포벽 구획(격막형성체)의 말단. 수평으로 배열한 소낭과 여기에 수직 방향인 미세소관으로 이루어진다. 본문의 설명을 참조하시오. am, 폐포상 액포막; av, 폐포상 액포; c, 중앙세포의 배면(dorsal) 세포질; cv, 중앙세포의 액포; cw, 중앙세포의 세포벽과 원형질막; d, 배유의 배면 표면; v, 배유의 복면(ventral) 표면; vm, 중앙세포의 액포막; w, 세포벽 구획과 이에 수반하는 원형질막.

*** 수층벽(anticlinal wall)은 수층분열로 인해 생긴 세포벽이다. 수층분열(anticlinal division)은 어떤 기준면에 대해 분열면이 직각을 이루는 경우의 세포분열로, 원주 형태의 식물기관 주위에서 세포가 직각 방향으로 분열한다. 병층벽(periclinal wall)은 표면과 평행하게 연속된 세포벽이다.

그러나 Fineran 등(1982)은 교차하는 세포벽뿐만 아니라 최초의 수층벽 형성도 세포질분열과 연관되어 있음을 보였다(그림 10-16). 이들에 따르면 배유의 세포화 초기 단계 동안에 중앙세포의 주변부 세포질에 있는 유리핵 사이에서 전형적인 격막형성체가 발달한다. 이렇게 형성된 세포판의 바깥 말단들은 중앙세포의 세포벽과 융합된다. 핵을 둘러싼 모든 면에서 수층벽이 발달하고, 곧이어 유리된 내측 말단을 가진 열린 관이 각각의 핵 주위에 형성되는 것과 같은 방식으로 이 수층벽들이 서로 융합한다(그림 10-17). 이후의 세포화 과정은 Mares 등(1977)이 기술한 바와 대체로 같다.

Fineran 연구진이 관찰한 내용은 후속 연구들에서도 확인되었다. 핵형 배유에 대해 단자엽식물과 쌍자엽식물에서는 일반적이고, 곡류에서는 부분적으로 적용되는 모델을 그림 10-18에 제시하였다. 수정이 일어난 후, 중앙세포는 2배체인 중앙세포 핵과 반수체인 웅성 배우자 핵을 가진다(그림 10-18A). 이들은 나중에 융합하여 3배체인 1차배유핵이 되어 세포질 안에 위치한다. 중앙세포 안에서 유리핵 분열이 일어나면 중앙액포를 둘러싼 주변부 세포질 전체에 핵들이 흩어져 있는 합포체(syncytium)가 만들어진다(그림 10-18B,C). 합포체 단계의 말기와 세포화 단계의 초기에 소화경

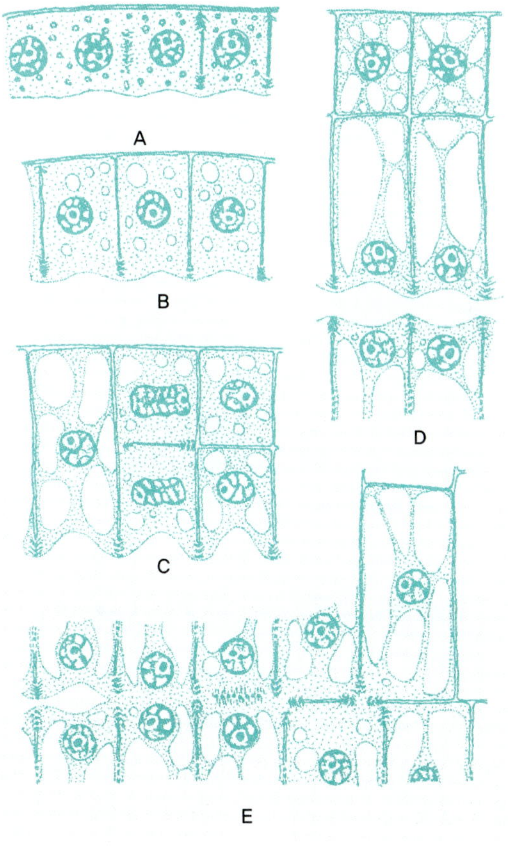

그림 10-16 밀의 배유에서 세포벽 형성의 초기 단계. A. 유리 배유핵(왼쪽), 핵 사이에 격막형성체 출현(가운데), 세포판 형성(오른쪽). B. 세포판이 융합되어 중앙세포벽을 형성하는 단계. 수층벽의 먼쪽 가장자리가 중앙액포 쪽으로 자유롭게 계속 생장한다. C. 폐포상 구조의 첫 번째 층이 왼쪽에 보인다. 폐포상 구조는 병층분열하여(가운데) 중앙세포벽 방향의 완전한 배유 세포와 중앙액포를 향하는 다른 폐포상 구조를 형성한다. D. 배유 세포의 주변층과 폐포상 구조의 내층이 보이는 단계. 반대쪽에서 나온 폐포상 구조가 서로 접근한다. E. 낟알의 마주보는 쪽에서 나온 폐포상 구조들이 융합되는 단계. 두 폐포상 구조가 융합하려 하며(왼쪽), 이어서 '벌거숭이(naked)' 세포질이 융합된다(가운데 왼쪽). 격막형성체가 만들어지고(가운데), 이 안에서 세포판이 나타난다(가운데 오른쪽). 세포판은 신장하여 접근하는 수층벽, 그리고 상반되는 폐포상 구조 사이에서 발달 중인 다른 병층벽과 만난다(오른쪽). 나란히 놓인 방사상 세포벽은 마주보거나(왼쪽) 어긋나게(오른쪽) 정렬된다.

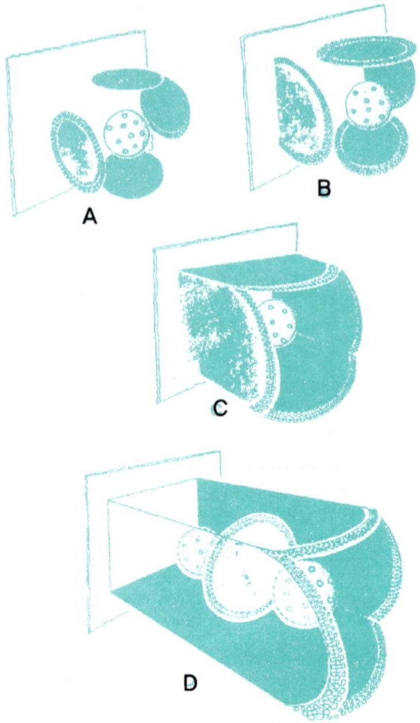

그림 10-17 밀의 유리핵 배유가 세포화되는 초기 과정을 투시화법으로 과장하여 표현한 3차원 모식도. 각각의 구획과 완료된 세포만을 밀접하게 연관된 세포벽 형성 시기에 따라 같은 그림에 함께 표현하였다. 중앙세포벽은 뒤쪽에 나타내었다. **A.** 격막형성체와 여기에서 최초로 형성된 세포판. 핵 주위에 모여 있으며 중앙세포벽과 직각 방향이다. **B.** 더 후기의 단계. 세포판이 모여서 중앙세포벽과 융합된다. **C.** 세포판이 중앙세포벽과 완전히 융합되었다. 수층벽은 안쪽 가장자리가 중앙액포 쪽으로 자유롭게 생장한다. **D.** 구획(폐포상 구조)이 완전히 성장하고 병층분열한다(상부와 왼쪽 측부의 세포벽은 음영으로 처리하지 않음). 그 결과로 완전한 세포가 원심적으로(중앙세포벽 쪽으로) 만들어지고, 또 다른 구획(폐포상 구조)이 구심적으로(중앙세포 액포 쪽으로) 만들어진다.

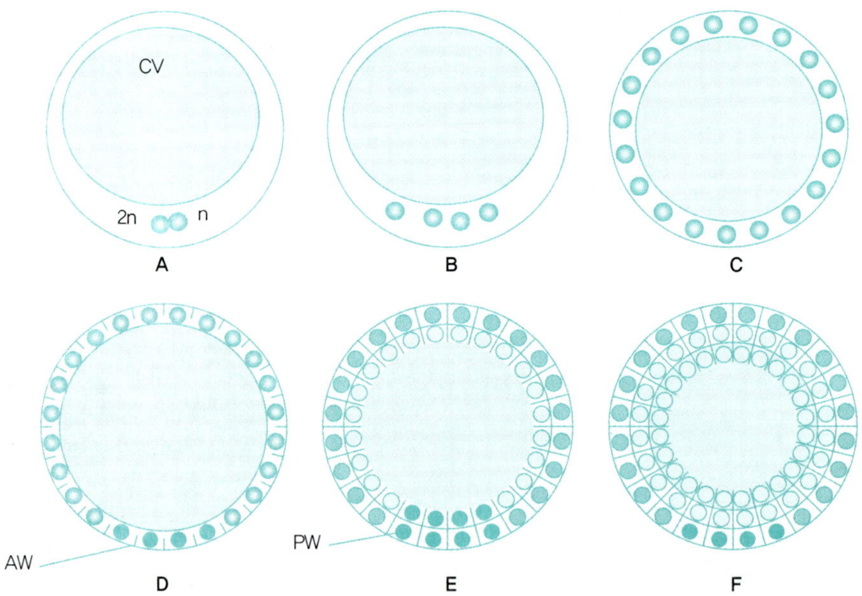

그림 10-18 곡류에서 핵형 배유의 세포화 모델. 자세한 내용은 본문을 참조하시오.

위에 있는 합점쪽 말단의 핵들이 분화하여 수송세포를 형성한다(그림 10-18D의 짙은 핵). 이때 각각의 핵 사이에 수층벽이 형성됨으로써 배유의 세포화가 수반된다. 따라서 합포체는 관처럼 생긴 수층벽에 의해 구획으로 나누어지는데, 수층벽은 구심적으로 각각의 핵 주변으로 뻗어나가 액포 쪽을 향해 열린 말단이 있는 폐포상 구조를 형성한다(그림 10-18D). 병층분열이 동조적으로 일어나고 그 결과로 주변부 세포층과 말단이 열려 있는 세포벽 폐포상 구조 내부에 안쪽 핵층이 만들어진다(그림 10-18E). 주변부 층은 초기 호분세포(짙은 핵)와 녹말성 배유에서 유래한 내부 핵(밝은 핵)의 운명을 맡는다. 수송세포 내의 수층분열이 계속되어 몇 층의 수송세포(그림 10-18E,F의 짙은 핵)와 이어진 수층벽의 구심성 외연부를 만들어 내고, 병층분열로 인해 녹말성 배유의 내부층이 추가된다(그림 10-18E,F의 밝은 핵). 수층벽 위를 덮고 있는 부정형 핵막형성체가 중심부와 핵형 배유가 완전히 세포화될 때까지 수층벽의 지속적인 단방향 구심성 생장을 매개한다.

10.2.2 배유세포의 다핵화

대부분의 식물에서 배유는 3배체(3*n*)인데, 그 이유는 반수체인 핵 3개—하나는 웅성 배우자체에서, 두 개는 자성 배우자체에서 유래—가 융합하여 만들어진 것이기 때문이다. 피자식물 전체에서 웅성 배우자체가 배유 형성에 기여하는 핵의 수는 일정하지만, 자성 배우자체에서 비롯되는 핵의 수는 배낭형에 따라 다르다(제6장 참조). 예를 들어 달맞이꽃속에서는 자성 배우자체에서 핵이 단 1개만 유래하므로 배유가 2배체(2*n*)가 되지만, *Peperomia*속에서는 자성 배우자체에서 8개의 핵이 유래하므로 9n의 배유가 된다.

배유 조직의 세포는 발달과정에서 고도의 배수성을 나타낸다고 알려져 있다. Erbrich(1965)는 많은 피자식물에서 배유의 세포학적 연구를 수행하였다. 제비꿀속의 *Thesium alpinum*는 384*n*에 이르는 배수성을 보이는 배유 흡기를 가진다. 그러나 가장 높은 배수성은 *Arum maculatum*에서 보고된 2,457*n*이다. 며느리밥풀속의 *Melampyrum pratense*는 합점쪽 흡기의 세포가 모두 1,536*n*의 배수성을 보인다. 옥수수 배유는 합포체 단계가 지난 후 핵의 크기와 DNA 함량이 급격하게 증가한다. 가장 현저한 변화는 수분후 10~20일 사이에 나타나는데, 이들 세포의 DNA 함량이 3C에서 690C까지 증가한다. 동계교배주인 A188의 경우, 대부분의 세포는 10C에서 50C 사이의 범위에 있으며, 최대 90~100C에 이르기도 한다. DNA 함량이 증가하는 이유는 잘 알려져 있지 않다. DNA가 증가함으로 인해 녹말과 단백질 합성이 증가할 것이라고 추정하고는 있지만, 녹말 합성 유전자만 증가하는 것이 아니라 전체 DNA가 DNA 합성주기를 반복 수행한다.

Kapoor(1962)는 배유 세포가 배수화되는 방법을 핵내 유사분열과 핵융합으로 구분하였다. 염색체 다리, 지체 염색체, 저절로 일어나는 염색체의

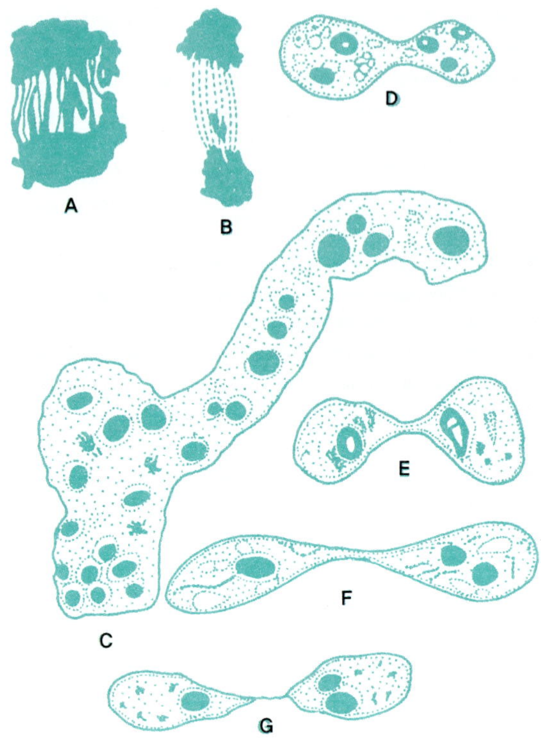

그림 10-19 배유의 세포학. **A.** *Nothoscrodum*속. **B,C.** *Zephyranthes*속. **D~G.** *Vicia*속. **A.** 세포분열 후기 말. 염색체 다리가 보인다. **B.** 세포분열 후기 말. 지체염색체가 보인다. **C.** 23개의 인을 가지는 초거대 핵. **D~G.** 핵이 파편화되는 과정.

절단, 핵의 파편화(그림 10-19A,B,D~G) 등 유사분열에서 다양한 불규칙성이 나타나는 것은 배유조직에서는 아주 흔한 일이다. 핵의 크기와 인의 수/핵 역시 매우 다양하게 나타난다(그림 10-19C).

겨우살이과의 *Dendrophthoe falcata*는 예외적으로 배유 세포의 염색체 수가 상당히 안정되어 있어서, 성숙한 배유의 모든 세포가 3배체이다.

배유 세포에는 대개 엽록소가 없다. 문주란속에서는 종자 발달과정에서 종피뿐만 아니라 과피도 흡수되어 배유가 햇빛에 노출되므로 배유가 녹색으로 된다. 엽록소가 있는 배유는 겨우살이속, 무속, 비단향꽃무속에서 볼 수 있다.

10.3 저장 영양물질

배유가 성숙한 종자에 남아 있는 경우, 이 배유에는 저장 영양물질이 탄수화물, 지질, 단백질 형태로 풍부하게 들어 있다. 종자가 발아하는 동안에 이들 물질이 소화되어, 엽록소가 발달되어 스스로 양분을 만들어낼 수 있게 될 때까지 유식물이 생장하는데 사용된다. 저장물질들은 배의 발달에 중요한 역할을 한다고 제안되었다. 몇 종류의 곡류에서는 저장 단백질의 축적과 녹말 생합성에 영향을 주는 돌연변이가 일어나면 배유의 조성과 물리적 구조가 크게 달라진다. 저장 단백질 돌연변이체는 흔히 잘 부스러지며 윤기가 없는 배유를 가지며, 따라서 이들을 대개 opaque 또는 floury 돌연변이라고 부른다. 녹말 돌연변이체는 대개 쭈그러지거나 쇠퇴한 종자를 가진다.

10.3.1 주요 저장 영양물질

1. 탄수화물

대부분의 종자에 있어서 주 저장 탄수화물은 녹말이다. 녹말은 α-glucan 중합체인 amylose와 amylopectin으로 이루어지는데, 이들은 녹말체(amyloplast) 내에 결정성 입자로 채워져 있다. 양파, *Phoenix dactylifera*, *Washingtonia filifera* 등의 일부 식물에서는 mannose와 xylocan이 배유 세포벽에 축적되어 있다. *Phytelephas macrocarpa*의 주요 저장 탄수화물은 mannose이며, 배유 건중량의 79%에 이른다. 곡류 등의 많은 피자식물에서 저장 탄수화물은 배가 광합성을 할 수 있게 되기 전까지 에너지원으로서 중요하다. 탄수화물을 축적하지 못하는 돌연변이체는 발아율이 낮고, 치명적인 경우도 일부 나타난다.

2. 단백질

일반적으로 두 가지 저장 단백질인 globulin과 특정 albumin은 모든 식물에서 나타나는데, 곡류에서는 특이하게 prolamine이 존재한다. Globulin은 염 용액에서 녹지만, prolamine은 알코올 용액이나 변성용 용액에서만 녹는다. Prolamine은 glutamine과 proline을 함유하며, 곡류 배유에 있는 총 단백질의 50~60%를 차지한다. Prolamine은 두 가지 기본형으로 구분된다. 밀과 그 친척인 보리와 호밀에서 발견되는 gliadin과 glutenin, 그리고 옥수수와 그 친척인 기장과 율무에서 발견되는 zein이다.

옥수수의 경우, 저장 단백질은 rER 막에서 합성된 후 ER 내강에 조직적으로 축적된다. 밀, 보리, 귀리의 경우에는 저장 단백질이 rER 내부(prolamine)와 액포(globulin) 모두에서 발견된다.

3. 지질

유지종자(oilseed)는 재배한 역사가 가장 오래된 작물에 속한다. 유지($38kJg^{-1}$)는 단백질이나 탄수화물($17kJg^{-1}$)보다 열량이 높다. 그러나 배유에 유지를 저장하는 종은 그리 많지 않다. 피마자, 기름종려, 양귀비, 등대풀 등은 종자 건중량의 50%에 이르는 유지를 축적한다. 이들 저장물질은 지질체(lipid body), 스페로솜(spherosome), 올레오솜(oleosome)이라고 알려진 별개의 소기관에 축적된다. 이들은 대개 인지질 단위막의 절반(한 층)과 약간의 단백질로 감싸여져 있는 트리아실글리세롤로 구성된다.

10.3.2 곡류의 저장물질

곡류에서는 배유의 가장 바깥에 있는 하나 또는 몇 층이 형태학적이나 생리학적으로 매우 특수화되어 호분조직(aleurone tissue)을 이룬다. 보리의 경우 이 조직은 3층 또는 4층이다. 성숙한 과립에서 호분세포는 살아 있지만, 호분세포로 둘러싸여 있는 배유의 녹말 부위는 죽은 조직이다.

곡류에서는 형태적으로 구별되는 몇 종류의 호분세포가 나타난다. 강아지풀속에서 태좌의 유관속 공급부위에 가까이 있는 호분세포는 원주형이며 벽 안으로 내생장한다. 이들 세포가 유관속조직에서 배와 배유 자체로 물질의 수송을 돕기 때문에, 이들을 '수송 호분세포(transfer aleurone cell)'라고 부른다. 이 세포는 피속과 옥수수에서도 볼 수 있지만, 밀과 벼에서는 볼 수 없다. 벼의 호분세포는 두 종류인데, (a) 배를 감싸고 있으며 세포질 밀도가 덜한 직사각형 세포와 (b) 녹말성 배유를 감싸고 있는 세포질 밀도가 높은 입방형 세포이다. 이들 두 종류의 호분세포는 구조가 서로 다르기 때문에 서로 다른 기능을 가질 것으로 추정된다.

호분세포는 두꺼운 세포벽과 세포질에 액포가 없다는 특징을 보인다(그림 10-20A). 호분세포는 원형질연락사를 통해 서로 연결되어 있다. 이들 세포에서 가장 두드러지는 소기관은 호분립(aleurone grain)과 스페로솜(spherosome)이다(그림 10-20). 호분립은 한 층의 단위막으로 감싸여 있으며, 이 막은 스페로솜과 밀접하게 연계되어 있다(그림 10-20B). 호분립의 주성분은 단백질, phytin, 인지질, 그리고 일부 탄수화물이다. 이 성분들은 각각 별도의 입자로 존재한다. 구조적으로 호분립은 기질 외에도 두 종류의 봉입(inclusion)—(a) 구형 내강에 phytin과 지질을 함유하는 글로보

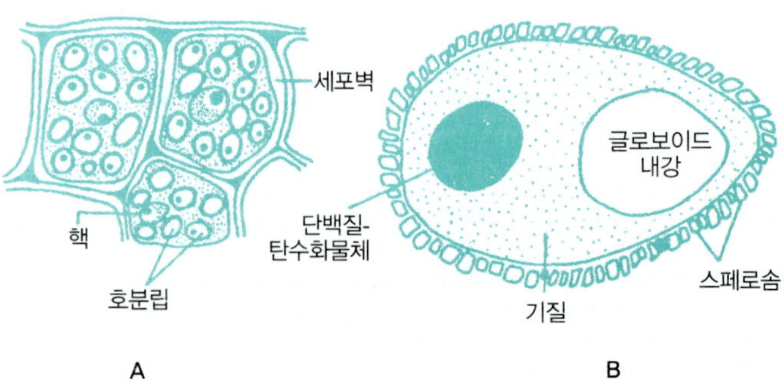

그림 10-20 A. 보리의 호분세포. B. 확대한 1개의 호분립

이드(globoid), (b) 직경 1~1.5μm인 단백질-탄수화물체—을 가진다(그림 10−20B). 기질에도 높은 농도의 단백질이 있지만, 단백질-탄수화물체에 있는 것보다 적다.

단백질을 저장하는 소기관은 호분조직에서 최초로 확인되었으며, 따라서 호분립이라고 부른다. 이후로 유사한 소기관들이 몇 가지 식물의 배유, 배, 자엽에서 발견되었는데, 연구자마다 이들을 다른 이름(단백질액포, 단백질과립, 단백질체, 호분액포, 호분체, 호분립)으로 불렀으며, 이러한 무절제한 용어 사용으로 인해 다소 혼란이 초래되었다. 일부 연구자는 단백질체와 호분립은 다른 것이라고 생각하였다. Rest(1972)는 단백질체(protein body)를 (a) 봉입이 없는 단백질체, (b) 글로보이드 봉입을 가지는 단백질체, (c) 글로보이드 봉입과 결정체 봉입을 가지는 단백질체 등 3가지로 분류하였다. Rest와 Vaughan(1972)은 봉입을 가지고 있는 단백질-저장 소기관은 호분립, 봉입을 가지고 있지 않는 것은 myrosin립이라고 하였다. 그러나 발생학적으로 서로 다르지 않다면 그 어떤 단백질-저장 소기관이라도 단백질체라고 부르는 것이 가장 적절하다고 판단된다.

호분조직은 식물호르몬의 작용에 대한 연구에 있어서 상당히 중요하다. 종자가 발아하는 동안에 배유세포 내의 저장양분이 호분세포에서 분비되는 amylase나 protease 같은 특정 가수분해효소에 의해 소화된다. 지베렐린은 이들 효소를 활성화하거나 신생합성을 유도한다고 알려져 있다.

10.7 배유의 기능

유배유종자(albuminous seed)를 맺는 식물의 경우, 배유의 저장분은 유식물의 초기 생장에 필요한 양분을 공급한다. 그러나 배유의 가장 중요한 역할은 배의 초기(접합자에서 구형 배 단계까지) 발육단계에 영양분을 공급하는 것이다. 이러한 결론은 다음과 같은 사실에 바탕을 두고 있다.

1. 수정될 때의 배낭은 양분을 거의 가지고 있지 않다. 배유가 발달된 후에 충분한 양분을 저장하여 발육하는 배에 양분을 적절히 공급하게 된다.
2. 대부분의 피자식물에서는 배유가 적절한 발달 단계에 도달한 후에 비로소 접합자가 분열한다. 접합자가 배유 발달 전이나 또는 배유 발달과 동시에 분열하는 경우라 하더라도, 배유의 생장이 배의 생장을 추월하게 된다.
3. 일반적으로 배유가 적절하게 발달할 때에만 배가 생장한다. 불화합성 교배의 많은 예에서 나타나는 것처럼 배유가 퇴화되면 배의 생장에 나쁜 영향을 준다.

4. 난초과, 마름과, Podostemaceae 등의 배유가 결핍된 경우에는 발달 중인 배에 영양을 공급하기 위한 특수한 대비책이 존재한다.
5. 배가 생장하면서 배유 내용물을 소비한다. 콩과, 박과 등의 많은 식물에서는 종자가 성숙하기 전에 배가 배유를 완전히 소비한다.
6. 일부 곡류에서는 배유 기부의 몇 층이 세포벽 안으로 내생장을 하여 수송세포로 분화된다. 이 특수화된 조직은 모체 조직에서 배유로 대사물질의 수송을 돕는다. 모체 조직에서 배유 기부로 전달되는 설탕 대부분은 invertase에 의해 포도당과 과당으로 분해된다. Shannon 등 (1986)에 의하면, 이들 6탄당은 배유의 다른 부위로 이동하여 일부가 다시 설탕으로 합성되어 사용된다. 옥수수의 돌연변이체인 $Miniature^{-1}$(mn^{-1})는 배유 기부조직에서 invertase 활성을 잃어 설탕을 수송하는 모체 조직이 손상된다. 따라서 배유가 녹말과 단백질을 축적하지 못하게 된다.

초기 단계의 배유는 자신의 배에 대해 양육조직으로서 특이성을 보이지 않는다. 이것은 실험적으로 입증되어 있다. 액상의 배유 또는 미숙 과실에서 추출한 배유는 자신의 배뿐 아니라 다른 피자식물의 배에게도 영양을 공급할 수 있다. 미숙 과실에서 얻은 코코넛 밀크는 많은 식물의 배를 생장시키는데 성공적으로 사용되고 있다. 미숙 배유는 또한 홍당무의 2차사부 세포처럼 고도로 분화된 성숙 세포에서 세포분열을 유도하는 능력도 가지고 있다. 이러한 특성은 코코넛 외에도 유숙기(milk stage)의 옥수수 배유 추출물, 서양칠엽수 및 호두의 액상 배유에서도 확인되었다. 기본 배지에 코코넛 밀크를 첨가하면 다양한 식물조직에서 배와 소식물체가 유도되기도 한다. 일반적으로 나이든 배유에서는 이러한 유도 특성이 나타나지 않으며, 심지어 억제되기도 한다. 이것은 아마도 어린 배유에는 옥신, 시토키닌, 지베렐린 등의 다양한 생장호르몬이 풍부하게 있기 때문인 것으로 보인다. 이들 호르몬의 농도는 조직이 특정 연령시기에 이르면 감소한다. 활성이 매우 높은 시토키닌인 zeatin은 옥수수의 어린 배유에서 추출된다.

배유는 영양조직일 뿐만 아니라, 배 발달양식을 정확하게 조절하기도 한다. 배유의 영향을 차단한 아주 어린 배는 흔히 영양이 아주 풍부한 인공배지에서도 성숙에 이르지 못한다. 나아가 나이든 배를 분리하여 배양하면 흔히 배발생(embryogeny)의 정상적인 단계가 생략되어 조숙 발아(precocious germination)가 나타난다.

10.8 특이한 배유

성숙한 배유의 표면 윤곽이 불규칙하거나 균일하지 않다면 이를 주름형 배유(ruminate endosperm)라고 한다(그림 10-21). 주름화는 배유 발달 후기 단계에 시작되는데, 앞서 설명한 3가지 범주 가운데 어느 하나에 속할 것이다. 주름형 배유는 32개 과의 피자식물에서 알려져 있다.

배유 표면의 주름화는 종피 또는 배유 자체의 활성에 의해 이루어진다. 전자의 경우, 종피 안쪽 표면의 불규칙성은 (a) 종피의 어느 층이거나 또는 단 한 층만이 불균등하게 방사형으로 신장하거나(시계꽃속의 *Passiflora calcarata*), 또는 (b) 종피가 일정하게 안쪽으로 내생장하거나 안쪽으로 접혀서 나타날 수 있다. 두번째 원인이 더욱 흔하게 나타나며, 쥐방울덩굴과와 Annonaceae에서 볼 수 있다.

배유 자체의 활성에 의한 주름화 현상은 *Coccoloba*속, *Myristica*속 등에서 볼 수 있다. 이들 식물에서는 종자의 부피가 증가함에 따라 배유의 부피도 함께 증가한다. 배유는 곧 주심을 흡수하고 종피와 직접 접촉하게 된다. 이후의 배유 생장과정에서 종피의 불규칙한 안쪽 표면으로 인해 배유에 주름이 생긴다. 반면에 *Andrographis*속과 *Elytraria*속에서는 배유가 발달 후기에 불균등한 주변부 활성을 나타내며, 이로 인해 종피 형태가 불규칙해진다.

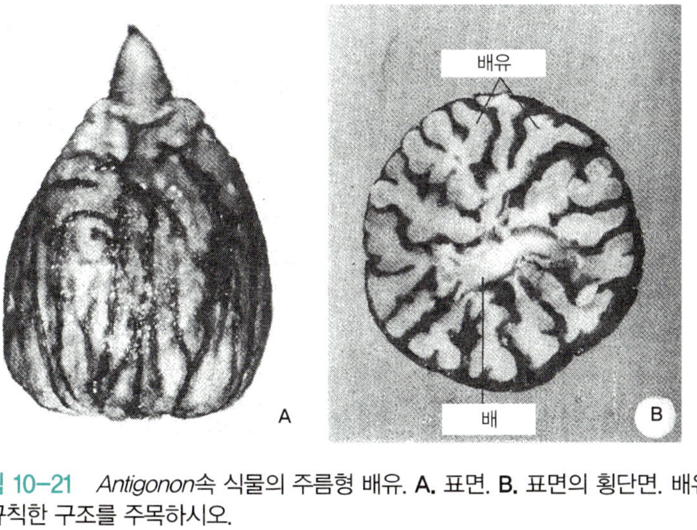

그림 10-21 *Antigonon*속 식물의 주름형 배유. A. 표면. B. 표면의 횡단면. 배유의 불규칙한 구조를 주목하시오.

Chapter
11 배

수정란(fertilized egg)은 접합자(zygote)라고 부른다. 예정된 발생 양식에 따라서 배(embryo)로 발달하며, 완전한 식물을 형성할 수 있는 잠재력을 가지고 있다. 그림 11-1A는 전형적인 쌍자엽식물 배의 중앙 종단면이다. 배는 2개의 자엽(cotyledon)이 옆에 붙어 있는 배축(embryonal axis)으로 구성되어 있다. 자엽 위에 있는 배의 축 부위를 상배축(epicotyl; 그림 13-5E 참조)이라고 하며, 자엽의 아랫부분을 하배축(hypocotyl)이라고 한다. 상배축의 끝부분은 유아(plumule; 배의 슈트)이며, 하배축의 아래쪽 끝에 유근(radicle; 배의 뿌리)이 있다. 단자엽식물의 배는 쌍자엽식물과는 달리, 자엽을 단 1개만 가진다(그림 11-1B). 벼과 식물의 배는 매우 특수한 구조로 되어 있다(그림 11-7M). 이 장에서는 피자식물에서 배발생의 기본 유형과 관련된 주요 구조적 변화를 기술하였으며, 끝부분에 배의 영양과 관련된 몇 가지 관점들도 논의하였다.

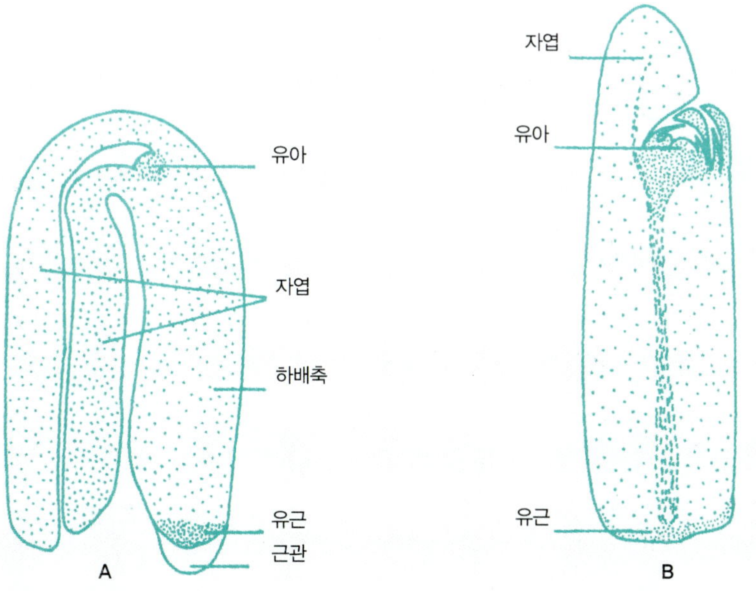

그림 11-1 성숙한 배의 중앙 종단면. A. 쌍자엽식물인 냉이의 성숙한 배. B. 단자엽식물인 검정말의 성숙한 배.

11.1 접합자

접합자는 형성될 때부터 휴면에 들어가는데, 휴면기간은 종에 따라 매우 다양하다. 일반적으로 이 기간은 유리핵형 배유(free nuclear endosperm)보다 세포형 배유(cellular endosperm)에서 더 짧다. 휴면기간 동안에 놀라운 변화가 많이 일어나며, 그 결과 휴면이 끝날 무렵의 접합자는 난세포보다 심한 극성을 보인다.

배우자융합 직후에 접합자의 큰 액포가 수축하기 시작한다. 그 결과 세포의 크기 또한 감소되는데, 감소되는 정도는 냉이속 식물의 경우처럼 미미하거나 목화의 경우처럼 상당할 수 있다. 목화의 경우 수정 후 24시간 내에 접합자가 원래 크기의 반으로 줄어든다. 세포의 크기가 줄어들면 합점쪽 말단에 세포질이 추가로 축적되는데, 여기에서 장차 접합자의 첫 번째 분열이 일어나게 된다. 배우자융합 후 즉시 나타나는 또 다른 반응은 활성 딕티오솜의 수가 증가하는 것이다. 이것은 접합자 주위의 세포벽 합성과 관련되어 있다. 리보솜들이 모여 폴리솜을 형성하여 대사활성이 개시되었음을 알 수 있다.

분열할 준비가 된 접합자는 극성이 매우 높은 하나의 독립된 세포이다. 수정하기 전에는 주공 말단부에만 국한되어 있던 난세포의 세포벽이 이제 접합자 주위를 완전히 둘러싸게 된다. 따라서 접합자는 주위의 세포들과 원형질연락사에 의한 연결이 차단되었다는 의미에서 하나의 독립된 세포로 된다. 많은 수의 색소체와 미토콘드리아에 의해 둘러싸인 핵은 세포의 합점쪽 정단극(apical pole)에 위치한다. 접합자의 주공쪽 기저극(basal pole) 끝에는 하나 또는 여러 개의 액포가 있으며, 세포소기관의 수는 극히 적다.

11.2 배발생

대부분의 피자식물에서는 접합자가 횡으로 분열하는데, 그 결과로 배낭의 내부를 향하는 작은 정단세포(apical cell; *ca*로 표기)와 주공을 향하는 큰 기부세포(basal cell; *cb*로 표기)가 만들어진다. 드문 경우이지만 접합자가 겨우살이과에서는 수직으로, 밀속에서는 비스듬하게 분열하기도 한다. 초기 배발생(embryogeny) 과정 동안에 나타나는 배 발달 유형의 변이는 단자엽식물과 쌍자엽식물에서 공통적이며, 유아와 자엽(들)의 시원세포가 발달될 때에 차이가 나타난다. 2-세포기부터 기관 발달이 시작될 때까지의 배를 전배(proembryo)라고 한다.

2-세포기의 전배에서는 기부세포(*cb*)가 분열하지 않은 채 남아 있거나, 또는 횡으로 분열하여 *m*과 *ci*의 두 세포를 형성한다. 후자의 경우, 정단세

포(ca)가 분열하는 방향이 횡 방향인지 종 방향인지에 따라 4-세포기의 전배가 각각 선형이나 T형으로 된다(그림 11-2). 선형 전배에서는 ca의 두 딸세포(l, l_1)가 서로 직각으로 수직분열하여 4개씩의 세포가 두 층(l, l_1)을 이룬 8분체를 형성한다(그림 11-2A). T형 전배에서도 유사한 배열을 가지는 8분체가 한번의 횡분열과 한 번의 수직분열에 의하여 형성된다(그림 11-2B). T형 전배에서는 다른 배열로 이루어진 8분체가 형성되기도 한다. 즉, 8개의 세포가 모두 같은 층(q)에 놓이는데, 가운데에서 축을 이룬 4분체를 주변의 세포 4개가 둘러싼다(그림 11-2C). 이처럼, 피자식물에서는 두 가지 유형의 8분체 배열이 나타난다. (a) 구성세포가 4개씩 두 층으로 배열하는 경우(예: 냉이속, 벗풀속, 사탕무속, 포아풀속). (b) 세포 8개 모두가 한 층에 배열하는 경우(예: 고들빼기속, *Muscari*속). 인용된 예에서 드러나듯, 이들 두 유형은 단자엽식물뿐만 아니라 쌍자엽식물에서도 나타난다. 전배의 8분체 시기에 다양한 세포의 운명이 결정된다.

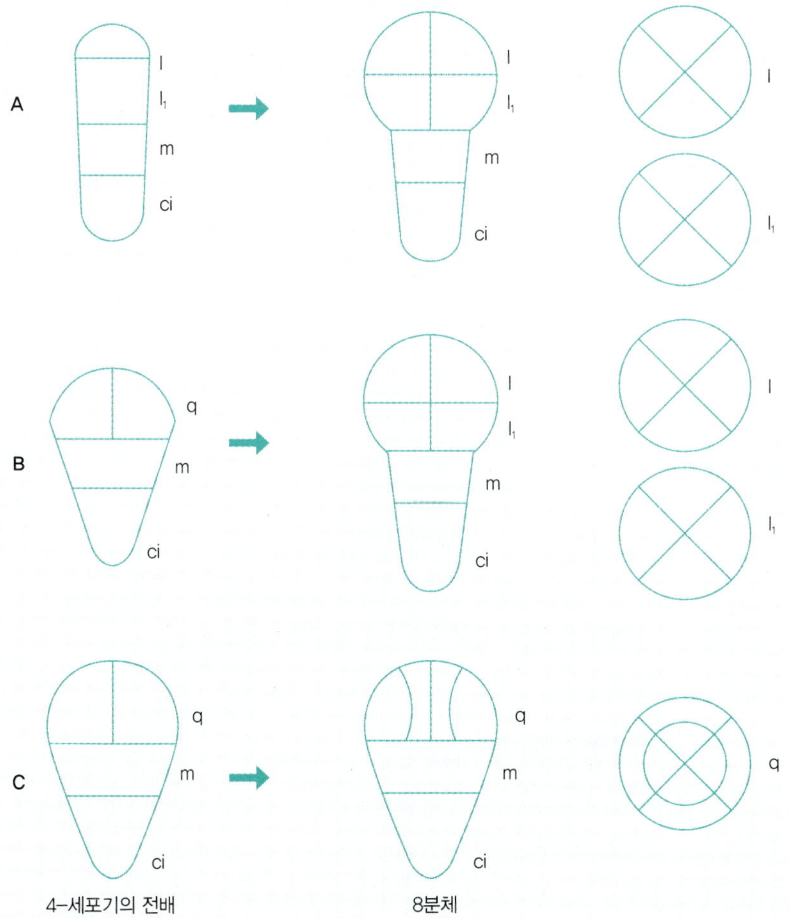

그림 11-2 두 유형의 8분체 형성. 오른쪽 열은 8분체 중 l, l_1, q층의 횡단면이다. 자세한 내용은 본문을 참조하시오.

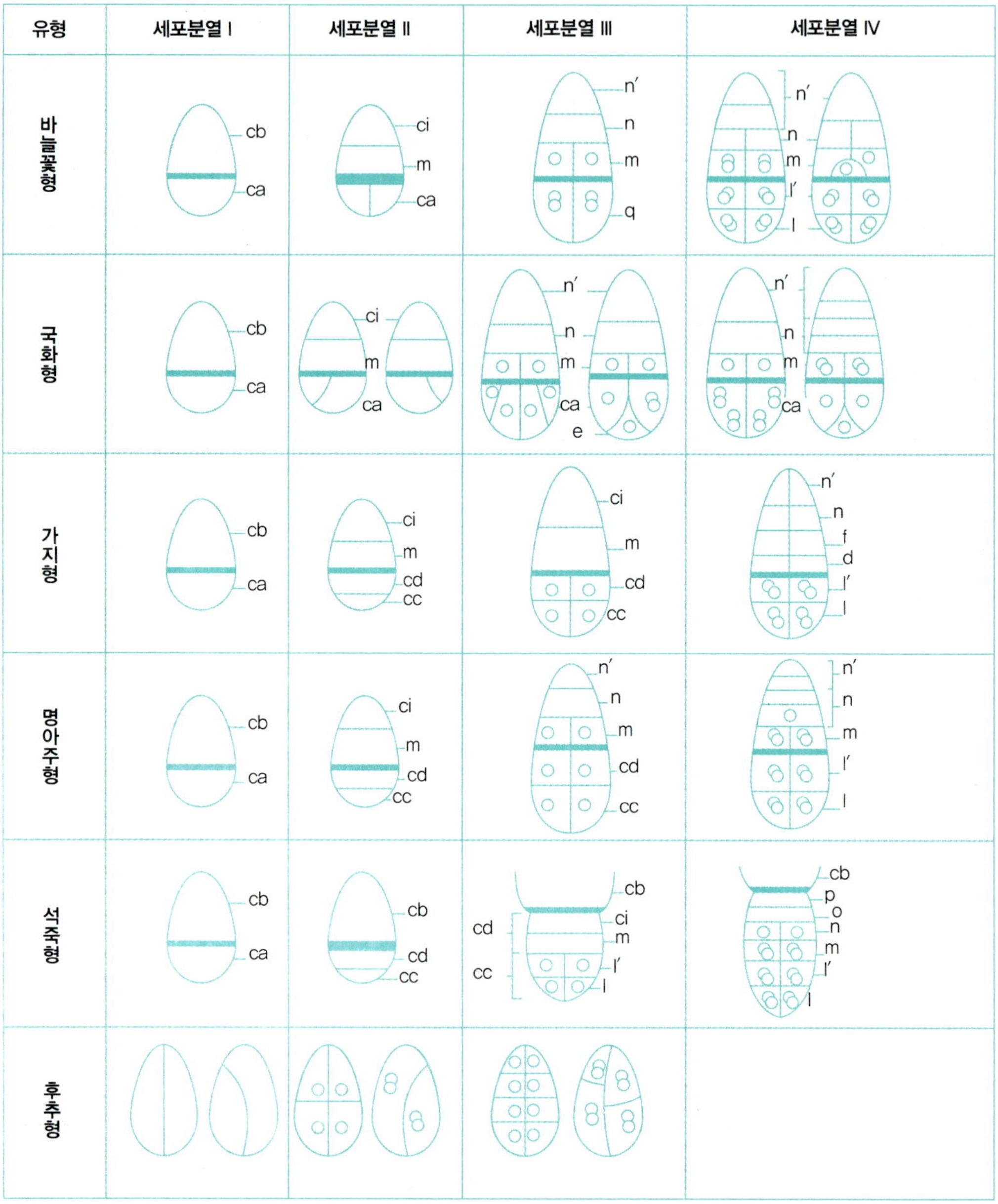

그림 11-3 Johansen(1950)의 분류에 따른 배발생의 주요 유형.

11.2.1 쌍자엽식물의 배발생

2-세포기 전배에서 정단세포의 분열면 방향, 그리고 진정한 배 형성에 정단세포(*ca*)와 기부세포(*cb*)가 기여하는 바에 따라 Maheshwari(1950)는 배발생을 5가지의 주요 유형으로 구분하였다(그림 11-3)*.

---

*Maheshwari(1950)에 따라 이러한 분류방식을 쌍자엽식물에 적용하지만, 단자엽식물에도 똑같이 적용될 수 있다. 예를 들면, 〈11.2.2〉에서 기술한 *Najas lacerata*의 배발생 유형은 석죽형에 속한다.

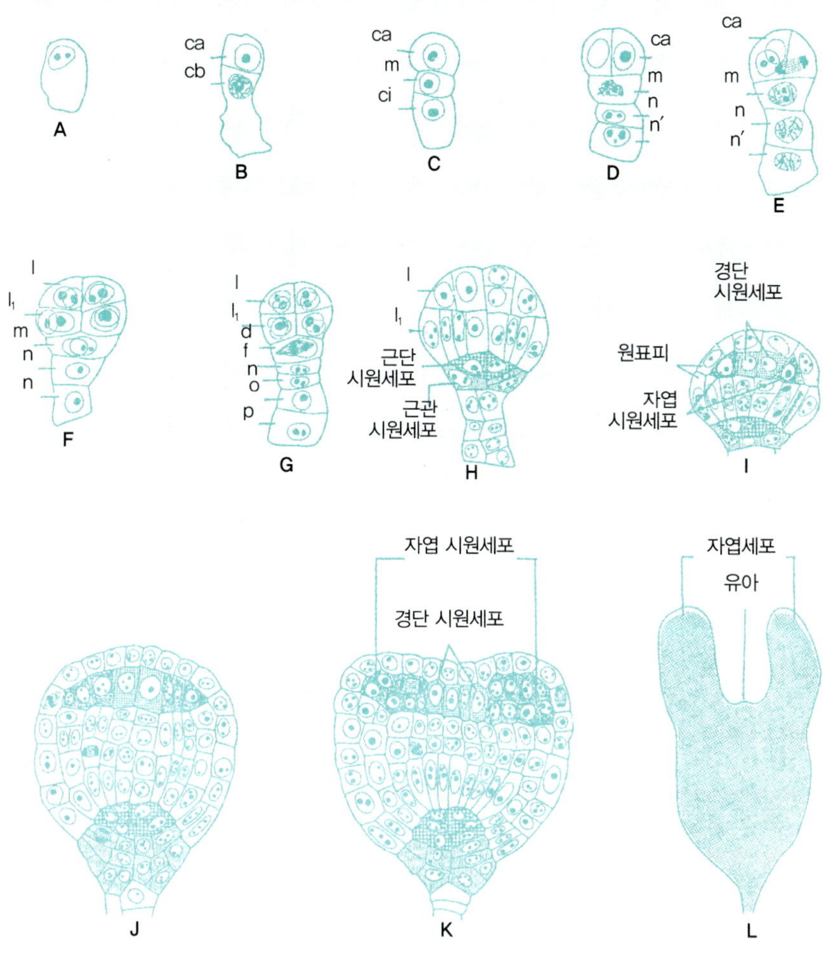

그림 11-4 *Ceratocephalus falcatus*의 배발생. 자세한 내용은 본문을 참조하시오.

A. 2-세포 전배의 정단세포가 종 방향으로 분열한다.

(1) 진정한 배의 후속 발달과정에서 기부세포의 역할이 거의 또는 전혀 없다 – 십자화형(*Crucifer* type) 또는 바늘꽃형(*Onagrad* type). 예: 미나리아재비과, 바늘꽃과, 십자화과, 참깨과, 현삼과, Annonaceae.

(2) 기부세포와 정단세포 모두 배발생에 기여한다 – 국화형(*Asterad* type). 예: 국화과, 봉선화과, 제비꽃과, 포도나무과.

B. 2-세포 전배의 정단세포가 횡 방향으로 분열한다.

I– 이어지는 진정한 배의 발달과정에서 기부세포의 역할이 거의 또는 전혀 없다.

(3) 기부세포가 대개 배병을 형성한다 – 가지형(*Solanad* type) 예: 가지과, 아마과, 차나무과, 초롱꽃과.

(4) 기부세포가 더 이상 분열하지 않고, 배병은 (만약 존재한다면) 항상 정단세포에서 유래된다 – 석죽형(*Caryophyllad* type). 예: 개미탑과, 돌나물과, 석죽과.

II– (5) 기부세포와 정단세포가 모두 배발생에 기여한다 – 명아주형(*Chenopodiad* type). 예: 명아주과, 지치과.

이러한 5가지의 배발생 유형은 접합자의 첫 분열이 횡으로 일어나서 정단세포와 기부세포가 형성되는 식물에게 적용된다. Johansen(1950)은 후추형(*Piperad* type, 그림 11–3)이라는 6번째 배발생 유형을 제시하였는데, 겨우살이과와 후추과처럼 접합자의 첫 분열이 종으로 일어나는 경우가 포함된다.

흔히 배발생 유형은 동일한 과에서는 일정하다. 그러나 드물지만 같은 종에서 두 가지 이상의 배발생 경향이 나타날 수도 있다. 예를 들면, 바람꽃속의 *Anemone rivularis*에서는 십자화형은 물론 가지형의 배발생도 정상적으로 일어난다.

쌍자엽식물 배의 완전한 발달과정을 설명하기 위하여 미나리아재비과의 *Ceratocephalus falcatus*에 대한 Bhandari와 Asnani(1968)의 연구 내용을 소개한다(그림 11–4). 이 종의 배발생 유형은 바늘꽃형이다. 접합자(그림 11–4A)가 횡분열하여 작은 정단세포(*ca*)와 큰 기부세포(*cb*; 그림 11–4B)를 형성한다. 세포 *cb*는 횡분열하여 겹쳐 있는 세포 *ci*와 *m*을 형성하고(그림 11–4C), 세포 *ca*는 수직으로 분열하여 2개의 나란히 놓인 세포로 된다(그림 11–4D). 따라서 세포 4개가 T형으로 배열된 전배가 형성된다. *cb*의 두 딸세포 중에서 *ci*는 횡분열하여 *n*과 *n′*으로 된다(그림 11–4D). 이들 두 세포가 더욱 분열하여 3개 또는 4개의 세포가 일렬로 배열된 배병(suspensor)[**]을 형성한다. 세포 *m*과 그 유도체들은 수직으로 분열하여 4~6개의 세포를 형성한다. 이들 세포 각각이 비스듬하게 병층분열하여 안쪽 세포군(근단 시원세포)과 바깥쪽 세포군(근관 시원세포; 그림 11–4H~K)이 형성된다. 그 동안에 정단세포의 딸세포들이 첫 번째 분열면에 직각으로 다시 수직분열을 하여(그림 11–4E) 4분체(*q*)를 형성한다. 이 4분체가 횡분열하여 세포 4개씩 두 층(l, l_1)으로 배열된 8분체를 형성한다(그림 11–4F, G). l과 l_1층이 종분열하면 구형의 전배가 형성된다(그림 11–4H). 구형 전배의 주변세포들이 병층분열하여 단층으로 된 원표피(dermatogen)의 경계를 만들며, 이것이 장차 표피로 된다(그림 11–4I). l층의 세포들은 유아와 두 자엽의 시원세포로 분화된다. 유아는 두 자엽 사이에 위치한다(그림 11–4I~K). 유아 부위보다 자엽 부위의 성장이 훨씬

** 배병은 일시적인 구조이며, 주로 전배의 영양과 관련되어 있다.

빠르며, 그 결과 성숙한 배에서 유아는 두 자엽의 기부에 에워싸이게 된다(그림 11-4L). 마지막으로 l_1층에서 하배축-유근의 축이 형성된다.

11.2.2 단자엽식물의 배발생

8분체 시기까지는 단자엽식물과 쌍자엽식물의 배발생 과정이 거의 비슷하며, 이후의 시기에 차이점이 나타난다. 단자엽식물과 쌍자엽식물의 성숙한 배 사이에서 나타나는 주된 차이점은 자엽의 수이다. 많은 연구자들은 단자엽식물의 단일 자엽을 배의 끝 부분에 있는 말단구조라고 생각하였다. Wardlaw(1955)는 "쌍자엽식물 배에서는 유아가 전형적으로 말단부에 있으며, 2개의 자엽 사이에 대칭으로 놓여 있다. 단자엽식물의 배에서는 슈트 정단이 다소 원통형으로 생긴 배의 측면에 위치하며 자엽은 말단에 있다."고 하였다. 그러나 Swamy 연구진(Lakshmanan, 1972 참조)이 수행한 단자엽식물 배에 대한 광범위한 개체발생 연구에 의하면, 단자엽식물 배에 있는 상배축이 진정한 말단구조이다. 즉, 상배축과 자엽 모두 하나의 동일한 말단 층에서 비롯된다. 자엽의 초기 생장으로 인해 상배축이 측면에 위치하게 된다. 상배축은 느리게 생장한다.

Lakshmanan (1972)에 의하면, 단자엽식물 배와 쌍자엽식물 배 사이의 주요한 차이는 전배의 4분체 말단에 있는 세포의 수인데, 이것이 자엽(들)과 상배축 형성에 기여한다(그림 11-5A). 즉, 두 식물군의 배에서 자엽을 형성하는 세포 수는 같지만, 4분체 내에서 세포가 상대적으로 다른 위치에 놓일 수 있다. 쌍자엽식물에서는 4분체 말단에서 마주보는 두 세포가 2개의 자엽으로 발달한다(그림 11-5E). 단자엽식물에서는 자엽 형성에 기여하는 세포 수가 다양하게 나타난다. 실제로 Philydraceae에서는 (4분체 세포들 중 하나에서 유래된 세포 몇 개는 제외하고) 4개의 세포 모두가(그림

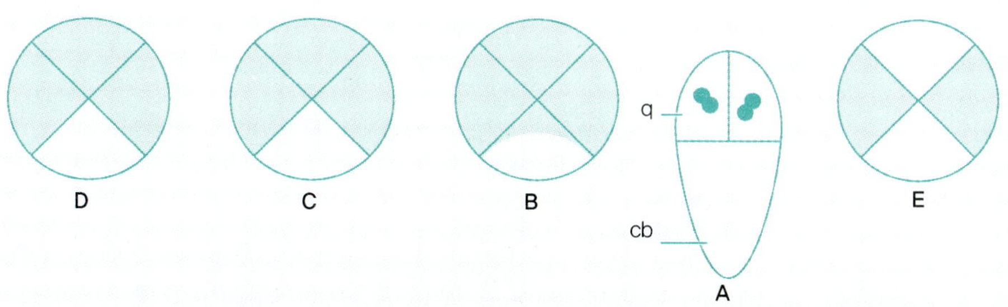

그림 11-5 단자엽식물(B~D)과 쌍자엽식물(E)에서 자엽의 유래. A. 4분체 시기의 전배. B~E. 말단 층의 횡단면. 4분체에서 자엽(들) 형성에 기여하는 부위를 음영으로 표시하였다. 단자엽식물에서는 3개 구역 이상(B), 3개 구역(C), 또는 2개의 인접한 구역(D)이 하나의 자엽을 형성한다. 반면에 쌍자엽식물에서는 마주보는 2개의 구역(E)이 한 쌍의 자엽으로 발생한다.

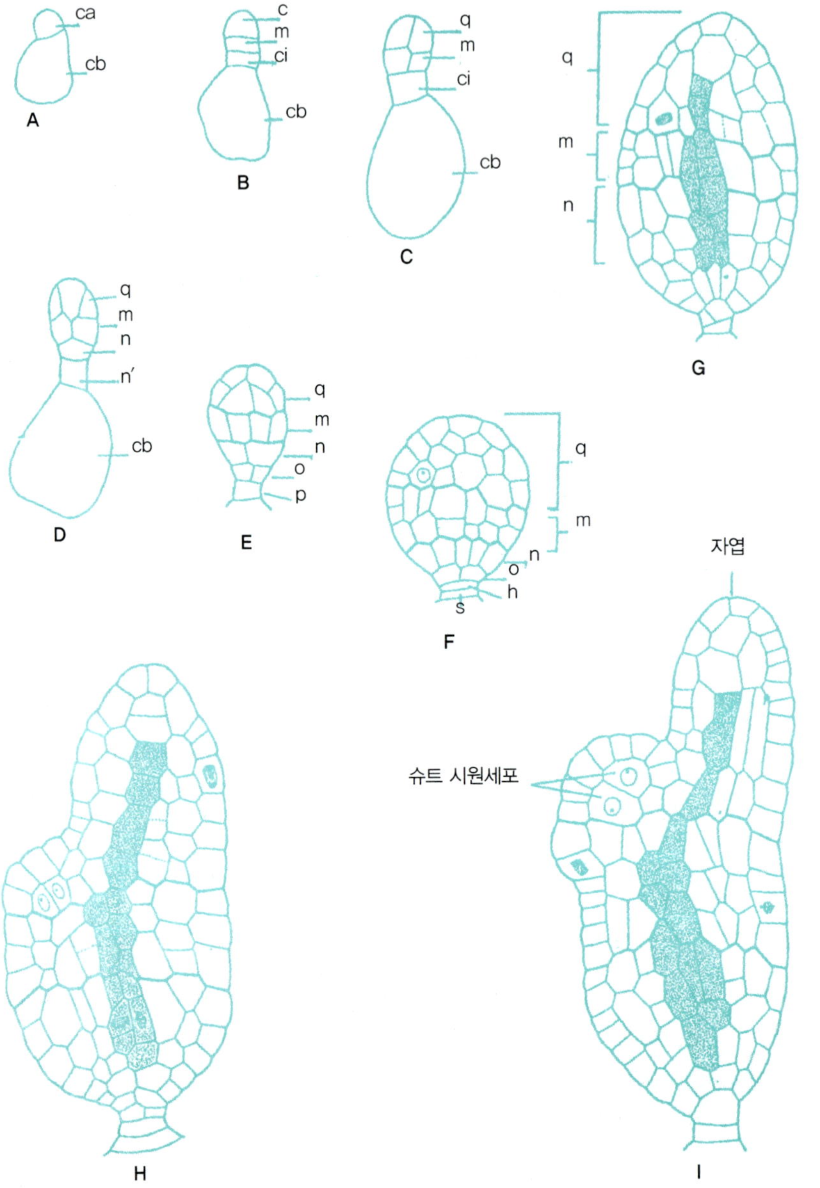

그림 11-6 *Najas lacerata*의 배발생. 자세한 내용은 본문을 참조하시오.

11−5B), 물옥잠과, 붓꽃과, 흑삼릉과에서는 3개의 세포가(그림 11−5C), 가래과, 수선화과, 자라풀과에서는 인접한 2개의 세포가(그림 11−5D) 자엽 형성에 기여한다.

***Najas lacerata*의 배 발생**: 접합자가 횡분열하여 큰 기부세포(*cb*)와 작은 정단세포(*ca*)가 만들어진다(그림 11−6A). 기부세포는 전혀 분열하지 않은 채 확대되어 단일 세포로 된 흡기를 형성한다(그림 11−6A~D). 따라서

배의 모든 세포들은 정단세포로부터 유래된 것이다. 정단세포는 횡분열하여 *c*와 *d*의 두 세포로 된다. 이들 중 세포 *d*는 다시 한 번 횡분열한다. 이런 방법으로 세포 4개(*c*, *m*, *ci*, *cb*)로 된 선형 전배가 형성된다(그림 11-6B). 윗부분의 두 말단 세포(*c*, *m*)가 서로 직각 방향으로 두 번 종분열하여 각각 세포 4개로 된 두 층(*q*, *m*)을 형성한다(그림 11-6C,D). 그 동안에 세포 *ci*가 횡분열하여 *n*과 *n*′으로 된다(그림 11-6D). 세포 *n*은 종분열하는 반면에 *n*′은 횡분열하여 두 세포 *o*와 *p*를 만든다(그림 11-6E). 세포 *p*는 다시 횡분열하여 세포 *h*와 *s*를 만든다(그림 11-6F).

4분체 *q*가 병층분열하여 4개의 축세포(axial cell)를 감싸는 4-세포 원

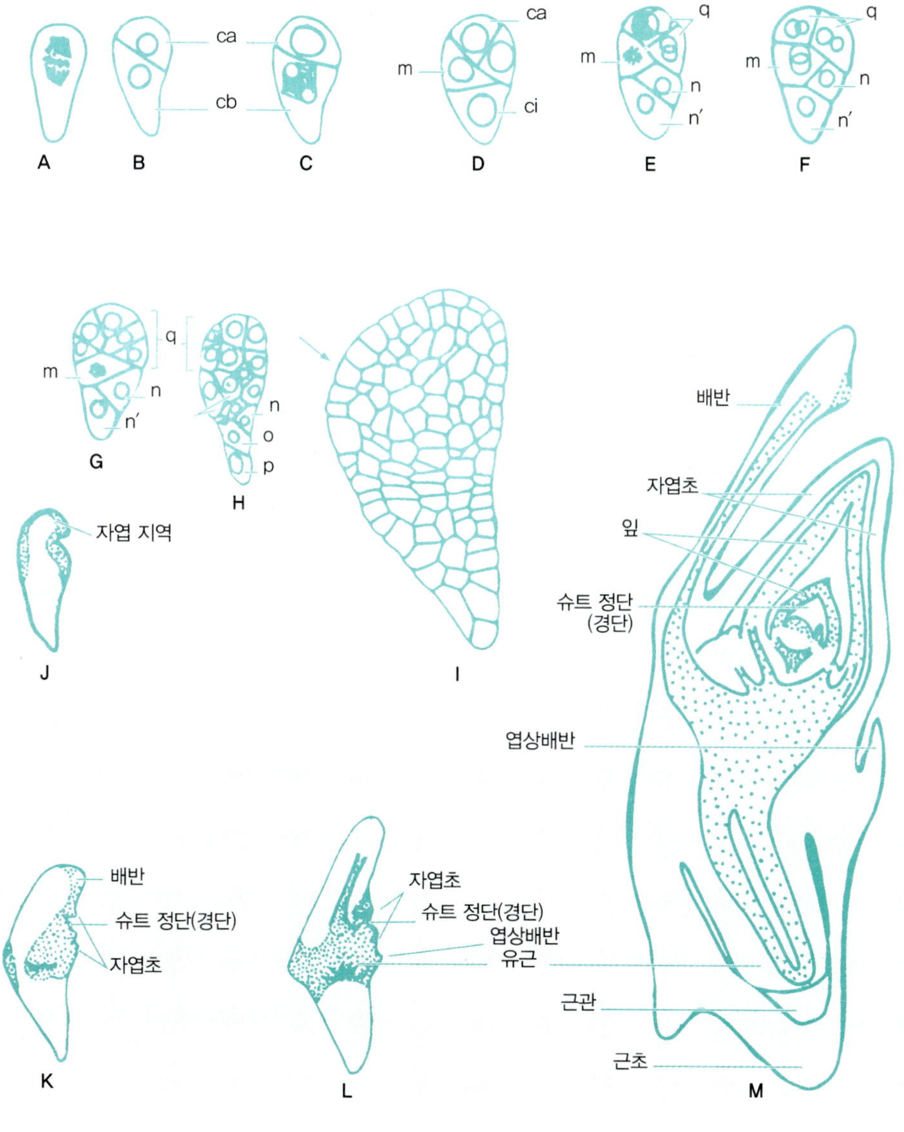

그림 11-7 밀속의 배발생. 자세한 내용은 본문을 참조하시오.

표피를 잘라낸다(그림 11−6E). *m*층의 세포들은 종분열과 횡분열을 하여 두 층으로 된다. 이 시기에 전배는 약간 구형으로 된다(그림 11−6F). 전배는 이제부터 상당히 커지는데, 주로 *m*과 *n*층에서 일어나는 횡분열에 기인하게 된다. 배가 난형으로 되는 시기에 이르러 *q*, *m*, *n*층에 있는 세포들의 중심핵이 원중심주 시원세포(plerome initial)로 분화한다(그림 11−6G에서 음영으로 표시).

8−세포기에 *q*층(축을 이루는 4개의 축 세포와 그 주위를 감싸는 4개의 세포)의 축세포 중 3개가 나머지 한 개보다 더 빨리 분열한다. 이로 인해 전배의 대칭성이 사라지고, 꼭대기 부분은 V자 모자 모양으로 된다(그림 11−6H). *q*층에서 생장이 빠른 부위는 단일 자엽을 형성하고(그림 11−6I), 네 번째 축 세포에서 유래한 생장이 느린 조직은 상배축의 시원세포가 된다. 유근은 *n*의 유도체로부터 형성된다. 이처럼 나자스말속(*Najas*)에서는 단일 자엽과 상배축이 계통발생학적으로 분명한 말단구조이다.

벼과식물의 배 발생: 단자엽식물인 벼과 식물의 배는 발생과정은 물론 성숙한 구조도 다른 단자엽식물과 현저하게 다르다(그림 11−7). 예를 들면, 밀속의 성숙한 배는(그림 11−7M) 배반(scutellum)이라는 1개의 자엽을 갖고 있다. 배반은 성숙한 배의 중앙 종단면에서 배축의 옆에 붙어 있다. 배반보다 아래쪽의 배축 부분은 유근(radicle)이며, 유근의 끝 부분에는 정단분열조직과 근관(root cap)이 있다. 유근과 근관은 근초(coleorhiza)로 싸여 있는데, 근초는 전배의 분화되지 않은 아랫부분이다. 배반보다 위에 있는 배축 부분은 상배축이다. 상배축은 몇 개의 엽원기를 지닌 슈트 정단을 포함하며, 속이 빈 잎 모양 구조인 엽초(coleoptile)로 둘러싸여 있다. 엽초의 정단부에는 구멍이 있다. 근초의 한 쪽 끝에는 엽상배반(epiblast)이라는 작은 돌출 구조가 있다.

Batygina(1969)는 밀속의 배발생 방식을 매우 자세히 기술하였다. 조사한 밀속 식물 4종은 모두 일정한 배발생 양상을 보였다. 이것은 쌍자엽식물, 그리고 밀속 이외의 다른 단자엽식물과 매우 다른 것이다. 그녀는 "벼과의 독특한 배발생 양상은 벼과형이라는 새로운 배발생 유형으로 구분할 수도 있을 것"이라고 하였다. 밀속에서 나타나는 배발생 초기의 특징은 경사분열이 규칙적으로 일어난다는 것이다.

접합자의 첫 번째 핵분열(그림 11−7A)에 이어 경사벽이 형성되어 작은 정단세포(*ca*)와 큰 기부세포(*cb*)로 나누어진다(그림 11−7B). 세포 *cb*는 다시 비스듬히 분열하여 세포 *ci*와 *m*을 형성한다(그림 11−7C,D). 분열하는 동안 형성된 세포벽의 위쪽 끝은 *ca*와 *cb*를 분리하는 벽과 연결된다. 세포 *ca*에서 3번째 분열이 접합자의 첫 분열면에 수직 방향으로 일어난다. 따라서 T형 전배(4-세포)가 형성된다(그림 11−7D). 그러나 세포벽의 방향은 쌍자엽식물이나 단자엽식물 모두에서 T형 4분체 배와는 매우 다르며, 이로 인해 밀속의 배발생 특징이 나타나게 된다.

세포 *ci*는 *ci*와 *m* 사이의 벽에 직각 방향으로 분열하여 세포 *n*과 *n′*를 형성한다(그림 11-7E). *ca*의 딸세포들은 *ca* 내의 첫 번째 분열처럼 동일한 면이지만 직각 방향으로 분열하여, 전형적인 4분체 *q*를 형성한다(그림 11-7E,F). 세포 *m*은 종으로 분열하여 2개의 세포로 된다(그림 11-7E~H). 이후의 분열은 다양한 방향으로 일어난다(그림 11-7G~I).

기관 발생은 전배의 16~32-세포기에 시작된다. 첫 번째로 분화되기 시작하는 기관은 단일 자엽(배반)이다. 배반의 분화는 *q*, *m*, *n* 구역을 포함하는 전배의 정단-측면 지역에서 생장함으로써 시작된다(그림 11-7I; 화살표로 표시). 발생이 더 진행되면서 (*ca* 구역에 있는) 배반 맞은편에 수축된 부분이 나타나서 배의 나머지 부분과 구별된다(그림 11-7J). 이어서 엽초의 원기(primordia)가 나타나고, 그 후에 V자 모양의 홈 가까운 곳에 슈트 정단(경단)이 나타난다(그림 11-7K,L). 유근은 배의 중앙 부위에서 내생적으로 분화된다(그림 11-7L,M). 나자스말속과 마찬가지로 밀속에서도 상배축이 말단 층(*q*)에서 형성된다. 성숙한 배에서 상배축이 측면에 위치하는 것은 2차적 특징으로, 상배축보다 자엽이 활발하게 생장하기 때문이다.

11.2.3 배병

배병(suspensor)은 일시적으로 존재하는 구조이며, 전배의 뿌리 끝에서 발견된다. 배병은 배발생 초기에 배보다 훨씬 빨리 생장하고, 대개 구형기 또는 이른 심장형기에 최대 크기에 도달한다(그림 11-8). 성숙한 종자에서는 배병의 흔적만 나타날 수도 있다. 배병은 크기, 모양 그리고 구성세포 수 등에서 많은 변이를 보이는데, 이러한 변이는 대개 배에 영양분을 공급하는 주요 기능과 관련되어 있다.

배병은 배를 배낭에 고정시킨 후 배유 속으로 깊이 밀고 들어가서, 배가 영양적으로 유리한 환경에 놓이게 된다. 겨우살이과는 배낭이 화주 속에서 다양한 높이로 자라는데, 난세포는 화주 속에 있는 배낭의 끝에서 수정되고 배유는 자방 내부에 형성된

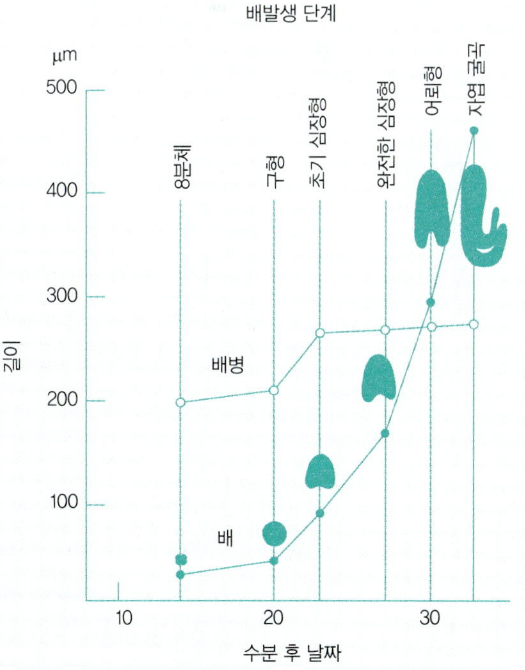

그림 11-8 모래냉이속의 *Diplotaxis eruciodes*의 배병과 배의 생장 비교.

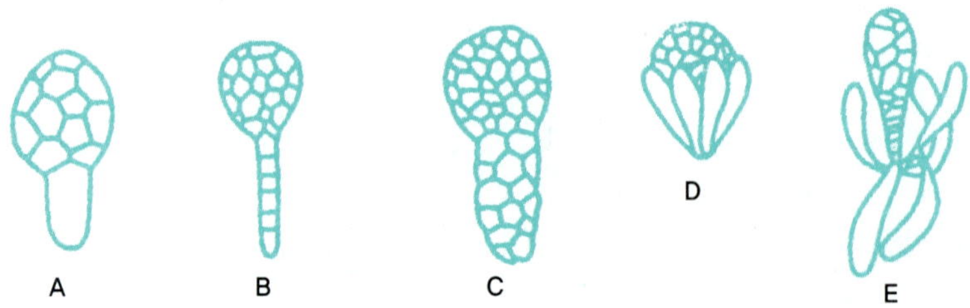

그림 11-9 난초과에서 발견되는 몇 가지 배병의 유형.

다. 이들 식물에서는 배병이 유난히 길어서 배를 배유 속으로 넣을 수 있다.

이미 1902년에 Lloyd는 일부 꼭두서니과 식물에서 배병 흡기(suspensor haustorium)의 존재를 밝혔다. 그는 "이러한 형태에서 배병은 배를 영양 공급이 유리한 곳으로 운반할 뿐만 아니라 일시적인 배의 뿌리로서도 작용한다"고 하였다. 배병 흡기는 피자식물에서 널리 존재한다. 이들은 세포막을 통한 물질의 단거리 수송에 관여한다고 알려진 수송세포(transfer cell)와 유사한 구조를 갖는다. 이러한 특징은 배병이 다양한 배주 및 배주외 조직에서 양분을 흡수하고 이 양분을 배로 수송하는데 활발하게 관여한다는 생각을 뒷받침한다.

난초과, 마름과, 물이끼풀과 식물은 배유가 존재하지 않으며, 배에는 잘 발달된 배병 흡기가 있다. Swamy(1949)에 따르면 난초과에서는, 배병이 (a) 단세포이며 주머니 모양, 원추형, 관상, 또는 낭포형 등으로 확대되거나(그림 11-9A; 예: *Cypripedium*속, *Dendrobium*속), (b) 5~10개의 세포가 1열의 사상체(그림 11-9B)로 되어 주공을 지나 자라며, 태좌에 도달한 후 흡기 가지를 만들어 태좌 속으로 뚫고 들어가거나(예: *Habenaria*속, *Ophrys*속, *Satyrium*속), (c) 포도송이처럼 보이거나(그림 11-9C; 예: *Epidendrum*속, *Sobralia*속), (d) 배병 시원세포가 3회 종분열하여 형성된 세포 8개가 아래로 신장되어 배를 절반 이상 감싸거나(그림 11-9D; 예: *Cottonia*속, *Lusia*속, *Vanda*속), 또는 (e) 접합자가 분열하여 6~10개의 세포로 된 불규칙한 세포 덩어리를 만들며, 그 중에서 주공 말단을 향해 위치한 일부 세포가 신장되어 관상구조를 형성하는(그림 11-9E; 예, *Cymbidium*속, *Eulophia*속) 등, 배병 체제의 다양한 변이를 볼 수 있다.

물이끼풀과의 *Dicraea stylosa*에서는 기부세포(*cb*)가 확대되고 과비대(hypertrophied) 핵을 2개 갖는다. 이후의 발달과정 동안에 이 기부세포에서 세포벽이 얇은 여러 개의 흡기 분지가 만들어진다. 이 분지들은 두 주피 사이로 생장하여 배보다 더 커진다(그림 11-10). 핵은 분지 속으로 이동하

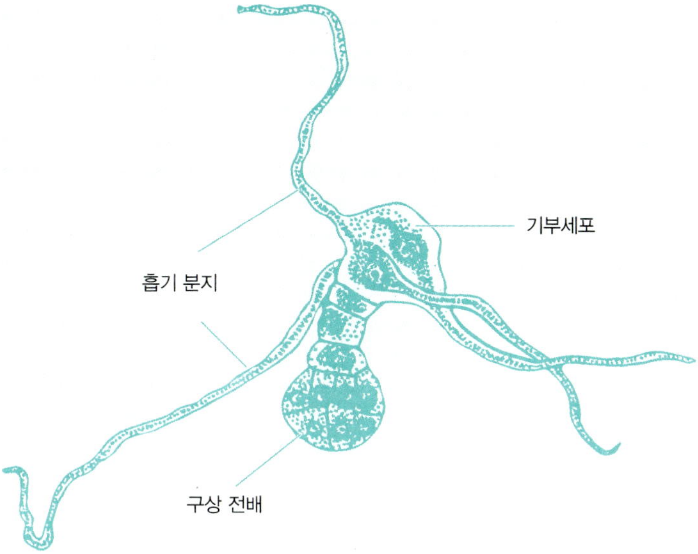

그림 11-10 *Dicraea stylosa*의 구형 전배. 기부세포가 확대되고 흡기 분지를 형성한다.

지 않는다.

배병 흡기는 개미탑과, 돌나물과, 콩과, 한련과, 현호색과 등에서도 발견된다. 개미탑과에서는 배병 흡기가 조세포(synergid)처럼 보인다. 개미탑과의 수세미속에서 2-세포 전배는 큰 기부세포와 매우 작은 말단세포로 구성되며, 기부세포에서 흡기가 형성된다. 흡기는 종분열하여 두 딸세포를 형성하며, 이들은 배낭의 주공 부위 전체 공간을 채울 정도로 확대된다. 핵들은 매우 비대해진다(그림 11-11).

돌나물과의 꿩의비름속에서 2-세포 전배의 정단세포는 진정한 배뿐만 아니라 4-세포 배병으로 되는 반면, 기부세포는 전혀 분열하지 않은 채 확대된다. 기부세포의 핵은 지나치게 비대해지고, 세포는 주심 표피 속으로 자라 주공에서 소낭을 형성한다. *Sedum ternatum*에서는 소낭이 더 자라서 주병(funiculus) 쪽에서 주심 표피와 내주피 사이에 관을 형성한다. *Sedum ochroleucum*에서는 소낭이 배낭의 어느 한 쪽에서 관상 분지로 발달한다. 분지 중의 하나는 세포들을 분해하면서 내주피 속으로 자라며, 내주피와 제조(raphe)*** 사이로 계속 자란다. 여기에서 흡기 분지가 만들어지는데, 균류의 균사와 비

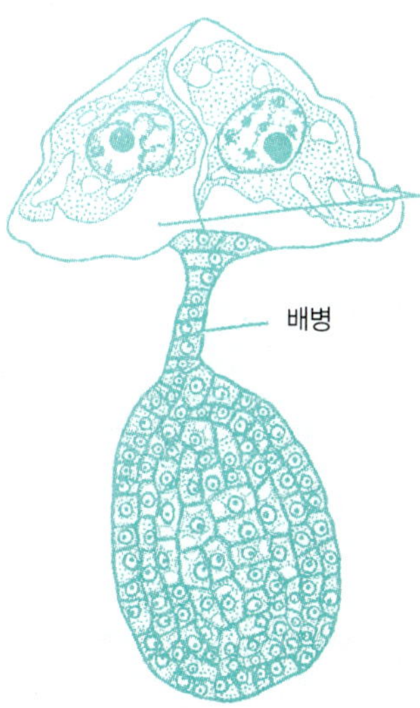

그림 11-11 수세미속의 *Myriophyllum intermedium*의 구형 전배. 기부세포(*cb*)의 두 딸세포가 확대되어 있으며, 이들의 핵은 비대해져 흡기구조처럼 보인다.

***제조(raphe) : 배주가 배 벽에 부착되어 있는 곳이 종자에서 선상으로 융기되어 있는 부분. 세로로 갈라진 틈의 종단면이 V자형을 이룬다.

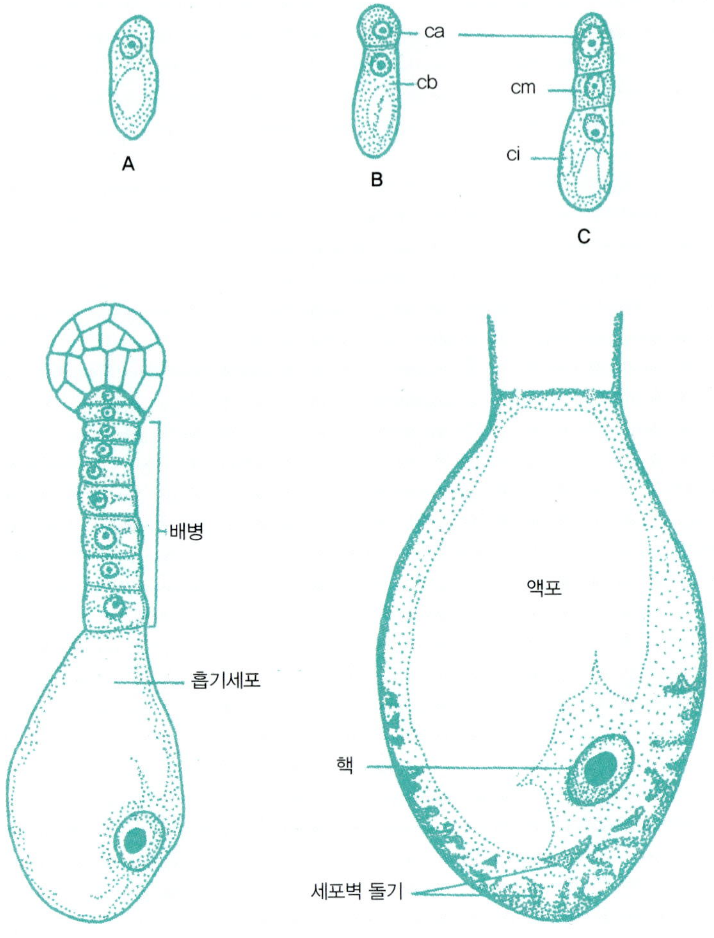

그림 11–12 냉이의 배발생 초기 단계. 배병의 기부세포가 흡기로 된다. **A.** 접합자. **B.** 2-세포기. **C.** 3-세포기. **D.** 구형 전배. **E.** 흡기세포의 미세구조 모식도. 주공 말단의 세포벽 돌기가 보인다.

슷하다. 흡기 분지는 제조의 유조직을 통해 세포 내부로 자란다.

냉이속, 쇠별꽃속, 팥속의 미세구조 연구에 의하면, 배로 수송되는 양분은 배병을 거쳐 갈 수도 있다. 냉이에서는 접합자(그림 11–12A)가 횡분열하여 작은 정단세포(*ca*)와 큰 기부세포(*cb*; 그림 11–12B)를 형성한다. 정단세포는 진정한 배로 되고, 기부세포는 배병을 형성한다. 기부세포가 횡분열하여 주공 쪽의 큰 세포(*ci*)와 정단세포 쪽의 작은 세포(*cm*)를 만든다(그림 11–12C). 세포 *cm*은 횡분열하여 6~10개의 일렬로 배열된 배병세포로 되고, 주공 쪽의 세포(*ci*)는 전혀 분열하지 않은 채 단순히 확대되어 배병의 흡기세포를 형성한다(그림 11–12D). 이 흡기는 배낭의 주공 말단에 부착되어 있다. Schulz와 Jensen(1969)은 배발생이 시작될 때부터 세

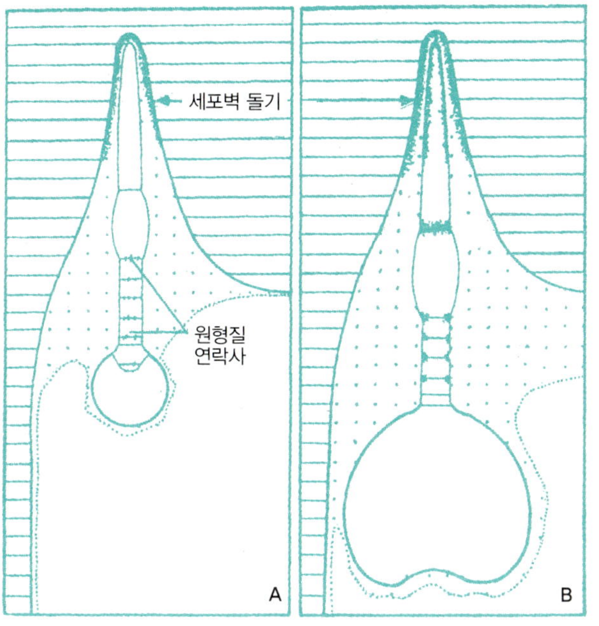

그림 11-13 모래냉이속의 *Diplotaxis erucoides*. 구형 배(A) 및 심장형 배(B)의 모식도. **A.** 배병 세포벽을 가로지르는 원형질연락사, 그리고 배유 세포벽의 주공 부분에 있는 세포벽 돌기가 보인다. **B.** 세포벽 돌기가 배병의 기부세포들에서도 발달되어 있다.

포벽이 세포질 속으로 돌출되는 세포벽 내생장 구조가 기부세포의 주공 말단에 있음을 밝혔다. 배발생이 진행되면서 이러한 손가락 모양의 돌기들은 더욱 뚜렷하게 되고, 구형 전배 시기에 이르면 흡기세포의 주공쪽 절반가량에 돌기 구조가 발달된다. 돌기는 언제나 흡기세포의 주공쪽 말단에서 가장 많이 나타난다(그림 11-12E).

배병의 흡기세포에서 발달하는 세포벽 내생장 구조는 조세포에 있는 사상장치와 비슷하고, 수송세포에 있는 세포벽 돌기 구조는 분비조직, 밀선, 기생식물의 흡기 등에서 물질의 단거리 수송과 관련되어 있다. 이 모든 경우에, 세포벽 돌기들은 PAS-양성[****](불용성 다당류가 풍부함)이며, 전자밀도가 낮은 주변부와 잇닿아 있는 전자밀도가 높은 중심핵을 이룬다. 세포벽 돌기 구조에 의해 원형질막의 표면적이 현저하게 증가되며, 이 구조에 수많은 미토콘드리아가 연계되어 있다. 따라서 배주조직에서 배로 향하는 물질의 수송에 배병의 흡기세포가 관여할 가능성이 있다고 추정할 수 있다.

Simoncioli(1974)는 *Diplotaxis erucoides*의 구형기 배에서 배병의 길이는 평균 200μm이고(그림 11-8), 아주 크게 "부풀어 있는" 세포 1개와 직사각형 세포 2~5개로 구성되어 있음(그림 11-13A)을 밝혔다. 배병은 원

**** PAS 염색(periodic acid-Shiff stain) : 조직학과 병리학에서 조직의 당을 확인하는 염색법. 당에 있는 —OH기가 periodic acid에 의해 산화되어 —CHO기를 생성하며, 이 —CHO기가 Shiff 시약과 작용하여 붉은 자주색으로 발색된다.

근층(hypophysis)*****을 지나서 배에 연결되어 있다. 심장형기에 이르면 원근층이 4개 세포로 나뉘어져 배의 부분을 이룬다.

배의 구형기에서는 내주피와 접촉하고 있는 배유 세포벽의 주공쪽 부위에 수많은 돌기가 있는데, 이들이 끝이 뾰족한 기부세포를 에워싸고 있다(그림 11–13A). 이 시기에는 원근층에서 배병을 분리시키는 1개를 제외한 배병세포의 모든 횡단 세포벽에 원형질연락사가 나타난다. 원근층과 렌즈형 세포(원근층의 유도체) 역시 원형질연락사를 통해 연결되어 있으나, 렌즈형 세포와 배 사이에는 이러한 연결이 없다. 냉이속과는 달리, 모래냉이속에서는 배병의 기부세포에 있는 세포벽 돌기 구조가 심장형기 배에서 나타난다(그림 11–13B). 기부세포의 주공 말단 부위 이외에도, 세포벽 내생장 구조는 특히 기부세포와 부푼 세포 사이에서 풍부하게 나타난다.

배병이 배의 영양과 발달에 적극적으로 관여한다는 사실을 지지하는 그 밖의 증거는 다음과 같다:

1) 팥속과 *Eruca*속에서 배병세포의 염색체들은 고도의 다사성으로 된다. *Phaseolus coccineus*의 심장형기 배에서는, 핵이 고도의 엽상으로 갈라져 있으며 핵질 속에 미소인(micronucleolus)이 존재하다는 사실로 보아, 이 시기에 핵의 기능이 활발함을 알 수 있다.
2) Prichard (1964)에 따르면, 별꽃의 1차 배병세포에는 단백질체가 가득 차게 되는데, 궁극적으로 생장하는 배에 의해 흡수된다.
3) Sussex 등(1973)에 따르면, *P. coccineus*에서는 배발생 전체과정을 통해서 배병세포가 같은 시기의 배에 있는 세포들보다 더 많은 RNA와 단백질을 함유하며 더 빠르게 합성한다.
4) Yeung과 Clutter (1979)에 따르면, *P. coccineus*에서는 늦은 구형기 배 및 심장형기 배의 배병세포에 색소체가 풍부하게 존재하며, 배가 성숙하면 색소체가 사라진다. 이런 현상은 색소체가 배발생에 특별한 역할을 수행한다는 사실을 암시한다.
5) Yeung(1980)은 발달 중인 *P. coccineus*의 꼬투리에 ^{14}C-설탕을 공급하면, 방사능이 배병에서 처음으로 나타나고 배에서는 나중에 나타난다고 하였다. 이것은 특히 심장형기에는 배병이 영양분을 흡수하는 장소라는 사실을 의미한다. 성숙한 배에서는 자엽 스스로 영양분을 흡수한다.
6) 활면소포체가 거대하게 발달되는 현상은 많은 식물 분비세포의 특징인데, *Ipomoea purpurea*의 배병세포에서도 관찰된다. 이들 배병

***** 원근층(hypophysis): 피자식물의 전배에서 배가 만들어질 때 근단을 형성하는 부분. 위쪽 세포는 유근의 피층으로, 아래쪽 세포는 근관과 근관형성층, 유근의 표피계로 분화한다.

세포에는 또한 직경이 일정하고 펩신에 소화되지 않는 특수한 유형의 관이 존재한다. 이러한 관은 강낭콩의 잎에 있는 분비세포에서 관찰된 바 있다. 배병세포의 이런 특징들을 바탕으로 하여 Ponzi와 Pizzolongo(1972)는 이 기관이 분비기능을 가진다고 하였다. 몇 가지 간접 증거에 의하면 이들 세포에서 분비된 물질(들)의 성분이 지베렐린과 비슷한 것으로 보인다. Alpi 등(1975)은 이러한 견해를 뒷받침하였다. 그들은 *P. coccineus*의 심장형기 배에서, 배병세포가 배보다 30배나 높은 지베렐린 활성을 가지고 있음을 밝혔다. 자엽 형성 후 배병이 퇴화되는 초기에는 배병세포의 지베렐린 수준이 급속히 낮아지는 반면, 배에서는 상당한 수준으로 증가하였다. 그 이유는 아마도 지베렐린이 배병세포에서 배로 이동하기 때문일 것이다.

7) 기내 연구에서도 배병이 어린 배의 발생에서 중요한 역할을 수행하는 것으로 나타났다. Cionini 등(1976)에 따르면, *P. coccineus*의 나이든 배(길이 5mm 이상)는 온전한 배병이 있을 때나 없을 때나 똑같이 잘 배양된다. 그러나 어린 배(심장형기와 이른 자엽기, 길이 0.5~1.5mm)는 배병을 제거하면 소식물체 형성 빈도가 현저히 감소된다. Yeung과 Sussex(1979)는 배병은 배와 붙어 있는 온전한 상태이거나 또는 배에서 분리되었지만 아주 가까이 놓인 상태에서 배양하면, 배병 없이 배를 배양하였을 때에 비하여 배의 발달을 훨씬 강하게 자극한다는 사실을 보임으로써(표 11-1), *P. coccineus*의 어린 배가 생

표 11-1 *Phaseolus coccineus* 배의 기내 생장과 발생에 대한 배병의 효과

시작 단계[a] (생중량, mg)	처리 내용	생중량[b]±표준오차(N) (mg)	%식물체형성 배[d] (배양된 배의 수)
이른 심장형 배 (0.87±0.02)	진정한 배만	3.19±0.52(10)	41.5(89)
	배병이 부착된 진정한 배	8.91±1.16[c](10)	88.4(95)
	절단된 배병과 직접 접촉한 진정한 배	6.22±0.78[c](10)	72.5(51)
	열처리로 죽인 절단된 배병과 직접 접촉한 진정한 배	4.10±0.43(5)	37.0(43)
	배병과 1cm 떨어진 진정한 배		33.3(30)
늦은 심장형 배 (1.07±0.07)	진정한 배만	17.2±2.84(5)	94.4(18)
	배병이 부착된 진정한 배	15.4±1.41(6)	94.4(18)
이른 자엽 (3.92±0.19)	진정한 배만	20.3±2.5(7)	100.0(18)
	배병이 부착된 진정한 배	24.4±2.75(11)	100.0(19)

[a] 종자의 크기: 이른 심장형 배 – 4.5mm; 늦은 심장형 배 – 6.5mm; 이른 자엽 – 7mm.
[b] 생중량(fresh weight)은 배양 10일 후에 측정함; (N)은 시료의 크기.
[c] 1% 수준에서 유의미함.
[d] 배양 8주 후에 측정함.

장할 때에 배병이 중요하다는 사실을 확인하였다. 배병이 생장을 촉진하는 활성은 배의 이른 심장형기 배에서 최대로 나타났다. 시험해 본 여러 가지 생장조절물질 중에서, 5mgL^{-1} 농도의 지베렐린이 배병의 기능을 가장 효과적으로 대체하였다. 이 결과는 *P. coccineus*의 배병에서 지베렐린 활성이 심장형기 배에서 최대로 나타난다는 Alpi 등 (1975)의 보고와 일치한다.

11.3 배의 영양

배의 영양을 이해하기 위한 연구 방법은 두 가지이다. 하나는 생체내 연구를 통해 배주 안쪽에 있는 배의 영양과 연관된 구조와 그들의 화학적 조성을 조사하는 것이다. 이것은 자연 상태에서 배에 영양을 공급하는 물질에 대한 아이디어를 제공해 줄 것이다. 다른 방법은 기내 연구를 통해 다양한 발생 시기의 배주에서 배를 적출하여 배양하면서 생장에 필요한 영양분의 최적조건을 조사하는 것이다. 여기에서는 생체내 연구(*in vivo* study)를 중심으로 다루고자 한다. 기내 연구에 기초한 배의 영양은 제14장에서 따로 기술하였다.

11.3.1 배유

배주 안쪽에 있는 배의 주요 영양원은 배유이다. 배유는 배의 직접적인 환경을 조성하며, 영양물과 생장 조절물질을 풍부하게 가지고 있다는 증거가 많이 있다.

Smart와 O'Brien (1983)은 밀속의 배발생을 인접한 조직들과 관련지어 실험하였으며, 발생 중인 배가 영양분을 가득 저장한 장소라고 결론지었다. 개화 후 7일 이내에 배를 감싸고 있는 배유의 세포화가 완료되며, 이렇게 형성된 배유세포가 배의 대부분을 감싼다. 정상적인 배유와는 다르게, 배유의 이 부위(변형된 배유)에 있는 세포들은 몇 개의 액포만 있는 높은 밀도의 세포질을 가지며 녹말이나 단백질은 축적되어 있지 않다. 배가 15일령이 되기 전까지 기간에 주심의 유조직 세포와 변형된 배유 세포들이 가수분해되어 완전히 소화된다. 그 후에 곧, 배의 기부 주위에 있는 주심의 표피가 특수화된 세포를 형성한다. 이 세포들은 PAS-양성 말단과 세포벽 내생장의 특성을 보이며, 수송세포의 형태를 갖추도록 한다.

코코넛 유액(액체배유)을 화학 분석한 결과 무기이온과 아미노산이 풍부하며, 당분과 생장조절물질도 포함하고 있다는 사실이 밝혀졌다. 이와 유사하게 유액 시기에 있는 옥수수 배유는 탄수화물, 아미노산과 단백질 복합체 등을 다량 함유하는 것으로 밝혀졌다. 아미노산의 농도는 배유가 성숙함에 따라 감소하는 경향을 보인다. 옥수수 유액에는 IAA도 풍부하다. 세포분열을 활발하게 유도하는 여러 종류의 퓨린 화합물이 미성숙 옥수수 배유에서 확인되었다. 시토키닌의 일종인 zeatin이 어린 옥수수 배유에서 결정화되기도 하였다. 많은 곡물(밀, 호밀, 쌀, 보리)의 배유는 옥신을 함유하는 것으로 알려져 있다. 배나무속 *Pyrus amygdalus*, 칠엽수속 *Aesculus california*, *Echinocystis macrocarpa*, *Persea americana* 등을 비롯한 일부 식물의 배유 추출물은 지베렐린-유사 활성을 보이는 것으로 알려졌다.

배유조직의 영양분 품질에 관한 직접적인 증거도 있다. 미성숙 코코넛의 유액으로 많은 식물에서 적출해낸 어린 배를 생장시킬 수 있으며, 코코넛을 비롯한 많은 식물에서 추출한 배유를 이용하여 고도로 성숙하고 분화된 세포에서 세포분열을 유도할 수도 있다.

배에 영양분을 공급하는 배유의 또 다른 특징은 흡기 구조를 발달시킬 수 있는 능력이다. 흡기 구조는 여러 가지 배주조직에 침투해 들어가서, 그곳의 영양분을 흡수하여 배로 이동시킨다(제10장 참조).

배유가 없거나 충분히 발달되지 않은 경우, 배는 다른 구조에서 영양분을 얻는다. 대개 배병 흡기가 배유를 대신하는데, 배주의 여러 부위에서 영양분을 얻어 발달중인 배에 공급한다. 배병 흡기는 물질의 흡수와 단거리 수송에 구조적으로 잘 적응된 것으로 보인다.

11.3.2 위배낭

물이끼풀과 식물은 배유가 없으며, 이 과에서만 나타나는 위배낭(pseudo-embryo sac)과 배병 흡기가 배유의 기능을 대신한다. 대포자 모세포 아래에 있는 주심세포가 길게 확대되고, 세포벽이 얇고 약하게 된다. 전배의 4-세포 시기에 주심세포들이 파괴되어 큰 공간을 형성하는데, 이것을 위배낭이라고 한다(그림 11-14). 일부 식물(*Dicraea*속, *Hydrobryum*속, *Zeylanidium*속)에서는 대포자 모세포가 감수분열을 하는 무렵인 이른 시기에 위배낭이 발달한다.

위배낭은 여러 개의 유리 핵과 높은 밀도의 세포질을 가지고 있는데, 세포질은 발달하는 배에 의해 점차 소비된다.

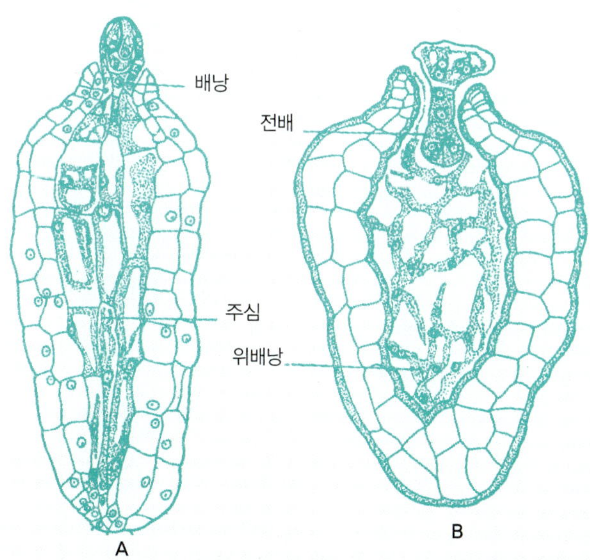

그림 11-14 물이끼풀과의 *Indotristicha ramosissima*에서 위배낭의 형성. A. 온전한 주심을 가진 성숙한 배낭 시기. B. 4-세포 시기의 전배. 주심세포들이 파괴되어 위배낭을 형성한다.

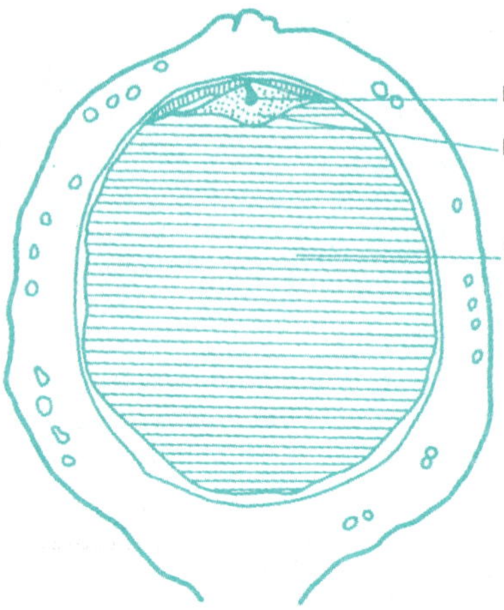

그림 11-15 후추속의 *Piper nigrum*. 배의 전-구형기(pre-globular stage) 과실의 종단면. 부피가 큰 외배유와 심하게 감소된 배유를 볼 수 있다.

11.3.3 외배유

주심은 대개 발달하는 배유에 의해서 소비된다. 그러나 비름과, 생강과, 쇠비름과, 풍접초과, 홍초과, 후추과 등에서는 배낭을 감싸는 주심조직이 종자에 지속적으로 존재하며 양분물질이 가득 차게 된다. 이렇게 계속 남아 있는 주심을 외배유(perisperm)라고 한다. 이러한 경우에 배유는 외배유와 배 사이의 중간 조직으로서, 외배유에 저장되어 있는 양분을 흡수하여 배로 전달하는 역할을 한다.

후추속의 *Piper nigrum*에서 배낭 아래에 있는 주심세포들은 조직의 나머지 세포보다 더 빠르게 분열하며, 활성이 수정 후에 엄청나게 증가한다. 이들 가운데 일부 세포 사이의 세포벽이 파괴되고 핵이 융합된다. 이러한 복합세포는 크고 세포질 밀도가 높으며, 구형의 기름을 저장한다. 녹말은 배낭을 감싸는 주심세포와 주심 표피세포에서 나타난다. 녹말의 양은 배낭의 기부를 향한 합점쪽 끝부터 증가한다. 이 식물에서 종자의 95%는 외배유이다(그림 11-15). 배 주위에 있는 배유는 외배유에 비하여 심하게 감소되어 있다.

11.3.4 합점배유

*Cyanastrum*속 식물에서는 배유와 주심의 주요 부분이 종자 발달과정에서 나타나지 않는다. 그러나 유관속 위에 있는 배주의 합점쪽에 있는 주심 세포들이 활발히 분열하여 합점배유(chalazosperm)라는 뚜렷한 조직을 형성한다. 느슨하게 배열된 이 조직의 세포들은 지방과 녹말로 차 있으며, 배유의 기능을 대신한다.

11.4 배발생의 생리학 및 유전학적 조절

식물의 배는 암술 조직의 깊숙한 곳에 위치하기 때문에 초기 배발생 시기에는 접근하기 어렵다. 따라서 고등식물에서 배발생의 생리학적, 유전적 조절 분야는 오랫동안 많은 발전을 이루지 못하였다. 최근에 식물의 배발생이 새롭게 주목을 받고 있으며, 배발생 동안의 유전자 발현 조절에 관한 지식이 발전하고 있다. 배발생 동안에 일어나는 발생 유형의 형성, 세포분화와 기관 발생에 필요한 유전자들을 밝히기 위해 유전학적 연구가 진행되고 있으며, 또한 배발생 동안 이루어지는 형태형성 과정에 대한 호르몬의 조절에 대한 일부 정보도 유용하게 이용할 수 있게 되었다.

11.4.1 생리학적 조절 양상

배발생 초기의 주요 단계는 구형 배가 방사대칭에서 좌우대칭으로 바뀌어 자엽과 배축이 분화되는 시기이다. 이러한 형태발생 과정에는 옥신의 극성이동이 관련되어 있다. 구형 배에 N−1−naphthylphthalamic acid(NPA), quercitin, triiodobenzoic acid(TIBA)와 cinnamic acid 등의 옥신 극성이동 저해제를 처리하면 구형 시기에서 심장형 시기로 전이되지 않거나, 갓에서 뚜렷한 2개의 자엽이 아니라 고리 모양의 자엽 조직이 분화되고 밀속에서는 슈트가 추가로 분화되는 등의 비정상적 형태가 유도된다.

기내에서 밀의 구형 배에 옥신 극성이동 저해제를 처리한 효과에 관한 연구를 기초로 하여, Fischer 등(1997)은 슈트 분열조직 분화의 조절 모델을 제안하였다(그림 11-16). 이에 따르면, 옥신은 배의 아랫부분에서 합성된 후 배의 종축을 따라서는 배반이 분화되는 장소로, 측면을 따라서는 슈트 원기가 분화되는 장소로 수송된다. 저해제를 처리하면 극성이동이 억제되기 때문에 옥신을 수송하는 세포 속에 옥신이 축적된다. 옥신 합성 장소에서 가장 가까이 있는 세포에 가장 많은 양의 옥신이 축적된다. 옥신이 이웃 세포로 확산되면 슈트가 추가로 분화되며, 추가로 형성되는 슈트의 수는 저해제 농도 증가에 따라 늘어난다.

11.4.2 유전학적 조절 양상

아기장대속을 비롯한 몇 종의 식물(옥수수, 벼)에서 배발생 동안에 일어나는 발생 유형의 형성, 세포분화 및 기관 발생 등의 단계에 필수적인 유전자를 밝혀내기 위한 유전학적 연구가 진행되고 있다. 이들 유전자를 확인하기 위하여, 배발생에서 결함이 나타나는 발생학적 돌연변이들을 가려내는 고전적인 방법이 사용되었다. 약 1,500개의 다양한 유전자들이 식물 배에서 활성을 나타내며, 이들 중 대다수가 배의 특정 세포유형과 지역, 기관

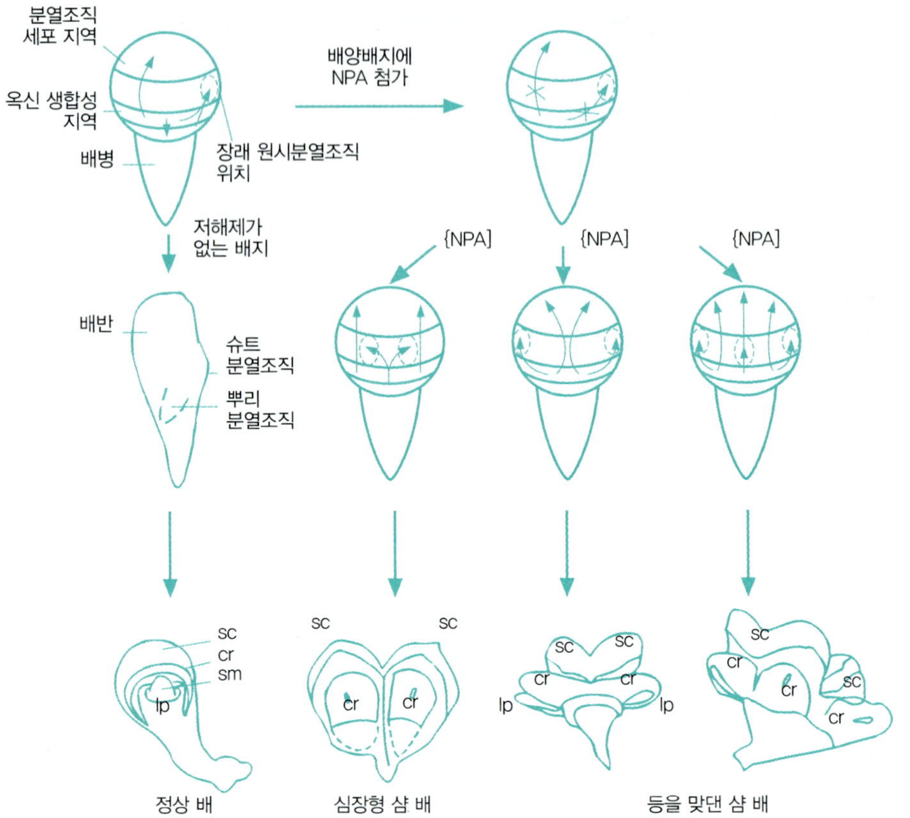

그림 11-16 밀의 배에서 슈트 분열조직 분화를 조절하는 옥신 흐름에 대한 모델(화살표는 옥신의 흐름). 정상적으로는 옥신은 구형 배의 아랫부분에서 합성되어 종축을 따라서는 배반이 분화되는 곳으로, 측면을 따라서는 슈트가 분화되는 곳으로 수송된다. 옥신 극성이동 저해제인 NPA를 처리하면 옥신의 극성이동이 감소되고, 따라서 옥신을 수송하는 세포들 속에 옥신이 축적된다. 이 옥신이 이웃 세포로 확산되면 슈트 분열조직이 추가로 분화된다. 저해제를 저농도로 처리하면 옥신의 극성이동이 감소되기는 하지만 저해되지는 않으며, 그 결과 옥신이 축적된다. 옥신이 이웃세포로 확산됨으로써 2개의 인접한 슈트 분열조직이 분화된다. 따라서 저농도의 저해제 처리로 인해 슈트 분열조직이 인접해 있는 2개의 심장형 샴(Siamese) 배가 발생된다. 저해제를 고농도로 처리하면, 옥신의 극성이동이 더욱 감소하여 더 많은 옥신이 축적된다. 그 결과로 제2의 옥신 흐름이 나타날 수 있다. 이 흐름을 이웃의 고리를 이룬 다른 세포들이 신호로 인지하여, 첫번째 슈트 분열조직으로부터 180°의 위치에서 두번째의 슈트 분열조직의 분화가 유도된다. 이로 인해 추가된 슈트를 가지는 등을 맞댄 샴(back-to-back Siamese) 표현형이 나타난다. 더 높은 농도의 NPA를 처리하면 1개 이상의 옥신 흐름이 추가로 일어날 수 있으며, 추가로 2~4개의 슈트 분열조직이 고리 모양으로 분화될 수 있다. (*cr*, 엽초 또는 엽초환; *lp*, 첫 번째 엽원기; *NPA*, N-1-naphthylphthalamic acid; *sc*, 배반; *sm*, 슈트 분열조직).

에서 발현된다. 그러나 50개 정도의 비교적 적은 유전자들이 배의 유형 형성에서 특별한 기능을 수행하는 것으로 보인다.

배의 축은 심장형기까지는 뚜렷하게 보이지 않지만, 분자 및 형질전환 연구에 의해서 다음과 같은 사실이 밝혀졌다. 즉, 배의 정단 · 기부를 연결

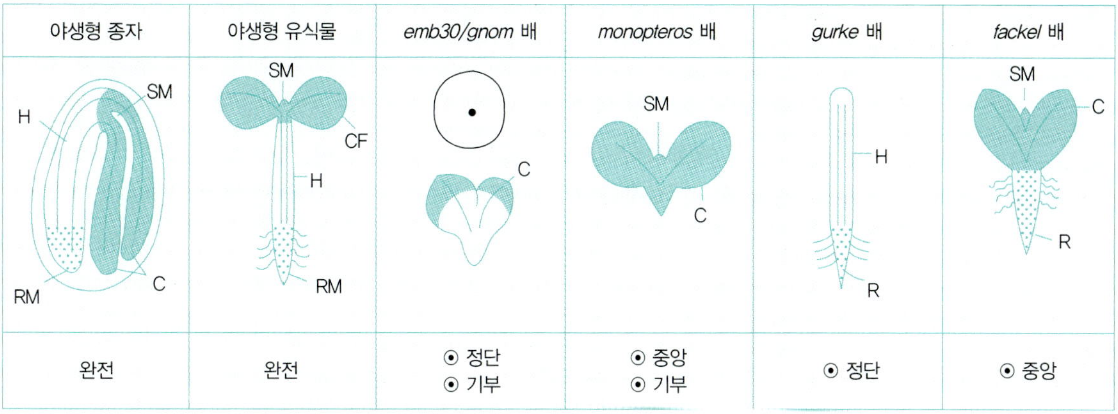

그림 11-17 아기장대속의 유형 돌연변이체. 음영으로 표시한 부위는 정단지역, 공백은 중앙지역, 점으로 표시한 부위는 기부지역을 나타낸 것이다. *gnom*의 강한 표현형(위)과 약한 표현형(아래)을 표시하였다. (RM, 뿌리 분열조직; SM, 슈트 분열조직; C, 자엽; H, 하배축; R, 뿌리.)

하는 종축을 따라 있는 세포들은 구형기에 이미 분화되어 있으며, 서로 다른 전사조절 영역의 전-양상(pre-pattern)이 정해져 있어서 심장형기에 자엽과 배축 지역의 분화를 유도하게 된다. 아마도 각 전사영역은 계단조(cascade)의 한 부분을 이루어 배발생 과정 후기에 특정한 배 지역들이 분화되도록 작용할 것이다.

성숙한 배의 종축은 정단지역(자엽과 슈트 분열조직 포함), 중앙지역(하배축 포함), 그리고 기부지역(유근 포함) 등의 세 지역으로 구성된다(그림 11-17). 유전학적 연구에 의해 아기장대속의 배 본체(embryo body)에 변이를 일으키는 돌연변이체들이 밝혀졌다. 이들 돌연변이체 대부분은 세 범주—(a) 정단 · 기부 유형 발생단계가 결실된 경우, (b) 방사대칭이 변형된 경우, (c) 유식물의 형태 변화를 초래하는 경우—중 하나에 속한다. (a)번 범주는 어느 정도 자세히 연구되었는데, 정단지역(*gurke*), 중앙지역(*fackel*), 중앙지역과 기부지역(*monopteros*), 그리고 정단지역과 기부지역(*emb30/gnom*)에서 결실을 일으키는 돌연변이체가 이에 속한다. 배 본체의 설계에 특정한 영향을 주는 이들 돌연변이 유전자는 수정 후에 활성화된다. 더욱이 배에서 특정 지역이 상실되어도 인접 지역은 영향을 받지 않는다. 예를 들면, *gurke* 배는 정단지역이 상실되어 있으나 중앙지역과 기부지역은 정상이다. 유사하게, *monopteros* 배는 중앙지역과 기부지역이 없으나 정단지역은 정상이다. 아기장대속의 어떤 돌연변이체는 단지 슈트 분열조직과 뿌리 분열조직과 같은 정단 분열조직에만 영향을 주며, 그 밖에 배발생에 그 밖의 영향을 주지 않는다. 예를 들면, 슈트 분열조직이 없는 돌연변이체(*shoot meristemless*; *stm*)는 배발생 동안에 정단 분열조직의 분화가 이루어지지 않으며, 잎이 없는 유식물이 생긴다. 한편, 배에서 꽃이 피는 돌연변이체(*embryonic flower*)는 배축의 정단에서 슈트 분열조직이 발달하는데, 잎 대신에 꽃이 생긴다. 따라서 배발생 과정 중에 슈트 분열조직의 운명이 변화되었다고 추정할 수 있다.

성숙한 배 지역들이 결실된 것은 전배와 구형기 배에 조직학적인 결함이 있었기 때문으로 볼 수 있는데, 이로부터 배의 본체 설계에 관여하는 유전자 중에서 최소한 몇 개는 배발생 초기 단계에 발현되며 초기의 세포분열을 조절한다는 사실을 추정할 수 있다. 야생형 배가 분열되어 만든 정단 및 기부세포의 크기가 다르지만, *emb30/gnom* 접합자가 분열되어 만든 세포 2개는 크기가 비슷하다. 이후에 일어나는 *emb30/gnom* 배의 분열 역시 매우 변이가 심하고 비정상적이다. 한편, *monopteros* 돌연변이체에서는 접합자의 분열과 그 후 몇 번의 분열이 정상적으로 일어나지만, 8분세포기에서 4개의 세포층이 만들어져 2층인 야생형 배와 대비된다. 돌연변이체의 4개 세포층에서 유래되는 세포는 모두, 이후의 발달 과정에서 야생형 배의 위층에서 유래되는 세포들과 비슷한 유형으로 분열한다. 따라서 야생형 배의 아래층에서 유래되는 배축과 배근이 돌연변이체에서는 나타나지 않는다.

Shevell 등(1994)은 *Agrobacterium* T-DNA로 표지한 *emb30/gnom* 유전자를 이용하여 *emb30/gnom*의 유전자를 분리하였다. 이 유전자의 단백질은 식물 생활주기에서 전반적으로 활성을 나타내며, 배발생을 포함한 포자체 발달의 많은 단계에서 필요한 세포분열, 신장, 착생 등에 관여한다. 따라서 *emb30/gnom*의 유전자는 배의 세포분열 유형을 결정하는데 직접 관여하지 않으며, 아마도 다른 유전자에 의해 초래된 유형을 촉진하는 것으로 보인다.

식물 배의 기본 체제를 규격화하여 조직하려면 배의 독립적인 지역 각각에서 특정하게 유전자 발현을 조절하는 배-특이적 유전자의 프로모터가 필요하다. 이들 유전자는 특별한 프로모터들과 상호작용하며, 이러한 조합으로 인해 전체 배의 전사유형이 만들어진다.

stm 유식물은 슈트 분열조직이 없는 것을 제외하면 본질적으로 정상으로 보이며, 따라서 슈트가 형성되지 않는다. 야생형 배에서 슈트 분열조직은 모든 다른 유형 요소들이 존재한 후 오래 지난 후인 어뢰형기 배에서만 확인할 수 있다(Burton과 Poethig, 1993). 초기 어뢰형기에 이르기 전까지는 *stm* 돌연변이체의 슈트 정단지역도 야생형 배의 것과 비슷하게 나타난다. 이것은 *stm* 돌연변이체 배의 초기 발생은 정상이며, *stm* 돌연변이는 / *gnom*과 *mp* 유전자보다 훨씬 늦게 어뢰형기 동안에만 슈트 분열조직의 발달을 억제한다는 사실을 의미한다.

11.5 배발생의 특이한 예

11.5.1 모란속의 배발생

쌍자엽식물인 모란속의 배발생은 매우 독특하다. Yakovlev(1969)와 Yoffe(1957)에 따르면 모란속의 배발생은 일부 나자식물과 아주 비슷하다(그림 11-18). 처음에 접합자는 유리핵 분열을 거듭하여 다핵체 구조로 된다(그림 11-18A). 그 결과 핵들은 주변부에 위치하고, 중앙부는 큰 액포가 차지한다(그림 11-18B). 이후 단계에서 핵 사이에 세포벽이 생겨서 세포 덩어리가 형성된다(그림 11-18C). 몇 개의 배 원기(embryo primordium)가 주변부 세포에서 분화되지만(그림 11-18D), 오직 1개만 정상적인 쌍자엽식물 배로 성숙한다. 이러한 내용은 Cave 등(1961), Matthiessen(1962), Moscov(1964)도 관찰하였다.

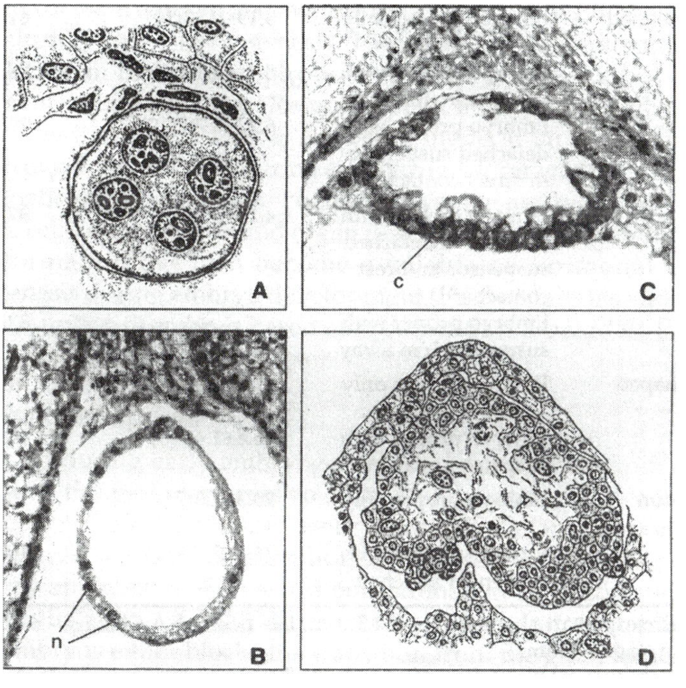

그림 11-18 모란속 식물에서 배발생 과정의 초기 단계. A, B. 다핵성의 초기 배. C. 세포화 과정. D. 다핵체와 세포가 공존하는 단계. *n*, 핵; *c*, 세포.

11.5.2 발육부전 배와 퇴화된 배

발생유형과는 무관하게, 성숙한 배는 일반적으로 유근, 유아, 1개 또 2개의 자엽을 갖는다. 그러나 난초과, 노루발과, 열당과, 용담과, Balanophoraceae, Burmanniaceae, Rafflesiaceae와 같은 일부 식물군은 이러한 기관이 분화되지 않은 퇴화된 배를 갖는다. 이러한 특성은 일반적으로 부생식물과 기생식물에서 나타난다.

미나리아재비과의 *Eranthis hyemalis*의 종자는 산포될 무렵에 유근이나 유아, 또는 자엽이 없는 서양배 모양의 배를 갖는다(그림 12-14 참조). 종자가 땅 위에 떨어지고 난 후에 배가 분화하기 시작하여 쌍자엽식물 배의 통상적인 형태를 갖춘다.

열당과와 난초과 식물의 배에서는 진정한 유근과 유아, 자엽이 끝내 분화되지 않는다. 열당과 초종용속 식물의 성숙한 종자는 구형에 가까운 배를 갖는다. 주공을 향하는 배의 극(pole)은 작은 세포들로 이루어진 형태학적인 유근극(radicular pole)이고, 주공에서 멀어지는 극은 형태학적인 유아극(plumular pole)이다. 자연 상태에서 종자가 발아하는 동안, 유아극은 불활성 상태로 남아 있으며 자엽이 끝내 분화하지 않고, 유근극의 단독 활성에 의해 전체 식물기관이 유도된다. 난초과 식물에서도 성숙한 배는 난형의 세포 덩어리이며, 단극성 발아를 한다. 그러나 초종용속과는 달리, 난초과 식물에서는 유근극이 아니라 유아극에서 활성이 나타난다(제15장 참조).

새삼속의 성숙한 배는 나선형이다. 이 배에는 약간의 유아 아린(plumular scale)이 있지만, 자엽과 유근은 분화되지 않는다. 실제로 이 식물에서는 진정한 뿌리가 전혀 나타나지 않는다.

Chapter

12 무수정생식과 다배형성

피자식물의 생식은 유성생식(sexual reproduction; 양성생식, amphimixis)이 지배적이지만 절대적인 것은 아니며, 어떤 식물에서는 모계와 동일한 자손을 만드는 무수정생식(단성생식, apomixis)이 나타난다. 유성생식 식물(유성생식체)에서 접합자는 양친으로부터 동등한 게놈을 물려받는데 반하여 무수정생식 식물(무수정생식체)은 감수분열과 배우자융합을 피하여 모계유전자 클론인 단성생식 배가 형성된다. 무수정생식은 유전적 특성과 환경과의 상호작용에 의존하여 발현되며, 진화적인 측면에서 흥미로운 현상이다. 무수정생식은 다배형성의 한 원인으로도 작용하며 식물 육종시 잠재적 가치가 크다. 다배형성(polyembryony)은 보통의 종자가 수정 후에 1개의 배를 형성하는 것에 반하여 하나의 종자 내에 2개 이상의 배가 발달하는 것으로 다배생식이라고도 한다. 이러한 다배형성은 몇 개의 식물군(귤속 및 *Mangifera*속)을 제외하면 자연계에서 드물게 일어나는 현상이다. 다배형성의 원인에 대해서는 호르몬의 불균형이라는 보고와 유전적인 원인에 의해서 유발된다는 보고도 있지만, 식물종에 따라 다르다.

이 장에서는 무수정생식과 다배형성에 대한 포괄적인 내용을 비롯하여 그 실용적 중요성에 대하여 기술하였다.

12.1 무수정생식

정상적인 유성생식 주기는 두 가지 중요한 과정을 수반한다. (a) 감수분열, 2배체인 포자체세포(대포자 모세포)가 4개의 반수성 배우자체세포가 된다. (b) 수정, 암수의 두 배우자들이 융합하여 다시 2배체인 포자체세대가 된다. 따라서 유성생식 주기에서는 2배체세대(포자체세대)와 반수체세대(배우자체세대)가 서로 번갈아 나타난다. 피자식물에서는 배우자체세대가 매우 짧으며, 자성의 경우에는 배낭, 웅성의 경우에는 소포자 또는 화분립이 해당한다. 생활주기의 나머지 부분은 포자체세대에 속한다.

어떤 식물에서는 감수분열과 배우자융합(syngamy)이 교란되어도 생명력을 지닌 배가 종피 속에서 형성된다. 이렇게 모체와 동일한 자손을 만드는 무성적 종자(asexual seed)를 무수정종자(apomictic seeds)라고 하며, 이러한 현상을 무수정생식(apomixis)이라고 한다.

20세기의 전환점에서, 민들레속과 조밥나물속의 어느 웅성불임 개체형은 주변의 넓은 지역에 화분을 생산하는 식물이 자라지 않음에도 불구하고

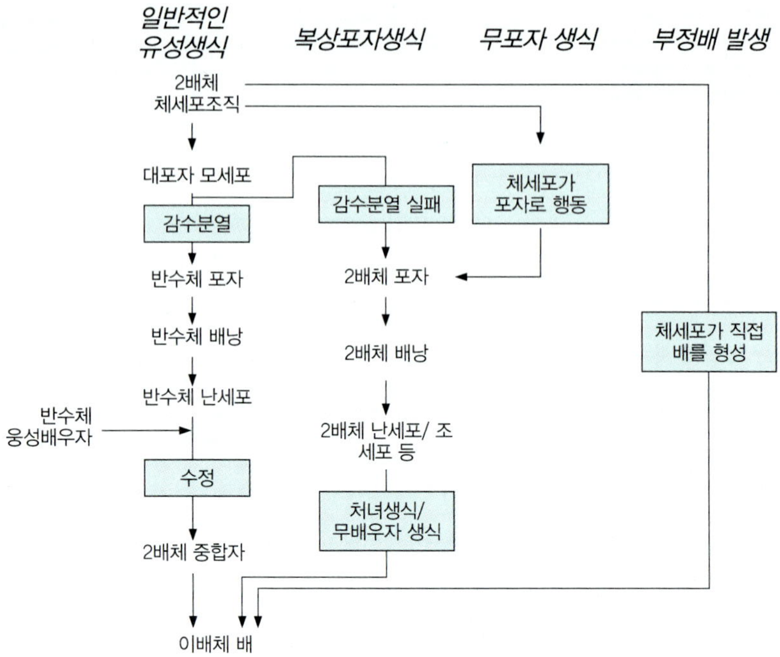

그림 12-1 다양한 유형의 무수정결실 발달 경로를 정상적인 유성생식 주기와 비교. 이 도표에서 복상포자생식은 보통의 유성생식 경로에 비하여 가장 늦게 시작되고, 부정배형성은 가장 일찍 시작된다.

다량의 종자를 맺는다는 사실이 알려져, 이들 식물에서의 무수정생식을 암시하였다. 이러한 현상은 개화되지 않은 꽃눈의 상반부를 면도날로 절단하여 약, 주두 및 화관의 대부분을 제거하는 실험으로 확인되었다. 이렇게 거세시킨 후에도 종자의 결실과 발아는 정상적으로 수분시킨 두상화서의 꽃에서 맺어진 종자들만큼 정상적으로 이루어졌고, 이들 종자에서 유래된 식물들은 그들 개개의 모식물체와 유전적으로 동일하였다. 이 결과는 멘델이 완두속 식물의 연구에 기초한 그의 유전법칙을 확인하려고 조밥나물속 식물을 대상으로 실험했을 때 얻어진 예상치 못했던 결과들을 설명해 준다. 멘델은 교배실험에서 얻은 자손 가운데에서 잡종 식물체 외에도 다수의 모계 식물체를 얻었다. 더욱이 F_1 세대의 자매 잡종들은, 그의 제1법칙(F_1 세대에서의 동일형의 법칙 또는 우열의 법칙)과는 다르게, 동일하지 않았으며 또한 이들의 F_2 개체들은 그의 제2법칙(F_2 세대에서의 분리의 법칙)과 반하여 모두 동일한 형태를 보였다.

현재까지 무수정생식은 39과에 속하는 450종 이상의 식물에서 보고되었으며, 국화과, 벼과, 장미과 및 운향과에서 가장 흔하게 나타난다. 일반적으로 무수정생식은 2배체보다는 다배체 식물에서 더 흔하게 일어난다. 식물육종가들은 무수정생식이라는 용어를 처음 만들어낸 1908년 Winkler의 견해에 따라, 이 용어의 사용 범위를 무성적 종자형성에 국한시키고 있다. 그러나 많은 저자들은 무수정생식이 유성생식을 대신하여 감수분열과 배우자융합을 거치지 않고 일어나는 무성생식의 한 유형으로 보는 포괄적인 개념을 선호한다. 이에 따라 무수정생식은 2가지 주요 범주로 나뉜다(그림 12-1).

1. 영양생식

이 범주의 식물은 종자가 아닌 식물체의 어떤 부위를 통해 번식한다. 이런 번식을 목적으로 사용된 구조적 단위를 번식체(propagule)라고 한다.

2. 무수정결실

이 범주에 속하는 식물은 종자가 번식의 매체이기는 하지만 배가 보통의 감수분열과 배우자융합 없이 형성된다(그림 12-1). 이러한 무수정결실(agamospermy)은 감수분열 없이 형성된 자성 배우자체의 세포로부터 배가 발달하는 경우(배우자체성 배발생)와 주심 및 주피와 같은 배주의 2배체인 포자체세포로부터 직접 배가 발달하는 경우(부정배 발생)의 2가지 유형으로 구별된다.

배우자체성 무수정생식은 배낭이 감수분열을 회피한 대포자 모세포로부터 발달하거나(복상포자생식, diplospory), 또는 주심조직의 어느 한 세포에서 직접 발달한다(무포자생식, apospory). 배는 미수정 난세포에 의해서 형성되거나(처녀생식, parthenogenesis), 배낭의 다른 세포에서 만들어지기도 한다(무배우자생식, apogamety, apogamy). 양지꽃속의 어떤 종에서는 무포자생식과 무배우자생식을 모두 보이기도 한다. 배우자체성 무수정생식에서는 배우자체 및 포자체세대의 교번이 유지된다.

12.1.1 영양생식

영양생식의 일부 유형은, 보통의 종자에 의해서 번식하는, 종자를 맺는 식물과 연관되어 발견된다. 그러나 완전히 또는 필수적으로 유성생식을 대신하여 영양생식이 이루어지는 식물의 경우만 무수정생식으로 간주된다.

영양번식은 주아(bulbil), 인경(bulb), 포복경(runner), 단복지(sucker) 등에 의한 생식을 포함한다. 이들 번식체는 포자체에 의해서만 형성된다. 1946년 Gustafsson은 고등식물의 영양생식을 다음의 3가지 유형으로 구분하였다:

1) 번식체가 화기의 외부에서 형성되며, 정상적인 생식기관이 존재함에도 불구하고 수정이나 종자결실이 이루어지지 않는다. 이 유형의 예

로는 용설란과 *Elodea canadensis*가 있다.

2) 번식체가 화기의 외부에서 형성되며, 식물체는 유성생식면에서 불임이다. 패모속의 *Fritillaria imperialis*와 나리속의 *Lilium bulbiferum*이 이 유형의 대표적인 예이다. 이들은 주아와 소인경(bulblet)으로 번식한다. 어떤 종은 유성생식면에서 임성 계열은 물론 불임성 계열을 모두 가질 수 있는데(*F. imperialis*), 불임성인 경우가 더 강한 영양번식 성향을 나타낸다.

3) 번식체가 화기 혹은 화기를 포함한 화기 가지에서 형성된다. 이러한 현상을 보통 모체발아(vivipary)라 한다. 그러나 이 용어가 유성적으로 형성된 종자가 모체 위에서 발아하는 경우에도(mangrove) 사용되었기 때문에, 여기서는 이와 구별하여 영양모체발아(vegetative vivipary)라는 용어를 사용할 것이다.

영양모체발아는 좀새풀속, 김의털속, 포아풀속 등의 벼과식물과 부추속에서 매우 흔하다. 실제로 영양모체발아는 정상적인 수분 기회를 방해하거나 제한하는 환경 조건하에서 어떤 유전자형을 증식하기 위한 적응현상이다. 이러한 설명은 대부분의 영양모체발아 계열의 식물이 개화하고 결실하는 능력을 상실하지 않았다는 사실에 의해 입증되었다. 예로써, 좀새풀의 경우 스웨덴에서는 유성적으로 생식하지만, 미국의 캘리포니아에서 자랄 때는 모체발아 현상을 보인다.

영양모체발아는 인위적으로 유도될 수 있다. 포아풀속의 *Poa bulbosa*의 경우, 화서 발달의 시작은 10℃에서 일주일 또는 그 이상 춘화처리한 후 16시간의 광처리함으로써 촉진된다. 정상적인 소화(floret)는 화서 발달이 시작된 후 높은 온도(21~27℃)와 장일 조건하에서 발달한다. 그러나 만약 화서의 발달이 시작된 후 단일 및 낮은 온도(20℃ 또는 그 이하) 조건이 주어지면, 소화 대신에 주아가 발달한다.

12.1.2 무수정결실

1. 부정배형성(adventive embryony)

무수정결실의 한 유형인 부정배형성에서는 배우자체세대가 완전히 제외된다. 이러한 관점에서 부정배형성은 영양번식과 비슷하나, 다음의 두 가지 점에서 근본적으로 다르다. (a) 부정배형성은 종자의 습성을 그대로 지니며, (b) 하나 또는 그 이상의 2배체 포자체세포가 배발생 과정을 진행하여, 정상적인 유성생식을 통해 발달된 배낭 속에서 성숙한 배로 자란다. 접합자배(zygotic embryo)는 퇴화하거나 무수정배(apomictic embryo)와 경쟁하게 된다.

부정배형성은 보통 하나의 종자 속에 1개 이상의 배를 형성한다. 부정배현상은 잘 알려진 예인 귤속 이외에도, 난초과, 대극과, 선인장과, 회양목과, Myrtaceae 등에서도 일어난다.

2. 배우자체 무수정생식(gametophytic apomixis)

1) 복상포자생식(diplospory)

이 범주에 속하는 무수정생식체(apomict)에서, 대포자 모세포는 유성적 배주 내에서와 같이 분화하지만 감수분열은 하지 않는다. 무수정생식 데포자 모세포의 특징은 같은 종의 유성생식 개제의 대포자 모세포와 달리 그들 주변에 칼로오스 벽을 갖고 있지 않다는 것이다. 무수정생식 대포자 모세포는 유사분열을 통하여 2배체 배낭을 형성한다. 1896년에 Juel은 *Antaenaria alpina*에서 복상포자생식을 관찰하였으며, 이후 이러한 현상은 여러 식물종에서 보고되었다. 복상포자생식에 의한 배낭 발달은 4가지 유형이 있으며, 각 유형은 최초로 관찰된 식물의 속명을 따라 명명되었다.

민들레형(*Taraxacum* type): 대포자 모세포가 감수분열 전기에 들어가서 상동염색체의 접합이 어느 정도 일어난다. 그러나 비접합으로 인

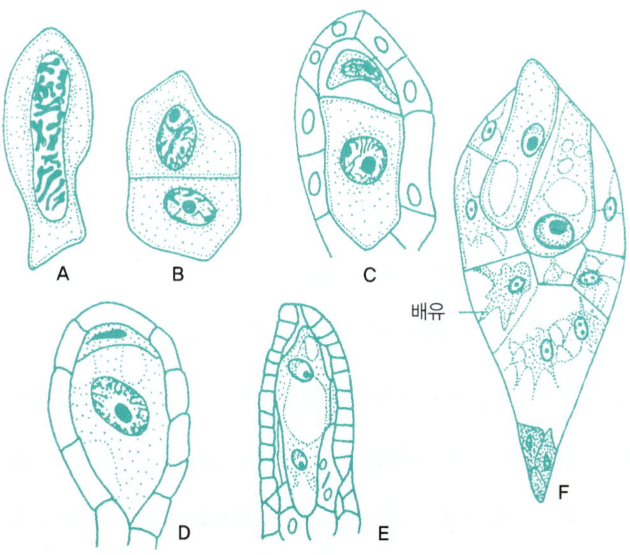

그림 12-2 민들레속의 *Taraxacum albidum*에서 복상포자생식 배낭의 형성 단계. **A.** 복구핵을 갖고 있는 대포자 모세포. **B.** 복구핵의 유사분열에 의해 형성된 이분체 단계. **C, D.** 이분체 중 위쪽의 세포는 퇴화하고, 아래쪽의 세포는 기능을 하여 배낭을 형성한다. **E.** 2핵성 배낭. **F.** 성숙한 배낭; 배유의 발달이 시작되었다.

하여 중기-I 시기에 1가 염색체들이 방추체 위에서 분산된다. 하나의 복구핵(restitution nucleus)이 제1 감수분열 후에 형성된다. 복구핵을 지닌 대포자 모세포는 유사분열을 하여 체세포 염색체 수(2*n*)를 갖는 이분체를 형성한다. 일반적으로 이분체 중에서 주공쪽에 있는 세포는 퇴화하고, 합점쪽 세포는 유사분열을 더 진행하여 8개의 핵(2*n*)을 갖는 배낭을 만든다(그림 12-2). 민들레속 이외에도 망초속, *Arabis holbellis*와 *Agropyron scabra*에서 이러한 유형의 복상포자생식이 관찰된다.

씀바귀형(*Ixeris* type): 씀바귀의 3배체 계열에서 대포자 모세포는 비접합 감수분열의 전기까지 분열하며, 이 시기에 염색체의 접합이 일어나지 않고 복구핵이 만들어진다. 복구핵은 3회의 유사분열을 거쳐 8개의 핵(2*n*)을 가진 배낭을 만든다(그림 12-3).

백두산떡쑥형(*Antennaria* type): 대포자 모세포가 감수분열하지 않고 대포자처럼 행동한다. 오랜 간기를 거친 후, 대포자 모세포는 크기가 증가하고 액포가 뚜렷하게 발달하여 기능성 대포자처럼 보이게 된다. 그 후 대포자 모세포는 감수분열 없이 3회의 유사분열을 거쳐 8개의 핵(2*n*)을 갖는 마디풀형(*Polygonum* type) 배낭을 형성한다. 이런

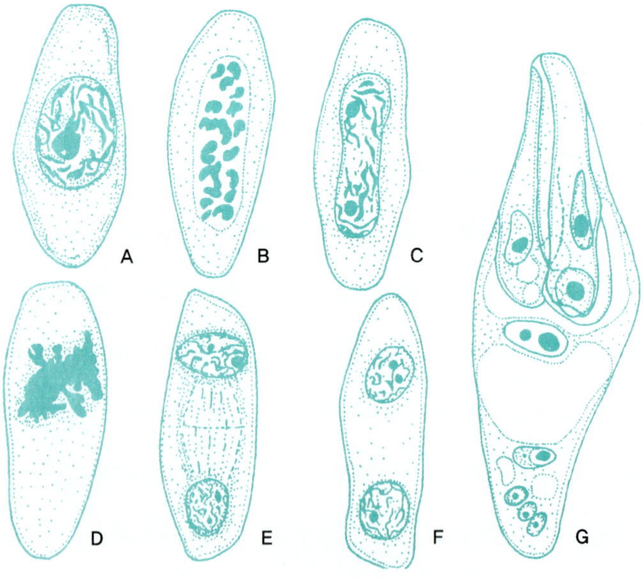

그림 12-3 씀바귀에서 복상포자생식 배낭의 형성 단계. **A.** 전기의 핵을 지닌 대포자 모세포. **B.** 더 늦은 단계; 1가 염색체만을 갖는 감수분열. **C.** 복구핵. **D.** 복구핵 내의 유사분열. **E, F.** 2핵성 배낭. **G.** 성숙한 8핵성 배낭.

유형의 복상포자생식은 분류학적으로 광범위한 식물에서 관찰되며, *Tripsacum dactyloides*, *T. zopilotense* 및 등골나물속의 *Eupatorium glandulosum*에서 보고된 바 있다(그림 12-4).

부추형(*Allium* type): 이 유형의 복상포자생식에서는 감수분열 전에 일어나는 염색체의 배가 현상이 감수분열 없이 형성되는 배낭의 원인이다. 대포자 모세포의 염색체 수는 핵내 유사분열에 의해서 2배가 되며, 이어지는 감수분열의 결과 2*n*의 이분체 세포가 만들어진다. 합점쪽 이분체가 2회 연속 유사분열하여 8핵성 배낭이 형성된다. 부추속의 *Alllium nutans*와 *A. odorum*가 부추형 복상포자생식을 보인다. 1992년 Kojima와 Nagato는, 염색체가 배가된 대포자모세포의 비율을 근거로 하여, 부추의 여섯 재배종에서 76~98%의 복상포자생식을 보고하였다.

2) 무포자생식(apospory)

무포자생식은 고등식물에서 가장 흔한 무수정생식 기작이다. 이 현상은 1907년 Rosenberg에 의해 조밥나물속의 한 종에서 최초로 보고되었다. 위수정결실(僞受精結實, pseudogamy)과 더불어 진정한 주심 무포자생식이 수크령속의 *Pennisetum macrourum*, *P. mezianum*, *P. orientale*, *P. pedicellatum*, *P. polystachion*, *P. setaceum* 및 *P. squamulatum* 등 7종

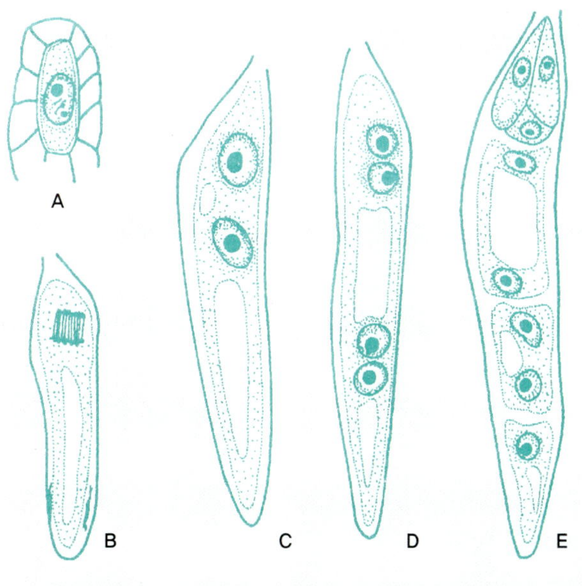

그림 12-4 등골나물속의 *Eupatorium glandulosum*에서 복상포자생식 배낭의 발달. **A.** 대포자모세포. **B.** 유사분열의 늦은 후기에 있는 핵을 갖고 있는 대포자모세포. **C~E.** 각각 2핵성, 4핵성 및 8핵성 배낭.

에서 관찰된 바 있다. 무포자생식 식물에서, 정성적인 대포자 모세포는 유성적 배주에서와 같은 방법으로 분화하고 감수분열을 시작한다. 이때 선상 4분체를 형성하기 위한 두 번의 분열을 완료하거나 하지 못한다. 이 기간 중의 어느 시기에 하나 또는 그 이상의 이웃한 주심 세포들이 분열하고 대포자 모세포처럼 보이게 된다. 이 세포들이 유사분열하여 감수되지 않은 배낭을 형성한다. 진정한 무포자생식에서 유성적 대포자 모세포 또는 그로부터 유래된 세포들은 소실되고, 무포자생식 배낭이 배주 전체를 차지하게 된다. 유성적 배낭이 소실되는 시점은 무포자생식 배낭이 발달하는 시기에 따라 달라진다. 무포자생식 시원세포가 빨리 유도될수록 발달 중인 대포자는 더 일찍 퇴화한다. 배주 속에서 완전히 발달한 무포자생식 배낭의 수는 동일 종 내에서조차 상당히 다양하다. 국화과의 무포자생식 종들에서는, 단 하나의 주심세포가 대포자 모세포로서 행동하여 구조적으로 정상인 8핵성 배낭을 발생시킨다. 한편, 벼과에서는 하나 이상의 배낭이 동일 주심조직 속에서 4개의 핵을 가진 단극성 체제로 발달하기도 한다. 때때로 무포자생식 배낭과 유성적 배낭이 함께 존재하기도 한다. 무포자생식은 다음의 두 유형으로 구분된다.

조밥나물형(*Hieracium* type): 조밥나물속의 *Pilosellae* 아속에서 대포자 모세포는 정상적인 감수분열을 거쳐 4분체를 만든다. 이 단계에서 4분체의 합점쪽에 있는 한 주심세포가 활성화되어 감수되지 않는 무포자생식 배낭으로 발달하기 시작한다. 4개의 대포자는 모두 점차 퇴화하고 무포자생식 배낭이 성숙한다(그림 12-5). 때때로 무포자생식성 배낭이 정상적인 감수분열을 거친 배낭과 더불어 발달하기도 한다. 이러한 유형의 무포자생식성 배낭은 8핵성이다.

기장형(*Panicum* type): 기장속과 일부 벼과식물에서 무포자생식 배낭은 4핵성으로서, 3개의 세포로 된 난장치와 하나의 극핵으로 구성되고 반족세포는 존재하지 않는다. 포아풀속의 왕포아풀에서는 다수의 배낭을 갖지만 이들 중 단 하나만 성숙한 종자의 배가 된다. 일반적으로 주공 가까이 있는 배주에서 가장 큰 배낭이 수정하여 종자를 형성한다.

3. 배와 배유의 발달

무포자생식은 물론 복상포자생식도 2배체 배낭을 만든다. 포자체 세대의 염색체 수를 변화시키지 않고 무수정생식 주기를 완성하기 위해서는, 2배체 난세포가 웅성핵의 참여 없이 배로 발달하여야 한다. 미수정

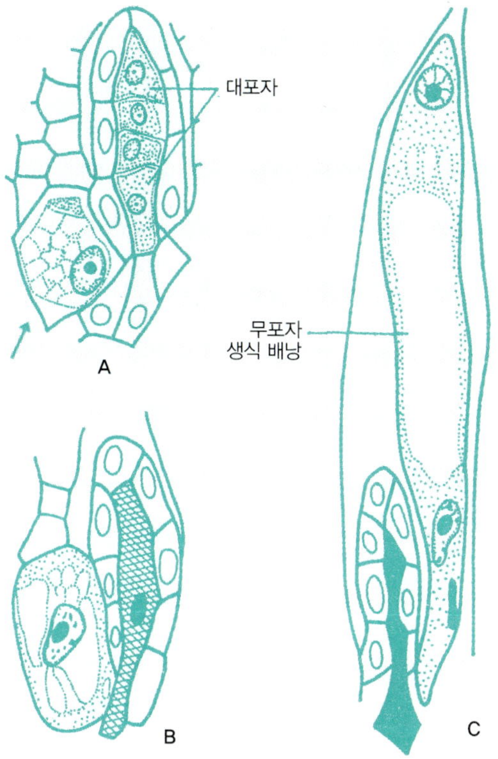

그림 12-5 조밥나물속의 *Hieracium flagellare*에서 무포자생식 배낭의 발달. **A.** 대포자 4분체의 기부 가까이에 있는 한 주심세포(화살표)가 커져서 무포자생식 배낭 모세포를 만든다. **B.** 대포자 4분체는 퇴화하고 무포자생식 배낭 모세포는 더 커진다. **C.** 무포자생식 배낭의 2핵성 단계. 어두운 부분은 퇴화된 대포자를 나타낸다.

란으로부터 배가 형성되는 것을 처녀생식(parthenogenesis)이라 한다. 물론 무수정생식에서의 배 발달이 암 · 수 배우자의 결합 없이 이루어진다 할지라도, 배와 배유의 완전한 발달을 위해서는 수분이 때로 필요하다. 배와 배유발달의 시점에 따라 무수정생식체는 3가지 범주로 나눌 수 있다.

1) 몇몇 무수정생식체에서 배와 배유는 자발적으로 발달하여 수분이라는 자극을 필요로 하지 않는다. 예로써, 장미과 *Alchemilla*속의 어떤 종에서, 난세포와 중앙세포의 핵이 개화하기 전에 닫힌 꽃봉오리 속에서 분열한다. 자발적 무수정생식은 국화과에서는 흔하지만 다른 식물에서는 흔하지 않다.
2) 수분 전에 일어나는 조기 배 발달은 부추, *Parthenium*속, 포아풀속 종에서 보고되었으나, 이들의 경우에서 수분은 배유의 발달을 위해 절대적으로 필요하다(가수정결실, pseudogamy). 분열 중인 배유세

포의 염색체 수를 세는 것으로 몇몇 무수정생식 종에서 극핵이 수정하는 현상이 확인되었다. 처녀생식 배의 자발적 발달은 수분 전에 시작될 수 있으나, 구형기 이후의 배 발달을 위해서는 배유가 있어야 한다.

3) 가수정결실성 무수정생식체의 또 하나의 범주에 *Tripsacum dactyloides*, *T. zopilotense*, 기장속의 *Panicum maximum*, 수크령속의 *Pennisetum dubium*, *P. ciliare* 및 미나리아재비속의 *Ranunculus auricomus* 등이 속한다. 이 식물들에서는 배유가 발달한 후에 배의 발달이 시작되는데, 이 사실은 처녀생식의 조절에 관여된 유전자들이 극핵이 수정하고 난 후에만 발현됨을 시사한다.

수정 전에 배 발달이 일어나는 가수정결실성 무수정 생식체(범주 2)에서, 정세포가 자성 배우자체에 도달할 즈음엔 난세포의 수정은 이미 불가능하지만, 배유 발달을 위한 극핵의 수정은 여전히 일어난다. 그러나 조기 배 발달을 보이지 않는 가수정결실성 무수정생식체(범주 3)에서, 오직 극핵만이 선택적으로 수정되는 현상은 어떻게 배우자융합은 일어나지 않는가에 대한 설명을 필요로 한다. 이러한 식물들에서는 아마도 정세포가 배낭에 도달하기 전에 난세포가 정세포를 받아들여 융합할 수 있는 성질(수용성)을 상실할 수도 있다. 이 가설은 무수정생식 배낭이 정상적인 배낭 발달에서 거치는 2가지 과정인 2회의 감수분열 시기 및 대포자 퇴화 시기 등을 거치지 않음으로써, 정상의 유성생식 배낭보다 더 짧은 시간 안에 발달을 완료한다는 관찰에 근거한 것이다. 그 결과 2배체 난세포의 정세포 수용성 발현 시기와 전체적인 꽃부분의 발달(화분의 생산, 주두 수용성) 시기 사이에 간격이 생긴다. 이러한 시간적 간격이 난세포의 수정을 방해하지만, 배유의 발달은 정상적인 종자 발달을 위해 여전히 유도될 수 있다. 난세포 수정을 방해하는 이러한 발달과정상의 시간적 간격의 중요성은 참새피속의 *Paspalum notatum*에서 실험적으로 확인되었다. 보통 2배체($2n$+0)의 무수정생식 배를 생산하는 이 식물에서, 인위적인 조기 수분은 3배체의 배($2n$+n)를 만든다. 그러나 이 경우에 자연적인 배우자융합의 실패가 난세포 둘레에 세포벽의 형성에 의한 기계적 장벽에 관련되어 있는지 또는 물리 · 화학적 변화로 인한 난세포 세포막의 수용성 상실과 관련되어 있는지 여부는 아직 불분명하다.

12.1.3 무수정생식의 유전학

배우자체 무수정생식은 단지 자성 쪽에만 관계되어 있으므로 대부분의 경우 무수정생식의 특성에 대한 유전을 연구하기 위하여 반수체인 화분을 이용하여 유성적 친족식물들을 수분시킬 수 있다. 이러한 연구들은 대부분 무포자생식을 나타내는 식물에서 이루어졌다.

배우자체 무수정생식이 하나의 우성 유전자 또는 동일 염색체 상에 밀접하게 연관된 몇 개의 유전자들에 의해 조절됨을 암시하는 증거들이 있다. 분자 수준의 분석들도 무수정생식이 *linkat*이라고도 부르는 비재조합체(non-recombinant)인 한 염색체의 절편에 의해 조절된다는 것을 뒷받침한다. 1942년 Christoff는 조밥나물속의 유성생식을 하는 *Hieracium auricule*(2x=18)와 무수정생식을 하는 *H. auranticum*(4x=36)을 교배시켜 이들이 1:1로 분리한다는 결과를 얻었는데, 이로써 조밥나물속에서 무포자생식이 우성으로 유전함을 암시한다. 그는 우성유전자가 무포자 배낭 발달을 일으킨다고 추정하였다.

Savidan(1975, 1980, 1982)은 발생학적 연구 및 광범위한 교배와 역교배 실험들을 통해 기장속의 *Panicum maximum*에서 무수정생식이 우성인 단일요소에 의해 조절된다는 사실을 확인하였다. 그는 무포자생식 배 발달과 처녀생식 배 발달이 초유전자 A에 의해 발생한다고 추정하였다. Savidan(1990)에 의하면, 초유전자의 조기 발현은 무포자생식을 유도하는 반면, 늦은 발현은 복상포자생식의 원인이 된다. 이와 유사하게, *H. piloselloides*에서는 자발적 무수정생식이 '전체적으로' 한 개의 우성형질에 의해 유전된다고 보고되었다. 그러나 망초속 *Erigeron annuus*, *Taraxacum officinal* 그리고 국화과 일부에서는 두 개의 독립된 부위의 유전자들이 확인되었는데, 그 중 하나는 복상포자생식, 다른 하나는 처녀생식과 자발적 배유발달에 관련되어 있다.

귤속의 종에서 나타나는 주심 부정배형성도 단일 우성유전자에 의해 조절된다고 보고되었다.

어떠한 식물에서도 절대적인 무수정생식은 일어나지 않는 것 같다. 어느 정도의 유성생식은 항상 존재한다. 예로써, 수수속 473 계통은 임의의 무수정생식체인데, 이 식물의 무수정생식 현상은 다른 장소, 다른 계절, 다른 자손 그리고 동일 자손의 다른 개체에서조차 0%에서 80%까지 다양하게 나타난다. 따라서 무수정생식의 발현은 유전적 특성과 환경 사이의 상호작용에 의존한다.

12.1.4 무수정생식의 실용적 중요성

무수정생식은 모계 쪽에서 감수분열에 의한 유전자 분리와 재조합이 배제되기 때문에 한때 진화적으로 마지막 단계에 이른 것으로 간주되었다. 그러나 지금은 농작물 개량에 쓰일 수 있는 잠재적으로 강력한 유전적 요소로 여겨지고 있다.

무수정생식에 의해 만들어진 식물은 유전적으로 모체 식물과 동일하다. 그러므로 무수정생식이 농작물에 도입될 수 있다면, 무수정생식은 연속적으로 이어지는 종자 세대들을 통하여, 잡종강세로 특성을 보존하면서 특정 유전자형을 영구적으로 유지시킬 수 있는 경제적인 방법을 제공할 것이다. 또한 무수정생식은 F_1을 생산하거나 부계쪽 계통을 유지 · 증식하기 위해서 개체를 분리할 필요가 없기 때문에, 경제적인 잡종 종자의 생산을 단순화시켜 줄 것이다.

그러나 주요 농작물에서 무수정생식은 매우 흔하게 나타나지 않는다. 무수정생식의 잠재적인 상업적 이익에 고무된 식물 육종가들은 생태형의 선별, 무수정생식을 하는 친족식물과의 유성적 잡종형성, 인위적인 돌연변이 유발, 유전적 형질전환 등을 통하여 무수정생식의 특성을 작물에 도입시키기 위해 상당한 시도를 하고 있다. 포아풀속의 *Poa pratensis*와 *Cenchrus ciliaris*의 무수정생식 재배종들에 대한 품종개량과 실용적 도입은 육종 프로그램에 있어서 무수정생식의 잠재력을 입증해 주었다.

귤속에서 잘 알려진 부정배형성은 균일한 뿌리 대목 및 바이러스가 없는 접수의 생산에 이용되고 있다.

12.2 다배형성

다배형성(polyembryony)은 하나의 종자 내에서 1개 이상의 배가 발생하는 것으로 정의되어 왔다(그림 12-6). 그러나 이 장에 기술된 예를 통해 알 수 있듯이 부가적으로 형성되는 배가 반드시 성숙하는 것은 아니다. 이들은 종자 발달 과정에서 매우 이른 시기에 발달이 정지되거나 퇴화될 수도 있기 때문에, 성숙한 종자에서는 종에 따라 다배형성의 백분율이 실제 빈도보다 훨씬 낮을 것이다. 정확히 표현하면, 다배형성이란 하나의 발달하는 배주 내에 2개 이상의 전배 또는 배가 실제로 발생하는 모든 경우를 의미한다. 몇 개의 식물군(귤속 및 *Mangifera*속)을 제외하면 다배형성은 단지 비정상적인 현상으로 일어나는 것이다.

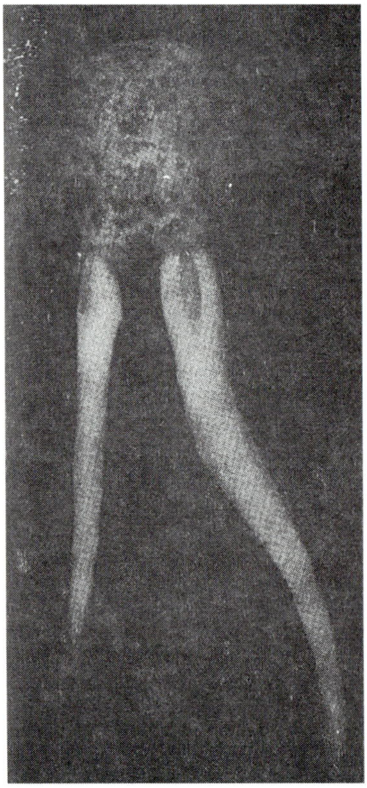

그림 12-6 단향과인 *Osyris wightiana*에서 2개의 배를 갖는 종자의 발아.

다배형성의 최초의 예는 오렌지 종자에서 Antoni van Leeuwenhoek(1719)에 의해 보고되었고, Braun(1859)은 식물학 문헌에 보고된 58가지 다배형성의 예를 조사하여 부가적인 배의 기원을 바탕으로 4종류로 분류하였다. 즉, 피자식물에서 다배형성은 다음의 4가지 경우에 의해서 나타날 수 있다.

1. 전배의 분할
2. 난세포 이외의 배낭 세포로부터 배 형성
3. 동일 배주 내에 1개 이상의 배낭이 발달
4. 배주 내의 일부 포자체 세포의 활성화

12.2.1 다배형성의 기원

1. 분할 다배형성

접합자 또는 접합자에서 유래된 세포가 분할, 증식하여 독립된 배의 원기(primordium)로 유도되는 경우는 나자식물에서 흔히 나타나지만, 피자식물에서는 드물게 나타난다. 그러나 피자식물 중에서도 난초류에서는 분할 다배형성(cleavage polyembryony)이 아주 보편적으로 일어난다. Swamy(1943)는 *Eulophia epidendraea*에서 다배형성의 3가지 양식을 다음과 같이 밝혔다(그림 12-7).

1) 접합자가 불규칙하게 분열하여 세포 덩어리를 형성하며, 그 가운데 합점쪽 끝을 향해 있던 세포들이 동시에 성장하여 다수의 배를 형성한다(그림 12-7A).

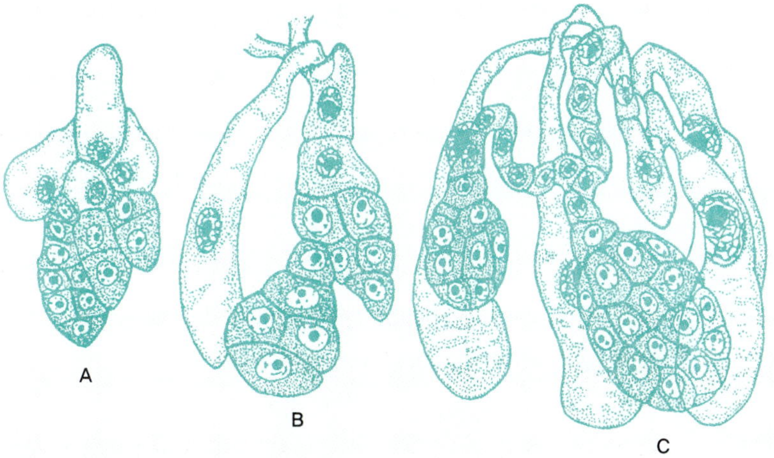

그림 12-7 난초과의 *Eulophia epidendraea*로부터 분할 다배형성. A. 접합자의 증식으로 발생한 3개의 배. B. 배의 출아(budding). C. 단일 배의 분할에 의해 발생된 2개의 배. 크고 액포화된 세포는 배병에 속한다.

2) 전배로부터 작은 출아 또는 돌기를 만들어 그 자체가 배로서 작용할 수 있다(그림 12−7B).

3) 섬유상으로 배가 분지되어, 각 분지가 배를 형성한다(그림 12−7C).

종자의 발달과정에서 생기는 분할 다배형성은 많은 난초류에서 알려져 있는 반면, 종자 발아 과정에서 다수의 배가 형성되는 경우는 난초과 *Vanda*속에서만 알려져 있다. *Vanda*속에서는 배의 정단 전분열조직(apical promeristem)이 많은 수(3~9개)의 원기로 나누어지고, 이들은 각각 배로 발달한다.

배병세포로부터 다배형성은 단향과의 *Exocarpus*속에서 자주 나타난다(그림 12−8). 배병세포의 증식으로 인하여 하나의 배주 내에서 6개 이상의 배가 동시에 발달할 수 있으나, 최종적으로 1개의 배만이 성숙하게 된다. 간혹 2개의 발아 가능한 배가 하나의 종자 속에 형성될 수도 있다. 남가새과의 *Zygophyllum fabago*에서는 배병에서 유래된 배가 심장형기까지 발달하기도 한다.

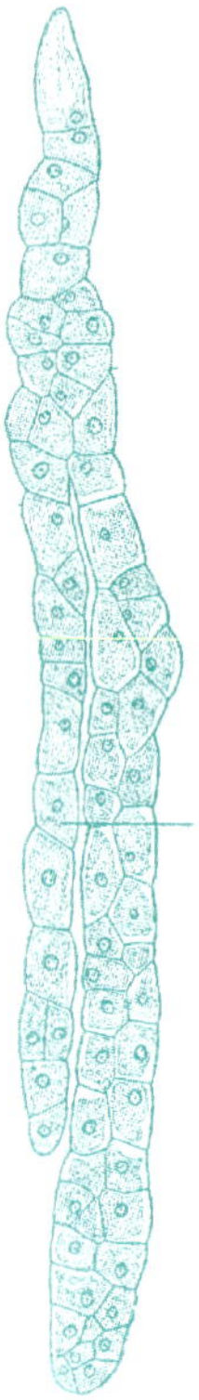

그림 12−8 단향과의 *Exocarpus sparteus*에서 배병 다배형성.

2. 난세포 이외의 배낭 세포에 의한 다배형성

이 범주에서 가장 흔한 것은 조세포로부터 다배가 유래되는 경우로서, 조세포가 수정된 것인지 미수정된 것인지에 따라 배는 2배체 또는 반수체일 수 있다.

쥐방울덩굴속 *Aristolochia bracteata*, 포아풀속 *Poa alpina* 및 보풀속 *Sagittaria graminea*에서, 난세포나 극핵 이외에 조세포 중 1개 또는 2개 모두가 수정될 수 있다. 이것은 배낭 속으로 2개 이상의 화분관이 들어가거나 또는 동일 화분관에 부가적인 정핵이 존재하는 경우에 생길 수 있으며, 이러한 경우 조세포배는 물론 접합자배도 2배체이다. 미수정 조세포로부터 생긴 배는 멕시코양귀비(*Argemone mexicana*), 덩굴강남콩 등에서 알려져 있고, 이 경우 접합자배는 2배체이기 때문에 반수체인 조세포 배와 구별될 수 있다.

반족세포로부터의 배 형성은 극히 드물지만, 참새피속의 *Paspalum scrobiculatum*, 느릅나무속의 *Ulmus americana*와 *U. glabra* 등에서 관찰된 바 있다. 반족세포는 몇 번의 분열을 거쳐 전배와 비슷한 구조를 형성할 수 있으나(그림 12−9), 이들은 성숙한 배로 발달하지 못하며 반족세포로부터 발아할 수 있는 배가 형성되는 경우는 없다.

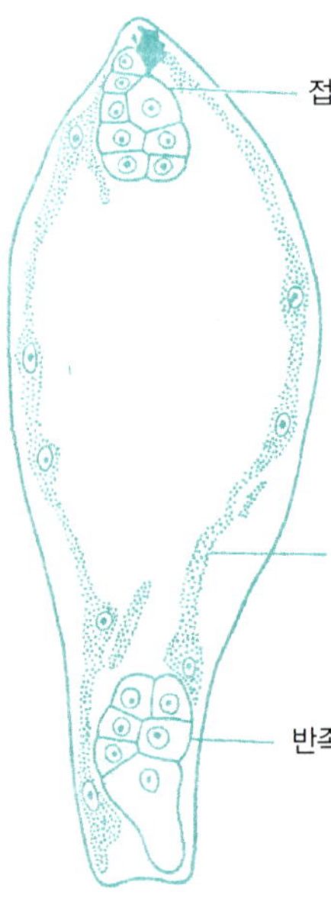

그림 12−9 접합자배와 반족세포배를 가지고 있는 느릅나무속 *Ulmus glabra*의 배낭.

배유세포가 배를 형성한다는 보고의 대부분은 의문의 여지가 있지만, 무수정생식체의 하나인 벼과의 *Brachiaria setigera*에서 배유로부터 3배체 배와 유식물이 형성되는 유일한 예가 보고된 바 있다.

3. 동일 배주 내에 있는 1개 이상의 배낭에 의한 다배형성

하나의 배주 속에서 다배낭의 형성은 (a) 동일 대포자모세포의 유도체로부터, (b) 2개 이상의 대포자모세포의 유도체로부터, (c) 주심세포로부터 생길 수 있다.

하나의 배주 속에 2개의 배낭이 형성되는 경우가 귤속, 포아풀속의 *Poa pratensis*, *Casuarina equisetifolia*에서 알려져 있다. 수크령속의 *Pennisetum ciliare*는 종자의 22%가 2개의 배를 갖는다. 정상적인 배낭은 4핵 시기까지만 발달하며, 다배는 무포자생식 배낭에서 형성된다.

겨우살이과 식물은 일반적인 배주를 갖지 않는다. 다수의 배낭이 동일 자방 속에서 동시에 발달하며, 난장치가 있는 배낭의 끝 부분은 화주 속의 여러 지점까지 자란다. 수정 후에 배는 아래쪽으로 자라서 자방강 속의 복합형배유(composite endosperm, 자방에서 모든 배낭의 배유들이 융합하여 형성됨)로 들어간다(그림 12-10). 하나를 제외한 모든 배는 종자 발달 과정에서 퇴화하여 하나의 배를 갖는 종자로 되지만, 때로 2개 또는 그 이상의 배가 성숙할 수도 있다. *Scurrula pulverulenta*에서는 약 2%의 종자

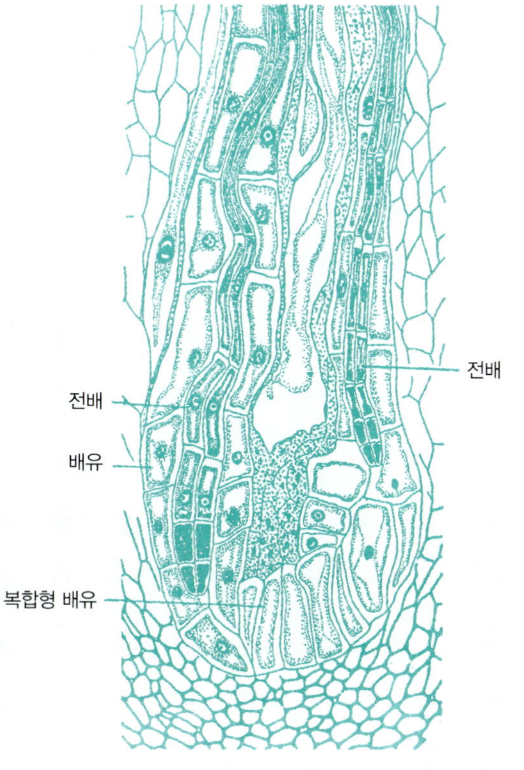

그림 12-10 겨우살이과의 *Dendrophthoe neelgherrensis*에서 위다배형성(false polyembryony). 복합형배유(composite endosperm)에 싸여 있는 2개의 전배를 보여주는 자방 중앙의 종단면.

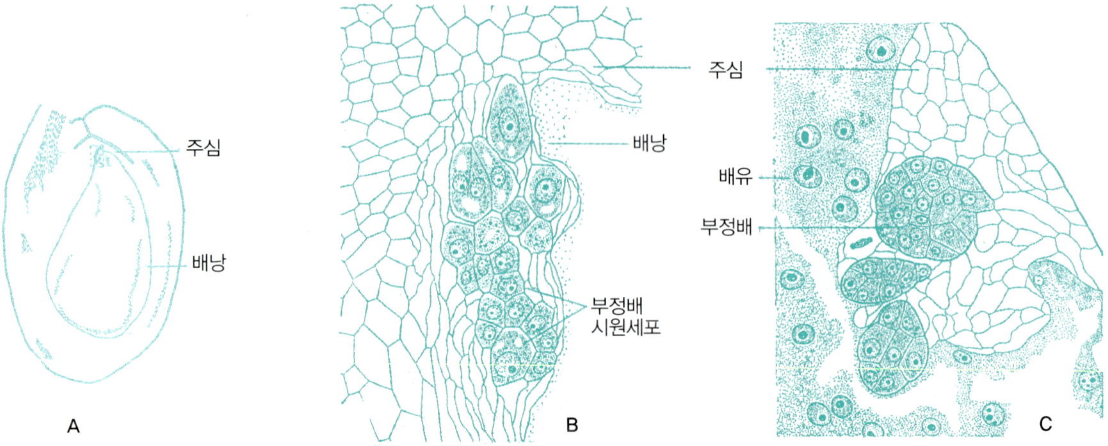

그림 12-11 *Mangifera*속의 주심에서 유래된 다배형성. **A.** 배주의 상단에 사각형으로 표시된 부분을 B와 C에 확대시켰다. **B.** *M. indica*에서 배를 형성하는 세포들의 분화. **C.** *M. odorata*에서 배낭강 속으로 자라고 있는 주심배.

가 다수의 배를 갖는데, 이 다배종자는 잘 발달된 2개의 녹색 배를 갖든지 또는 2개 이상의 배를 갖는 경우도 있다. 후자의 경우 단지 1개가 잘 발달하고 다른 것들은 미숙배로 녹색이 아니다. 겨우살이과에서 *Struthanthus vulgaris*는 유일한 예외인데, 이 식물은 단 1개의 배낭을 가져서 다배형성을 보이지 않는다.

4. 배주 속의 일부 포자체 세포의 활성화에 의한 다배형성

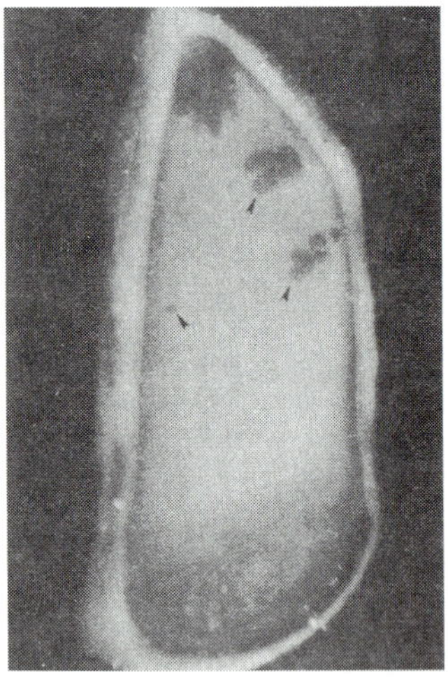

그림 12-12 개화 후 80일 된 당귤나무 종자의 종단면. 부정배가 주공쪽과 3곳의 측면(화살표)에 위치하고 있다. 4개의 배 발달 정도가 뚜렷한 차이를 보인다. 합점쪽 반절 부분에서 부정배 발생이 억제되어 있다.

배낭의 바깥쪽에 있는 자성 포자체 조직으로부터 발생되는 배도 역시 부정배(adventive embryo)라 할 수 있다. 부정배를 형성하는 것으로 알려진 자성 조직으로는 주심과 주피 조직뿐이다.

일반적으로 잘 알려진 귤속과 *Mangifera*속 이외에 주심에서 유래되는 다배형성은 선인장속의 *Opuntia dillenii*와 연영초속의 *Trillium undulatum*에서 알려져 있다. 귤속에는 단배형성 종(*C. grandis*, *C. limon*)이 있는 반면 다배형성 종(*C. microcarpa*, *C. reticulata*)도 있는데, 40개 이상의 배를 갖는 종자가 *C. unshiu*에서 보고된 바 있다. 다배형성 종에 있어서 부정배는 주심세포의 증식으로 발생한다. *Mangifera*속에서 부정배를 형성하는 주심세포는 높은 밀도의 세포질과 녹말을 함유하고 있어 다른 주심세포와 구별할 수 있다. 주심배의 발달은 배낭의 바깥쪽에서 시작되지만 이들은 점점 배낭강 속으로 밀려들어가며(그림 12-11), 그곳에서 분열하여 성숙한 배로 분화한다(그림 12-12).

부정배들은 동시에 발달하지 않기 때문에, 1개의 종자는 다양한 발달 시기에 있는 배들을 가질 수 있다. 주심배는 배낭 안에서 측면 위치, 불규칙한 모양, 배병의 결여 등에 의해서 접합자 배와 구별될 수 있으나, *Citrus microcarpa*의 주심배는 매우 이른 시기부터 뚜렷한 배병을 갖는다. 대부분의 경우 처음에 주심배의 발생을 일으키기 위해서는 수분자극(pollination stimulus)이 필수인 것 같다. 귤속의 다배형성 및 단배형성 종으로부터 주심의 조직배양을 통한 배형성은 제14장에서 기술한다.

귤속의 부정배 형성은 다음의 4단계로 구분할 수 있다. (a) 부정배 시원세포의 형성, (b) 부정배 시원세포가 분화하여 접합자의 모양을 이룸, (c) 부정배 시원세포의 분열, (d) 부정배의 발달. 일반적으로 부정배 시원세포는 개화 전에 나타난다. 이 시원세포들은 균일한 세포질, 크고 둥근 핵, 단일 틸라코이드를 갖는 부성형 색소체, 쐐은 크리스타를 갖는 다수의 난형 미토콘드리아(길이 0.1~0.2μm), 많은 유리 리보솜 및 폴리솜을 함께 갖는 단일 가닥의 조면소포체, 4~5개의 주머니로 된 골지체와 이에 관련된 소낭 등의 특징을 갖는다. 이 세포들의 세포벽은 짙게 염색되며, 원형질막과 세포벽 사이에는 균질하지 않게 산재하는 전자 밀도가 높은 입자상 물질이 존재한다. 분열하기 전에 부정배 시원세포는 모양과 구성성분 및 미세구조 등이 완전히 변하여 접합자 배와 같은 형태를 갖추게 된다. 이 시원세포들은 구형으로 되어 원형질연락사의 차단, 완전한 새로운 세포벽의 형성, 처음 세포벽의 분해 등에 의해서 주변의 퇴화하는 주심세포로부터 분리된다. 수분 후에 이 세포들의 세포질에서 원시색소체 수는 현저하게 감소하며 소포체, 유리 폴리솜, 골지체와 이에 연관된 소낭들, 그리고 지질의 양은 증가하는 현상을 보인다. 수정된 종자에서 부정배 시원세포의 분열은 유리핵형 배유가 어느 정도 발달한 후에, 일반적으로 접합자 배의 분열에 앞서 일어난다. 미수정 종자에서 부정배 시원세포는 개화 후 40~50일 경에 분열한다.

최근 귤속의 연구에서 부정배 발달의 시작은 배낭 주변 어느 곳에서나 자발적으로 일어남이 명확하게 밝혀졌다(그림 12-13). 즉, 부정배 형성의 시작은 수분, 수정, 또는 접합자 배나 배유의 발달 등에 의해 영향을 받지 않는다. 그러나 부정배의 발달은 배유의 발달에 의해 크게 영향을 받는다. 배유가 없거나, 배유의 발달이 빈약하면 부정배의 발달도 빈약하게 나타난다. 따라서 미수정 종자에서 주심배는 구형기 또는 이른 쌍자엽기 이상으로 발달하지 못하며, 자연상태에서 정상적인 발아도 할 수 없다. 배유의 존재는 주공쪽 끝에서 부정배의 발달을 촉진시키지만, 합점쪽 끝에서의 발달은 억제한다. 즉, 억제 정도는 주공쪽 끝에서부터 배까지의 거리와 직접적으로 관련된다. 정상적인 종자에서 합점쪽 끝에 있는 부정배 시원세포는 최초의 세포단계 이상으로 발달하지 않는다(그림 12-13). 합점쪽 끝에서

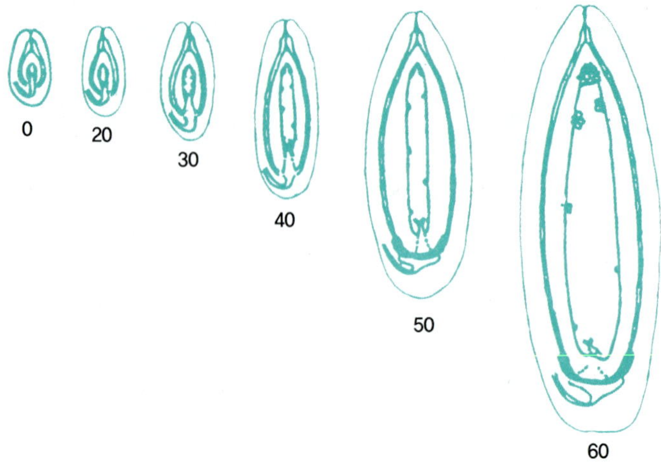

그림 12-13 무수정생식을 하는 귤속 재배종의 2배체 종자 속에서 개화 후 60일 동안 일어나는 부정배 개체발생 과정의 주요 단계 요약(그림 아래의 숫자는 개화 후 일수). 부정배 시원세포는 수정 전(0일)에 배낭의 모든 주변에서 형성된다. 수정 후 종자가 발달하는 동안 부정배 시원세포는 배유의 세포분열과 합점쪽 주심의 확대로 인하여 여러 개로 나누어진다(20~50일). 주공쪽에 있는 시원세포는 정상적으로 부정배로 발달하는 반면, 합점쪽 끝에 있는 시원세포는 시원세포기 이상으로 자라지 않는다(60일).

부정배의 발달에 미치는 배유의 억제효과는 다음과 같은 관찰에 의해서 지지되었다. 즉, $3n$의 배와 $5n$의 배유를 갖는 비정상적 종자에서 또는 배유가 발달을 중지하거나 실패한 위치에서, 합점쪽 끝 부분에 있는 부정배들은 이른 자엽기까지 발달할 수 있다. 또한 정상 종자의 부정배 시원세포는 배유의 억제효과를 제거하고 호르몬이 없는 간단한 배지에 배양하면 정상적인 배로 발달한다. 주공쪽 및 합점쪽 끝에서 부정배의 발달에 미치는 배유의 세부적인 효과에 대하여 차후 설명이 요구된다.

*Opuntia dillenii*에서 난장치, 반족세포 및 극핵 등은 항상 퇴화하고 여러 개의 부정배가 주심세포로부터 발달한다. 그러나 보통 이들 중의 1개만이 성숙한다.

Naumova(1981)는 부정배의 유형은 배주의 모양과 관계된다고 하였다. 즉, 주심배(nucellar embryo)의 형성은 후층성 배주(예: 귤속, 선인장속, *Sarcococca*속)에서 발달하고, 주피배(integumentary embryo)의 형성은 박층성 배주(예: 사철나무속)에서 발생한다. 사철나무속과 같은 주피 다배형성에서 주공쪽 및 합점쪽에 있는 내주피의 표피와 표피의 아래 세포들이 배형성에 참여한다.

12.2.2 다배형성의 원인

지금까지 다배형성의 발생 원인을 설명하는 많은 이론이 발표되었으나 충분히 납득할 만한 것은 아무 것도 없다. 다른 이론으로서 다배형성은 교잡, necrohormone, 열성유전자의 효과 등에 의한 것으로 생각해 왔다.

Haberlandt(1921, 1922)는 "necrohormone설"을 제안했다. 그는 퇴화하는 주심세포가 주변의 세포를 분열시켜 부정배를 형성하는 자극의 원인이 된다고 하였다. Haberlandt는 달맞이꽃속에서 배주를 가는 바늘로 찌르고 자방을 부드럽게 압박하여 세포에 상처를 냄으로써 부정다배형성(adventive polyembryony)의 유도를 시도하였다. 그는 1개의 배주에서 주심세포로부터 발생된 것으로 추측되는 2개의 배를 얻었다. 이 후의 연구자들이 Haberlandt의 방법으로 부정다배형성 유도를 시도하였으나 모두 실패하였다.

Leroy(1947)는 망고의 다배형성은 1개 또는 그 이상의 열성유전자에 기인한다고 하였다. 그는 망고의 1차 기원지(인도 동부)에서는 우성 유전자를 갖는 단배형만이 발생하는데 반하여, 2차 기원지(중국, 필리핀, 수단)에서는 열성 유전자와 다배 종자를 갖는다고 하였다. 실제로 이것은 사실이 아니며, 적어도 Bambai, Fazli, Langra 등과 같은 인도의 망고 품종도 다배를 형성한다.

Furusato 등(1957)에 따르면, 귤속 종자 내에 배의 수는 다음과 같은 요인들에 의해 영향을 받을 수 있다. (a) 나무의 수령: 수령이 많을수록 증가. (b) 종자 결실: 종자의 결실 수가 해마다 증가하면 배의 수도 증가. (c) 식물의 영양상태: 양분 공급이 적어지면 감소. (d) 나무 가지의 방향성: 남쪽 가지보다 북쪽 가지에서 증가한다.

귤속의 일부 종에서 단배형성은 다배형성 종의 배주에서 생성되지 않는 휘발성 또는 비휘발성 배발생 저해물질을 합성하여 방출하기 때문이라고 생각해 왔다. 다배형성 종인 *C. reticulata*의 주심을 단배형성 종인 *C. medica*의 배주와 함께 공동배양했을 때 배형성이 저해되었다. 에탄올은 *C. medica*의 배주에서 생성되는 휘발성 억제물질의 하나이다. *C. medica*의 배주에서 생성된 것과 같은 농도로 에탄올을 당근 조직배양에 처리하면 배발생이 현저하게 저해되었다. 비휘발성의 저해물질 성분은 IAA, ABA, GA_3 등인 것으로 확인되었다.

12.2.3 다배형성의 분류

대체적으로 다배형성에는 두 가지 유형이 있다.

1) 자연적 다배형성(spontaneous polyembryony): 자연적으로 일어나는 다배형성의 경우.
2) 유도 다배형성(induced polyembryony): 실험적으로 유도된 다배형성의 경우.

자연적 다배형성은 Ernst(1901, 1910)와 다른 발생학자들에 의하면 다음과 같이 다시 2개의 범주로 나뉜다.

1) 진다배형성(true polyembryony): 접합자나 배(*Eulophia*, *Vanda*), 조세포(보풀속), 반족세포(느릅나무속), 주심이나 주피(귤속, 타래난초속)로부터 형성된 동일 배낭 속에 2개 또는 그 이상의 배가 발달하는 것.
2) 위다배형성(false polyembryony): 동일 배주(딸기속) 또는 태좌(겨우살이과) 내에서 형성된 1개 이상의 배낭 속에서 배가 발달하는 것.

Yakovlev (1967)는 유전적 근거를 바탕으로 다배형성의 분류를 제안하여, 자연적 다배형성을 2가지 유형으로 구분하였다.

1) 배우자체 다배형성(gametophytic polyembryony): 수정 후 또는 수정 없이 배낭의 배우체 세포로부터 다배가 생기는 것.
2) 포자체 다배형성(sporophytic polyembryony): 배주의 접합자, 전배, 또는 포자체 세포(주심, 주피)로부터 다배가 생기는 것.

Bouman과 Boesewinkel(1969)은 부가적으로 형성되는 배의 기원을 바탕으로 하여, 자연적 다배형성을 4개의 범주로 나누었다.

1) 양친 세대의 포자체 세포(주심, 주피)로부터 다배의 발생.
2) 배우자체 세포로부터 다배의 발생(동일 배주 내에서 1개 또는 그 이상의 배낭에 의해서).
3) 새로운 포자체(접합자, 전배)로부터 다배의 발생.
4) 웅성 배우자체로부터 다배의 발생.

12.2.4 다배형성의 실험적 유도

너도바람꽃속 *Eranthis hyemalis*에서 결실기에 있는 종자는 서양배 모양과 긴 배병을 가진 미분화된 배를 갖고 있다(그림 12-14). 유근과 자엽은 몇 주일 후 종자가 토양 속에 있는 동안에 분화한다. 갓 수확한 종자에 0.1% 농도의 2,4-D, 2,4,5-T 또는 NAA와 같은 물질을 처리하면 많은 비정상 개체들이 유도되며, 종자의 일부에서 쌍배가 발달된다(그림 12-15). 이러한 처리는 유아를 손상시켜서 자엽으로 분화되어야 할 세포가 부가적인 유아를 발생시키며, 이러한 부가적인 배의 재형성을 위한 능력은 성숙한 배에도 보유하고 있다. 성숙한 배를 산성 완충액(pH 4)으로 처리하면 배의 본체가 선택적으로 죽고, 살아남아 있는 배병세포는 새로운 부정배로 발달한다(그림 12-16A,B). 만일 완충액 처리를 반복하면 첫 번째 부정배는 죽고 두 번째 부정배가 발달한다(그림 12-16C).

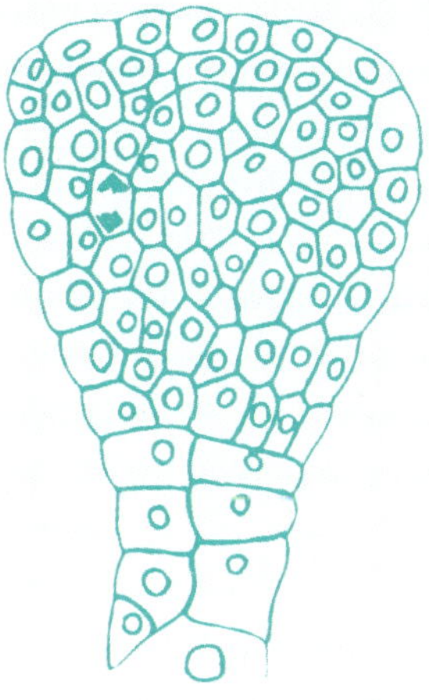

그림 12-14 너도바람꽃속 *Eranthis hyemalis*의 갓 수확한 종자에서 잘라낸 서양배(梨) 모양의 배.

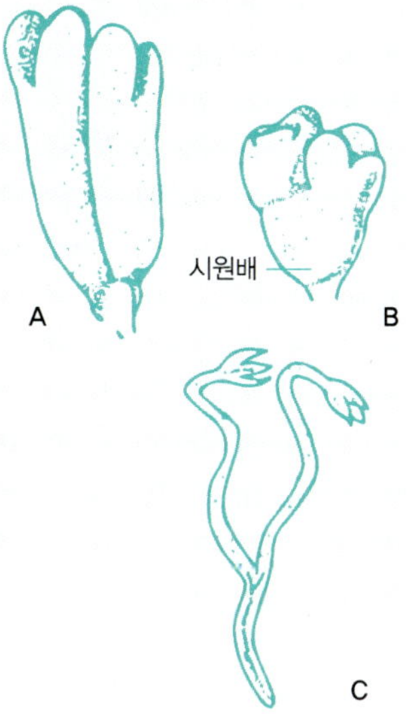

그림 12-15 오옥신을 처리한 *Eranthis hyemalis* 종자에서 다배형성의 유도. **A, B.** 쌍배의 형성. **C.** 쌍생의 유식물.

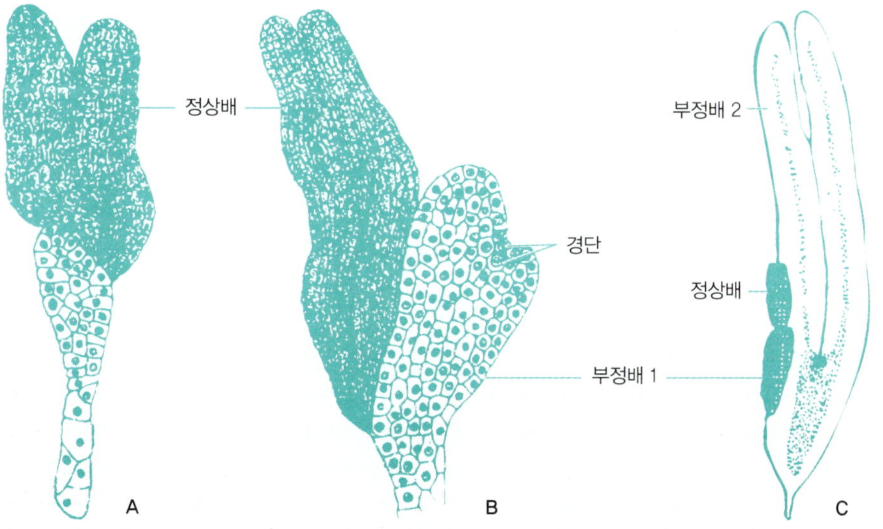

그림 12-16 너도바람꽃속 *Eranthis hyemalis*의 성숙한 배에 산성 완충액을 처리했을 때 배병세포로부터 부정배가 형성된다.

12.2.5 다배형성의 실용적 가치

주심에서 유래된 부정다배형성은 원예 분야에 있어서 대단히 중요하다. 부정배는 영양번식을 이용한 것과 같이 양친형과 동일한 유식물들을 얻을 수 있으나, 귤속의 주심배로부터 유래된 묘종은 삽목묘 보다도 더 좋은 과수를 공급할 수 있다. 그 이유는 다음과 같다.

1) 주심배 묘종은 주근을 갖기 때문에, 삽목묘보다 더 좋은 근계를 발달시킨다. 삽목에서 발달된 근계는 측근계만을 갖는다.
2) 주심배 묘종은 영양번식을 반복한 후 잃어버린 활력을 회복한다.
3) 주심배는 질병이 없다. 지금까지 주심다배형성은 자연상태에서 다배성 귤속 변이종의 바이러스 없는 클론을 육성하기 위한 유일한 실용적 방법이다. 단배성 귤속 재배종의 바이러스 없는 클론을 생체 내에서 육성하는 방법은 없으나, 주심배양 및 체세포배 발생 유도를 통해 이루어질 수 있다.

기내 배발생은 선발된 유전자형을 대량 증식하는 실용적인 방법으로 생각된다. 조직배양에서 식물체의 재생은 기관형성 또는 체세포배 발생을 통하여 일어난다. 체세포배 발생의 과정은 체세포배의 대량 생산을 자동화하기 위한 생물반응기의 사용을 가능하게 하였다. 더욱이 체세포배는 뿌리와 슈트의 원기를 가지고 있기 때문에 직접 발아하여 소식물체를 형성한다.

체세포배는 또한 보통 종자의 파종에 사용되는 것과 비슷한 기계장치를 이용하여 파종하기에 적당한 “인공종자(artificial seed)”로 전환시킬 수 있다. 인공종자는 개개의 체세포 배를 Ca-alginate와 같은 수용성 젤로 캡슐화하여 생산된다. 실제로 완전히 발달한 배를 2% Na-alginate와 섞은 후 플라스틱 피펫을 사용하여 50～100mM의 초산칼슘[$Ca(NO_3)_2$] 용액 속에 떨어뜨린다. 이때 피펫 구멍으로 배가 한 번에 하나씩만 통과하여 떨어지도록 해야 한다. 이온교환반응에 의해 Na^+이온은 Ca-alginate를 형성하는 Ca^{2+}으로 치환되며, Ca-alginate의 젤화는 30분 이내에 완료된다. Ca-alginate gel의 경도는 Na-alginate와 Ca^{2+}의 농도 및 중합시간에 따라 조절될 수 있다.

Ca-alginate 캡슐은 수분을 갖고 있어서 서로 단단히 달라붙는 성질이 있으므로 다루기 힘들다. 더욱이 공기에 노출되면 급격히 수분을 잃고 몇 시간 안에 딱딱한 알맹이 상태로 건조된다. 이러한 문제는 Elvax 4260(ethylene vinyl acetate acrylic acid terpolymer, DuPont, USA)으로 캡슐을 피복함으로써 보완할 수 있다.

이러한 인공종자는 배양배지나 모래상자에서 발아된다. 인공종자 기술이 상업화되기 전에 극복해야 할 중요한 기술적 문제들은 다음과 같다. (a) 조직배양에 의해 생산된 식물체에서 체세포계통 변이의 발생, (b) 배의 미약한 자질에 의한 체세포배로부터 소식물체로의 낮은 전환비율, (c) 체세포배를 유도하기 위해 이미 알려진 방법들이 모든 작물에 적용될 수 없다는 것, (d) 대부분 작물의 체세포배 발생에 대해 잘 이해되지도 못하고 특성화되어 있지도 않다는 것, 그리고 (e) 배발생의 조절에 관한 지식이 미비한 점 등이다.

캘러스 배양에서 때로 유전 물질의 자연적 변화가 일어나기 때문에, 이로부터 재생된 식물체는 작물 개량에 이용될 수 있는 변이성을 나타낸다. 슈트에 있는 눈과는 다르게, 체세포배는 단세포로부터 생기기 때문에 배발생을 통하여 얻어진 새로운 식물체는 완전한 돌연변이체일 것이다.

배발생에 대한 분자생물학적 지식은 매우 미비하다. 어려움 중의 하나는 접합자 배가 종자 속에 싸여 있어서 실험적으로 조작하기에 용이하지 않다는 것이다. 체세포배 발생은 그러한 연구를 위해 좋은 기회를 제공한다. 연구를 위한 하나의 모델로서, 당근의 체세포배 발생 과정은 효율적이며 동시적일 수 있으며, 나아가 각 발달 단계에 있는 배를 대량으로 분리시킬 수 있어서 생화학적 연구도 가능하게 되었다. 최근에는 게놈분석이 완성된 애기장대속의 체세포배 발생 시스템이 배발생에 대한 유전학과 분자생물학 연구를 위한 모델 시스템으로 개발되고 있다.

Chapter 13

과실과 종자

수정이 일어난 후 식물의 꽃은 종자(seed)와 과실(fruit)로 발달한다. 꽃이 핀 후 수분과 수정이 이루어지면 배주는 종자로, 그리고 자방과 주변 조직은 과실로 발달한다. 대부분의 식물은 수분과 수정이 제대로 이루어져야 종자와 과실이 정상적으로 맺힌다. 그렇지 못하면 꽃이나 과실이 일찍 떨어지거나 과실의 발육이 심하게 억제된다. 종자와 과실에는 많은 영양분이 들어 있어 에너지원으로 작용하는 등 인간을 비롯한 많은 생명체에게 큰 영향을 미친다. 식물종에 따라서는 종자를 형성하지 않고 단위결과(parthenocarpy)가 일어나기도 하지만, 대개의 경우 수정과 종자형성은 착과 및 그 뒤의 과실비대와 밀접한 관련이 있다.

이 장에서는 수정 후 종자와 과실의 발달과 그 종류를 비롯하여 그 내부구조와 형태, 기능, 그리고 종자산포의 유형과 생물학적인 의의 등을 기술하였다.

13.1 과실

과실(fruit)은 그 속에 들어있는 종자를 보호하고 효율적으로 산포시키는 역할을 한다. 수정이 이루어지고 종자가 발달함에 따라 자방이 성숙하여 과실로 발달한다(그림 13-1). 일부 식물에서는 자방조직뿐만 아니라 그 주변 조직도 과실로 발달하기도 한다. 과실은 피자식물에만 존재하며, 그 종

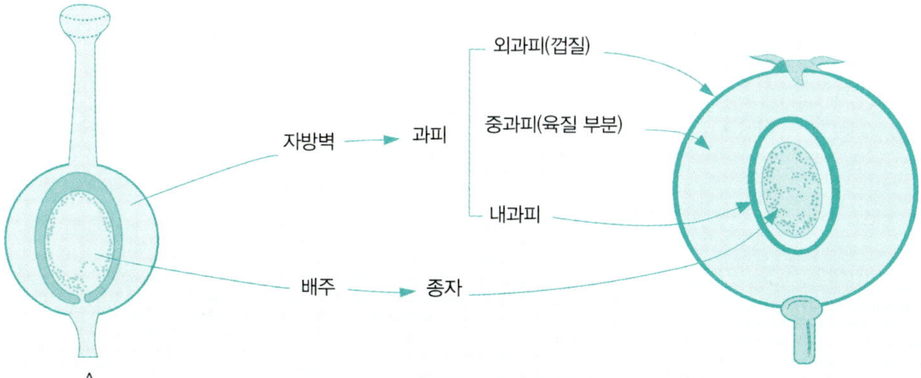

그림 13-1 과실의 발달. **A.** 수정이 일어난 이후에 꽃의 암술. **B.** 배주가 종자로 발달하고 자방벽이 과피로 발달하여 과실이 된다. 과피는 외과피, 중과피, 내과피로 구분된다.

류가 매우 다양하다. 자방이 과실로 성숙할 때 그 속에 들어 있는 종자는 화학신호로서 호르몬을 분비하며, 이 호르몬에 의해서 자방조직이 비대하고 성숙하여 과실로 자란다. 과실벽은 보통 2층 또는 3층으로 현저하게 분화되어 있으나 분화 정도가 낮은 경우도 있다. 분화된 과실벽의 여러 층을 개체발생상의 기원과는 무관하게 기재목적상 바깥쪽부터 각각 외과피(exocarp), 중과피(mesocarp), 내과피(endocarp)라는 용어를 사용한다.

13.1.1 과실의 종류

엄밀하게 말해서 성숙한 자방을 과실이라고 할 수 있으나(진과, true fruit), 넓은 의미로는 비심피조직의 유합 여부에 관계없이 자예로부터 유도된 것을 과실이라고 정의할 수도 있다(위과, false fruit). 과실의 비심피조직의 예로서 딸기의 화탁, 뽕나무 과실의 악, 파인애플의 포, 사과나 오이 같은 하위자방화에서 발달한 과실의 화통이나 화탁을 들 수 있다.

과실이 하나의 꽃에서 1개의 심피 또는 여러 개의 심피가 1개로 융합된 것으로부터 발달하면 단과(simple fruit)라고 한다(표 13-1). 이 종류의 과실이 가장 흔하며 콩, 토마토, 앵두 등이 그 예이다. 반면에 서로 유리된 2개 또는 그 이상의 심피가 성숙하여 된 과실을 복과(compound fruit)라고 하며, 복과는 다시 나무딸기, 딸기 등과 같은 취과(aggregate fruit)와 오디, 파인애플과 같은 다화과(multiple fruit)로 구분된다. 또한 과실벽을 구성하는 조직이 마르지 않고 육질성인 것을 육질과(fleshy fruit)라고 하고 건조한 것을 건과(dry fruit)라고 한다. 건과는 다시 건개과(dehiscent fruit)와 건폐과(indehiscent fruit)로 구분된다. 육질과는 자연에서 종자를 산포시키는 동물에 의해 먹히지만, 건과는 동물에 의해 먹히지 않는 것이 보통이다. 육질과인 경우는 과피가 맨 겉의 껍질 부분(외과피), 육질 부분(중과피), 종자를 둘러싸는 부분(내과피)으로 뚜렷하게 구분할 수 있지만, 다른 과실들에서 중과피와 내과피가 서로 융합되어서 구별할 수 없는 경우도 흔하며, 육질과가 아닌 건과에서는 세 부분이 모두 하나의 과피로 합쳐져 있다.

표 13-1 과실의 분류

1) **단과(simple fruit)**

(1) 육질과(fleshy fruit)

장과(漿果, berry): 내과피, 중과피, 외과피 등이 모두 연하다. 포도, 고추, 토마토 등

핵과(核果, drupe): 장과와 비슷하나 내과피가 매우 딱딱한 후벽조직으로 되어 있다. 복숭아, 버찌, 자두, 살구, 올리브 등

이과(梨果, pome): 장과와 비슷하나 내과피가 연골질의 막처럼 생겼다. 사과, 배 등

박과(박果, pepo): 장과와 유사하나 외과피가 두꺼우며, 약간 단단한 껍질이다. 오이, 수박, 호박, 캔티롭 등

감과(柑果, hesperidium): 외과피는 가죽처럼 생겼고 유선이 있다. 귤, 오렌지 등

(2) 건개과(dry dehiscent fruit)

(a) 1개의 심피로부터 발달

골돌과(蓇葖果, follicle): 1개의 봉선을 따라서 열린다. 목련, 박주가리, 작약 등

협과(莢果, legume): 2개의 봉선을 따라서 열린다. 콩과식물

(b) 여러 개의 심피로부터 발달

삭과(蒴果, capsule): ① 봉선을 따라 열린다. 고추나물
② 심피의 방 사이를 따라 열린다. 붓꽃
③ 작은 구멍이 뚫려 열린다. 양귀비
④ 옆으로 갈라져서 열린다. 질경이

장각과(長角果, silique): 과피가 3개의 부분으로 열린다. 무 등의 십자화과 식물

(3) 건폐과(dry indehiscent fruit)

(a) 1개의 심피로부터 발달

분열과(分裂果, schizocarp): 여러 개의 자방이 분과라고 하는 개개의 심피로 나누어진다. 산형과 및 단풍나무과 식물

영과(穎果, caryopsis): 1개의 종자만을 가지며 종피가 과피와 융합된다. 밀, 옥수수, 귀리 등

수과(瘦果, achene): 영과와 비슷하나 종자와 과피의 경계가 뚜렷하며, 과피가 얇다. 해바라기, 으아리 등

시과(翅果, samara): 1개의 종자를 가지며 과피가 자라서 만들어진 날개가 있다. 느릅나무, 오리나무, 물푸레나무 등

(b) 여러 개의 심피로부터 발달

견과(堅果, nut): 원래 여러 개의 심피와 배주로 구성되어 있으나 1개의 배주만 남고 퇴화한다. 성숙 시에 과피가 돌처럼 딱딱해진다. 호두, 도토리, 밤, 개암 등

2) **복과(compound fruit)**

(1) 취과(聚果, aggregate fruit): 하나의 꽃 속에 있는 여러 개의 심피들이 융합되지 않으나 하나의 덩어리를 이룬다. 목련의 과실, 나무딸기, 딸기, rasberry, blackberry 등

(2) 다화과(多花果, multiple fruit): 1개의 화서에 있는 여러 개의 꽃들이 융합되어 1개의 과실로 발달한다. 무화과, 뽕나무 과실인 오디, 파인애플 등

13.1.2 과실의 생장

수정 후 착과가 되면 과실의 생장이 급격히 진행되고 꽃잎은 시들고 노화하여 떨어진다. 과실의 생장은 육질과인지 건과인지에 따라 다르다. 과실의 생장은 세포분열과 세포확대에 의해 이루어진다. 그러나 과실을 구성하는 대부분은 자방벽과 태좌 부분인데, 이 부분의 조직은 대개 개화 후 세포

분열이 끝나기 때문에 과실의 생장은 주로 세포의 확대에 의해 이루어진다고 할 수 있다. 과실의 생장곡선을 보면 토마토처럼 단일 S자형 곡선을 보이는 것이 있는가 하면, 복숭아와 같은 핵과류와 포도처럼 이중 S자형 곡선을 나타내는 것도 있다. 과실의 생장에는 식물호르몬이 관여하는데, 아래의 "과실 비대에 대한 어린 종자의 영향"이나 "단위결과" 등의 기술에서도 과실의 생장에 식물호르몬이 얼마나 중요하게 작용하고 있는지를 알 수 있다. 종자 형성이 과실 비대에 영향을 미치는 것은 그 과정에서 옥신과 같은 내생호르몬이 생성되기 때문이다. 다시 말하자면, 옥신이 이층형성을 억제하고 자방과 화상조직의 세포확대를 촉진하여 과실비대를 촉진한다.

1. 과실 비대에 대한 종자의 영향

어린 종자는 과실 비대에 큰 영향을 준다. 이것은 다음과 같은 관찰에서 확실해진다.

1) 종자와 낙과

사과나무에서 떨어진 과실은 나무에 달려 있는 과실보다 평균적으로 종자의 수가 적다. 그러므로 어린 종자의 발달을 방해하는 기생균, 약제 등은 낙과를 야기한다.

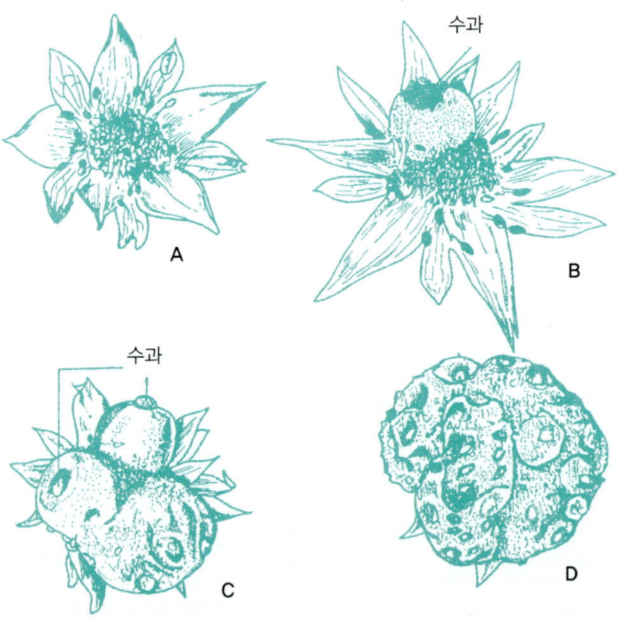

그림 13-2 딸기 화탁 생장에 미치는 발육 중인 수과의 영향. **A.** 미수분된 꽃. 화탁이 발달하지 않고 있다. **B.** 1개의 수분된 수과만 발육했다. 화탁 생장은 수과 근처에서만 이루어진다. **C.** 몇 개의 수분된 수과가 발육했다. 몇 개의 생육한 화탁이 보인다. **D.** 많은 수분된 수과는 C보다 크다. 화탁은 정상의 과실 형태에 이른다.

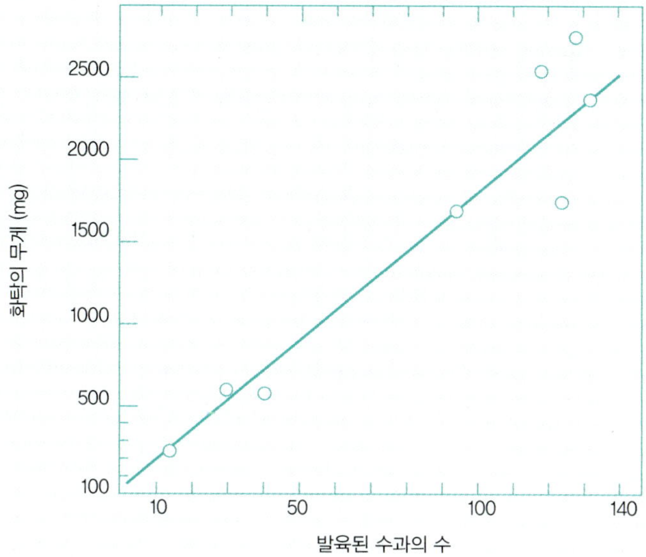

그림 13-3 딸기의 발달 중인 수과 수와 화탁의 생체중량 사이의 관련성.

2) 과실의 모양과 크기

종자의 발달이 과실 모양을 조절하는 것으로 보인다. 딸기에서는 하나의 꽃 내부에서 심피가 선택적으로 수분되거나 전체가 수분된 뒤 심피 일부를 제거하거나 하면 화탁이 발육하는 수과 주변에서만 부분적으로 생장하게 되고, 그 결과 과실은 비정상 과실로 생장한다(그림 13-2). 발육하는 수과의 수와 과실 무게 사이에도 직접적인 관련성이 있다(그림 13-3). 사과, 핵과류, 호박 등에서도 종자의 발달과 과실 생장 사이에 유사한 관련성이 관찰되었다.

3) 종자 제거의 영향

과실 발육단계에 따라 종자를 제거한 실험 결과, 과실 비대는 발육 초기 단계에만 종자가 필요하다는 것이 밝혀졌다. 예를 들어 핵과류나 사과에서 수분시킨 후 일정기간 뒤에 종자를 제거해도 과실 생장에는 영향이 나타나지 않았다.

종자가 생장조절물질을 통해 과실 생장을 조절하고 있다는 것을 암시하는 증거가 있다. 그것은 다음과 같은 두 사실로 확인된다. (a) 과실 내에서 합성된 생장조절물질의 대부분이 종자 내에 있으며, (b) 생장조절물질을 외부에서 제공하면 종자가 없어도 과실 생육을 촉진할 수 있다.

2. 단위결과

단위결과(parthenocarpy)는 바나나, 파인애플, 토마토, 멜론, 무화과 등과 같이 1개의 자방에 매우 많은 배주는 갖는 식물에서 광범위하게 나타난다. 이 용어를 처음 사용한 Noll(1902)에 의하면, 단위결과는 수분 또는 어떤 다른 자극 없이 과실이 발달하는 것을 의미한다. 그 후 단위결과의 정의는 다소 변경되어 현재 개념으로는, '수정되지 않고 과실을 형성하는 것'으로 설명된다. 과실의 단위결과적 발육에는 수분에 의한 자극(자극적 단위결과 stimulative parthenocarpy)이 필요하지만, 수분되지 않은 꽃에서도 발생한다(무성적 단위결과 vegetative parthenocarpy).

'종자 없는 과실'을 '단위결과된 과실'과 동의어로 생각해서는 안 된다. 왜냐하면 종자 없는 과실 중에는 배주가 수정되었다가 나중에 퇴화된 경우도 있기 때문이다. 예를 들면 포도 품종 중에 'concor'와 같은 계통이 그렇다. 또 그 중에는 종자를 가진 단위결과성 과실도 있다. 옥신처리는 귤, 포도, 수박, 파인애플 등에서 종자를 갖는 단위결과성 과실을 생성한다고 알려져 있다. 이러한 과실 종자는 사실 위종자(pseudoseed)이며, 유성적 배가 아닌 단위결과적 배 또는 부정배로 존재하게 되는 것이다.

단위결과는 많은 과실 작물에서 과실의 질이나 생산성을 개선할 수 있는 가능성을 제공한다. 단위결과는 화분 생산, 발아 그리고 수정 등이 불리한 환경조건에서 과실 생산을 위한 가장 효율적인 방법으로서 주목된다. 가지와 같은 식물은 단위결과가 과실의 질을 향상시키는 대표적인 예이다. 많은 원예작물의 소비를 위해 종자 없는 과실은 신선한 과실로서 또는 주스나 잼을 만드는데 가장 이상적인 요소이다. 수박 먹을 때 종자는 귀찮은 일이다. 유사하게 종자 없는 포도는 소비자들이 우선적으로 선택도록 하는 중요한 요소이다.

Nitsch(1963)는 단위결과를 3가지 형, 즉 유전적, 환경적, 화학적 유도형으로 나누었다. 최근 단위결과 식물들이 유전공학을 통해 개발되고 있다.

1) 유전적 단위결과

과실 생산을 위해 재배되고 있는 식물 중에서 단위결과되는 종류들을 볼 수 있다. 이와 같은 단위결과는 돌연변이 또는 교잡에 의해 일어나는 것으로 알려져 있다. 유명한 'Navel Orange'는 종자를 갖는 일반 오렌지의 액아에서 돌연변이가 일어나 종자 없는 오렌지가 열리는 가지로 자란 것이다. 이런 'Navel Orange' 외에 유전적 단위결과는 귤, 호박, 바나나, 석류, 포도 등에서 알려져 있다.

Wellington과 Hawthorn(1929)은 'English Forcing'과 'Arlington

White'를 교배하여 단위결과 교잡종 오이를 육종했다. Kihara(1951)는 4배체와 2배체를 교배하여 3배체인 단위결과성 종자 없는 수박을 개발했다. 재배되고 있는 바나나는 단위결과성 과실을 개발한 불임성 다배체(주로 3배체) 식물이다. 여기에는 적어도 3개의 상보적 우성 유전자가 단위결과를 조절한다.

2) 환경적 단위결과

서리, 안개 또는 저온 등 환경조건의 변화가 생식기관의 정상적인 기능을 저해하여 단위결과를 일으키는 경우가 있다. Campbell(1912)은 6월의 짙은 안개가 종자 없는 올리브의 결실을 유발하는 것을 관찰했다. Lewis(1942)는 3~19시간 동안 동결온도에 노출시켜 단위결과된 배를 얻었다. Cochran(1936)은 개화시기에 32~38℃의 온도에서 10~16℃로 식물을 이식함으로써 고추의 결실을 증가시키고 단위결과 과실을 수확할 수 있었다. Osbrone과 Went(1953)는 토마토에 저온과 고광량을 처리하여 단위결과를 유도했다. 이와 같은 조건에서는 수분이 빈약하게 일어난다.

3) 화학적으로 유도된 단위결과

낮은 농도(약 10^{-7}~10^{-6}M)의 옥신이나 지베렐린으로 정상적으로 종자를 맺는 여러 식물에서 단위결과를 성공적으로 유도하였다. 이들 호르몬들은 라놀린 페이스트 형태나 분무하는 방법으로 꽃에 처리한다. 영리 목적으로는 분무 방법이 더 적당하다.

Balasubramanyam과 Rangaswamy(1959)는 도금양과 *Psidium guajava*에 인공수분한 결과 대부분의 품종에서는 종자를 맺는 과실로 발육했지만, 'Allahabad Round'라는 품종에서는 종자 없는 단위결과 과실을 수확했다. 또한 이 품종에서 단위결과는 수술을 제거한 꽃에 수용성의 화분추출물을 처리하여 단위결과를 유도할 수 있었다. 이러한 '화분호르몬'의 효과는 IAA나 IBA를 사용하면 배가된다. 옥신(IAA, IBA, NAA, NOAA, 2,4-D, 2,4,5-T) 처리로 단위결과되는 작물로는 토마토, 블랙베리, 딸기, 무화과, 호박, 귤, 장미 등이 있다. 지베렐린은 많은 장미과에 속하는 과수, 포도, 무화과, 토마토 등에서 단위결과를 유도하는 것으로 보고되었다.

옥신 처리에 의한 단위결과 유도는 개화 후에 처리해야만 한다. 왜냐하면 이른 시기에 옥신을 처리하면 꽃을 손상시켜 종자가 발육부진되어 낙과되기 때문이다. 이와는 반대로 지베렐린이 이 목적으로 이용될 때는 가능한한 이른 개화기에 처리하는 것이 바람직하다.

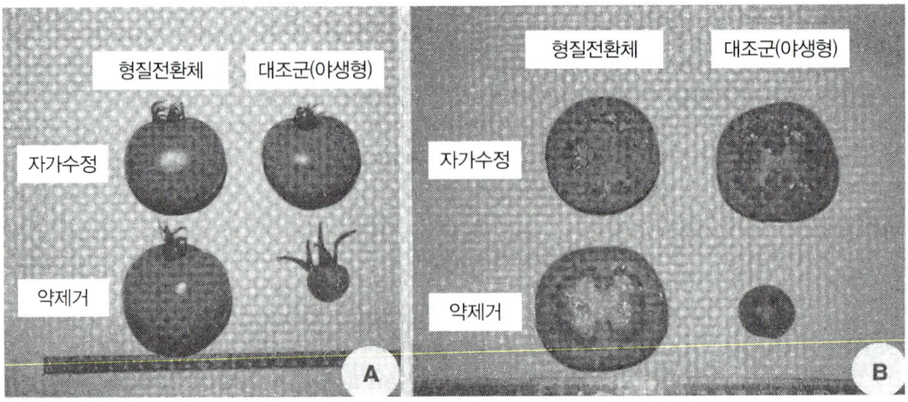

그림 13-4 토마토의 과실에서 IAA의 합성을 유도하는 *DefH9-iaam* 키메릭 유전자로 형질전환시킨 L.276에서 자가수정(위) 후 그리고 약을 제거시킨(아래) 꽃으로부터 성숙한 과실. 약을 제거시킨 꽃으로부터 단위결과 과실이 발생했다. 형질전환 시에는 약을 제거시킨 꽃으로부터 자가수분 후 맺힌 과실과 같은 크기의 종자 없는 과실이 맺혔다. 대조군의 약이 제거된 꽃에서는 매우 작은 과실이 맺혔다.

4) 유전공학을 이용한 단위결과

유전공학적 단위결과는 2가지 기작을 통해 이루어진다. 배 또는 종자의 정상적인 발달이 과실 발육과 상관없이 억제되거나 또는 바라는 호르몬 활성이 기대하는 기관에서 촉진되거나 한다(그림 13-4).

Rotino 등(1997)과 Ficcadenti 등(1999)은 담배 그리고 가지와 토마토에서 키메라 유전자인 *DefH9-iaam*을 삽입하여 단위결과를 유도하였다. *Pseudomonas syringae* pv. *savastanoid*에서 유래한 *iaam* 유전자는 형질전환식물체의 조직이나 기관에서 옥신 합성을 증가시키고, *Antirrhinum majus*에서 유래된 배주 특이성 프로모터와 조절 유전자인 *DefH9*는 영양생장에는 영향을 주지 않으면서 단지 배주에만 영향을 미쳐 *iaam* 유전자의 발현을 조절한다.

DefH9-iaam 유전자를 갖는 형질전환 가지는 수분을 시키면 종자가 있는 과실을 맺고, 수분하지 않으면 단위결과되었다. 그래서 형질전환시키지 않은 가지는 온실에서 여름 동안만 과실을 맺지만, 형질전환된 가지는 정상형태의 과실을 연중 계속하여 맺게 되어 상업적으로 매우 매력적인 가치를 나타냈다. 그리고 단위결과는 멘델법칙에서 우성형질로 다음 세대에 이어진다.

13.2 종자

종자(seed)는 배 상태의 식물, 저장양분(때로는 없는 경우도 있음) 및 보호하는 기능의 종피(seed coat)를 가지는 수정된 성숙배주라고 정의할 수 있다. 그러나 일반적인 의미에서 종자라는 말은 단일종자를 갖는 건조과실

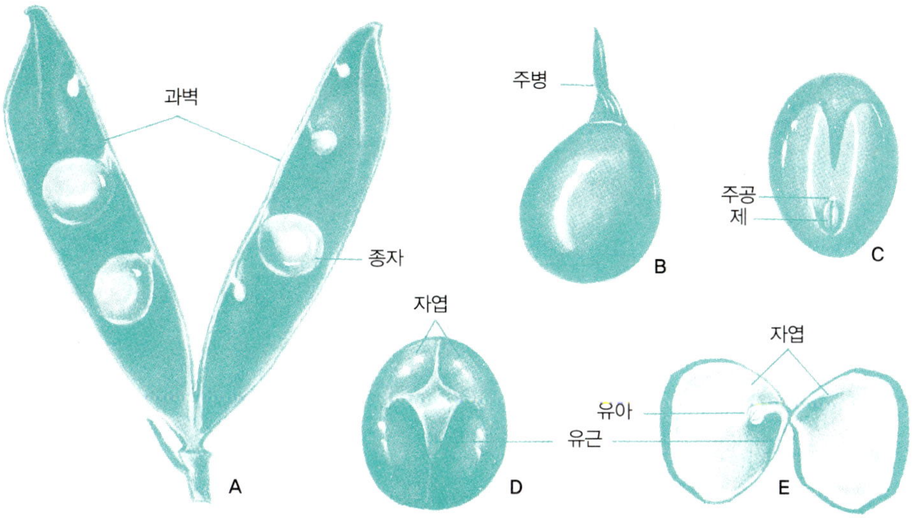

그림 13-5 완두 종자의 각 부분. A. 세 개의 잘 발달한 종자가 달린 열개와, 몇 개의 발육부진 종자도 있다. B. 종자는 주병을 대좌 과벽에서 떨어진다. C. 주공과 제를 보여주기 위하여 주병을 제거한 종자. D. 종피가 벗겨진 종자. 커다란 두 개의 자엽과 유근 끝부분을 주의해 보라. E. 자엽은 배축 끝의 경단과 떨어져 있다.

[곡물의 영과, 국화과 식물의 국과(菊果) 등]이나 영양번식체(소인경, 감자 괴경편 등)에도 적용되고 있다. 여기에서는 진정종자에 관해서만 다루고자 한다.

수정에 이어서 배주의 각 부분에서 성장이 진행되어 종자로 발달된다. 즉, 접합자는 배로 발달하고 1차 배유핵은 배유로 되고 주피는 보호 기능이 있는 종피로 된다. 이와 같이 종자의 일부는 소실되고 일부는 발달하지만, 배주라는 기본구조로 되어 있다. 자방 내의 모든 배주가 성숙종자로 발생하는 경우는 드물다. 예를 들면 벚나무와 아몬드는 자방 1개당 2개의 배주가 있으나, 일반적으로 1개만 성숙하여 종자로 된다. 그러나 드물게는 2개 모두 발달할 수도 있다.

종자의 크기, 형태, 색깔 및 표면구조 등에 있어서 변이가 무수하게 존재한다. 종자만으로도 그 종이나 품종을 동정할 수 있을 정도로 특징적인 것도 있다.

완두에 있어서는 완숙한 꼬투리에 종자가 두 줄로 정렬되어 있다(그림 13-5A). 종자는 주병(funiculus)이라는 작은 화경에 의해 과벽에 부착되어 있다(그림 13-5B). 성숙할 때 제(hillum)라고 부르는 남아 있는 엽흔을 주병이 탈리시킨다(그림 13-5C). 제 바로 아래에는 작은 구멍의 주공(micropyle)이 위치하고 있다(그림 13-5C). 종자는 매끈하고 얇은 종피를 갖고 있다. 피마자에서는 종피가 (a) 바깥층의 외종피(testa), (b) 내층의 내

종피(tegmen) 등 두 개의 명확한 층을 갖고 있다. 완두에서는 이들 두 층을 명백하게 구별할 수 없다. 종피를 벗기면 커다란 두 개의 녹색 자엽이 보인다(그림 13-5D). 그들은 배축(embryonal axis)에 옆으로 붙어 있다. 배축은 자엽 아래쪽에서 나오고, 한쪽 끝은 유근이며 다른 한쪽 끝은 유아(plumule)로서 두 개의 자엽을 분리하면 보인다(그림 13-5E). 유근과 자엽 사이의 배축 부위를 하배축(hypocotyl)이라 하고 자엽과 유엽 사이를 상배축(epicotyl)이라고 한다.

완두에서 자엽은 저장기관의 기능을 하는데, 이것은 박과와 콩과식물에서 저장기관의 역할과 같은 것이다. 그러나 자엽이 얇은 식물에 있어서는 저장물질을 영속성 배유에 저장하게 된다. 피마자, 야자와 곡류들은 후자에 속하는 예들이다.

13.2.1 종자 발달

종자는 배, 배유 및 종피로 되어 있다. 이들 중 배유와 배에 관해서는 각각 제10장과 제11장에서 상세하게 기술하였으므로 여기에서는 종피의 발달과 구조에 관해서만 기술하고자 한다.

1. 종피

배주가 종자로 발달함에 따라서 주피는 점점 종피로 성숙해 간다. 약간의 예외를 제외하면 배주는 1층 또는 2층의 주피를 갖고 있다. 주피는 종피로 변해가는 단계에서 현저한 조직학적 변화를 보인다. 복주피성 배주의 경우, 종피는 두 주피 모두에서 유래하든지 내주피가 없어져서 외주피만으로 형성된다.

목화(*Gossypium* sp.)의 배주는 2층의 주피를 갖고 있고(그림 13-6A) 종피의 형성에 2주피 모두 기여하고 있다(그림 13-6A~D). 배낭 성숙기의 외주피는 세포벽이 얇은 4~6층의 세포로 구성된다(그림 13-6B). 수분 후 6일째에는 이들이 (a) 외표피, (b) 탄닌과 녹말로 충만한 2~5층의 세포로 된 외부 색소층 (c) 내표피 등 세 개의 구역으로 구별된다(그림 13-6D). 종자가 성숙함에 따라 세포는 비대해지고 내표피는 단층으로 머물게 되든지(*G. arbormm*), 2, 3층을 형성하든지(*G. hirsutum*, *G. herbaceum*), 풍부한 양의 녹말립이 외측의 투명대의 층상세포에 축적된다(그림 13-6F). 외표피의 세포에는 탄닌이 충만되어 있다.

성숙배낭기의 내주피는 8~15층(그림 13-6B)이다. 수분 후 3일째에는 외주피에 가까운 3~4 층의 세포에 녹말 입자가 축적하는 것과 세포가 약간 신장하는 것을 제외하면 현저한 변화는 없다(그림 13-6C). 2, 3일 후에는 외표피의 세포는 방사상으로 길게 신장하여 수분 후 20일

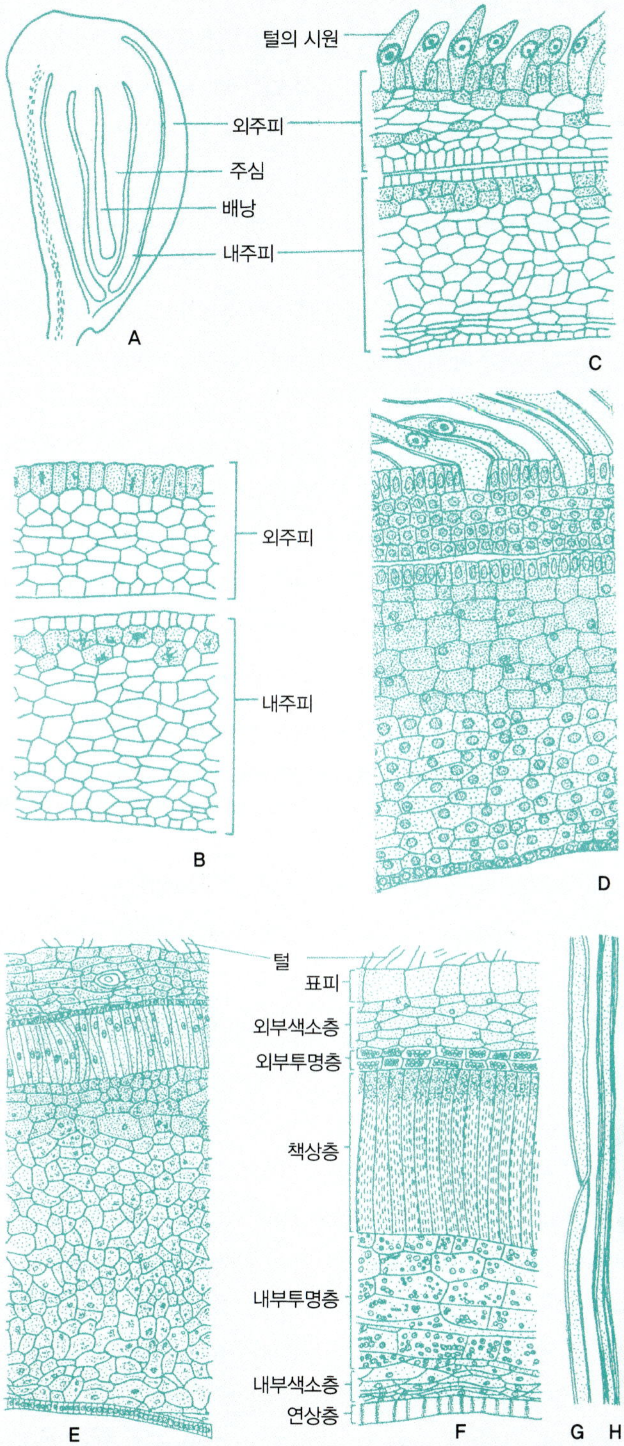

그림 13-6 *Gossypium herbaceum*의 종피 발달. **A.** 성숙 배낭기의 배주의 종단절편. **B.** 세포의 상세구조를 보여주기 위하여 A의 내주피, 외주피의 부분을 확대한 것. **C~E.** 수분 후 각각 2~3일, 5~6일 및 15일째의 배주의 주피. **F.** 성숙종피의 일부분 **G.** 섬모. **H.** 솜털 (Ranchandani 등, 1966)

이내에 몇 배 크기로 된다(그림 13-6E). 세포벽은 두터워지고 핵과 세포질은 외측에 편재해 있다. 그들은 성숙한 종피의 책상층을 형성한다(그림 13-6F). 내표피 세포도 방사상으로 약간 신장하며 벽은 평판상의 비후를 하여 연상층(fringe layer)을 형성한다(그림 13-6F). 완숙 종피의 내주피는 (a) 외측의 책상층(pallisade layer), (b) 4~5층으로 된 내부 색소층pigmented zone), (c) 9~10층으로 된 내부 투명층(colourless zone) 및 (d) 연상층(fringe layer) 등 네 부분으로 구분된다. 이와 같이 성숙한 종피는 7개의 층으로 뚜렷이 구분된다(그림 13-6F, 표 13-2).

목화섬유는 외주피의 외표피에서 형성된다. 이들 모용은 단세포이고 얇은 세포벽을 갖고 있으며 그 길이는 45mm나 된다. 이 섬유는 또한 특징적으로 꼬여져 있어서 면모(綿毛, lint hair)라고 부른다(그림 13-6G). 목화 종자벽이 성숙하면 목화의 종자에 있는 털은 섬유소, 칼로오스, 비셀룰로스성 다당류 및 왁스로부터 되지만, 리그닌을 포함하지 않는다. 면모에는 솜털이 혼합되어 있다. 솜털의 최대길이는 10mm이며 세포벽이 두텁고 내강은 좁으며 꼬여 있지 않다(그림 13-6H).

표 13-2 *Gossypium herbaceum*의 주피층에서 완숙종피의 각 부분

	성숙배낭기	성숙종자기
외주피	외표피	표피
	중간층(3~7층)	외부색소층(2~5층)
	내표피	외부투명층(2~3층)
내주피	외표피	책상층
	중간층(7~14층)	내부색소층(4~5층), 내부투명층(9~10층)
	내표피	연상층

목화의 배주 섬유와 표면구조의 발달에 관하여는 Stewart(1975)와 Beasley(1975)가 주사전자현미경을 이용하여 상세히 연구한 바 있다. 섬유는 주병의 선단에 나타나고 뒤이어서 배주의 주위까지 넓게 나타난다. 섬유가 나타나기 전에는 표피세포의 표면이 직각이었다가 부정형으로 변한다. 그러나 섬유 발달이 시작될 때에는 분화한 세포는 둥글고 돌출된 유형으로 변한다. 이러한 시원세포는 짧은 기간 내에 급격히 신장하여 주공선단을 향하여 발달한다. 섬유는 작은 그룹으로 나뉘어져서 촛불의 심과 같이 끝이 가늘게 되어 나선상의 생장이 시작된다.

박과의 배주는 2주피성이지만, 외주피만이 종피를 형성하며 내주피는 퇴화한다(그림 13-7). 수세미속의 일부 종에 있어서 종피 발달이

Singh(1971)에 의해서 연구되었다. 수정하지 아니한 배주에서는 성숙배낭기에 있어서 외주피는 10~15층의 두께이고, 내주피는 2~3층 뿐이다(그림 13−7A). 성숙한 종피는 외측부터 다음과 같이 5층으로 분화한다(그림 13−7B).

표피(I_1): 단층으로서 방사세포벽이 봉상으로서 비후된다.
하피(I_2): 종에 따라 2~10층이며 세포벽이 두텁고 가장 안쪽층은 세포가 방사상으로 신장되어 있다.
기계조직층(I_3): 가늘게 신장한 골형보강세포(osteosclereid)로 되어 있다.
통기조직(I_4): 2~3층이지만 종자의 가장자리는 이보다 두껍다.
엽록조직(I_5): 절선단면으로 신장한 10~12세포층으로 되어 있다.

I_1~I_3층은 외주피의 표피에서 유래하고, I_4와 I_5층은 외주피의 나머지 조직에서 유래한다. 건조종자에서는 I_4와 I_5층이 주된 주피로부터 이탈하여 막성 종피를 형성한다.

십자화과에서는 외주피, 내주피 모두 약간 두꺼운 편이다. 외주피는

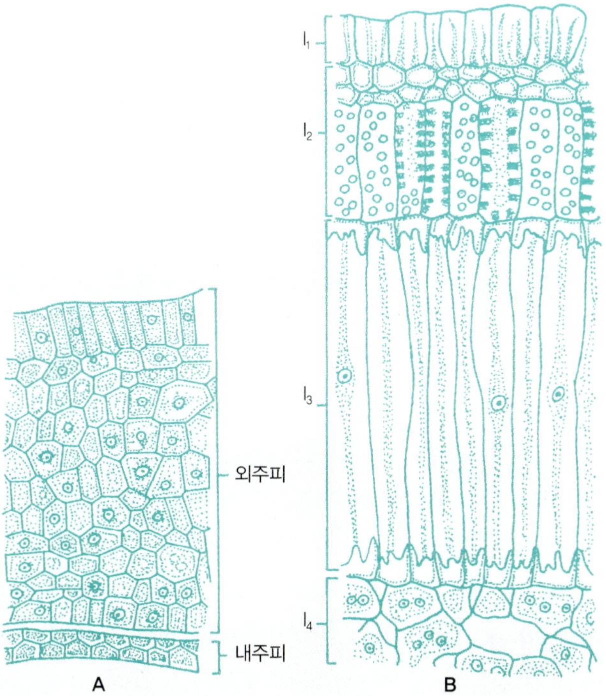

그림 13−7 수세미속 식물의 종자 발달. **A.** *Luffa, hermaphrodita*의 수정 전 종피의 종단면. **B.** *L. graveolens*의 성숙 종피의 종단면으로서 엽록조직(I5)은 그려 있지 아니함. I_1 : 표피, I_2 : 하피, I_3 : 기계조직, I_4 : 통기조직.

2~5 세포층이지만 내주피는 10층 정도이며 외주피의 외표피는 점액으로 가득 차게 된다. 종에 따라서는 외표피에 섬유소로 된 돌기나 막대 모양의 구조를 갖는다. 하피층은 큰 유세포성 세포로 이루어져 있다가 퇴화되지만 남아있게 된다면 세포벽이 두꺼워지게 된다. 외주피의 내표피는 보강세포 혹은 유세포를 형성한다. 이 층은 절선세포벽 및 방사세포벽이 목질화되므로 종피 중 가장 단단하다. 이들의 세포는 매우 특징적이므로 분류상 유용하게 사용된다. 종자가 성숙하면 내주피는 퇴화되어 눌려져 있으며 다양한 크기로 부서져 있다. 그러나 십자화과에서 내주피의 내표피는 색소층을 형성하고 *Lunaria*에서는 보강세포로 발달한다.

Van Caeseele 등(1981)은 전자현미경을 사용하여 *B. campestris* 품종 Candle 종피의 점액 침전에 관하여 미세구조를 기술하였다. 점액은 원형질막과 표피세포벽의 절선세포벽 사이에서 나타나고, 점차 그 양이 증가한다. 처음 세포 내에 있었던 녹말립은 완전히 소실된다. 막성 세포소기관 및 골지체는 점액 축적 부위 가까이에서 볼 수 있다.

콩과의 종피도 역시 외주피로부터 유래하는데 내주피는 종자발달 중에 퇴화한다. 외표피는 책상세포 혹은 대보강세포(macrosclereid)로 발달한다. 책상세포는 밝은 선이 특징적인데, 이 선은 세포의 중앙 윗부분에서 방사상으로 발달하거나 외측 세포벽 가까이에 나타난다. 밝은 선은 표피세포벽 일부에 강한 반사가 부분적으로 일어나기 때문에 나타난다. 세포벽 비후부의 분포에 따라서 하피세포는 hour-glase cell, 원주상세포, 골형보강세포 및 거대보강세포 등으로 분화된다. 그 이외의 종피는 엽육세로로 구성된다.

*Phaseolus lunatus*의 종피의 책상세포에는 발육후기에 측면의 비후가 생기지만, 2주 이내에 없어진다. 소포체는 2차벽의 침적에 관여하고 있는 것 같다. 왜냐하면 라멜라가 세포벽의 침적이 생기는 동안에 원형질막 가까이에서 관찰되기 때문이다. 특징적인 것은 원형질막 부근에 리보솜 유사구조가 많이 존재한다는 것이다. 세포벽의 비후와 관련 있는 미세소관, 딕티오솜, 소포체 등 세포 소기관은 거의 존재하지 아니한다. 리보솜이 세포벽의 생장에 어떠한 역할을 하는지에 관해서는 아직 알려져 있지 않지만 소포체의 새로운 라멜라도 생성시킬 것으로 생각된다.

Corner(1961)는 콩과식물의 분류에 종피 구조의 유용성을 강조하고 있다. Chowdhury와 Buth(1970)도 역시 종피의 해부학적 관점에서 종피의 구조를 인도산 콩류를 동정하는 형질로 제시하고 있다.

쥐꼬리망초과에서는 배주가 단주피성이다. 대부분의 주피는 발달하는 배유에 의하여 흡수되고 성숙종자에는 표피만이 남아 있게 된다. *Andrographis*, *Elytrara*, *Haplanthus*에서는 주피는 완전히 소화되어 완숙종자에는 종피가 없다. 겨우살이과의 기생식물도 내 · 외주피 모두 흡수되므로 나출종자이다. 난초과 식물의 종피는 얇은 세포벽으로 된 투명한 덮개를 형성한다(그림 13-8).

목련속에서 내주피는 보호층을 형성하고 외주피는 다육질이고 밝은색을 나타낸다. 외주피의 세포는 외종피라고 부르며 지질이 풍부하다. 그들은 종자를 산포하는 매개체를 끌어들이는 역할을 한다. 질경이속은 종피의 표피는 흡습성이고 물과 접하면 점액질이 된다.

수정 후의 발육에서는 배주의 여러 부분에서 다양한 특수 구조체가 발달한다. 이들 몇 가지를 아래에 기술하였다.

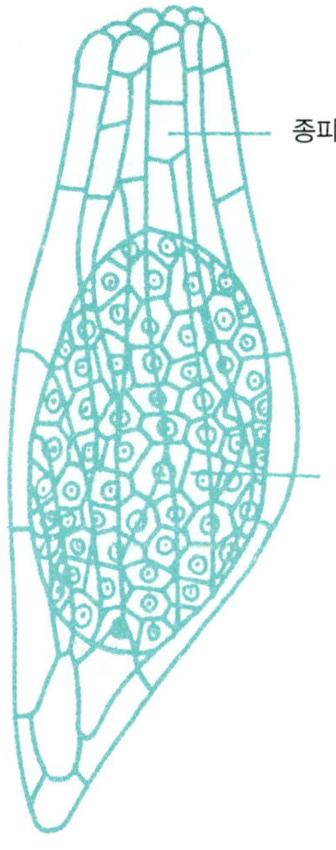

그림 13-8 복주머니난의 종자. 배가 투명한 종피를 통하여 보인다.

2. 종피의 특수구조

1) 종부(種阜, caruncle)

이들은 종자의 주공측에 있는 과육의 흰색 구조체이다. 외주피의 선단세포가 주병의 측부 혹은 주공 주변부에서 증식한 것으로 대극과에서 공통적으로 나타난다. 종부는 적어도 두 가지 기능을 한다. (a) 단맛이 있기 때문에 개미가 먹고 종자를 분산시키는 수단으로 사용된다. (b) 흡습성이어서 토양으로부터 수분을 흡수하여 발아시 배에 수분을 제공해 준다.

2) 종개(種蓋, operculum)

종자의 주공 부분에 있는 마개 모양의 구조체로 발아할 때 떨어져 나간다. 종부가 외주피의 활동에 의해서 생긴 것에 비하여 종개는 주심의 선단, 내주공, 외주공이나 종자 등 여러 부위에서 발달된다. 종개는 천남성과, 달개비과, 개구리밥과, 파초과, Marantaceae, 생강과 등과 같은 대부분의 단자엽식물에 일반적으로 존재하지만, 때로는 베고니아과, 끈끈이귀개과, Melastomaceae, 수련과 등과 같은 쌍자엽식물에서도 존재한다. 배낭완성기의 개구리밥과의 내주피는 주공을 제외하면 2층이다. 주공 부분은 내주피의 세포분열로 3층이 된다. 수정 후 이 부위의 세포는 매우 확장되어 돔 형태의 독특한 마개 모양 구조로 변하는데, 이것을 종개(그림 13-9)라고 부른다. 종개의 세포는 두꺼운 벽으로 되어 있고 성분이 알려지지 않은 오렌지색 물질을 함유하고 있다. 종개의 기능은 알 수 없지만 아마도 종자의 발아에 관계가 있을 것으로 생각된다.

3) 종의(種衣, aril)

육질 종자의 부속물로서 가끔 색깔이 화려하여 동물을 유인하는 역할을

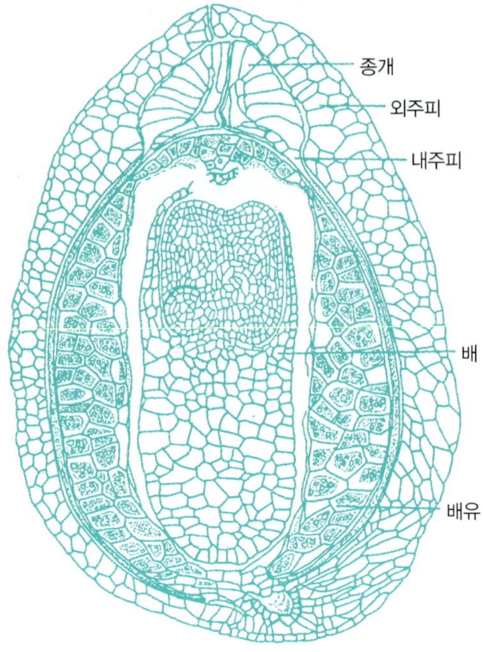

그림 13-9 좀개구리밥 성숙 종자의 종단면. 주공 쪽에 종개가 뚜렷하게 보인다.

한다. 이들은 주병 또는 외종피에서 형성되거나 또는 양쪽 모두에서 형성된다. 대개 종의는 수정 후에 배주를 완전히 혹은 일부만 둘러싸게 된다. 즉, 종의는 제3의 주피인 것이다. 리치 과실의 먹는 부분은 종의이며, 육두구나무에서는 건조한 종의로 상업적인 향신료를 만든다. 꽃시계덩굴과에서 종의는 얇은 벽으로 오일, 녹말, 적황색 색소를 포함하고 있다. *Crossoma californicum*에서는 선모상의 종의가 종피의 측면을 감고 있다(그림 13-10).

Kloos와 Bouman (1980)은 시계꽃과 *Tumera ulnifolia*에서 종의의 발달을 주사전자현미경과 광학현미경을 이용하여 연구하였다. 시계꽃에서 종의는 배주의 배선 측면표피층에서 발달하여 배선 부분으로부터 떨어진 성장외연을 형성하고 점점 외종피를 덮고 있는 것처럼 보인다. 반면에 *T. ulmifolia*에서 종의는 배봉선의 한쪽 측면만 발달하여 외주공(exostome)은 노출된 채로 남아 있다.

3. 종피의 형태

종피는 외종피 세포의 색, 크기, 형태, 표면 모양, 두께 등이 매우 다양하다. 종피의 형태는 식물분류학적으로 또는 종자를 동정하는데 있어서 유용하게 사용될 수 있다. 왜냐하면 종자에 관한 형질은 매우 보존적이기 때문이다. 많은 과와 속에 있어서 종자의 형상이 종에 따라 특이적이다. 종의 차이를 밝히기 위해서 주사전자현미경을 이용한다. 루핀콩속(*Lupinus*)에 있어서는 최상부의 책상세포 배열의 변이에 의해서 종자표면이 다른 양상을 나타낸다. 종피의 양상을 근거로 루핀콩속을 아래의 4가지 부류로 구분할 수 있다.

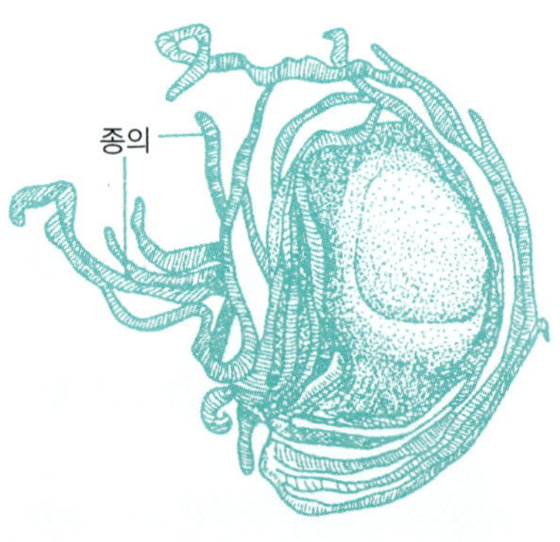

그림 13-10 선모상 종의에 둘러싸인 *Crossosoma californicum*의 성숙 종자.

1) 표면이 과립성이며 규칙적이거나 불규칙적인 융기선이 있다(유형 I; 예, *L. albas*, *L. graecus*).
2) 표면이 과립성이 아니며 종자 윗부분에 무정형의 층에 의해 둘러싸인 돌기가 존재한다(유형 II; 예, *L. luteus*).
3) 선단 끝과 선단 사이에 작은 끈 모양의 돌기가 있다(유형 III; 예, *L. micranthus*와 *L. angustifolius*).

4) 돌기가 크고, 돌기선단 아래쪽이 얇은 막에 의해 덮여 있다(유형 IV; 예, *Lcosentinih L. Palaestinus*, *L. pilosus*).

Scrophulariacae의 *Cordylanthus*에서는 종피의 기준으로 불규칙적으로 주름진 것, 깊은 망상, 얕은 망상, 불규칙적인 줄무늬가 있는 것 등 4가지 유형이 알려졌다. Skvortsov와 Rusanovitch (1974)는 바늘꽃속에서 종피 구조의 중요성에 관하여 기술하고 있으며, 이 속의 종자를 3가지로 구분하였다. 유형 I은 불규칙적인 열로 다각형 표피세포가 배열되어 있는 형, 유형 II는 불규칙적인 다각형 내지 사각형의 세포로 되어 있는 형, 유형 III은 장방형 내지 사각형 세포가 종으로 열을 지어 있는 형이다.

꿩의비름속에서는 종피의 외부형 형태에 따라 단일 유두상 돌기를 가진 형, 2돌기를 가진 형, 다돌기를 가진 형 등 3가지로 구분된다. 단일 유두상 돌기를 가진 종자는 중앙부에 돌기를 1개만 가진다. 2돌기형은 양쪽 끝에 각각 두 개의 돌기를 갖는 세포로 이루어져 있다. 다돌기형은 3~5개의 돌기가 존재한다.

Gunn(1980)은 현호색과와 양귀비과에 속하는 종자의 동정에 이용할 수 있는 특징을 제시하고 있다. 십자화과 *Rorippa*속에서는 양친과 잡종은 종자의 모양, 크기, 표면의 색과 외부형태에 의해 구별이 가능하다.

종자의 표면구조는 주사전자현미경으로 미세구조를 상세하게 관찰할 수 있기 때문에 약용이나 의약품으로 널리 이용되는 식물에 매우 유용하게 사용될 수 있다. 즉, 유사한 표면형태를 나타내는 식물을 더욱 상세하게 구분하는데 도움이 된다. *Swertia chiravita*는 중요한 약용식물로서 종피 형태로 동정이 가능하다.

종피 유형은 잡종을 형성하는 원종간의 유연관계를 설정하는데 사용된다. Sharma 등(1977)은 콩과의 *Phaseolus mungo-sublobatus-radiatus* 종자를 연구하여 두 종류의 종피형으로 구분하였다. I형은 신장한 육각형 표피세포를 특징으로 한다. II형은 원주상세포이다. *P. mungo*와 *P. sublobatus*는 I형이고, 녹두는 II형을 나타낸다. 이로부터 녹두는 분류학적으로 *P. mungo*와 다르고, *P. sublobatus*가 *P. mungo*의 잠정적인 조상종이라고 추정할 수 있다.

4. 종피의 기능

종피는 다음의 세 가지 기능을 가진다.

1) 배와 배유(존재하는 경우)를 건조, 기능적 상해, 부적당한 온도 혹은 세균, 균류, 곤충 등으로부터 보호한다.
2) 날개(*Oroxylon*), 물기가 있고 밝게 착색된 조직(목련), 털(목화), 공

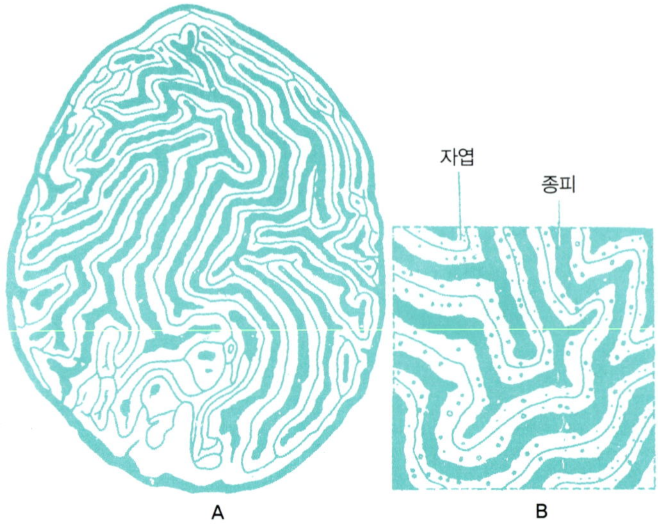

그림 13-11 정중앙 종단면에서 관찰한 *Kingiodendron pinnatum*의 종자. B는 A를 확대한 것으로, 종피가 자엽의 주름 속에 들어 있는 것처럼 보인다.

기주머니(*Enhcdus acoroides*) 등, 특수한 형상을 구조를 가지고 있기 때문에 종자의 산포를 돕는다.

3) 발육 중의 배에 영양을 공급한다. 완두콩의 종피에는 녹말과 단백질이 축적되어 종피 탈락 후 배발생 과정에 영양분으로 사용된다.

5. 미로종자

어떠한 단면에서 관찰하더라도 내부구조가 불규칙한 종자를 미로종자(labyrinth seed)라고 부른다. 종피는 배유에 침입하고 뒤이어 배로 들어가게 되기 때문에 미로구조를 형성한다. 미로는 자엽편과 종피가 서로 밀려 들어가거나 밀려 나오는 과정에서 형성된다. 이러한 미로종자는 *Erycibe*속이나 *Kingiodendron*속 식물에서 찾아볼 수 있다(그림 13-11).

13.2.2 생리, 생화학적 특징

발생학적인 관점에서 보면 종자의 발달 및 발아는 연속적인 과정이라고 볼 수 있으며, 이 과정을 분리하는 것은 부자연스럽다. 종자의 가장 중요한 구성분은 배로서 배를 둘러싼 다른 조직은 보조적인 것일 뿐이다. 이 조직은 영양분을 공급하거나 발달 중인 배를 보호할 뿐 아니라 정상적으로 발달할 수 있도록 하는 역할을 한다.

생중량 또는 건중량을 측정하고 녹말, 단백질, 가용성질소, 당 등 세포의 주요 구성분을 종자 또는 각각의 조직 속에서 측정하는 연구는 많지만 배발생에 미치는 조직의 역할에 관한 연구는 거의 없다. 많은 연구의 결과로부터 Dure(1975)는 콩과의 배발생에 관한 일반적인 모식도를 얻을 수 있었다(그림 13-12). 콩과의 배발생 과정에서는 세 가지 시기가 인식되고 있다.

세포 분열기: 콩과식물의 배에 있어서 배의 최종 세포 수는 종자형성에 걸리는 전체 기간의 절반보다 약간 이른 시기에 결정된다. 이 시기에 배의 건중량은 최종중량의 1/6 정도이다. 그 이후의 크기 증대는 세포 확대 및 녹말과 단백질의 축적에 기인한 것이다. RNA 합성은 이 시기에 최대에 달하게 된다.

저장물 축적기: 이 시기에는 자엽이 단백질, 녹말, 인산 등을 많이 축적시키므로 종자 전체의 공간을 점유하고 있는 것처럼 된다. 자엽의 특이한 형상은 자엽세포가 내부재복제(endoreduplication)에 의하여 고도의 배수성을 나타낸다는 점이다. 자엽세포는 64C의 DNA 수준까지 도달한다. 발아시의 DNA 수준은 2C 내지 4C까지 감소하게 된다.

건조기: 총 RNA 함량은 감소하지 않으나 폴리솜의 수준이 급격하게 감소하는 시기이다.

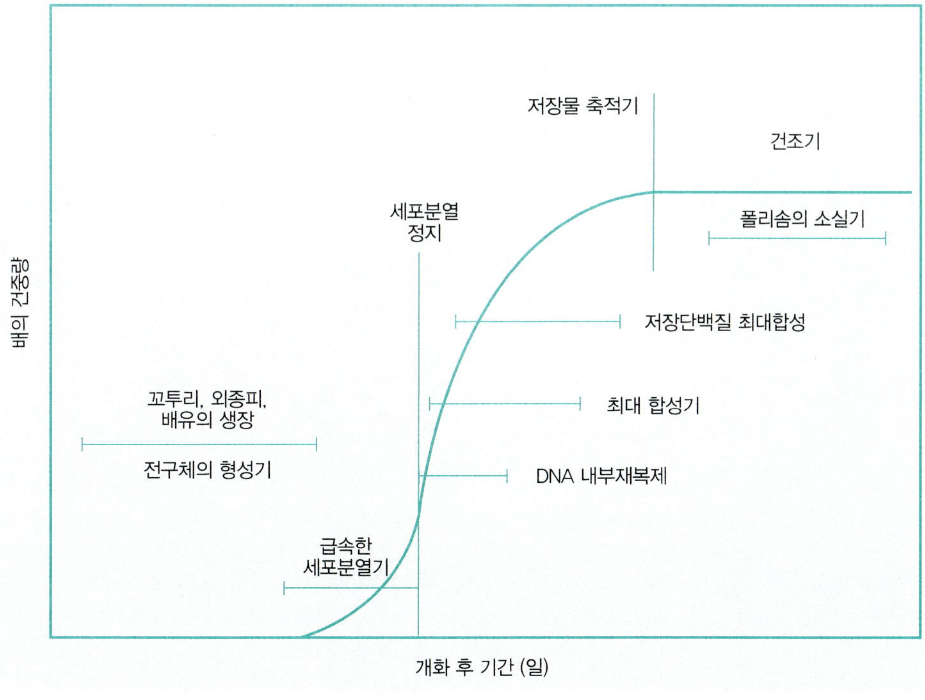

그림 13-12 콩과의 배발생 모식도.

배 배양에 관한 연구에서 보면 종자 조직이 배 발달의 조절에 중요한 역할을 하고 있음을 알 수 있다. 미성숙 배를 제거하면 자엽 성장은 즉시 정지하는데, 이것은 목화에서처럼 세포분열이 정지하기 때문이라고 할 수 있다. Dure와 공동연구자들은 목화의 종자 발달을 연구하는 중에 크기가 아주 작은 배라고 할지라도 발아할 수 있도록 프로그램되어 있음을 알아냈다. 종자 내의 미성숙 배는 mRNA의 결핍으로 인해 발아하지 못한다. 그러나 종자내 환경으로부터 벗어나면 배 세포들은 발아에 필요한 정보를 합성하기 위해 활성화된다.

목화에서는 일반적으로 자엽의 최종 크기가 3/5으로 될 때 발아에 특이적인 mRNA가 전사된다. 그러나 태생적인 경우처럼 조기발아(치사적인 활동이지만)를 정지시키기 위해서는 앱시스산(ABA)의 합성에 의해서 mRNA의 번역이 중지되어야만 한다. 따라서 이 시기에 배를 제거되면 조기발아를 하게 된다. 그 이유는 ABA가 배보다는 배를 둘러싼 조직에 함유되어 있기 때문이다. 이러한 결론은 적출한 배에 ABA를 처리하면 조기발아가 일어나지 않는다는 사실로 알 수 있다. 종자발달 후기에 ABA의 축적은 많은 종류의 식물에서 나타나고 있다.

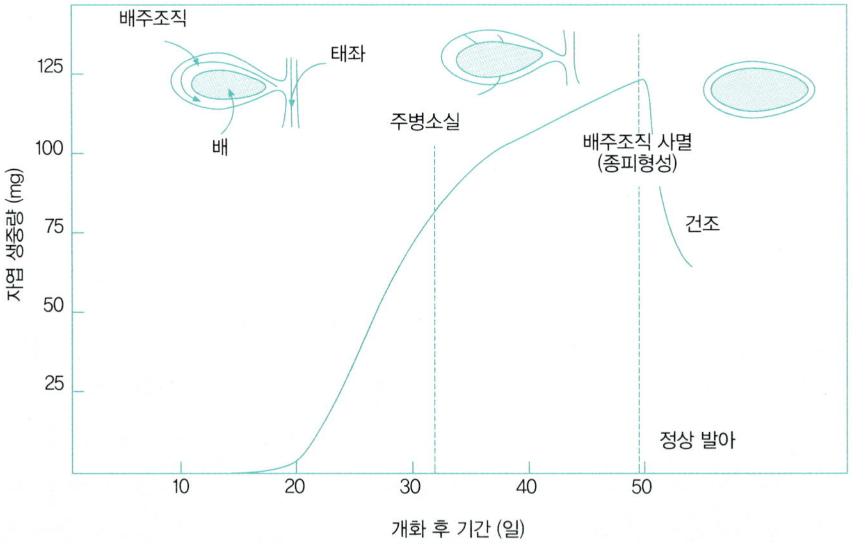

그림 13-13 목화 종자 발달 중에 일어나는 다양한 변화의 모식도. 전체는 3과정으로 나누어진다. 최초 종자에 유관속이 생기며 배는 DNA 합성 및 세포분열을 한다. 그리고 발아유전자 기능 단위는 억제된 채로 존재한다. 개화 후 약 32일에 유관속을 통한 종자로 공급이 차단되어 그 결과 (a) DNA 합성과 세포분열의 정지. (b) 발아 mRNA의 전사. (c) 배주 내에서 ABA 합성. (d) ABA가 발아 mRNA 번역의 억제를 유도하여 활력을 떨어뜨린다. 50일 후에는 배주조직(종피)의 건조가 일어나고 배는 정상적인 발아능력을 갖게 된다. 개화 후 50일까지는 종자는 그 상태대로는 발아하지 아니한다. 그러나 이 기간 중에 미숙 배를 절취하여 배양하면 조기발아를 한다. 왜냐하면 배를 절단하는 일이 발아 mRNA의 조기 전사와 번역을 유도하기 때문이다.

Ihle와 Dure(1972)가 제시한 목화의 배발생의 발달단계를 그림 13-13에 나타내었다.

13.2.3 종자의 분류

일반적으로 성숙 종자는 배유의 유무에 따라서 두 부류로 구분된다.

1) 유배유(albuminous) 또는 내배유(endospermous) 종자: 곡류와 피마자처럼 배유가 존재하는 것
2) 무배유(ex-albuminous) 또는 비배유(non-endospermous) 종자: 콩 종류나 박과와 같이 배유가 없는 것

Martin(1946)은 1,287속에 이르는 피자식물 종자의 내부형태를 연구하여 (a) 배유와 관련한 배의 크기, (b) 종자에서 배의 크기, 형태, 위치의 차이에 근거하여 종자를 기본군(basal), 주변군(peripheral) 혹은 주축군(axile)으로 분류하였으며, 이들을 다시 12가지 유형으로 세분하였다(그림 13-14).

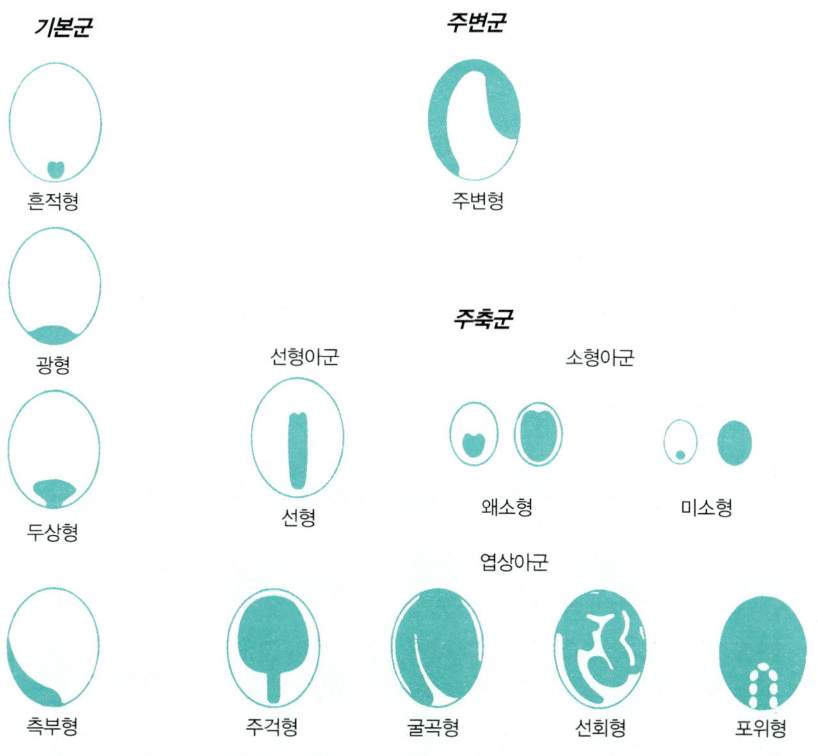

그림 13-14 배의 크기, 형태, 위치에 따른 종자의 분류.

종자는 식물 자신뿐만 아니라 인간에게 식물의 그 어느 부위보다도 더 유용하다. 대부분의 1년생 식물에 있어서 종자는 식물체의 영속성을 유지하고 숫자를 늘려가는 유일한 방법이다. 이러한 식물들은 수개월 생존하고 나머지 기간은 이 식물체가 생존하기에 부적합한 기간이므로 결국 죽게 된다. 죽기 전에 이들은 수많은 종자를 생산하고 각각의 종자는 저장물질을 충분히 가지고 있게 된다. 이 종자는 휴면상태에 들어가고 환경이 좋아지면 개체로 발달하게 된다. 작물 사이에서 매년 나타나는 잡초는 그 전 해에 살았던 식물에서 땅속으로 떨어진 종자가 발아해서 자라는 것이다.

곡류는 인류의 식량에 있어서 매우 중요하다. 그 이유는 종자가 식량으로서 중요하기 때문이다. 종자는 탄수화물, 단백질, 무기염류, 비타민, 지질 등을 배유 내에 저장하는데, 배유가 종자의 대부분을 차지한다. 곡류의 다른 이점은 단단하고 건조되어 있으므로 장기간 저장할 수 있다는 점이다.

종자는 섬유, 오일, 향료, 음료수 등과 같이 사람이 이용하는 몇 가지 품목의 재료가 된다. 땅콩, 코코넛, 겨자 및 목화 종자에서는 식용유를 얻는다. *Aleurites fordii*의 종자에서 얻은 동유(유동의 종자에서 짠 기름으로 페인트, 니스, 인쇄잉크 등의 원료)는 강력한 건조제이며, 페인트나 니스에 사용되어 우수한 방수성을 나타낸다. 생강과 소두구와 겨자의 종자 및 육두구나무의 분지된 종의는 이름난 향신료이다.

목화의 종피에서 유래한 목화 섬유는 다른 식물 섬유보다 많이 사용되어 왔다. 좋아하는 음료인 커피는 커피나무의 종자에서 얻는다.

13.2.4 종자 산포

종자 산포(seed dispersal)는 모식물체로부터 멀리 떨어진 곳으로 종자를 보내는 것을 뜻한다. 이러한 현상의 생물학적 의의는 다음과 같이 정의할 수 있다.

1) 만약 식물이 만들어낸 수많은 종자 모두가 모식물의 바로 아래쪽에 떨어져 발아하게 된다면 유식물들은 한정된 광, 수분 그리고 무기질에 대해 경쟁하여 대부분 죽게 된다.
2) 일정한 장소에 모여 있는 것은 동물에게 쉽게 발견되고 먹힐 수 있다.
3) 일정한 장소에 한 종의 개체가 집중되어 있으면 역교배의 기회가 증가할 것이고 결국 후대가 빈약하게 된다.
4) 한 종이 일정 지역에 집중되어 있으면 곰팡이나 곤충의 공격에 많은 피해를 입을 수 있고, 지역적 천재지변에 의해 완전히 멸종될 수도 있다.

대부분의 식물은 한 장소에서 뿌리내리고 움직일 수 없다는 사실로 인해 새로운 지역으로 종이 확산되는데 있어 매우 불리하다. 자연은 모식물로부터 떨어져 나와 오랜 기간 동안 생명력을 유지할 수 있고 광범위한 환경과 유해한 환경에 견뎌낼 수 있는 종자를 제공해왔다.

몇몇 식물은 상당한 거리로 종자를 산포하기 위해 고유의 장치를 갖는 반면 어떤 식물들은 바람, 물, 그리고 동물과 같은 외부 매개체에 의존하여 산포된다. 종자들은 과실과 함께 산포되거나 과실은 모식물에 남겨두고 종자만 산포되기도 한다. 종자는 단일 또는 여러 외부 매개체들의 도움을 받아 여러 지역으로 운반된다.

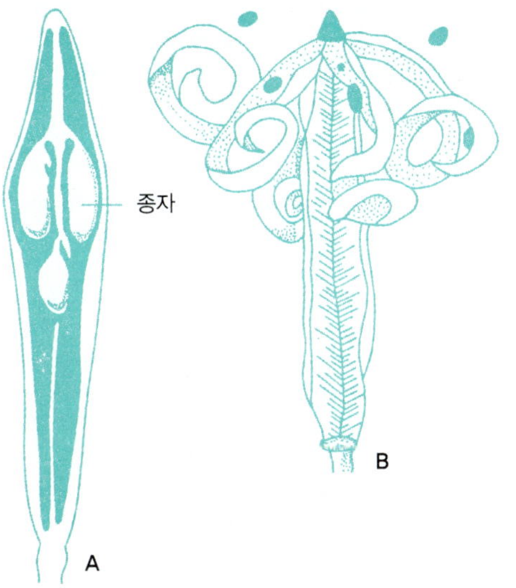

그림 13-15 *Impatiens parviflora*의 종자선포. A. 폐과의 종단면. B. 열개과로서 5개의 심피는 안쪽으로 말리면서 종자를 방출한다.

1. 자가산포(autochory)

종자의 기계적 산포가 나타나는 식물에서는 과실이 오랜 기간 동안 모식물에 남아 있게 된다. 종자가 방출되는 것은 과벽의 건조에 의해서 일어나거나 혹은 과벽 세포의 팽창에 의해서 일어난다.

*Impatiens parviflora*의 과실은 기저부로부터 세로로 5개의 심피가 융합되어 형성된 삭과이다(그림 13-15A). 과벽은 세 층으로 되어 있는데, 중간층은 방사면으로 신장되어 있고 매우 팽창된 세포로 이루어져 있어서 팽창조직(expansion tissue)이라고 부른다. 충분히 성숙하고 건조한 삭과에서 팽창조직의 세포들은 크게 신장한 상태이고, 가벼운 접촉이나 움직임만 있어도 심피의 기저가 터져버린다. 다섯 개의 삭과는 순간적으로 속으로 비틀려서 종자를 2.5m 거리까지 날려 보낸다(그림 13-15B).

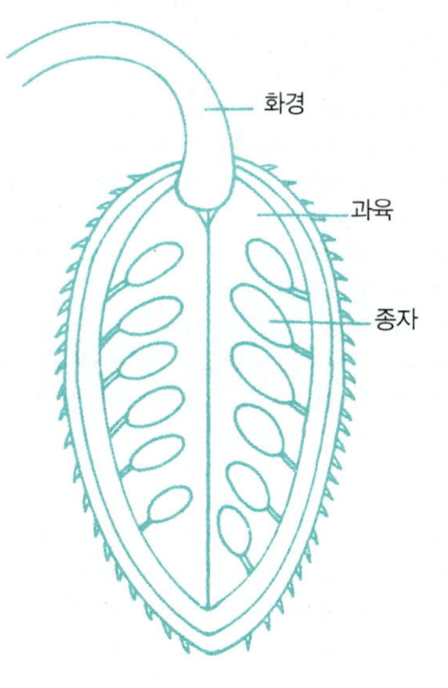

그림 13-16 *Ecballium elaterium*의 과실 종단면.

종자의 기계적 산포는 내부압력이 생기기 때문이며, 드물게 일어나는 현상으로 물총오이에서 볼 수 있다. 물총오이의 과실은 타원형이며 긴 화사에 달려 있다(그림 13-16). 화사의 끝은 마개처럼 과실에 꼭 맞게 되어 있다. 과실이 성숙함에 따라 종자를 둘러싸고 있는 조직은 점액성 액체로 전환되고 팽압이 높아지게 된다. 과실이 성숙하면 화사의 끝부분 조직이 파열되고 과실이 화사에서 분리되며 구멍이 열리게 되는 것이다. 내부 액체성분의 압력 때문에 종자 주변에 있던 액체가 구멍을 통하여 강한 힘으로 외부로 분출된다.

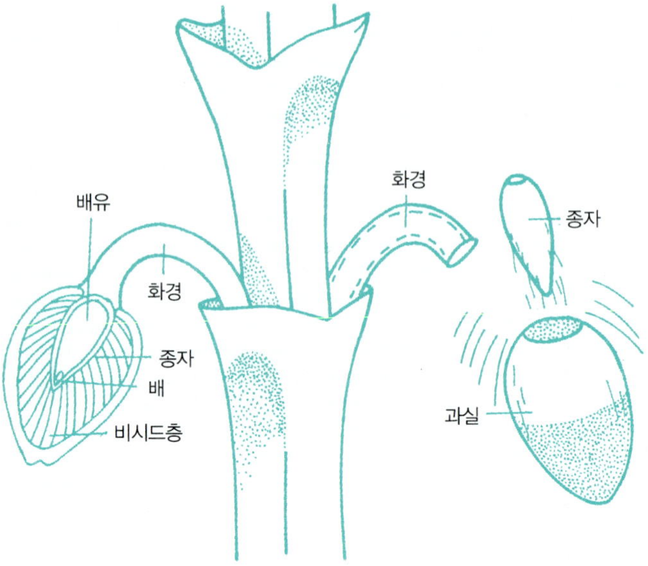

그림 13-17 *Arceuthobium*속에서 파열성 종자 방출을 보여 주는 모식도. 식물축의 왼쪽 과실은 여러 가지 부위를 보여주는 종단면, 식물축 오른쪽 과실은 종자방출 직후의 종단면.

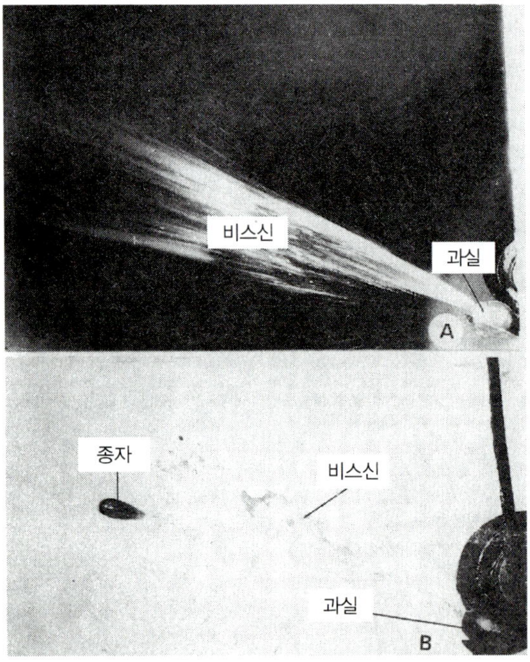

그림 13-18 *Arceuthobium*속의 종자 파열. **A.** 종자의 뒤에서 배출되는 비스신의 맹렬한 방출. 종자 횡단면 사진에서 플레시 속도 5×10^{-3}초로 찍은 사진. **B.** 날아가는 종자로서 과실로부터 3cm 정도 이동한 모습.

가장 효과적인 기계적 종자 산포는 *Arceuthobium*속(그림 13-17과 13-18)에서 볼 수 있다. 과실은 한 개의 반방주형(semi-fusiform) 종자를 갖는 위과(그림 13-17)이며, 종피가 없고 과피에 의해서 둘러싸여 있다. 중과피는 비스신세포(viscin cell)로 형성되어 있다. 과실은 구부러지고 신장된 화사에 달린다. 어린 물총오이처럼 *Arceuthobium*속의 성숙과실에서는 화사의 끝에 있는 조직이 분해되어 과실이 화사에서 떨어진다. 끈끈한 층의 세포들은 높은 수압을 나타내고 과피는 수축하여 큰 힘으로 종자를 퉁겨낸다(그림 13-18A,B). *A. vaffinatium*과 *A. americanum*에서 종자 방출속도는 1초당 26m로 계산된다. 종자는 끝부분이 넓고 기저가 뾰족하여 발사가 효과적으로 일어나며, *A. vaginatum*의 종자는 이러한 방법에 의하여 최대 14m까지 방출될 수 있다.

2. 풍매산포(anemochory)

바람은 가장 무거운 종자조차도 날려버릴 수 있다. 그러나 이것은 우연히 일어나는 것이기 때문에 식물을 위한 자연적인 종자 산포수단으로 간주될 수 없다. 바람을 주된 종자 산포수단으로 하는 식물은 매우 가벼운 종자를 생산하거나 종자가 대기중을 상당기간 떠다니는데 도움이 될 만한 특별한 구조를 가진다.

대기 중을 떠다니는 종자는 발아에 불리한 장소에 도달할 수도 있기 때문에 많은 종자가 손실된다. 따라서 바람에 의해 종자를 운반하는 식물(anemochorus plant)에 있어서는 매우 많은 종자의 생산이 필수적이다. 바람에 의해 종자가 산포되는 난초과 식물중의 일부는 식물체당 약 7억 개의 종자를 생산하는 것도 있다. 한때 Darwin은 *Orchis maculata*의 모든 종자가 발아하여 성숙한다면 그것들로 모든 지구 표면을 충분히 덮을 것이라고 결론지은 바 있다. 난초과 식물의 종자는 매우 작기 때문에 특히 먼지종자(dust seed)라고 부르는데 먼지 입자처럼 바람에 잘 날린다.

인도의 델리에서는 4~6월 동안 흔히 공기 중을 떠도는 털 같은 물체를 목격한다. 이것들 중 일부는 털을 가진 종자와 과실이다(그림 13-19). 이것들은 식물에서 떨어져 나온 후 바람과 함께 이동하여 지상으로 던져지게 된다. 이 과정 중에 종자가 적절한 발아조건을 제공하는 장소에 떨어지면 새로운 개체로 자라게 되지만 그렇지 않으면 썩어버린다. 털을 가진 과실은 국화과 식물 중에 흔하며(그림 13-19B), 털을 가진 종자는 목화, *Asclepias*속(그림 13-19A), *Adenium*속, 바늘꽃속, 애기풀

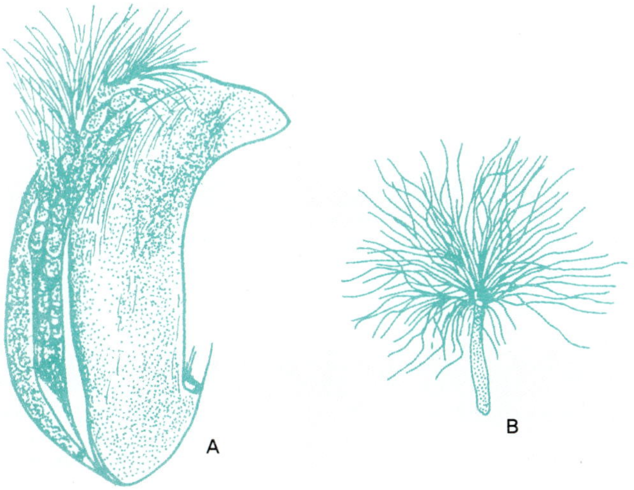

그림 13-19 A. 털달린 종자를 갖는 *Calotropis procera*의 열개와 B. *Launaea nudicaulis*의 털달린 과실.

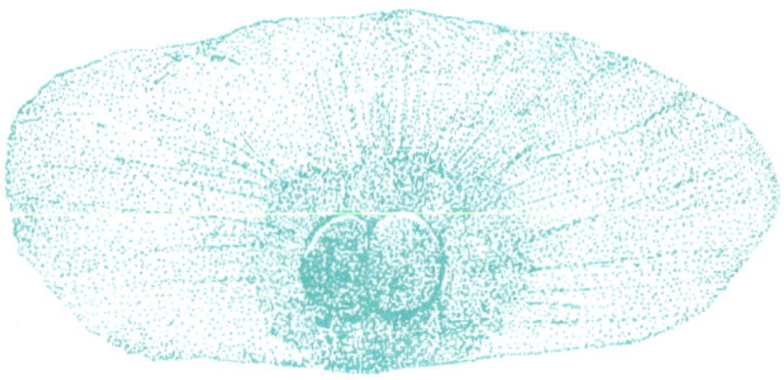

그림 13-20 *Oroxylon indicum*의 날개달린 종자.

그림 13-21 열개한 삭과. **A.** *Papaver*. **B.** *Aristolochia*.

속 등에서 발견된다. *Asclepias*속과 바늘꽃속의 종자는 한 쪽 끝에만 털이 먼지털이처럼 달린 반면 *Adenium*속의 종자는 양 끝에 털을 가지고 있다. 목화, 애기풀속, 버드나무 및 사시나무는 전체의 종자표면 위에 털을 가지고 있다.

바람에 의한 종자 산포를 위한 다른 하나의 적응은 비록 털보다 비효율적이지만 날개 형태의 부속지를 발달시키는 것이다. 날개는 단풍나무처럼 과피가 팽대되거나 또는 *Cinchona*, *Nemesia*, *Oroxylon*, *Rhinanthus*, *Spergularia*, *Tecoma*(그림 13-20)처럼 종피가 확장된 것이다. 가장 큰 날개는 열대성 호박의 일종인 *Zanonia macrocarpa*의 종자에서 발견된 것으로 길이가 10cm에 이른다. 날개는 대기 중에서 행글라이더와 같은 작용을 한다.

삭과는 성숙시에 열개되지만(그림 13-21) 모식물체에 붙어 있다. 이러한 과실의 열개는 너무 유연하여 종자를 산포하지 못한다. *Aristolochia*(그림 13-21B)와 *Argemone*의 열린 삭과는 마치 종자로 가득 채워진 바구니처럼 보인다. 아주 약한 바람에도 이러한 삭과는 충분히 흔들릴 수 있고 이리저리 흔들림에 따라 종자가 퍼져나간다. 삭과로부터 종자가 한 떼로 던져지는데 이러한 현상을 censor mechanism이라고 한다.

3. 수매산포(hydrochory)

다양한 유형의 종자와 과실이 빗물에 씻겨 작은 내를 거쳐 장거리 여행을 통해 운하나 강으로 운반되며 때로는 둑에 던져지게 된다. 대기 중의 과실이나 종자도 마찬가지로 흐르는 물에 떨어질 수 있고 또는 물의 흐름에 따라 운반된다. 그러나 종자산포를 위한 자연적인 힘으로서 물은 물속에서 자라거나 종자나 과실이 쉽게 물에 떨어질 수 있을 정도의 물가에서 자라는 식물에 대해서만 효과적이다.

물에 의해서 산포되는 종자와 과실은 종자 속으로 물이 침투되는 것을 방지할 수 있는 장치와 장기간 부력을 유지시킬 수 있는 장치를 갖고 있다. 그러므로 물에 떨어진 종자가 우연히 물을 흡수하게 되면 곧 바닥에 가라앉게 되어 썩게 된다.

물에 의해 운반되는 종자의 예로 흔히 인용되는 코코넛은 유연하고 방수성인 외과피와 그 내부에 섬유와 공기로 채워진 부력성의 중과피를 갖는다. 코코넛의 배는 과실이 바닷물에 100일 동안 떠 있은 후에도 발아할 수 있다는 것이 실험적으로 입증되었다. 이 기간에 여행한 거리를 계산하면 4,800km에 이른다. 코코넛의 원산지는 말레이시아로 알려져 있다. 이것이 상업적으로 확대되기 이전에 모든 열대 섬의 해안가를 따라 광범위하게 분포하게 된 것은 바닷물의 흐름에 의해 종자가 운반된 결과일 것이다.

택사속, *Butomus*속, 벗풀속의 과실은 두껍고 공기로 채워진 피층조직을 갖는다. 연꽃속의 종자는 공기층을 둘러싸는 여분의 세포층으로 둘러싸여 있다.

4. 동물매개산포(zoochory)

동물은 주로 두 가지 방식에 의해 종자를 퍼뜨린다. 일부 과실들은 동물들에게 먹히지만 종자는 손상되지 않은 채 배설물과 함께 배출된다(endozoochory). 또 다른 방법은 과실이나 종자가 동물의 외부, 즉 신체나 주둥이에 부착되어 운반된다(exozoochory).

동물 가운데 새는 과실을 먹는 습관과 장거리를 여행하기 때문에 가장 효과적인 운반자라고 할 수 있다. 어떤 새의 비행률은 시간당 180km로 매우 높다. 그러므로 아무리 새의 소화과정이 빠르다 할지라도 종자는 배설되기 전에 먼 거리까지 운반될 수 있다. 서양오이, 포도, 무화과, 번석류와 같은 과실은 종자와 함께 새에게 먹힌다. 과실의 육질부분은 소화관에서 소화되고 종자는 소화액에 의해 손상되지 않은 채 배설물과 함께 배출된다. 그러한 종자는 동물의 배설물을 비료로 이용한다. 그리고 발아하여 양친과 같은 종류의 식물로 자라게 된다. 새는 바다와 같은 자연적인 장애물을 넘어서 종자를 수송하는 훨씬 더 개연성이 있는 운반자로 간주된다.

왜소겨우살이 종자는 자가산포 방식으로 과실에 의해 최대 1,463cm까지 던져지는 것으로 알려졌다. 이 기생식물은 새에 의해 이 범위를 벗어난 지역으로 범위를 넓힌다. 유럽에서 겨우살이티티새는 또 다른 겨우살이인 *Viscum*속의 주요 운반자이다. 이 새는 아프리카로부터 유럽으로 늦은 겨울에 이주한다. 이 기간에 새는 전적으로 겨우살이의 장과만을 먹는다. 장과의 과육부분은 소화되고 종자들은 살아 있는 상태로 배설된다. 또한 장과가 새의 부리에 부착되어 운반되다가 부리를 나무에 문지르는 동안 가지에 안착된다. 만일 그 가지가 적당한 숙주라면 겨우살이가 자라게 된다.

과실의 색상에 의해 이끌리는 새와는 달리 박쥐는 향기에 의해 유인된다. 박쥐에 의해 종자가 산포되는 방법을 박쥐산포(ornithochorous)라고 한다. 과실박쥐는 불쾌한 냄새와 곰팡이 냄새를 발산하며 비슷한 냄새를 갖는 과실에 의해 유인된다. 박쥐는 부드럽고 향기로운 옻나무과, 멀구슬나무과, 적철과의 과실을 좋아한다. 박쥐는 보통 종자를 삼키지 않는데, 과피나 육질만 씹고 종자는 눌러 짜낸다. 또 다른 경우는 과실의 육질부분만 삼키고 딱딱한 부분은 버린다. 이것은 과실박쥐의 식도가 매우 좁고 소화관이 지극히 짧기 때문이다. 한 식물학자가 수년 동안 박쥐의 배설물을 조사했지만 그 속에서 단 하나의 종자도 발견하지 못했다.

다람쥐는 종자와 과실을 수집하고 그것들을 저장하기 위해 장거리까지 운반하는 습관을 갖고 있다. 다람쥐는 흔히 과실을 숨긴 장소를 잊어버려서 결과적으로 종자를 산포하게 된다.

개미에 의한 종자의 산포를 개미산포(myrmecochory)라고 한다. *Anemone nemerosa*와 *A. hepatica*의 익은 과실은 화주가 변형된 유체(oily body)를 갖는다. 그리고 연령초속의 많은 종에서 종자들은 지질성 부속지를 제공한다. 개미들은 이러한 지질성 구조에 의해 유혹된다. 한 마리의 개미가 종자를 운반할 수 없기 때문에 많은 수가 모여 집으로 운반한다. 지질성 구조가 소비된 후 종자는 길이나 또는 둥지 밖으로 버려진다. 개미는 종자의 발아력에는 영향을 미치지 않는다.

그림 13-22 *Martynia louisiana*의 성숙과실. 갈고리 모양 돌기와 2개의 뿔로 위쪽과 뒤쪽을 향하여 굽어져 있는 것을 주의해보라.

인간의 옷이나 털을 갖는 동물의 몸에 달라붙을 수 있는 고리나 다른 장치를 갖는 일부 stick-tight 종자나 과실이 있다. 유니콘 식물, 코끼리 몸통, 코끼리코 꽃이라고 부르는 *Martynia louisiana*의 과실은 종자산포를 위해 적응된 경탄할 만한 구조를 가지고 있다(그림 13-22). 성숙한 과실은 낚시 바늘 같은 목질성 가시로 덮여있다. 이 과실은 끝에 2개의 구부러진 가시를 가지고 있다. 주된 과실의 평균 크기는 7.6cm이며 뿔의 크기는 12.7cm이다. 삭과는 정단부에서 시작하여 중앙을 향해 종열로 갈라진다. 성숙한 과실이 지면에 수평으로 놓이면 뿔은 위 또는 아래를 향하게 된다. 뿔은 탄력성이 있다. 만일 동물이 이 과실을 밟게 되면 털에 뿔이 걸리게 된다. 동물이 흔들어 이 과실을 떨어뜨리는 것은 불가능하며 걸어다니는 동안 뿔이 삭과를 뒤로 튕겨 털에 가시를 접촉하게 한다. 과실은 아래쪽으로 열린 채 털에 매달려 있게 된다. 동물이 움직임에 따라 종자가 산포된다. 이와 같은 종자 산포의 독특한 방식 때문에 남아프리카에서는 노새-움켜쥐기(mule-grab)라고 부른다.

고대 이래로 인간은 종자산포의 도구였다. 인간이 한 곳에서 다른 장소로 이동할 때마다 일부의 식물과 매일 이용하는 과실을 함께 가져갔다. 그러나 그 당시 인간의 이동은 매우 느렸다. 현대 운송수단의 발달은 인간의 이주를 매우 신속하게 했으며 인간에 의한 종자산포는 그 어떤 자연적 수단보다 훨씬 효율적이다.

오늘날 많은 작물이 원산지로부터 멀리 떨어진 지역에서 최대로 많이 생산되는 것은 단순히 인간의 이기적 경쟁적 속성 때문이다. 예컨대 옥수수의 세계 최대 생산지는 미국이지만 원산지는 멕시코-과테말라의 중미로 알려지고 있다. 마찬가지로 커피는 아프리카가 원산지이지만 남미의 중요한 작물이 되었다.

13.2.5 종자 휴면

*Rhizophora*속과 같은 식물에서 접합자로부터 배와 유식물의 생장은 연속적으로 일어난다. 이 종자는 모식물체에 달려있는 과실 내에 들어 있는 동안 발아가 된다. 이러한 현상은 드물게 일어나며 이를 모체발아(vivipary)라 한다.

팥속, 완두속, 옥수수와 같은 많은 종의 종자는 식물로부터 떨어진 후 이용할 수 있는 수분, 온도, 통기 등의 조건이 적절하면 즉시 발아한다. 그러나 발아의 이상적인 조건하에서도 발아가 되지 않는 일부 식물도 있다. 이 기간을 휴면기간이라 하며 종에 따라 다르다. 종자의 휴면은 식물에게 상당히 유리하다. 그것은 배가 그 해의 불리한 기간을 안전하게 보내고 유식물이 성장하기에 적절할 때 발아하도록 하기 때문이다. 자연에서 휴면기간은 유식물의 성장에 적합하지 않는 기간과 일치한다. 종자 휴면은 종피 휴면(seed-coat dormancy)과 배 휴면(embryo dormancy)의 두 가지 유형으로 나눈다.

1. 종피 휴면

많은 식물에서 휴면의 원인은 딱딱한 종피가 배의 생장을 자발적으로 저해하거나(아욱과, 콩과), 또는 물(전동싸리속, *Trigonella*속)과 산소(도꼬마리속)에 대한 불투과성을 갖기 때문이다. 페놀화합물의 존재도 역시 물에 대한 불투과성 때문이다. 자연에서 그러한 종자는 미생물의 공격, 자발적 마모, 동물 소화관 통과 및 고온과 저온에 교대로 노출됨으로써 종피가 약화되거나 분해됨으로써 발아된다. 인공적으로 종피 휴면을 타파하는 방법으로는 (a) 연마제로 종자에 물리적 자극을 가하는 scarification 방법(차풀속, 전동싸리속), (b) 약 15분 동안 진한 황산에 종자를 담그는 방법(*Cercocarpus*속, 목화속, *Pistacia*속), (c) 알코올로 종자를 씻는 방법(차풀속, *Parkinsonia*속) 등이 있다.

2. 배 휴면

종자 휴면의 가장 흔한 유형은 수확 후 배가 발아할 수 있게 될 때까지 일정 기간을 필요로 하는 것이다. 후숙기간(after-ripening period)이라고 부르는 이 기간 동안 배는 구조적 또는 생리적으로 성숙하게 된다.

종자가 모체로부터 방출될 때 미나리아재비과의 어떤 식물의 종자는 분화되지 않는 배를 가진다. 후숙기간 동안 배는 더욱 발달되어 성숙한 구조를 갖추게 된다. *Fraxinus excelsior*에서 성숙종자는 완전히 분화된 배를 가지지만 발아 전에 상당한 정도로 커지게 된다.

장미과 식물에서 배는 후숙기간 동안 눈에 띌만한 어떤 형태적 또는 조직학적 변화도 보이지 않는다. 종자는 이 기간 동안 생리적 성숙을 하게 된다. 생리적 변화에는 생장저해제의 소실, 생장촉진제의 출현 등이 포함될 수 있다.

제 3 부

식물실험발생학

Chapter 14

배발생과 배유 발달의 기내 연구

14.1 식물조직배양기술

실험발생학 분야의 현저한 발전은 식물조직배양기술에 의해 가능하게 되었다. 이 배양기술은 분리한 식물세포, 조직, 기관 또는 식물 전체를 영양배지가 담긴 유리 또는 플라스틱 용기 내에서 무균적으로 생육시키는 것이다. 실제적인 본론에 들어가기 전에 조직배양기술의 요점을 먼저 설명하고자 한다. 식물조직배양기술에는 3가지 중요한 사항이 있다. 즉, 배양배지, 무균조건의 유지, 그리고 배양조직의 통기이다.

14.1.1 영양배지

그 동안 여러 가지 영양배지 제조법이 개발되었다. 각 식물조직이나 기관은 양호한 생장을 위해 특유의 조건을 요구하므로, 새 시스템으로 연구를 시작하려면 이러한 조건을 밝혀내야 한다. 모든 배지는 대량의 무기염류와 소량의 비타민 및 설탕을 포함한다(표 14-1). 이러한 요소들을 함유한 배지를 기본배지라 하며 여기에 옥신, 시토키닌, 지베렐린 등을 조합 첨가하고 있다. 그리고 코코넛밀크, 각종 주스, 카제인 가수분해물, 효모추출물 또는 천연 식물추출물 등이 조직배양을 위한 기본배지에 첨가되는 경우도 있다.

배지 구성성분을 모두 증류수에 용해시키고, 필요한 경우 0.8%의 한천으로 배지를 고형화시킨다. 배지의 pH는 대개 약산성인 5.8로 조정한다. 준비된 배지는 같은 양으로 배양병이나 페트리접시 또는 플라스크에 분배한 뒤, 뚜껑이나 파라필름 등으로 밀봉하여 가스교환은 이루어지되 미생물 침입은 못하도록 한다.

배양액 성분에 설탕이 첨가되면 박테리아나 곰팡이와 같은 미생물도 매우 잘 자라게 된다. 배양액 속에 이러한 미생물이 들어가면 이들은 배양하는 식물조직보다 더 빨리 자라 끝내 식물체를 죽게 한다. 그러므로 배양기 내부를 완전히 무균상태로 유지하는 것이 무엇보다 중요하다.

14.1.2 무균조건

배양액의 주요 오염 원인으로 다음의 3가지가 있다.

표 14-1 식물조직배양에 이용되는 배양액 조성

조 성	변형된 White 배지 (mgL^{-1})	MS 배지 (mgL^{-1})	Nitsch 배지 (mgL^{-1})	NT 배지 (mgL^{-1})
무기성분				
KNO_3	80	1,900	950	950
NH_4NO_3	–	1,650	720	825
$Ca(NO_3)_2 \cdot 4H_2O$	260	–	–	–
$CaCl_2$	–	440	166	220
KCl	65	–	–	–
$MgSO_4 \cdot 7H_2O$	360	370	185	1,233
Na_2SO_4	200	–	–	–
$NaH_2PO_4 \cdot 2H_2O$	165	–	–	–
KH_2PO_4	–	170	68	680
$MnSO_4 \cdot 4H_2O$	3	22.3	25	22.3
H_3BO_3	0.5	6.2	10	6.2
$ZnSO_4 \cdot 4H_2O$	0.5	8.6	10	8.6
$Na_2MoO_4 \cdot 2H_2O$	0.05	0.25	0.25	0.25
$CuSO_4 \cdot 5H_2O$	0.05	0.025	0.025	0.025
$CoCl_2 \cdot 6H_2O$	0.025	0.025	–	–
$CoSO_4$	–	–	–	0.03
KI	–	0.83	–	–
$Fe(C_6H_5O_7) \cdot 3H_2O$	10	–	–	–
$FeSO_4 \cdot 7H_2O$	–	27.8	27.8	27.8
Na_2EDTA	–	37.8	37.8	37.8
유기성분				
Niacin	1.25	05	5	–
Glycine	7.5	2	2	–
Pyridoxine HCl	0.25	0.5	0.25	–
Thiamine HCl	0.25	0.1	0.5	1
Folic acid	–	–	0.5	–
Biotin	–	–	0.05	–
Calcium Pentoenate	0.25	–	–	–
Myo-inositol	–	100	100	–
Meso-inositol	–	–	–	100
Sucrose	20,000	30,000	20,000	10,000

1) 미생물이 처음부터 배지 중에 존재하고 있는 경우이다. 배지 중의 미생물을 살균하려면, 배지가 든 배양병에 마개를 하고 멸균한다. 배지를 120°C에서 15~20분간 진행하면 완전히 멸균된다.
2) 미생물이 배양하려는 조직과 함께 운반되는 경우이다. 이것을 피하려면 잘라낸 식물재료를 표면살균해야 한다. 먼저 재료를 세제로 씻은 후, sodium hypochlorite나 mercuric chloride 등의 살균액으로 표면을 살균한다.
3) 마지막으로 배양병의 마개를 열고 조직을 배양병에 옮겨줄 때 미생물이 들어가지 않도록 주의해야 한다. 이를 위해서는 조직의 표면살균부터 이식까지 전과정에 걸친 작업을 공기필터로 세균이 제거된

클린벤치와 같은 무균환경에서 해야 한다. 클린벤치 내의 테이블은 사용 전에 알코올로 닦아야 한다. 이식작업 때는 배양병 입구를 화염 소독한 뒤 마개를 열고 조직을 옮긴 다음, 마개를 본래대로 막는다. 또한 작업에 쓰는 모든 기구는 알코올에 담갔다가 화염소독하고, 냉각시킨 다음 사용하는 것이 중요하다.

14.1.3 통기성

식물조직배양에서는 배양하는 조직의 통기에 주의해야 한다. 고형배지상에서 조직을 배양할 때는 특별한 조치를 요구하지 않지만, 액체배지에서 배양할 때는 조직이 수면 아래로 가라앉으므로 통기를 위한 특별한 준비가 필요하다. 하나의 방법은 여과지로 다리를 만들어 사용하는 것이다. 페이퍼 브리지의 두 다리는 배양액 속에 잠기게 하고, 배양액 표면 밖으로 나온 평평한 부분에 배양조직을 놓는다. 그리고 필터를 통해 여과된 공기를 배양액 속으로 보내 교반하는 것도 하나의 방법이다. 가장 일반적인 방법은 시험관이나 플라스크를 흔들어주는 것이다. 배지를 흔드는 것은 조직에 산소를 공급하는 목적 외에 조직을 단세포나 소조직 덩어리로 만들 수 있다. 고등식물의 유전학에서는 단세포배양의 중요성이 잘 알려져 있다.

14.2 배발생과 배유 발달의 기내 연구

14.2.1 배발생의 기내 연구

Raghavan(1966)은 영양과 관련지어 배발생을 두 단계로 나누었다. (a) 타가영양단계(heterotrophic phase). 배가 배유에 의존하여 영양분을 얻는 단계로, 구형기 또는 그 이후 시기까지도 이어질 수 있다. (b) 자가영양단계(autotrophic phase). 배가 독립적으로 영양분을 얻는 단계로, 늦은 심장형기에 시작한다.

따라서 분리해낸 성숙한 배는 단순한 영양배지에서 배양할 수 있지만, 어린 배를 성공적으로 배양하려면 영양물질을 세심하게 배합한 배지를 사용하여야 한다. 이러한 사실은 van Overbeek 등 (1941, 1942)이 당근속에서 관찰한 내용으로 설명할 수 있다. (a) 성숙한 배는 무기염과 포도당 배지에서 정상적인 유식물을 형성한다. (b) 어린 어뢰형기 배(최대 0.5mm)는 무기염과 포도당 외에 glycine, thiamine, ascorbic acid, nicotinic acid, vitamin B_{12}, adenine, succinic acid와 pantothenic acid도 함유한 배지를 필요로 한다. (c) 0.5mm 이하의 작은 배는 어뢰형기 배에 필요한 배지에 코코넛 유액을 첨가해 주어야만 성공적으로 배양할 수 있다. 배가 성숙함에 따라 영양적으로 독립하는 경향은 냉이에서 얻은 실험 자료에서 뚜렷하

표 14-2 냉이의 점진적인 배발생

발달단계	배의 길이(㎛)	영양 요구조건
이른 구형기 배	21~60	배양할 수 없음
늦은 구형기 배	61~80	기본배지[1] + IAA($0.1 mgL^{-1}$) + kinetin($0.002 mgL^{-1}$) + adenine sulphate($0.001 mgL^{-1}$)
심장형기 배	81~450	기본배지[1]
어뢰형기 배	451~700	Trace elements[4]를 제외한 기본배지[1]
막대형 배와 성숙 배	700 이상	비타민과 Trace elements[4]를 제외한 기본배지[1]

[1] 기본배지: Macronutrient salts[2] + Vitamins[3] + Trace elements[4] + 2% sucrose
[2] Macronutrient salts(mgL^{-1}):$Ca(NO_3)_2 \cdot 4H_2O$(480), $MgSO_4 \cdot 7H_2O$(63), KNO_3(63), KCl(42), KH_2PO_4(60)
[3] Vitamins(mgL^{-1}): Thiamine hydrochloride(0.1), Pyridoxine hydrochloride(0.1), Niacin(0.5)
[4] Trace elements(mgL^{-1}): H_3BO_3(0.56), $MnCl_2 \cdot 4H_2O$(0.36), $ZnCl_2$(0.42), $CuCl_2 \cdot 2H_2O$(0.27), $(NH_4)6Mo_7O_{24} \cdot 4H_2O$(1.55), Ferric tartrate(3.08)

게 알 수 있다(표 14-2). 접합자나 매우 어린 전배는 배주조직에서 적출하여 생장시킬 수 없는데, 이로 미루어 지금까지 만들어낸 것보다 더욱 정교하고 세밀한 조건을 필요로 한다는 사실을 알 수 있다.

당근속과 냉이속에 관한 실험 자료로부터, 배발생의 어느 시기에 배가 대사적으로 적응하게 되어 생장과 형태형성에 필요한 물질과 스스로 이용할 대사물질을 얻는데 필수적인 생합성 과정을 수행한다는 결론을 얻을 수 있다. 어린 배는 생장을 정상적으로 유지해 줄 이러한 물질 중 한 가지 이상이 결핍되어 있다.

영양배지의 삼투압은 배의 적절한 생장에 중요한 요소인 것으로 보인다. Ryczkowski(1960~1972)는 쌍자엽식물은 물론 단자엽식물에서도 배주 액의 삼투압, 점성, 비중, 당과 아미노산의 농도 등이 배주가 성숙함에 따라 감소한다는 사실을 보였다. 따라서 적출해낸 성숙한 배는 2% 설탕을 함유한 배지에서도 아주 잘 생장하지만, 어린 배가 정상적으로 배발생을 하려면 고농도의 탄수화물이 필요하다. 낮은 농도의 설탕에서 전배는 빈약한 유식물로 직접 발달하는데, 배를 적출할 때에 이미 존재하던 구조만 나타난다. 이를 조숙발아(precocious germination)라고 한다.

높은 삼투압은 생장조절물질들의 내생적 급원에 영향을 주어 유용하다고 알려졌다. Raghavan과 Torrey(1969)는 냉이에서 적출해낸 구형기 배(80μm 이하)를 기내에서 발생시킬 때 고농도(12~18%)의 설탕이 촉진 효과를 보였다고 하였다. 그러나 IAA, kinetin, adenine sulphate를 첨가하면, 단 2%의 설탕만으로도 전배의 지속적인 분열과 생장에 필요한 최적의 배지를 만들 수 있다. 또한 목화에서 적출해낸 미성숙 배의 조숙발아를 방지하는 효과에서도 abscisic acid가 고농도의 삼투조절물질을 대신할 수 있다.

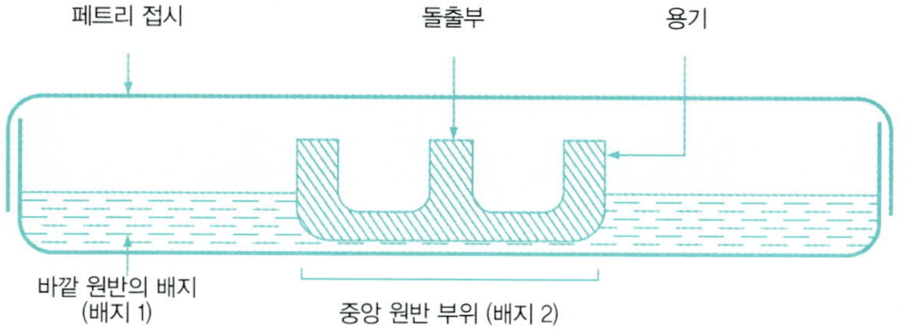

그림 14-1 조성이 다른 두 배지를 나란히 배치하는 장치. 한천(agar) 배지 1을 가열하여 액체화한 후 중앙 유리 용기 주위의 페트리 접시에 붓는다. 이 배지는 바깥 원반을 이룬다. 이 배지가 식어서 굳으면 용기를 제거한다. 이렇게 만들어진 중앙 원반에 조성이 다른 배지 2를 붓는다. 중앙 원반에 있는 배지 2에서 배를 배양한다. 시간이 흐름에 따라 확산으로 인해 배에 작용하는 배지의 조성이 변화하게 된다.

배가 발달하는 동안에 생장 요구조건이 변화하기 때문에, 기내에서 최적의 생장조건을 만족시키려면 배지를 바꾸어주어야 한다. Monnier(1976, 1978)는 냉이속의 초기 구형기 배(길이 50μm)를 동일한 배양용기 내에서 다른 배지로 옮기지 않은 채 발아할 때까지 완전하게 발생시키는 배양 방법을 고안하였다(그림 14-1). 표 14-3은 배양에 사용한 두 가지 배지의 조성이다. Liu 등 (1993) 역시 갓의 8-세포기 전배의 배주외 배양(*ex ovulo* culture)에 이와 비슷한 방법을 이용하였다.

접합자의 영양 요구는 아직 확실하게 밝혀져 있지 않다. 옥수수와 보리에서 적출해낸 접합자를 기내 배양하려면 배지에 활발하게 생장 중인 양육세포(nurse cell)를 보충해 주어야만 한다.

14.2.2 배유발달의 기내 연구

자연 상태에서 배유는 특정 형태를 이루지 않는 세포덩어리로 발달하며 거의 분화가 이루어지지 않는다. 배유의 수명은 짧아서, 종자가 성숙할 즈음이나 발아 직후에 모두 소비되어 버린다. 이와 관련하여 다음과 같은 의문이 흔히 제기된다. 왜 중복수정의 두 가지 산물(접합자와 1차배유핵)이 전혀 다른 발달양상—접합자는 잘 조직화된 배를 형성하고, 1차배유핵은 무정형의 세포덩어리를 형성하는—을 따르는 것일까?

배우자융합과 3중융합 현상이 발견된 후, 발생학자들은 배유가 배를 위한 영양조직으로 변형된 2차배(second embryo)라고 생각하였다. Sargant(1900)는 3중융합에서 "세 번째 핵은 초기부터 2차배를 무력화하여 1차배가 경쟁없이 안전하게 생존하도록 하기 위해 도입되었을 것"이라고 하였다. 조직의 3배체 상태로 인해 배유 조직이 무정형으로 되는 것이 아니

표 14-3 냉이의 배를 구형기(약 50㎛)부터 성숙할 때까지 한 곳에서 계속 생장하도록 하는 장치에서 사용한 두 가지 배지의 조성(그림 14-1 참조)

조성	총량(mgL^{-1})	
	배지 1 (바깥 원반)	배지 2 (중앙 원반)
KNO_3	1900	1900
$CaCl_2 \cdot 2H_2O$	484	1320
NH_4NO_3	990	825
$MgSO_4 \cdot 7H_2O$	407	370
KCl	420	350
KH_2PO_4	187	170
Na_2EDTA	37.3	–
$FeSO_4 \cdot 7H_2O$	27.8	–
H_3BO_3	12.4	12.4
$MnSO_4 \cdot H_2O$	33.6	33.6
$ZnSO_4 \cdot 7H_2O$	21	21
KI	1.66	1.66
$Na_2MoO_4 \cdot 2H_2O$	0.5	0.5
$CuSO_4 \cdot 5H_2O$	0.05	0.05
$CoCl_2 \cdot 6H_2O$	0.05	0.05
Glutamine	–	600
B_1~B_6	0.1	0.1
Sucrose	–	180,000
Agar	7000	7000

라는 것은 다음 사실에서 알 수 있다. 즉, 바늘꽃과에서는 배유는 물론 배도 하나씩의 웅성과 자성 배우자의 핵이 융합된 산물에서 비롯되는데, 접합자와 1차배유핵의 운명이 서로 다르게 된다. 실제로 앞서 제기된 의문은 배유와 배에서만 나타나는 것이 아니다. 비슷한 의문이 폭넓게 제기될 수 있다. 접합자에서 유래한 세포들이 어째서 엽육세포나 반세포, 또는 뿌리털로 서로 달라지는 것일까? 이러한 문제를 해결하기 위한 간접적인 연구방식은 문제의 특수화된 세포를 분리하여 무균조건의 영양배지에서 배양하면서 이들이 완전한 식물체로 자랄 수 있는 능력이 유지되는지, 또는 특수한 기능을 수행하기 위해 분화하는 과정에서 그 능력이 소실되는지 여부를 관찰하는 것이다.

Lampe와 Mills(1933)는 어린 옥수수 배유를 감자 또는 어린 옥수수 추출액을 함유한 배지에서 배양하면서 배에 인접한 배유층이 약간 증식하는 것을 관찰하였다. LaRue(1949)는 몇 년 동안 연구한 끝에 최초로 옥수수의 미성숙 배유로부터 지속적으로 생장하는 조직을 얻었다. 이어서 오이, 호밀풀, *Asimina triloba*에서도 미성숙 배유의 조직배양에 성공하였다. 이들 연구의 공통점은 배유를 발달과정의 적절한 시기에 적출한 경우에만 배양에 성공하였다는 것이다. 즉, 오이속은 수분 후 7~10일, 가는보리풀속은 9~10일, 옥수수속은 8~11일째에 적출한 것만 성공하였다. Tamaoki와 Ullstrup(1958)은 옥수수 배유에서는 수분 후 12일째에 어떤 생리학적 변화가 일어나기 때문에 배양과정에 적응하지 못하게 되는 것이라고 추정하였다. Sturani와 Cocucci(1965)는 성숙한 종자의 배유에서는 거의 모든 효소의 활성이 감소한다고 하였다.

이러한 내용과는 다르게, Rangaswamy와 Rao(1963)는 *Sontalum album*의 성숙한 배유에서 분열을 유도하였으며, 지속적으로 생장하는 조직을 얻었다. 이 연구 이후에 이와 비슷한 결과가 *Croton*속, *Jatropha*속, *Osyris*속, *Putranjiva*속, *Ricinus*속을 비롯한 많은 식물에서 보고되었다. 성숙한 배유를 성공적으로 배양하는 요령은 초기에 배를 포함시켜 배양하는 것이다. 배유 조각만 배양한 경우에는 증식하지 않았다. 성숙한 배유의 증식에 있어서 배가 어떠한 역할을 하는지는 아직 정확하게 알려지지 않았다. 그러나 Brown 등(1970)이 건조시킨 성숙한 피마자의 배유를 활성화시키는데 필수적인 요인(들)이 발아 중인 배에서 공급된다고 보고한 결과를 보면 배의 역할이 분명해진다. 이들은 피마자의 건조시킨 종자에서 얻은 배유 조각은 배양되지 않는다고 하였다. 그러나 발아한 종자에서 적출한 배유 조각은 증식하였으며, 종자 발아 후 경과 일수와 증식에 성공한 배양체의 수 사이에는 직접 상관관계가 나타난다. *Croton*속에서는 '배 요인(embryo factor)'을 지베렐린으로 대체할 수 있다. 배가 발아하는 동안에 지베렐린 유사물질을 방출한다는 사실은 잘 알려져 있다. 그러나 겨우살이과 등의 기생식물에서는 성숙한 배유로부터 캘러스를 유도하거나 기관을 형성하는 과정에 배가 필요하지 않다.

LaRue(1949)는 기본성분(미네랄, 비타민, 당) 외에 토마토 과즙, 미성숙 옥수수 추출물, 효모 추출물, 또는 우유를 함유한 영양배지에서 옥수수 배유를 배양하였다. 이들 가운데 토마토 과즙에서 가장 생육이 잘 이루어졌으나, 결과가 일정하지 않았다. 효모 추출물에서는 토마토 과즙만큼이나 캘러스 조직의 생장이 잘 이루어졌으며, 결과 또한 일정하였다. 이어서 Straus(1960)는 asparagine(1.5×10^{-2}M)으로 효모 추출물을 적절하게 대체할 수 있음을 보였다. Nakajima(1962)는 일련의 실험을 통해 오이속 식물의 미성숙 배유가 충분하게 생장하려면 배지에 옥신, 시토키닌, 유기질소 공급원이 반드시 포함되어야 한다는 결론을 얻었다. 이와 비슷한 조성의 영양배지를 이용하여 다양한 식물체의 성숙한 배유를 배양하는데 성공하였다.

1. 분화

앞서 논의한 바와 같이 배유조직은 원래 분화능력이 없으므로 유관속요소조차 나타나지 않는다. 그러나 이 조직을 배양하면 가도관요소가 흔히 분화된다. 이러한 현상은 Satsangi와 Mohan Ram(1965)이 피마자속에서 처음으로 보고하였다.

1947년에 LaRue는 옥수수 배유 배양에서 "1,000개 중 1개 미만의 비율로 뿌리가 발달하였고, 단 1개에서만 뿌리-슈트 축과 작은 잎이 형성되었다"고 보고하였다. 그 후로 많은 연구진이 옥수수 배유를 배양하였으나 기관형성은 전혀 이루어지지 않았다. 배유로부터 기관이 형성되었다는 믿을만한 최초의 보고는 Johri와 Bhojwani(1965)가 *Exocarpus cupressiformis*를 이용하여 수행한 연구이다. 종피가 제거된 종자를 casein hydrolysate, IAA, kinetin을 함유하는 White's 배지에서 배양하였더니 배유 전체에서 슈트의 눈이 발달하였다(그림 14-2). 조직절편 하나에서 눈이 8개나 발달되었다. 이들 눈은 배유의 주변부 세포에서 유래하였으며 뚜렷한 경단부와 잘 분화된 유관속계를 가지고 있었다(그림 14-2B,C). 이후로 25종의 배유 배양에서 기관형성이 보고되었는데, 다래나무과의 *Actinidia chinensis*와 *A. deliciosa*, 멀구슬나무과의 *Azadirachta indica*, 운향과의 *Citrus grandis*와 *C. sinensis*, 꼭두서니과의 *Coffea* sp., 뽕나무과의 *Morus alba*, 벼과의 *Oryza sativa*, 장미

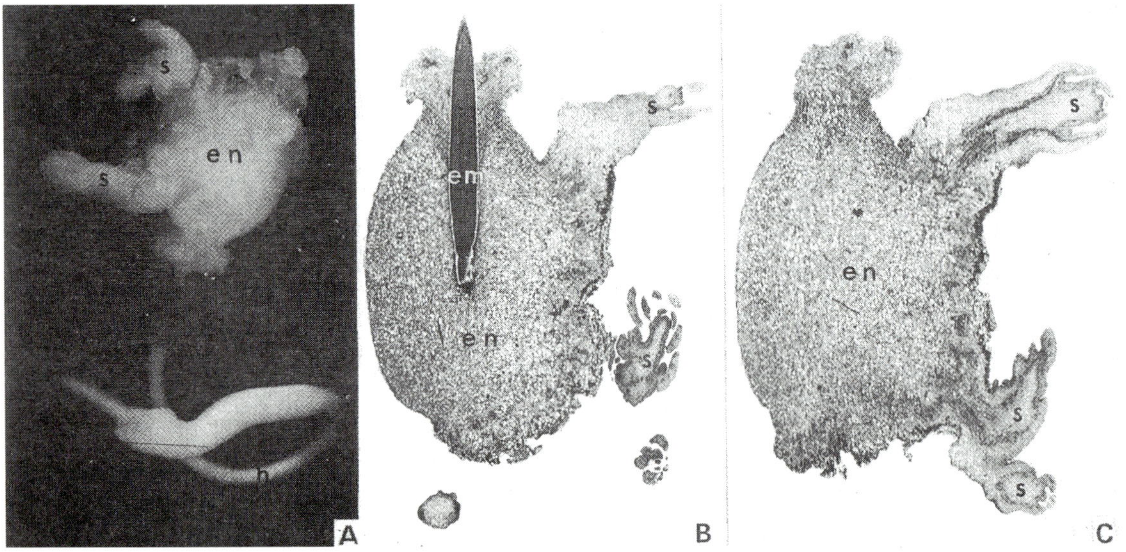

그림 14-2 *Exocarpus cupressiformis*의 '종자(배유 + 배)'를 배양할 때 나타나는 배유의 형태 형성. 배양에 사용한 배지는 White's 배지 + casein hydrolysate + IAA + kinetin이다. **A.** 배양 5주째. 발아한 종자와 배유에 의해 형성된 슈트의 눈이 보인다. **B,C.** A에 있는 종자의 종단면 사진. 배유 주변부 세포에서 슈트의 눈이 만들어져 있다. (em, 배; en, 배유; h, 배축; s, 슈트의 눈).

과의 *Prunus persica*와 *Pyrus malus*, 그리고 단향과의 *Santalum album* 등이 포함된다.

겨우살이과와 단향과의 기생식물에서는 슈트의 눈이 배유의 주변부 세포의 활성에 의해 직접 분화되거나 또는 배유가 먼저 증식하여 캘러스를 형성하고 이후에 기관을 형성한다. 겨우살이에서는 캘러스를 형성한 배유에서 흡기뿐 아니라 슈트의 눈도 형성된다. 대극과 식물의 경우에는 거의 언제나 배유에서 캘러스가 형성된 후에 기관형성이 일어난다.

배유조직에서 슈트의 눈을 분화시키려면 반드시 시토키닌을 넣어주어야 한다. 겨우살이과의 *Scrrula pulverulenta*와 참나무겨우살이속의 *Taxillus vestitus*에서는 시토키닌 단독으로도 슈트 분화가 유도되지만, 겨우살이과의 *Dendrophthoe falcata*에서는 시토키닌과 낮은 농도의 IAA를 함께 넣어주어야만 분화된다. *Scrrula*속과 *Taxillus*속의 배유로부터 슈트의 눈을 분화시키기 위해 시험한 여러 시토키닌 중에서 6-γ,γ-dimethylallylamino purine의 효과가 가장 좋았으며, triacanthine의 효과가 가장 낮았다. 대극과 식물 중에서는 *Croton bonplandianum*의 배유 캘러스로부터 뿌리만 형성되었고, *Putranjiva roxburghii*와 *Jatropha panduraefolia*의 배유 캘러스에서 뿌리와 슈트가 형성되었다. *Putranjiva*속의 경우 슈트가 15cm에 이를 만큼 생장하였으며, 흔히 뿌리와 슈트가 2개의 극성을 가지는 2극성 축(bipolar axis)으로 분화되었다. 배유조직으로부터 슈트나 소식물이 재분화된다고 알려진 식물로는 사과, 감귤, 백단향 등의 중요한 작물이 있다. Thomas 등(1999)은 뽕나무의 미성숙 배유에서 재분화시킨 식물체를 토양에 이식하였다. 배유조직에서 분화된 기관과 소식물체 대부분은 3배체이며, 접합자 배에서 형성된 것과 형태나 해부구조가 유사하다. Masuda 등(1977)은 파슬리의 배유 캘러스에서 유래한 식물체가 주로 2배체라고 보고하였다. 그러나 이들의 연구로는 캘러스가 실제로 배유에서 발달한 것인지 또는 종자의 다른 부위에서 발달한 것인지 분명하게 알 수 없다.

2. 3배체 식물의 이용

3배체 식물은 대개 불임성 종자를 맺으며, 따라서 종자가 상업적으로 중요한 경우에는 바람직하지 않다. 그러나 3배수성으로 인해 종자가 만들어지지 않는 성질이 중요하지 않거나 오히려 이로운 경우가 있다. 이런 경우에는 3배체를 이용하여 식물을 개량할 수 있다. 3배체가 2배체나 4배체보다 우수한 사례가 몇 가지 있다. 3배체 식물은 페튜니아속의 *Petunia axillaris*에서는 활력과 장식성이 더욱 뛰어나고, 토마토에서는 더 크고 맛이 좋으며, 사시나무속에서는 펄프 목재의 질이 더 우수하다.

3배체를 생산하는 전통적 방법은 4배체와 2배체를 교배하는 것이다. 이 방법은 노동력과 시간이 많이 소요될 뿐 아니라 많은 경우에는 불가능하기도 하다. 따라서 배유세포에서 3배체를 직접 재분화시키는 방법이 식물 개량에 바람직하다.

위수정 무수정체(pseudogamous apomict)에서는 종자 후손이 모친과 동일하며, 배유가 수정 결과로 만들어진 것이기 때문에, 기내에서 미성숙 배유를 재분화시킴으로써 유전적 변이를 얻을 수 있다. Matzk(1991)는 이러한 배양을 통해 왕포아풀에서 캘러스 유도와 뿌리 재분화는 성공하였지만, 식물체로 재분화시킬 수는 없었다.

14.3 기내 체세포배 발생 연구

자연 상태에서 배는 배주조직에 한정되어 형성된다. 배가 발달하기 위해서는 마술욕조(magic bath)라고 할 수 있는 배낭의 내부에만 존재하는 특수한 물리 · 화학적 환경이 요구된다고 오랫동안 생각해 왔다. 그러나 최근에는 배양용 유리병 내에 적당한 영양 및 환경 조건을 제공함으로써 식물체의 모든 세포들이 생존력 있는 배형성을 유도할 수 있다는 사실이 밝혀졌다. 조직배양에 의해 형성된 배를 부정배(adventive embryo)라 한다. 부정배는 그 기원에 따라, 즉 체세포 조직으로부터 생기면 체세포배(somatic embryo)라 하고 화분으로부터 생기면 화분배(pollen embryo)라고 한다. 기내 부정배 발생은 접합자 배(대나무, 목화, 기름야자나무, 콩, 밀), 주심(귤속과 망고속의 단배 및 다배형성 종), 줄기 조직(담배), 뿌리 조직(당근), 과실 조직(호박) 및 약과 화분(포도, 겨자, 벼) 등의 배양에서 보고된 바 있다. 이 장에서는 체세포배 발생만을 논의하였고 화분 배 발생에 대해서는 제16장을 참고하도록 한다.

체세포배 발생은 알팔파, 사과, 커피, 목화, 포도, 벼, 콩, 밀 등과 같은 주요 작물을 포함하여 쌍자엽과 단자엽 식물의 500종 이상에서 관찰되었다. 개구리자리와 당근은 체세포배 발생을 위한 적당한 식물임이 증명되었다. 이 식물들의 어떤 부위라도 조직배양에 의해 배를 형성할 것이다. 이 현상이 상세히 연구된 그 밖의 식물로는 귤속, 커피나무속, *Macleaya cordata* 등이 있다. 이에 관하여 자세한 것은 Gray와 Purohit(1991), Michaux-Ferriere와 Schwendiman(1992), Zimmerman (1993), de Jong 등(1993), Emons(1994), Thorpe와 Stasolla(2001) 등의 연구를 참고할 수 있다.

14.3.1 체세포배의 발달

개구리자리에 관한 연구는 인도의 Delhi 대학 식물학과의 Konar와 Nataraja에 의해 최초로 연구되었다(그림 14-3). 개구리자리의 아주 어린 화아(flower bud)를 절단하여 0.8% 한천이 첨가된 White 영양배지 위에 치상하였다. 화아는 증식하여 캘러스라고 하는 무정형의 덩어리를 형성하며(그림 14-3A), 6주 후 캘러스로부터 많은 배가 분화되었다(그림 14-3B). 야자수(야자과실 유액)를 영양배지에 첨가하여 부정배의 형성을 더욱 촉진시켰다.

배양 중에 체세포배의 분화는 동시에 일어나지 않으며, 분화된 캘러스를 으깨어 관찰해보면 다양한 배발달 단계를 볼 수 있다. 배 시원세포를 확인하는 것은 어렵기 때문에, 매우 이른 발달 단계에 있는 체세포배와 접합자배를 비교하는 것은 불가능하다. 그러나 체세포배 발생에서 구형기 이후에 정상적인 조직 분화를 보였다. 개구리자리의 체세포배는 뚜렷한 배병세포에 의해 캘러스에 붙어 있으며, 사실상 종자 속의 접합자배와의 차이를 식별할 수 없었다. 이들 체세포배는 유아-유근의 축과 2개(때로는 3~4개)의 잘 발달한 자엽을 갖고 있으며, 만일 캘러스로부터 체세포배가 떨어지면 그대로 발아되어 완전한 소식물체로 발달한다(그림 14-3C). 이렇게 형성된 소식물체의 주목할 만한 특징은 하배축의 표피세포들이 활성화하여 체세포배를 형성하는 것이다. 그래서 어린 유식물에서 하배축에 매달려 있는 수많은 체세포배들을 볼 수 있다(그림 14-3C,D). 하배축의 표피세포로부터 생긴 배는 당근에서도 관찰되었다.

당근의 기내 배양에서 체세포배 발달은 2단계로 이루어지며, 각 단계는 다른 배지를 필요로 한다(그림 14-4). 캘러스 유도는 0.5~1.0mgL^{-1}

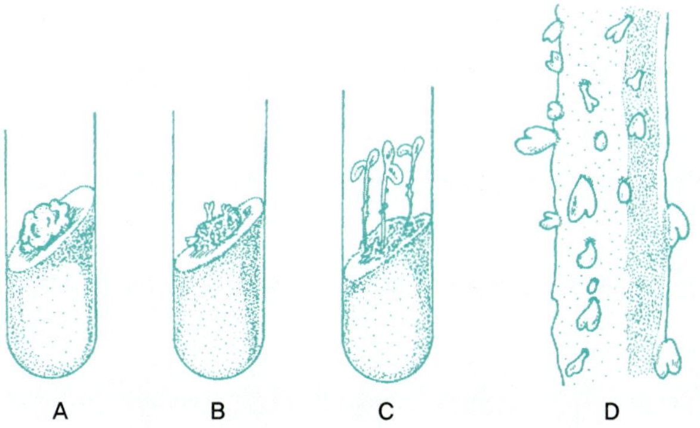

그림 14-3 개구리자리의 화아배양에서 체세포배 발생. **A.** 화아로부터 발달된 캘러스. **B.** 배양 6주 후 캘러스로부터 많은 배가 형성되었다. **C.** 체세포배로부터 5주 자란 후 소식물체의 하배축 부위에 많은 배를 형성하였다. **D.** C의 하배축 부분을 확대한 것으로 체세포배를 볼 수 있다.

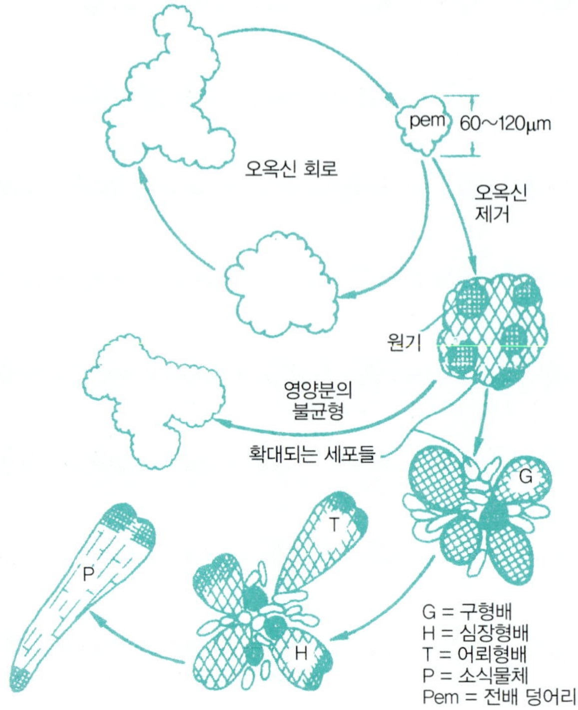

그림 14-4 야생 당근의 현탁배양에서 체세포배 발생을 나타내는 모식도.

의 2,4-D가 함유된 배지에서 시작되고, 캘러스는 "증식배지(proliferation medium)" 위에서 분열세포들로 이루어진 배형성 세포집단(embryogenic clump)이라는 세포군들로 분화한다. 증식배지에서 계대배양을 반복하면 배형성 세포집단은 성숙한 체세포배를 형성하지 않고 증식을 계속한다. 그러나 만일 배형성 세포집단을 매우 낮은 농도의 오옥신(0.01~0.1 mgL^{-1})이 들어 있는 배지 또는 2,4-D를 함유하지 않은 배지(배발생배지)로 옮기면, 성숙한 배를 형성한다. 증식배지는 "유도배지(induction medium)"로 생각된다. 왜냐하면 캘러스가 오옥신이 없는 배지에 계속 유지되면 배형성 세포집단이 발달하지 않기 때문이다.

14.3.2 체세포배 발달의 조절

체세포배 발생을 조절하는 요인에 관한 설명은 아직 확실히 알려지지 않았지만, 최근의 연구에서 2종류의 배지 구성요소인 오옥신과 질소원의 중요성이 강조되고 있다. 당근의 체세포배발생에서 2,4-D의 역할이 일찍부터 기술되었으며, 이것은 배형성 세포군을 형성하는데 필수적이다. 체세포배 발생에서 오옥신의 중요성은 당귤나무의 순화조직에 관한 상세한 연구에 의해서 제안되었다. 당귤나무 주심조직의 캘러스는 처음에 생장과 배 분화를 위해서 IAA와 kinetin을 요구하며, 계대배양을 반복하면 캘러스는 배형성 능력을 서서히 상실해 간다. 약 2년 후 일부 조직배양계에서 식물호르몬 독립성이 나타났으며, 이렇게 순화된 조직(배지에 호르몬 첨가 없이 스스로 성장하는)에서는 배지에 0.001 mgL^{-1} 정도로 낮은 농도의 IAA만 배지에 함유되어 있어도 배의 분화를 저해하였다. 그러나 오옥신 합성저해제나 IAA를 분해시키는 방사선 조사 등과 같은 처리를 하여 세포내 오옥신 농도를 억제시키면, 배의 분화를 현저히 증진시켰다. 16kR보다 높은 수준의 방사선에 노출된 조직에서는 배형성을 억제했던 오옥신이 촉진하는 상태로 전환되었다. 이러한 연구와 Fujimura 등 (1979)의 당근을 이용한 연구는 체세포배 발생을 위해서 최소량의 내생적 또는 외생적 오옥신이 필요함을 확실히 시사하는 것이다.

체세포배 발생에 필수적일 것으로 추측되는 또 다른 요인은 질산암모늄, 염화암모늄, 글리신, 효모 추출물 등과 같은 환원형 질소를 들 수 있다. 그러나 Tazawa와 Reinert(1969)는 고농도의 질산염이 배지에 첨가되면, 저농도의 NH_4^+이 들어 있는 것과 똑같은 정도로 배가 형성됨을 밝혔다. 비록 배지 속에 들어 있는 NH_4^+이 배형성을 위해서 필요하지 않을지라도 세포 속에 어느 정도의 NH_4^+ 수준을 유지하는 것이 배형성 과정에서 필수적임을 나타낸다. 배형성과 캘러스 내부의 수용성 및 불용성 유기 질소의 농도 사이에는 분명한 상관관계가 있다.

식물 생장조절물질 이외에 식물 조직절편의 생리적 상태와 실험식물의 유전자형은 체세포배 발생의 유도에 결정적으로 중요함이 입증되었다. 곡물이나 그 외의 여러 작물에서 미성숙 배를 배양하면 배를 형성할 수 있는 배양체를 많이 생산하는 반면, 늙은 조직에서는 그와 같은 형태발생 능력을 나타내지 못한다. 알팔파는 체세포배 발생에 있어서 유전자형의 역할을 설명하는데 아주 좋은 식물이다. Brown(1988)이 실험한 20개의 알팔파 재배 품종 중 7 품종은 자엽이나 하배축에서 배형성 배양체가 발생하지 않았고, 나머지 13개 재배 품종에서는 배형성 배양체의 발생 비율이 9~80%로 다양하였다.

당근의 매우 어린 체세포배는 앞으로 형성될 배의 종축을 따라서 전기적 경사를 보인다. 갓 분리한 알팔파의 원형질체를 낮은 전압의 전기장에 노출시키면 배형성 능력을 상당히 촉진시켰다.

체세포배 발생은 형태학 및 생리학 관점에서 집중적으로 연구되어 왔지만, 그 발생 과정을 결정하고 조절하는 분자 기작은 잘 알려져 있지 않다. 배 특이 단백질의 합성, 유기 탈탄산효소 활성의 증가, 피리미딘 경로에서 효소 활성의 증가, cyclohexamide를 불활성화 하기 위한 능력의 획득 등에 의해 나타난 것처럼, 체세포가 배형성 과정을 시작할 때 유전자 발현에 변화가 일어나는 사실이 한 동안 알려져 왔다. 하지만 90년대 초, 체세포에서 배형성 세포로의 전환을 암시하는 여러 개의 분자표지가 밝혀졌다. 당근의 배형성 배양체로부터 21개의 "배 특이적" 또는 "배를 증가시키는" 유전자들이 클로닝되었다.

Nomura와 Komamine(1985)는 2,4-D를 첨가한 배지에서 당근을 현탁배양하면 일부 독특한 형태를 지닌 세포들이 나타나며, 이들을 저농도의 오옥신 배지로 옮기면 전배형성 세포집단(proembryogenic mass)으로 발달할 수 있다는 사실을 입증하였다. 그러나 de Vries 등(1988)에 의하면 식물 조직절편에 배형성 능력이 있는 세포들은 존재하지 않으며, 배를 형성할 수 있는 세포들은 2,4-D를 함유한 배지에서 배양을 시작한 후 19일이 지나야 그러한 능력을 갖게 된다. 배형성 능력은 대부분 배양 시작 후 50일이 요구되며, 75일 후에 최고에 이른다. 처음 배양 시작 후 배형성 능력의 획득은 조절된 배지(conditioned medium; 배형성을 위해 이미 확립된 배형성 현탁배양에서 세포를 제거시킨 배양배지)를 보충함으로써 상당히 촉진되었다.

이러한 조절된 배지를 분석한 결과 많은 세포외단백질들이 배를 형성하는 세포들로부터 배지로 분비됨이 밝혀졌다. 이 단백질들은 배형성 배양체와 배를 형성하지 않는 배양체 사이를 구별하기 위한 분자표지로서 작용할 수 있으며, 이 단백질들의 일부는 체세포배의 유도 및 발달에 중요한 역할을 한다. 예를 들면, 분비지질 수송 단백질을 암호화하는 *EP2* 유전자의 발현은 기내 및 생체내 배발생 과정에서 증가되었는데, 이것은 아마도 키틴질 합성에 관여된 것 같다. 조절된 배지에서 정제된 또 다른 세포외단백질인 *EP3*는 정상적인 원표피 형성에 필요한 glycosylated acid endochitinase로 확인된 바 있으며, 이 단백질이 결핍된 돌연변이체에서 체세포배가 적절한 원표피를 형성할 수 없어서 결국 구형기 배에 머물게 된다. 배형성 배양체에 의해 분비된 arabinogalactan 단백질(AGPs)은 체세포에서 배형성 세포로 전환하는데 관련된 것 같다. 배형성 배양체로부터 분비된 특유의 AGPs를 아주 낮은 농도(10~100μM)로 새 배양배지에 첨가하면, 전배형성 세포집단의 빈도가 30~80%까지 향상되었다. 또한 오래된 배양체들도 상실했던 배 형성능력을 회복하였다.

2차원 전기영동에 근거하여, Imin 등(2005)은 자주개자리의 체세포배 형성과정에서 뚜렷한 변화를 나타내는 54가지 단백질들을 확인하였다. Schmidt 등(1997)은 당근의 현탁배양에서 몇 유전자를 확인하였는데, 이 가운데 *DcSERK*(Somatic Embryogenesis Receptor Kinase)라는 유전자는 배 발달을 위한 단일세포의 능력과 *DcSERK* 유전자 발현 사이의 밀접한 상관관계 때문에 배 형성능이 있는 단일세포의 표지자로 제시하였다. 이와 유사한 유전자인 *AtSERK 1*이 애기장대에서 분리되었는데, 애기장대 실생묘에서 이 유전자가 과잉 발현되면 배발생 개시효율을 3~4배 증가시켰다. 이 유전자는 접합자 배에서는 구형단계까지 발현되었다.

14.4.3 주심 유래의 체세포배

자연적으로 발생한 주심성 다배형성(nucellus polyembryony)과 *Citrus*의 무병 클론(disease-free clone) 육성에서 주심성 다배형성의 실제적 가치에 대한 내용은 제12장에서 기술하였다. 귤속에는 다배성인 종과 단배성인 종이 있다. 다배성의 경우 주심세포로부터 부정배가 수분 후 형성되며, 그것도 주심의 주공 반쪽에서만 나타난다.

Rangaswamy(1961)와 Sabharwal(1963)은 수분 후에 부정배가 이미 어뢰형 단계에 있는 심피로부터 주심조직을 절단해 내어 카제인 가수분해물이 첨가된 White 배지(표 14.1 참조)에서 배양하면 분열증식하여 캘러스를 형성한다는 것을 보고했다. 이 캘러스에서는 위인경(pseudobulbil)이라고 부르는 종양 형태의 성장물이 분화되며 대부분은 배로 발달한다. 그리고 이들은 발아하여 실생묘로 자라게 된다. Button과 Bornman(1971)은 미수정 배주의 주심 조직도 (부정배가 존재하지 않는 경우라도) 배양조건만 적절하면 배양체를 형성할 수 있다는 것을 처음으로 밝혔다. 미수정 배주의 주심세포들은 단지 배지에 맥아 추출물과 아데닌을 첨가했을 경우에만 배를 형성하였다. 그런데 이 배지에서 완전히 분화된 배가 형성되지만 이들은 발아를 못한다. 만일 이런 배를 잘라내어 GA_3을 첨가한 배지상에 치상하면 때로 소식물체를 형성한다. Button과 Bornman은 이 소식물체를 토양에 이식하는데 성공했다.

Rangan 등(1968)은 주심 배양에 대한 연구를 단배종(monoembryonate)의 귤속(*Citrus grandis*, *C. limon*, *C. reticulum*, *C sinensis*)으로 확대했다. 이 종들에서는 자연적으로는 부정배 형성이 일어나지 않으므로, 이 기술은 무병묘 클론 증식에 이용될 수 있다. 그들은 수정된 배주의 주심만 배양했다. 수분 후 100~120일 지난 뒤 잘라낸 주심은 카제인 가수분해물을 첨가한 White 배지에서 생장하지 않았다. 그러나 맥아 추출액을 포함시킨 White 배지에서는 배양된 주심의 10~12%가 배를 형성했다(그림 14-5A). 저자에 의하면, 배양체는 캘러스를 형성하거나 다

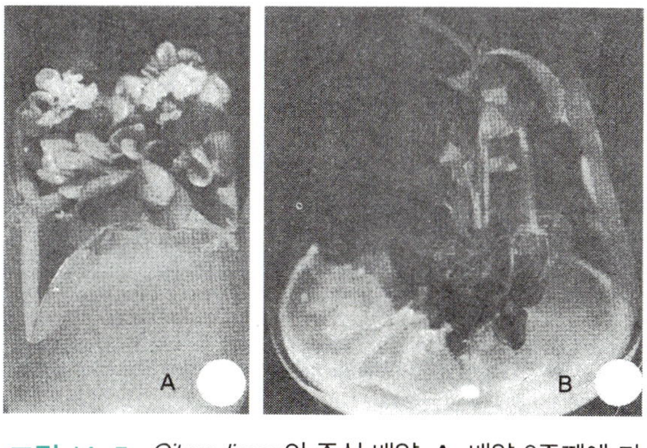

그림 14-5 *Citrus limon*의 주심 배양. **A.** 배양 6주째에 다배성의 덩어리를 형성. **B.** 몇 개의 배들이 소식물체로 생육했다.

배종의 주심 배양에서 나타나는 위인경 형태를 형성치 않고, 주심세포로부터 직접 발육되었다. 배는 발아하여 6~7주 뒤에는 잘 발달된 뿌리와 잎을 가진 소식물체로 생장했다(그림 14-5B). 그러나 Kobayashi 등(1981)은 귤속 중에 단배성인 23 품종을 주심 배양했으나 부정배를 발생시키지 못했다. 그러나 다배성 품종은 배발생이 잘 되었다. 다배성에서 부정배는 미리 형성된 부정배 시원세포(AEICs)의 활성에 의해 형성되었으며, 주심의 다른 세포로부터 발생된 것은 아니었다. 이 연구자들에 의하면, 조직배양에서 부정배발생에 실패하는 원인은 단배품종에 부정배 시원세포가 없기 때문이라고 보고 있다.

단배성 종들의 주심 배양에서 체세포배 형성을 통한 식물체 재생은 많은 그룹들에 의해 보고되었다. 귤속 이외의 종에서 기내 주심 다배발생에 대해서는 박주가리과 *Cynanchum vincetoxicum*, *Malus domestica* 및 포도에서 보고되어 있다.

Chapter

15 배, 종자 및 자방 배양

서로 다른 종 · 속간의 교배에서 또는 간혹 같은 종 내의 교배에서도 여러 가지 유전적 또는 환경적 원인에 의해 정상적인 종자가 생기지 않는다. 어떤 교배는 수정 전의 일부 장애가 나타나거나 또는 수정은 정상적으로 이루어져도 배유 형성이 빈약하거나 이상 발달하므로 발육 초기에 배가 죽는다. 식물에 따라서는 유근, 유아 또는 자엽과 같은 배를 이루는 기관이 미분화된 배를 갖는 경우가 있다. 종간 교잡에서는 종자가 매우 주름지고 가벼우며 발아능력을 상실하기도 한다. 이와 같은 수정후 생식격리장벽에 의한 배의 미숙이나 발아능력 상실은 배나 배주 또는 자방을 배양함으로써 극복할 수 있다. 따라서 이들 배양 방법들은 원연 종 · 속간 잡종의 생식격리장벽을 극복 또는 회피하여 새로운 잡종 식물을 개발하는데 유용하게 쓰일 수 있다. 그리고 자방배양은 과실이 비대하는 메커니즘과 초기 배발생 과정을 밝히는 데에도 유용하다.

15.1 배 배양

피자식물의 배를 기내 무균조건하에서 생육시키려는 최초의 체계적인 시도는 1904년 Hanning에 의해 시도되었다. 그는 십자화과에 속하는 *Cochearia*와 *Raphanus* 두 종의 성숙배를 배양했다. 뒤이어 많은 연구자들이 성숙종자로부터 꺼낸 배를 배양하여 소식물체까지 생육시켰다. Dietrich (1925)는 무기염류와 2.5~5%의 설탕을 함유하는 반고형배지에서 성숙배는 정상으로 생장하지만, 미숙종자에서 취한 배는 완숙배 형태로 기관형성이 이루어지지 않고 정상배 형성과정을 건너뛰어 직접 발아했다고 기록하고 있다. Dietrich는 이러한 배의 조기발아 현상을 인공조산(kuenstliche Fruehgeburt)이라 불렀다.

그 뒤 Laibach(1925, 1928)가 이 기술의 실제적 응용 가능성을 제시하면서 배 배양 분야의 연구를 자극하게 되었다. 그는 백합 종류의 종간 교잡으로 얻은 종자가 매우 주름지고 가벼우며 발아능력을 상실했다는 사실을 발견하고, 이 종자로부터 배를 적출하여 설탕이나 포도당을 적신 여과지나 솜 위에서 생육시키는 방법으로 교잡종 식물을 육성하는데 성공했다. 오늘날 이 기술은 식물 육종가들 사이에서 배의 미숙으로 인해 발아시킬 수 없는 교잡종 식물을 육성하기 위해 널리 이용되고 있다. 실용적인 것 외에도, 배주 내부가 아닌 외부 환경에서 배를 육성하는 기술은 배의 발육단계에서 형태발생의 영양, 생리 및 화학적 조절의 연구를 위해 탁월한 가능성을 제공한다. 또한 이 기술을 이용하여 배 전체, 혹은 배 일부에서의 재생 가능성이 연구되고 있다.

기내 배의 영양에 대해서는 제14장에서 설명하였다. 요점을 정리하면, 분화가 이루어진 배가 요구하는 영양소는 단순하다. 이들 배는 약간의 무기염류와 설탕이 함유된 배지에서도 잘 자란다. 이 시기의 배는 생합성능력이 잘 발달하여 생육에 필요한 것을 모두 생합성할 수 있다. 배 발육단계의 '독립영양상태'라고 부르는 이 단계에서 거의 모든 식물 배는 비슷한 요구를 하고 있다. 이에 대해 어린 배는, 배 생장에 필요한 대부분의 물질을 다른 곳에 의존하고 있어 '종속영양상태'라고 부른다. 자연 상태에서 이런 요구물질은 배유 또는 다른 모체조직으로부터 공급된다. 이러한 배를 시험관 내에서 배양하려면 정교한 영양배지가 필요하다. 구상배 또는 미분화된 후기 구상배는 영양이 풍부한 물질(코코넛밀크, 카제인 가수분해물, 효모추출물)이나 생장조절물질을 기본배지에 첨가해야 성숙할 수 있다. 어린 배 배양에 필요한 물질은 식물 종류에 따라 다르다.

거의 최근까지 전구상배(preglobular embryo)를 배양하는 것은 불가능했다. 그러나 Liu 등 (1993)은 무기염류와 비타민 외에 10종의 당분, 4종의 유기산, 코코넛 밀크 및 카제인 가수분해물을 첨가한 복합배양액을 이용하여 *Brassica juncea*의 8~36세포기의 전배(35μm)를 배양하는데 성공했다. 그들은 삼투압이 서로 다른 두 종의 반고체배지로 제조한 Monnier의 2층 배양 시스템(그림 14-1)을 사용하여 배양했다. 배는 하층보다 (45mol L^{-1}) 삼투압이 높은 상층 배지(63mol L^{-1})에 치상했다. 비슷한 방법으로 Fisher와 Neuhaus(1995)는 밀의 구상배(직경 100~160μm)를 배양하여 직접 배발생시키는데 성공했다. 생체 내에서나 기내에서 형성된 접합자도 배양을 통해 완전한 식물체로 생장하였다. 배 형성 현탁배양으로부터 취한 양육세포(nurse cells)나 혹은 배 형성이 진행 중인 소포자는 분리한 접합자 배의 배양에 필수적이었다.

15.1.1 배 양육 배유 이식(embryo-nurse endosperm transplant)

배 배양 배지가 상당히 개선되었음에도 불구하고, 배가 발육 초기 단계에 퇴화해버리는 경우에 잡종 배를 구제하는 방법이 해결되지 않고 있다. 이런 교잡장애는 미숙배를 배유 위에 이식하여 배양하면 극복할 수 있다. *Hordeum* × *Secale*을 교잡한 식물의 미성숙배를 직접 배지에 치상할 경우 생존율이 1%이지만, 이를 배양된 배유에 이식하면 30~40%까지 생존율이 높아진다.

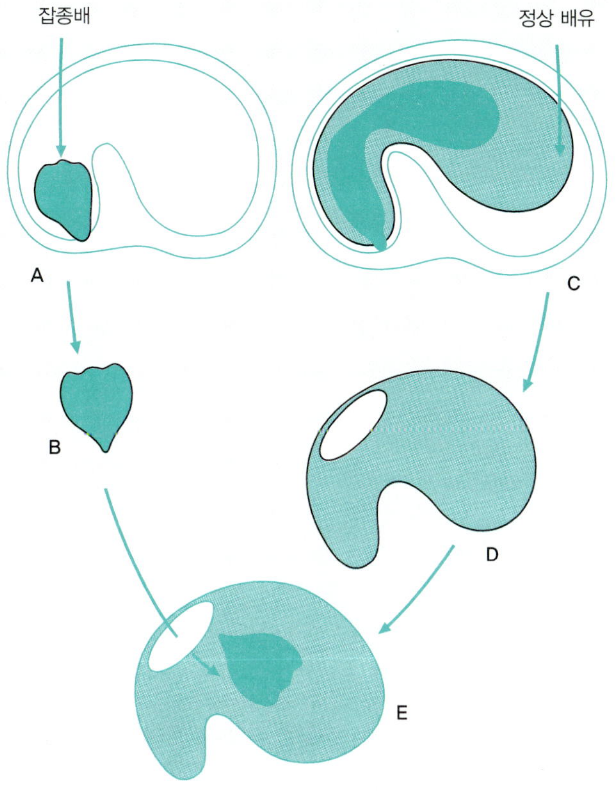

그림 15–1 *Trifolium*속, *Lotus*속 및 *Ornithopus*속에서 잡종배 배양을 위한 배유이식법. **A, B.** 배유 발생이 부실한 배주에서 잡종배를 적출한다. **C.** 어뢰형 내지 심장형 배를 둘러싸고 있는 세포성 배유를 가진 정상발육하고 있는 종내 수분된 배주를 절개한다. **D.** 정상 발육하고 있는 배를 밖으로 압출하여 구멍 안에 배유만 남긴다. **E.** 잡종배를 구멍을 통해 정상 배유 안으로 밀어넣는다.

어린 배의 배양을 위해 de Lautour 등(1978), Williams(1978, 1980) 및 Williams와 Lautour (1980)는 배유 이식 배양 기술을 약간 변경시킨 배양법을 고안했다. 그들은 양친 중 어느 한 식물 또는 제3의 식물에서 정상 발육하는 배주로부터 배를 제거시키고 세포성 배유 속으로 분리한 잡종배를 이식한 후(그림 15–1), 인공배지상에서 이식된 배를 배양했다. 이 연구자들은 이 기술을 이용하여 영양배지 상에서 발육하지 않는 *Trifolium*속의 배를 발육시켜 많은 종간 잡종을 만들어냈다.

15.1.2 배배양의 실제 응용

1. 육종 연한의 단축

원예작물의 육종, 특히 과수와 같은 경우는 종자의 오랜 휴면기간 때문에 장기화될 수밖에 없다. 그러나 적출한 배를 영양배지에서 배양하면 그 기간을 크게 단축시킬 수 있다.

콩과 해바라기의 경우 종자가 성숙되는데 전체 생육기간(120~150일)의 50~60% 정도가 소요된다. 그러나 Platinikov(1983)는 10일 된 해바라기의 배를 기내 배양하여 생육주기를 그 절반인 60~70일로 줄

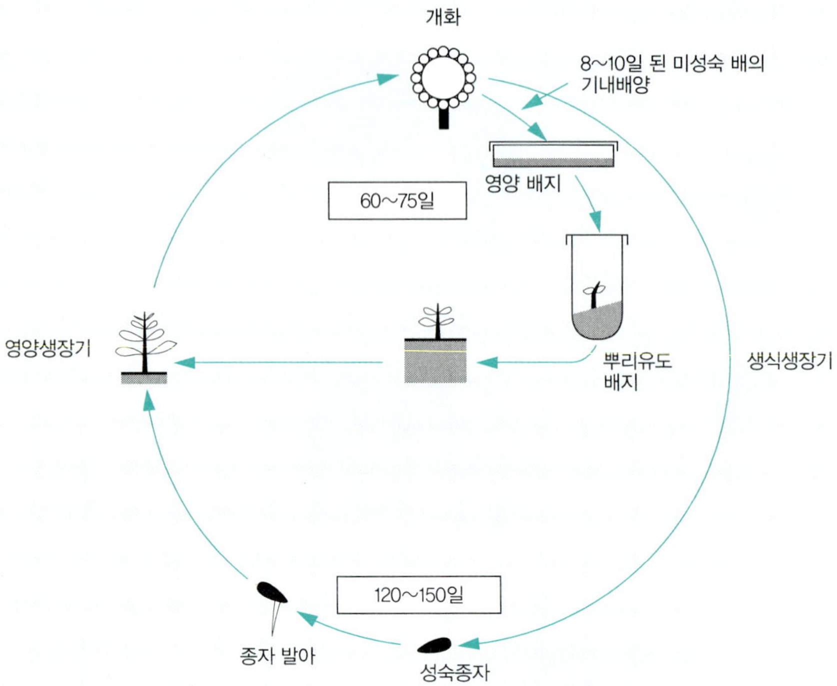

그림 15-2 해바라기 생육주기를 120~150일에서 60~75일로 줄이는 미성숙배 배양 방법을 요약한 도식.

일 수 있었다. 마찬가지로 Alissa 등(1986)과 Aspiroz 등(1988)은 7일, 10~18일 된 해바라기의 배를 배양함으로써 1년 동안에 4세대까지 재배가 가능했다(그림 15-2).

올리브 종자의 발아는 매우 느리고 빈약하며 변덕스러워(어떤 종자는 발아상에 3년 이상 놓여 있다) 작물 육종에 매우 불리하다. 종자를 일찍 수확하여 단단한 내과피를 제거하면 발아에 다소 도움이 되지만, 여러 품종에서 이러한 처리에도 불구하고 발아의 지연이나 낮은 발아율을 나타낸다. Acebedo 등(1997)은 내과피를 제거한 10 품종의 올리브에 대한 발아실험에서 발아율 5~26%, 발아기간 8~15주라는 결과를 얻었다. 반면에 배만 꺼내어 발아시키면 3~15배 높은 75%의 발아율과 함께 2주일 이내에 동시적으로 발아하였다. 종자의 발아와 배 배양을 통해 얻은 식물들은 온실에서 정상적인 생장을 보였지만 종자를 발아시킨 식물이 약간 빠른 뿌리 발생을 나타냈다.

2. 종자 생존력의 신속한 검사

배 배양에 의한 종자 휴면타파의 가능성은 또한 신속한 종자생존력 검사에 이용할 수 있다. Barton(1961)은 적출한 배의 발아에 의한 종자생존력 검사는 일반적으로 쓰고 있는 염색시험보다 더 정확하고 신뢰도가 높은 판정법이라 했다.

3. 반수체 생산

근연교잡에 이어 배를 배양하여 반수체를 만드는 것은 제17장에서 설명하였다. Lei 등 (2004)은 오이에서 방사선 처리한 화분과 수분한 후 배 배양을 통해서 반수체 식물을 발생시켰다.

4. 희귀식물의 증식

비정상적이지만 어떤 코코넛야자는 액상의 배유 위치에 부드러운 고형상의 지방조직이 발달한다. 그러한 야자는 makapuno라 하여 매우 희귀하며 값도 비싸, 필리핀에서 아주 특별한 향연에만 제공된다. 마카푸노는 과실로 번식시킨 식물에서만 순수 마카푸노 너트가 달린다. 그러나 정상적인 조건에서는 발아가 되지 않으므로, de Guzman(1969)은 과실로부터 잘라낸 배를 기내 배양 방법으로 식물체를 육성하는데 성공했다. 이들 식물로부터 생산된 너트는 85%가 마카푸노였다.

5. 희귀한 잡종식물의 획득

식물의 육종과정에서 희망하는 모든 교배가 성공하는 것은 아니다. 어떤 교배는 수정 전의 일부 장애나(제9장 참조), 또는 수정은 정상적으로 이루어져도 배유 형성이 빈약하거나 이상 발달하여 발육 초기에 배가 죽는 경우도 있다. 후자의 경우, 즉 정상적으로 발육될 능력이 있는 잡종배가 유산되는 것은 종자 내측의 영양공급이 부적절하거나 배와 배유의 불화합성 때문이다. 그러한 경우 배 배양을 이용하면 완전한 잡종식물을 얻을 가능성이 있다. 이 방법은 많은 종간교잡에 유익하게 이용되고 있다.

Emsweller와 Uhrig(1962)은 *Lilium speciosum-album*과 *L. auratum*을 교잡했다. 여기서 얻은 종자는 풍부한 배유의 양으로 해서 크기가 컸고, 배도 유난히 길었다. 이런 종자를 파종하자 배는 퇴화되고 배와 배유의 불화합성 때문에 발아하지 않았다. 그러나 잘라낸 미성숙배를 영양배지에서 생육시킨 결과 완전한 잡종식물을 얻을 수 있었다.

보리에서 *Hordeum vulgare*와 *H. bulbosum*을 교잡하여 얻은 영과(穎果 caryopsis)는 배유가 없는 경우가 자주 있다. 그러한 경우 배는 미숙한 상태로 고사한다. Davis(1960)는 수분 후 14~28일에 잘라낸 배를 배양하여 토양에 이식할 수 있는 묘종을 얻었다. 유사한 실험으로 Inomata(1967)는 2배체인 *Brassica chinensis*와 4배체 *B. pekinensis*를 교잡했으나, 이로부터 3배체 잡종배는 초기에 배유가 퇴화되어 성숙하지 않았다. 그러나 콩과 *Lupinus luteus*의 어린 종자 추출물을 첨가한 배지에서 잡종배를 배양한 결과 완전한 잡종식물로 육성할 수 있었다.

Iyer와 Govila(1964)는 배 배양 방법을 통해 다른 방법으로는 얻기 어려운 몇 가지 벼의 종간잡종을 육종했다. 잘라낸 배 또는 수분 후 10~25일 된 자방 전체를 10% 코코넛밀크와 0.1% 맥아추출물을 첨가한 반고형배지상에서 배양했다. 이 배지에서 배는 88%가 발아했고, 시험관 내에서 발아묘를 충분히 생육시켜 토양에 이식했다. 그들은 또한 토양이식 전에 액체배지에서 10~12일간 생육시킴으로써 실생묘의 생존율을 100%까지 올렸다. 실생묘를 중간단계로 액체배지에서 배양하는 것을 묘종순화(seedling hardening)라 한다. 재배 토마토(*Lycopersicon esculentum*)와 야생 토마토(*L. peruvianum*)를 교배하여 내병성을 야생종에서 재배종으로 전이시키려 시도하였다. 그러나 야생종과 재배종의 교배는 수정 전 장애가 일어나 성공하지 못했다. 또한 그 반대로 교잡하면 수정은 되지만 배가 유실되어 종자를 형성하지 못했다. Thomas와 Pratt (1981)는 *L. esculentum*의 품종 'VENT'와 야생종 계통인 'LA 1283-4'을 교잡하여 401개의 발육불량 종자를 얻었다. 그중에 배양이 가능한 잡종배는 단 하나도 없었다. 그는 다른 방법으로 배 유래 캘러스 배양을 시도하여 이들이 교잡된 완전한 잡종식물을 육성했다. 발육이 나쁜 잡종배를 수분 후 35일 된 배주로부터 적출하여 캘러스 형성을 위한 배양을 한 후, 완전한 식물로 분화시킨 것이다. 이렇게 육성한 잡종식물은 2배체이거나 4배체였다. 배 유래 캘러스 배양법은 배가 직접 식물로 발육하지 못하는 *L. esculentum* × *L. chilensis*나 *L. esculentum* × *Solanum lycopersicoides* 경우에서도 잡종식물을 얻었다.

15.2 배주와 종자 배양

15.2.1 배주 배양

배주 배양은 접합자의 발달 또는 배양이나 배 분리가 어려운 아주 어린 배의 연구에 매우 효율적이다. White(1932)는 금어초의 배주를 분리하여 무균상태에서 배양을 최초로 시도하였다. 그러나 배주 배양 기술은 Maheshwari(1958)에 의해 확립되었다.

구상배 또는 그 이후의 배 발달 단계에 있는 배주를 배양하여 성숙종자를 얻는 것은 비교적 쉽기 때문에 많은 식물들, 예를 들어 풍접초과 *Gynandropsis*와 봉선화, *Nicotiana tabacum* 및 양파 등에서 성공하였다. 한편 수정 후 바로 분리한 배주를 배양하여 성숙종자를 얻기란 매우 어렵다. 어린 배주는 간혹 복잡한 배지를 요구한다.

Maheshwari(1958), Maheshwari와 Lal(1961)은 양귀비과 *Papaver somniferum*에서 수분 6일 후에 몇 개의 배유핵이 있는 접합자나 혹은 2세포기의 전배를 갖는 배주를 분리하여 처음으로 생존 가능한 종자까지 생육시켰다. 배양에 성공한 종자는 그대로 발아했다. Nitsch 기본 배지 상에서 배의 초기생장은 자연에서보다 늦었지만 구상배 이후에는 매우 빨리 생장했다. 수정 26일 후 생체 배주 내의 배는 최대 0.65 mm이지만, 배양된 배주 내의 배는 0.93 mm까지 달했다.

Poddubnaya-Arnoldi(1959, 1960)은 10% 설탕 용액에서 난의 수분된 자방으로부터 꺼낸 배주를 생장시키는데 성공했다. 이 연구를 통해 화분관이 배주 안으로 들어가는 단계에서 배가 발육하기까지의 과정을 추적할 수 있었다.

양귀비나 난초류와는 달리 접합자와 1차 배유핵을 가진 수선과 *Zephyranthus*의 배주는 Nitsch 배지에서 구상배 단계까지 성장했지만 분화에는 실패했다. 키네틴, IAA, 지베렐린 등의 생장조절물질을 첨가해도 더 이상 배의 생장은 진전되지 않았다. 그러나 코코넛밀크와 카제미노산을 배지에 첨가하면 배가 정상적으로 발육하고, 종자도 발아했다. 유사한 결과로, 토끼풀에서는 접합자 또는 2세포의 전배를 오이나 수박 과실의 즙을 첨가한 배지에 배양했을 때 배주로부터 성숙종자를 얻을 수 있었다. Wakizuka와 Nakajima(1974)는 화분관이 침입된 직후(수분 후 2일째) 적출한 *Petunia hybrida*의 배주를 완전히 발육시켜 발아 가능한 종자로 생육시키는데 오이즙(5%)이 필수적임을 알아냈다. 이와 같이 매우 어린 배주의 생장에 필요한 요소들은 아주 다양하다.

Chopra와 Sabharwal(1963)은 *Gynandropsis* 속의 배주 배양에 태좌조직이 효과적임을 지적했다. 이것은 또한 분리한 배주의 기내 수분과 기내 수정에 대해 연구하던 Kanta와 Maheshwari(1963) 및 Rangaswamy와 Shivanna(1967)에 의해서도 관찰되었다.

Joshi(1962) 그리고 Joshi와 Johri(1972)는 목화의 배주를 배양한 결과, 배는 카제인 가수분해물(1,000ppm)이나 또는 배주로부터 얻은 추출물을 첨가한 White 배지에서 가장 좋은 생육을 보였다. 모든 처리구에서 목화의 섬유시원체는 탄닌을 축적한 후 붕괴되었다. Beasley와 Ting(1973)은 같은 종의 배주 배양에서 섬유세포의 신장생리에 대해 상세한 연구를 했다. 배주를 개화 당일이나 다음날 분리하면 섬유가 발달하지 못하거나 몇 가닥의 섬유만 발달했다. 그러나 개화 2일째에 분리해 배양한 배주는 모두 섬유를 발달시켰다. 액체배지 표면에 부유하고 있는 배주는 잠긴 것보다 더 많은 섬유를 발달시켰다. 섬유 발달은 20°C나 25°C보다 30°C에서 더 양호했다. 지베렐린은 현저하게 섬유의 신장을 유도했지만, 키네틴과 abscisic acid는 억제했다.

Pundier(1967)는 전혀 다른 목적으로 목화의 배주를 배양했다. *Gossypium arboreum* × *G. hirsutum*의 교잡에서는 수분 후 단지 8~10일까지만 배가 발달했다. 그 이후에는 배유 내에 많은 이상이 발생하며 배 발달이 실패하였다. Beasely(1940), Miller(1950) 그리고 Weaver(1958)는 어린 잡종배를 가진 배주를 배양하여 잡종식물로 생장시켰으나, 분리한 배는 생장하지 않았다. Punder(1967)는 수분 후 3일째 접합자 또는 2세포의 전배를 가진 배를 분리하여, 이를 Murashige & Skoog 배지(표 14-1의 MS 배지)에서 배양했다. 배양 5주 후에 완전히 분화한 배가 형성되었고, 7주까지 70~80%의 배주가 잡종 유식물로 발달했다. 이후 유사한 기술로서 Steward와 Hsu(1978)는 다른 방법으로는 알려지지 않은 목화속의 종간잡종을 육성했다.

15.2.2 미숙 배를 가지는 식물의 종자 배양

식물에 따라서는 유근, 유아 또는 자엽과 같은 배를 이루는 기관이 분화되지 않은 배를 갖는 경우가 있다. 미나리아재비과 *Eranthis*의 모체로부터 떨어지는 종자에는 배 모양의 미분화된 배를 가지고 있으나(그림 12-14), 땅에서 종자내 생장을 거친 다음에 일반적인 성숙한 쌍자엽배 형태를 갖추게 된다. 난초과와 열당과에 속하는 몇 가지 식물의 종자는 미기관화된 배를 가지고 있다. 하지만 이러한 식물들에서는 종자내 생장도 결여되어 있어, 구형의 배로부터 곧 바로 유식물을 형성하게 된다. 이런 경우 주공 가까운 쪽의 배극은 유근극(radicular pole)이라 하고, 주공에서 멀리 있는 극은 유아극(plumular pole)이라 부른다.

Avdhani(1962)에 의하면, 난 종자 발아에서는 유아극이 생장하여 원시구경(protocorm)이라는 구상의 구조를 형성한다. 이것은 원래 흰색이지만 나중에 녹색이 된다. 어느 일정 크기가 되면 원시구경은 뿌리나 싹으로 분화한다. 이와 같이 난의 유식물은 배의 유아극 활성에 의해 유래된다.

단극성의 유식물 형성은 열당과 식물에서도 알려져 있다. Kadry와 Tewfic(1956)이 보고한 바와 같이, *Orobanche crenata*는 종자 발아시에 유근의 극에서 발아관 모양의 기관을 형성하며, 그 선단은 숙주의 뿌리를 관통한다. 숙주의 뿌리 밖에 남아 있는 발아관 부분은 소괴경(tubercle)이라 부르는 불규칙한 조직덩어리로 증식되고, 이 소괴경으로부터 싹을 분화시킨다. 배의 유아극은 외종피 안쪽에 남아 있다. Rangan과 Rangaswamy(1968)는 *Cistanche tubulosa*의 종자를 발아시켰으며, Kadry와 Tewfic이 *Orobanche crenata*에 대해 설명한 것과 동일한 발아 양상을 기록하였다. 유사한 결과로 Rangaswamy(1963)는 *Orobanche aegyptiaca*의 배 배양에서 단극성 유식물의 형성에 대하여 보고하였다. 그러나 Usha(1968)는 *O. aegyptica* 종자를 배양할 경우 유식물을 형성하는 것은 배지성분에 의한 단일극이나 2극성일 것이라고 설명했다.

코코넛밀크나 효모 추출물을 첨가한 영양배지에서 형성되는 유식물은 단일극이다. 그러나 지베렐린, 키네틴, IAA 또는 strigol을 배지에 첨가하면 유식물은 2극성이 된다. 즉 유근극은 뿌리를 형성하고 유아극은 싹을 형성한다. 이러한 현상은 자연에서 이들 식물체 내에 어떤 필수적인 요소들이 결핍되거나 또는 어떤 특정 저해요인들에 의해 유아극의 활성이 정상적으로 발휘되지 못하는 것으로 추측된다.

15.2.3 기생식물의 종자 배양

뿌리에 기생하는 절대 기생식물(obligate root parasite)인 초종용속과 *Striga*속의 종자는 숙주식물의 뿌리 바로 옆에서 발아하여 숙주의 뿌리와 완전히 접촉한 뒤에 싹을 발생시킨다. 이러한 기생식물의 종자 배양에 몇 가지 화학물질이 숙주를 대신하는 자극제로 이용되고 있다. 더부살이의 종자는 자연 상태의 숙주가 없더라도 배양액에 시토키닌, 지베렐린, scopoletin 및 strigol을 첨가해주면 기내에서 발아한다.

대부분의 뿌리 기생식물은 숙주가 없으면 기생근(haustoria)을 형성치 않는다. 그러나 *Striga senegalensis*의 멸균된 발아묘는 수수의 묘와 함께 배양하면 기생근을 발생시킨다. 또한 현삼과의 뿌리 기생식물의 발아묘는 아직 화학성분이 규명되지 않은 어떤 물질, 이를테면 트라칸타고무나무(gum tragacantha)라든가 목화섬유 또는 콩의 추출액을 첨가해주면 숙주식물 없이도 기생근을 발생시킨다. 그러나 일반적인 당류는 기생근 유도에 효율적이지 않았다.

뿌리 기생식물과는 달리 Lorantaceae의 줄기 기생식물은 숙주식물 또는 식물 추출물을 첨가하지 않아도 자연에서와 같은 기생근을 확실하게 형성시킨다. 그리고 겨우살이종자는 White 기본 배지에서 발아하며, 배양액에 카제인 가수분해물을 첨가해주면 더 잘 자란다. 이들은 잘 분화된 기생근을 형성하는데(그림 15-3), 이것은 자연상태에서 기주 내부에 발생시킨 기생근과 형태적으

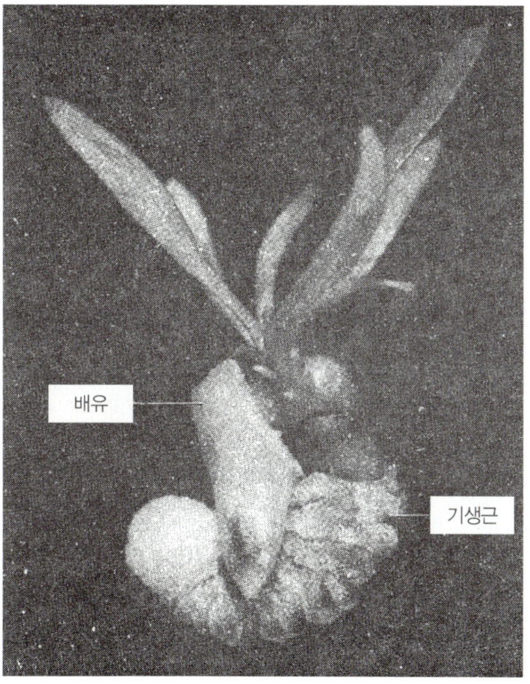

그림 15-3 9주간 배양 하였을 때 발달한 겨우살이의 유식물. 벌레 형태의 기생근과 몇 개의 유엽.

로 대조가 된다. 겨우살이속과 *Dendrophthoe*속의 배와 배유로부터 유도한 캘러스에서 기생근을 형성시킨 보고도 있다. 겨우살이의 기생근 분화는 코코넛밀크나 수박즙을 첨가하면 발생이 억제되었다.

15.3 자방 배양

과실 생리에 대한 지식은 과실의 질을 개선하는 점에서 원예가에게 매우 중요한 가치가 있다. 식물 전체를 이용하여 과실 비대에 대한 각종 화학제의 효과를 연구한다면, 사용한 화학제가 원형 그대로 작용할지 아니면 자방에 도달하기 전에 식물체 내에서 변경된 것인지 알 수 없다. 이런 점에서 분리한 자방을 배양하는 기술은 자방이 여러 영양소를 직접 섭취하기 때문에 과실생리 연구에 매우 기대되는 방법이다. Nitsch(1951)를 비롯한 그 이후의 많은 연구자들은 화학제를 자방에 직접 처리하여 *in vitro* 발육양식과 *in vivo* 양식을 비교할 수 있게 되었다.

LaRue(1942)는 최초로 피자식물의 꽃을 무균배양하였다. 그는 소화경의 발근과 제한적으로 자란 자방을 얻을 수 있었다. 이 기법은 Nitsch(1951)에 의해 더 개선되었는데, 그는 합성배지상에서 박과 *Cucumis anguria*, 장미과 *Fragaria* sp., 토마토, 담배, 콩과 *Phaseolus vulgaris*에서 분리한 자방을 배양했다. 박과 토마토의 수분된 꽃으로부터 분리한 자방은 온전히 성숙한 종자를 갖는 과실로 발달하였다. 최근 Applewhite 등(1997)은 개화 전 꽃눈으로부터 정상적인 향을 갖는 적색의 성숙한 토마토를 기내에서 발달시켰다. Red berries는 1μM BAP와 10μM IBA를 첨가한 MS 배지(3% 설탕, pH 5.8)에서 배양한 꽃눈의 100%가 모두 발달하였다. 그러나 기내에서 발달한 과실은 자연 상태에서 성숙한 것보다 작았으며(<2g F.W.), 이러한 결과는 이미 이전에 발표되었다. 기내에서 축소된 과실 크기는 세포분열과 세포신장의 축소에 기인한다. 흥미로운 점은 세포당 DNA 함량이 식물체 내에서 생장하는 토마토 과실에서는 15배 증가하였지만 기내 배양한 과실에서는 단지 2~3배 증가하였다. 이와 같은 기내와 생체 내에서 나타내는 과실 생장의 차이점은 기내 조건에서 불충분한 탄수화물 공급 때문일 것으로 생각된다. 이러한 장애가 해소되기까지, 기내 배양은 기내 과실발달의 모델 시스템으로서 추천될 수 없다. 해란초속 *Linaria marocanna* 그리고 한련속의 자방 배양에서 발달한 가장 큰 과실은 자연 상태에서 자란 과실보다 작았다.

Maheshwari(1958)는 수분시키고 하루 지난 꽃에서 잘라낸 서양말냉이의 자방을 배양하는데 성공했다. 이 단계의 배주는 1개의 접합자와 2~3개의 유리형 배유핵을 가지고 있다. 자방은 무기염과 당이 첨가된 간단한 배지에서 잘 생육했지만, 배는 자연에서 형성된 것보다 작았다. 위의 배지에 비타민B류를 첨가함으로써 자연의 과실 크기에 상당하는 건전한 과실이 생장했다. 무기염, 당, 비타민과 함께 IAA를 첨가하면 기내에서 형성된 과실이 자연에서 자란 것보다 오히려 더 컸다. 미나리과 *Anethum graveolens*와 싸리풀속 *Hyoscyamus niger*에서는 접합자 또는 2세포배기에서 잘라낸 자방을 배양하여 정상적으로 발육시켰다. 코코넛밀크를 첨가한 배지에서 생육시킨 *Anethum*속의 자방은 자연의 과실보다 더 컸다.

수분된 꽃에서 분리한 자방은 무기염, 당 그리고 비타민으로 구성된 단순한 배지에서 생육되지만, 수분되지 않은 꽃으로부터 분리한 자방은 이 배지에서 생장하지 않는다. 옥신은 수분 기능을 대체할 수 있다. Nitsch (1951)는 2.4-D 또는 NAA를 첨가한 배지에서 토마토의 수분되지 않은 자방에서 종자가 없는 과실을 얻었다. 아욱과의 *Althaea rosea*에서는 배지에 IBA를 첨가하여 보통 과실 크기의 단위결과 과실이 발달했다.

모든 무수정생식을 하는 식물은 자방이나 종자의 생육에 수분자극이 필요하다. 백합과의 *Aerva tomentosa*는 절대적인 무수정식물이다. 인도 델리에서 이 식물은 암컷식물만 보인다. 그래서 이 식물의 종자는 수분자극 없이 맺는 것으로 추측된다. Puri(1963)는 이 식물의 무수정 자방과 꽃 그리고 화수(花穗, spike) 부분을 배양하면서 IAA, 카제인 가수분해물, 코코넛밀크 그리고 효모추출물이 배 생육에 미치는 영향을 조사했다. 가장 좋은 결과는 꽃이나 자방을 각각 배양하는 것보다 화수 부위를 배양하는 것으로 나타났다. IAA와 효모추출물 첨가 조건에서 종자는 자연산과 거의 유사했으며, 배유와 배의 발육도 거의 정상이었다.

15.3.1 꽃받침과 뿌리가 과실 생장에 미치는 영향

자방의 기내 배양을 통해서 화피, 특히 꽃받침의 기능이 생식기관을 보호하는 구조적인 기능뿐만 아니라 과실 발육에 중요한 역할을 한다는 것이 밝혀졌다. 꽃받침을 제거한 자방을 배양하면 과실의 발육이 나쁘다(표 15-1). 이런 현상은 *Allium*속, *Althaea*속, *Hordeum*속, *Hyoscyamus*속, *Iberis*속, *Triticum*속 등에서도 나타났다.

표 15-1 가지과의 *Hyoscyamus niger*에서 꽃받침과 화관이 과실과 종자 발육에 미치는 영향

처 리	과실 직경(mm)	종자 크기(mm)
in vivo 대조구	12.2	1.5 x 1.2
꽃받침과 화관이 붙은 자방	9.5	1.5 x 1.1
화관은 없고 꽃받침만 있음	9.5	1.5 x 1.1
자방만 있음	5.5	0.4 x 0.2

Guha와 Johri(1966)는 *Allium*속의 자방을 배양할 때 화피 추출물을 첨가하면 넣지 않고 배양한 것보다 잘 자라지만, 원래의 화피와 같은 정도의 효과는 없다는 점을 지적했다. Nitsch(1963)는 토마토의 연구를 바탕으로 화피는 과실 생장에 필요한 질소원을 공급할 것이라고 주장하였다.

Nitsch(1963)에 의하면, 뿌리도 과실 생장에 자극작용을 한다. 그는 작은 소화경이 있는 토마토 자방을 배양하면서 배지에 토마토즙을 첨가하는 방법으로 소화경에서 발근을 유도했다. 발근 뒤 자방은 매우 빨리 생장하여 작은 과실을 맺었으며, 과실은 성숙하여 빨갛게 되었다. 그러나 동일한 실험으로 다른 식물에서는 확인되지 못했다.

15.3.2 배양된 자방 내의 종자 발달

과실의 발육상태가 충분하다고 하여 과실 내부의 종자도 정상적으로 발달한다고 할 수는 없다. Nitsch(1951)는 기본배지상에서 토마토와 담배의 자방을 배양하면 과실 발육은 상당히 좋았으나 종자는 발육되지 않았다. 오이도 기내에서 생장한 과실의 대부분이 아주 적은 종자만을 보였다. *Tropaeolum*속에서는 기본배지에 생육시킨 자방 내의 배는 어느 정도 생장하고 분화도 일어났으나 자연 상태에서 형성된 배보다는 작았다. 그러나 *Hyoscyamus*속, *Iberis*속, *Linaria*속 같은 식물에서는 배와 배유의 발달이 기본배지 상에서도 정상적이었다. *Anethum*속의 배와 배유는 코코넛밀크를 충분히 첨가한 배지에 배양할 때 정상적으로 발달했다.

미나리아재비과 *Ranunculus sceleratus*의 경우 자연산 수과(瘦果, achene)는 1년간 휴면한다. 그러나 자방 배양으로 형성된 수과는 모두 휴면하지 않는다는 것을 Sachar와 Guha(1962)가 관찰했다.

15.3.3 실제적 이용

자방 배양은 과실발육 생리를 연구하는데 유용할 뿐만 아니라 반수체나 희귀한 잡종을 육성하는데도 이용된다. Hess와 Wagner(1975)는 현삼과의 *Mimulus luteus* 재배품종인 '*Tigrinus grandiflorus*'의 자방을 배양하면서 나출시킨 배주에 수분하여 단위결과된 반수체를 얻었다. 이 식물은 약 배

양으로는 반수체가 얻어지지 않는다. 10여 종의 식물에서 미수정된 자방을 배양하여 단위결과적인 반수체식물을 발생시킨 보고도 있다.

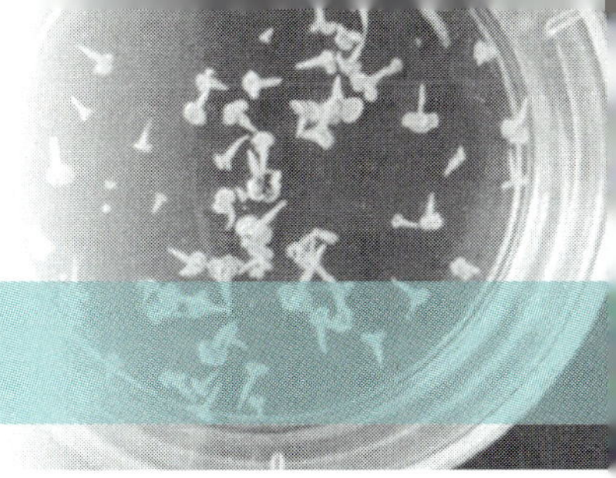

Chapter 16 반수체 생산

약의 기내 배양은 일본인 세포학자 Shimakura(1934)가 감수분열의 생리를 연구하기 위해 처음으로 시작했다. Guha와 Maheshwari(1964)도 같은 목적으로 메꽃의 성숙한 화분을 배양했다. 그러나 우연히 놀라운 관찰을 했다. 키네틴, 코코넛밀크, 포도주스를 포함한 기본배지상에서 약의 안쪽으로부터 무수한 배 형태의 구조물인 배양체(embryoid)가 나타나는 것을 관찰했으며, 이들이 결국 소식물체로 발달하는 것을 관찰하게 되었다. 1966년 그들은 이들이 화분립에서 유래한 배양체인 것을 확인했다. 기대했던 바와 같이 화분에서 유래한 식물들은 반수체였다. 이 논문은 광범위한 작물들의 반수체 생산을 위한 약 배양과 화분 배양기술 개발에 대한 관심을 전 세계적으로 부각시키는 자극제가 되었다. 실로 반수체식물을 기초로 하여 응용유전학 및 식물 육종에 무한한 가능성을 보여주게 되었다. 자연계에서는 반수체 식물들이 매우 낮은 비율로(0.001～0.1%) 출현하기 때문에 인위적인 반수체 생산의 방법으로는 적당치 않다.

오늘날 기내 동정생식은 35개과에서 134종 이상 폭넓게 보고되었다. 여기에는 보리, 겨자, 옥수수, 감자, 벼, 토마토, 밀 등 경제적으로 주요한 작물들이 포함되어 있다. 기내 자성발생(機內雌性發生, *in vitro* gynogenesis) 기술과 잡종배 배양(hybrid embryo culture) 기술을 결합시킨 원연교잡법(遠緣交雜法, distant hybridization)은 반수체 생산을 위한 새로운 방법이다.

16.1 고등식물에서 반수체의 중요성

고등식물에서 돌연변이의 발견은 쉽지 않다. 돌연변이는 대개 열성이기 때문에 상동염색체상에 우성 대립유전자가 존재할 경우 발현되지 않기 때문이다. 돌연변이를 보유하고 있는 식물을 반복하여 자가번식하면 반드시 열성형질이 출현하게 된다. 그러나 차나무 등 일부 식물은 자가불화합성이므로 언제나 그런 것은 아니다. 더구나 자가번식이 가능하다 할지라도 4개체 중 1개체만이 열성형질이 나타내게 되며, 만일 여러 개의 열성 돌연변이 형질이 존재한다면 모든 열성 돌연변이 형질을 가진 개체가 나타날 가능성은 극단적으로 희박하다. 하지만 반수체는 유전자를 한 조만 가지고 있으므로 우성 대립유전자에 의한 간섭이 없어 돌연변이가 쉽게 발견된다. 어떤 기대하는 돌연변이를 가진 반수체를 찾아내어 그것의 염색체를 배가시키는 방법으로 돌연변이 형질을 가지는 임성의 2배체를 1세대에 얻게 된다. 이러한 시도로 Hungary에서는 개량된 벼 품종(DAMA)이 육성되었다.

반수체 식물은 반수체 조직의 재료를 제공하여 시험관 내에서 미분화 상태를 유지하면서 유리된 반수체 세포들로 해리시킬 수 있다. 이러한 방법으로 반수체 세포의 현탁배양물을 얻을 수 있고, 미생물을 이용한 기술을 적용하여 생리학적 또는 생화학적 분석에 의한 돌연변이 연구와 같은 고등식물의 새로운 유전학적 연구를 가능하게 한다.

작물 육종방법으로 잡종강세를 이용하려면 동형접합자를 가진 품종을 얻는 것이 매우 중요하다. 전통적인 육종법으로 이와 같은 품종을 얻으려면, 특히 타식성작물에서는 다년간의 끈질긴 노력이 필요하다. 여기에는 많은 세대 동안 자가수정이 이루어지는데, 그러한 기술도 자가불화합성 식물에서는 적용되지 않는다. 그러나 반수체에서는 콜히친을 처리하여 1세대만에 동형접합자를 가진 2배체를 쉽게 육성하게 된다.

상업적으로 요구되는 아스파라거스의 특징은 균일성, 섬유질이 적은 강한 싹을 가진 웅성식물이다. 이 자웅이주식물의 근교집단(inbred population)은 암(XX) 수(XY) 개체의 형매교배(sieve crosses)에 의해 만들어진다. 그러므로 수컷이 50% 암컷이 50%가 된다. Thevinin(1974)과 Tsay 등(1982)은 웅성 개체에서 약을 배양하여 초웅성(YY)의 동형접합을 만들었다. 이 같은 웅성 개체를 XX 개체와 교배하면 다음 세대에서는 전부 웅성이 된다. Corriolis 등(1990)은 'Andreas'라는 *Asparagus officinalis*의 화분배로부터 유도된 동형접합의 초웅성과 단위생식 반수체의 자연적 2배체화로 얻어진 동형접합 자성의 양친을 이용하여 F_1 잡종에서 모두가 동일한 웅성을 처음으로 만들어냈다. Andreas는 항상 높은 수확량으로 유경 직경이 두껍고 머리부가 단단한 상품을 생산했다.

약 배양 역시 배우자계통의 변이 연구를 위한 좋은 수단이며, 식물체 수준에서 배우체변이의 분석을 가능하게 한다. 약 내의 화분립은 유전자 재조합과 분리가 이루어지는 감수분열의 결과로 형성되기 때문에 매우 이형적인 집단을 이루고 있다. 그러므로 이러한 화분에서 발생된 각 식물들은 유전적으로 다르다. 더군다나 모식물(parent plant)이 최근에 만들어진 교배잡종이면 화분 유래 식물의 변이는 더욱 심하다.

Schaeffer 등(1984)은 화분 유래 식물을 자가수분시켜 양친보다 장립이며 종자내 저장 단백질 함량이 높고 초장이 짧으면서 분얼이 많은 벼를 육성했다. 중국의 연구자는 화분 유래식물인 밀에서 20종, 벼에서 61종의 새로운 개량품종을 만들어냈다. 담배의 온도에 민감한 종을 자가수분하여 얻은 40,000개체의 식물들은 낮 13℃/밤 8℃ 조건에서 전혀 생존하지 못했으나, 약 배양으로부터 발생한 366개체의 이배수체(dihaploid) 가운데 2개가 저온조건에서도 생존했다. Siebel과 Pauls(1989)는 *Brassica napus* 중에 erucic acid 함량이 많은 종과 적은 종을 교배하여 얻은 2배체의 화분을 배양하여 양친보다 erucic acid 생산량이 많은 품종을 육종했으며, 이때 웅핵발생식물 중에는 erucic acid를 전혀 생합성하지 않는 것도 나타났다. 이 두 변종은 각기 다른 목적을 위해 경제적 유용성이 있다.

16.2 웅성 발생

16.2.1 웅성 발생의 유도

대부분의 종에서 웅성 발생에 적합한 시기는 1차 화분 유사분열 전후이다. 이 기간의 소포자들은 발달능이 확정되지 않은 상태이다. 첫 유사분열 이후부터 세포질은 배우체로서의 정보로 채워지면서, 이들은 점차 확실하게 웅성 배우체로 결정되어간다. 그러나 정상적으로 발생중인 화분에 여러 가지 스트레스가 주어지면 웅성 배우체 형성 프로그램이 희석되고 포자체적인 유전형질이 발현되어, 화분은 배우체 양상의 발생에서 포자체 양상의 발생으로 전환된다.

*Brassica napus*에서는 단핵기와 후기 2핵기의 소포자가 웅성 발생에 가장 적합하다. 이 시기의 소포자를 18℃에서 배양하면 단지 배우체 양상의 발생만을 보인다(그림 16-1). 그러나 32℃에서 배양하면 소포자의 40%가 배양 2일째에 벌써 포자체 양상의 분열을 하게 되며, 이 소포자들의 약 90%가 고온처리 시작 후 8시간 이내에 배발생이 비가역적으로 진행되게 된다.

화분 유래의 포자체는 1966년 Guha와 Maheshwari에 의해 독말풀속에서 처음으로 알려졌으며 이후 많은 식물에서 보고되었다. 이와 같은 현상은 화분배낭이 만들어지는 현상과 함께 초기 소포자는 발달 방향이 정해진 것이 아니라는 것을 암시한다. 초기 소포자는 조건에 따라 다음 3가지 중 한 방향으로 발달할 수 있는 잠재력이 있는 것 같다.

1) 정상 조건에서는 웅성 배우자를 형성한다.
2) 온도처리와 같은 특이한 조건에서는 자성 배우자체를 형성할 수 있다.
3) 적당한 배지에서 배양하면 무배우자생식 포자체를 형성할 수 있다.

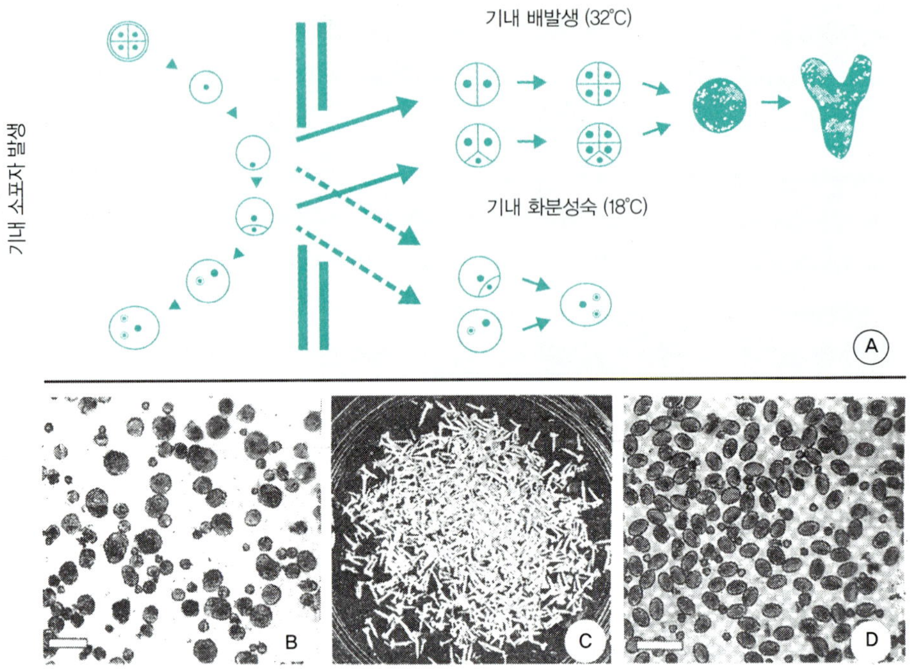

그림 16-1 *Brassica napus*의 소포자 배양에서 배발생. **A.** 생체 내에서 4핵기로부터 3 세포로 이루어진 성숙한 화분까지를 보여주는 도식. 후기 단세포기와 초기 2세포기의 화분이 배형성능이 있다. 18℃에서 정상적인 배우자 형성으로 이어지는 화분이 32℃에서는 배 형성을 보인다. **B, C.** 32℃에 2일 동안 고온처리 후, 25℃에서 4일 그리고 14일 배양한 초기 구형기와 어뢰형 배. **D.** 18℃에 6일 동안 배양한 정상적인 화분

16.2.2 웅성 발생의 세포학

소포자나 화분에서 이루어지는 처음 몇 차례의 분열을 기초로 기내 웅성 발생의 다음 4가지 경로를 확인하였다(그림 16-2).

경로 I: 소포자가 균등분열한다. 그리고 같은 2개의 딸세포는 포자체로의 발달에 기여한다. 이 경우 구별되는 영양세포와 생식세포가 형성되지 않는다(예, *Brassica napus*).

경로 II: 단핵기의 소포자는 부등분열하며, 영양세포만이 분열하여 포자체를 형성한다(예, *Capsicum annuum*, *Hordeum vulgare*, *Nicotiana tabacum*, *Triticale*속, 그리고 *Triticum aestivum*)

경로 III: 화분배 형성은 생식세포에 의해서만 이루어진다. 영양세포는 전혀 분열하지 않거나 제한적 크기까지만 자란다(예, *Hyoscyamus niger*).

경로 IV: 소포자는 부등분열하여 영양세포와 생식세포를 형성하나 두 세포 모두 분열하여 포자체 형성에 기여한다(예, *Datura innoxia*).

초기의 분열 양상과는 관계없이 반응하는 화분립은 최종적으로 다세포를 형성한 후, 터지면서 외관상 불규칙한 조직을 방출한다. 가지과의 *Atropa*속, *Datura*속과 *Nicotiana*속에서는 이 세포덩어리가 점점 구상배 형태를 나타내면서 일반적인 배 분화과정을 따르게 된다. *Brassica napus*와 *B. juncea*의 화분배에서는 접합자배와 유사한 전형적인 다세포성, 배병세포가 형성되는 흥미로운 결과도 있다. 이러한 방법으로 단일 반수체가 화분으로부터 발생된다. 그러나 몇몇 종(대부분의 곡류)의 웅핵 발생은 화분

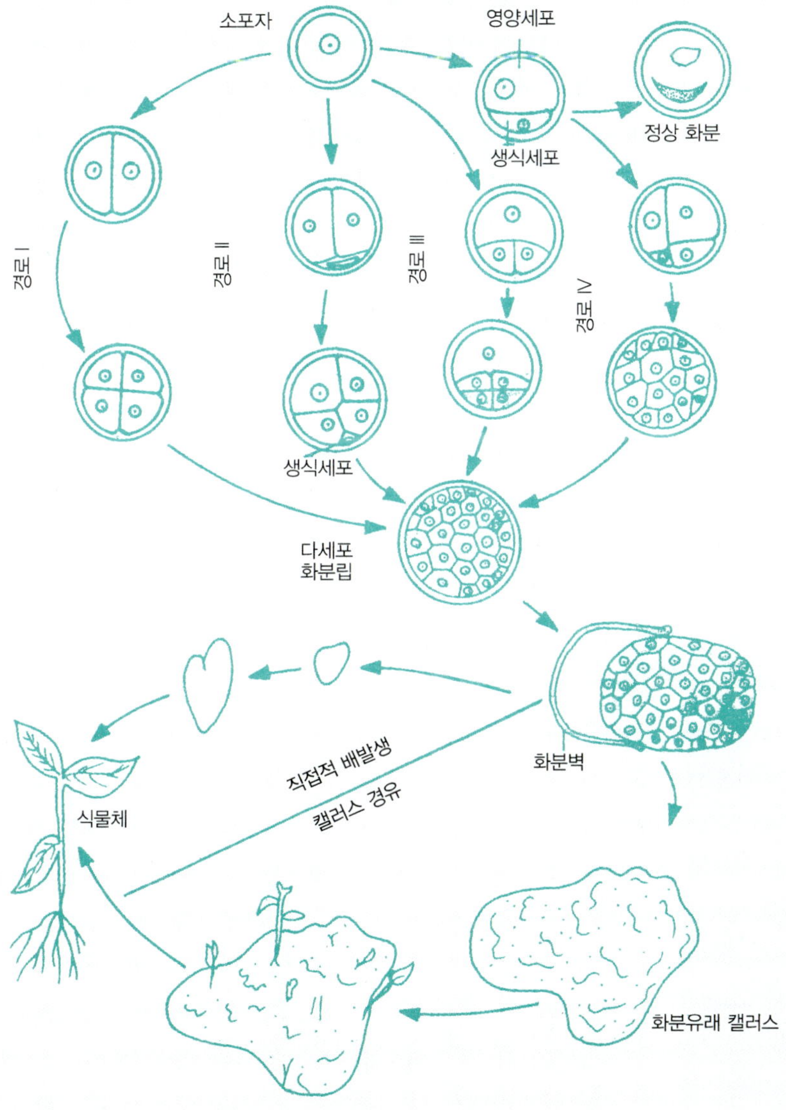

그림 16-2 약 배양에서 화분립으로부터 포자체가 기원하는 사실을 보여주는 도식. A. 소포자는 4가지 중 하나의 경로를 거쳐 다세포 화분립을 형성하고, 다세포 화분립은 직접 배를 형성하거나 캘러스형성 단계를 거쳐서 새로운 식물체로 발달한다.

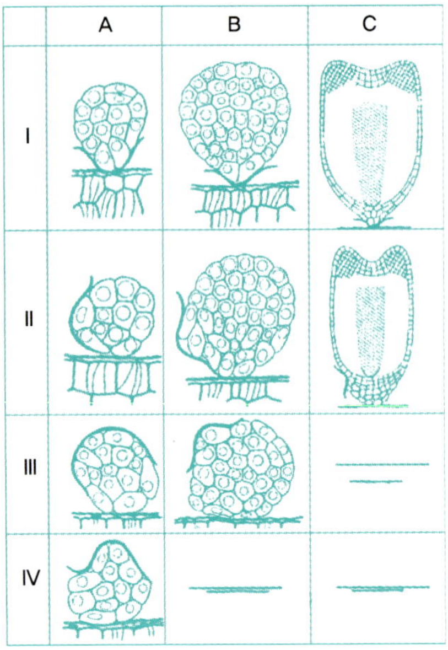

그림 16-3 담배에서 화분 외벽이 터지는 위치(A)와 화분 유래 배의 결정(B, C)의 관련성에 대한 도식. 성숙배는 I, II 부류의 화분립에서만 발생한다. 자세한 내용은 본문 참조.

이 터지면서 방출된 세포덩어리가 계속 증식하여 캘러스를 형성한 후, 이 캘러스로부터 많은 포자체가 분화한다(그림 16−2).

화분립이 직접 배를 형성하는 경우, 이로부터 발생된 식물체의 대부분은 반수체이다. 그러나 캘러스 발생에 의해 포자체가 형성될 경우에는 그로부터 유래하는 식물체는 $2n$, $3n$ 및 그 이상의 혼수체(mixoploid)가 된다. 이것은 캘러스 배양에서 체세포의 배수성이 변하는 소위 polysomaty 현상 때문에 일어난다.

Bhandari(1976)는 파라핀 절편법으로 화분배 발생과정에서의 최초 위치를 추적하는 연구를 실시했다. Hassius와 Bhandari(1975)는 담배의 화분배에서 개체 발생을 세부적으로 설명했다. 이 연구에서 화분 외벽의 파열 위치가 화분배의 극성을 결정한다는 것을 알았다. 외벽이 파열되고 열리면서 방출되는 전배체상(proembryonal tissue)의 끝 부위가 배의 유아로 발달하였다. 또한 이런 잘 발달된 화분배 가운데 약 82%는 지지조직(thecall wall, 기타 배 또는 죽은 화분 집단 등)에 부착하는 기부말단이 있다. 이것은 화분배가 정상으로 발달하려면 적어도 일시적인 지지체가 필요하다는 것을 시사한다. 더구나 구상배의 발달과 원표피(protoderm) 분화의 진행은 전배형태 세포덩이의 유아 끝(plumular end)이 지지체에 직접 접하지 않은 상태에서 화분 외벽이 파괴될 때 일어난다(그림 16−3).

16.2.3 웅성 발생의 실제

1. 약 배양

소포자 및 화분립으로부터 반수체를 유도하기 위해 일반적으로 약 전체를 배양한다. 꽃봉오리를 알코올 또는 염소로 표면살균한 뒤 그 안에서 약을 적출하여 배지 위에 치상한다. Nitch(1972)는 화분의 적당한 발육단계에 있는 꽃봉오리의 선별과 이상적 영양배지를 이용하여 담배 약을 배양한 결과, 배양한 약의 75%에서 약마다 1～100개의 소식물체를 얻는데 성공했다. 약 배양에서는 종과 배지조성에 따라 화분이 직접 배로 발달하거나(그림 16−4), 캘러스를 먼저 형성한 후 그로부터 식물체가 발생하였다(그림 16−2).

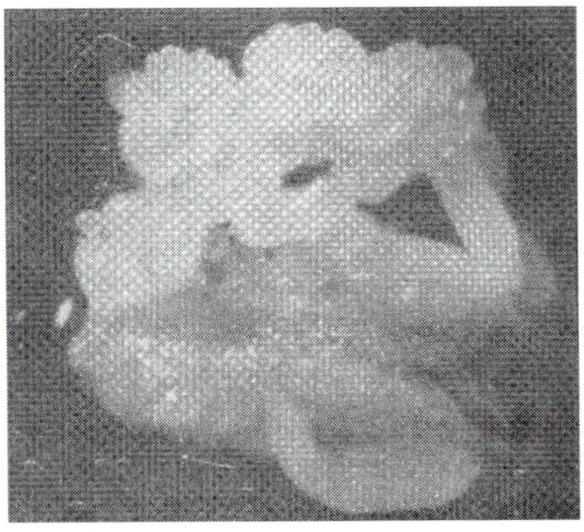

그림 16−4 *Brassica juncea*의 약 배양으로부터 출현하는 다양한 발달단계의 많은 화분배.

2. 분리 화분의 배양

약 배양에 의한 반수체의 발생과정에는 중요한 문제가 있다. 약내의 화분은 유전적으로 이질적이기 때문에 약에서 발생하는 식물체는 이질집단을 구성한다. 더욱이 화분이 캘러스를 거쳐 반수체가 생성될 경우에 약으로부터 발생되는 조직은 실제로 키메라이다. 왜냐하면 약 내의 무수한 화분들이 캘러스를 형성하기 때문이다. 이 문제의 해결 방법은 분리한 화분립을 배양하여 식물체를 발생시킬 가능성에 놓여 있다(그림 16-5). 분리한 화분

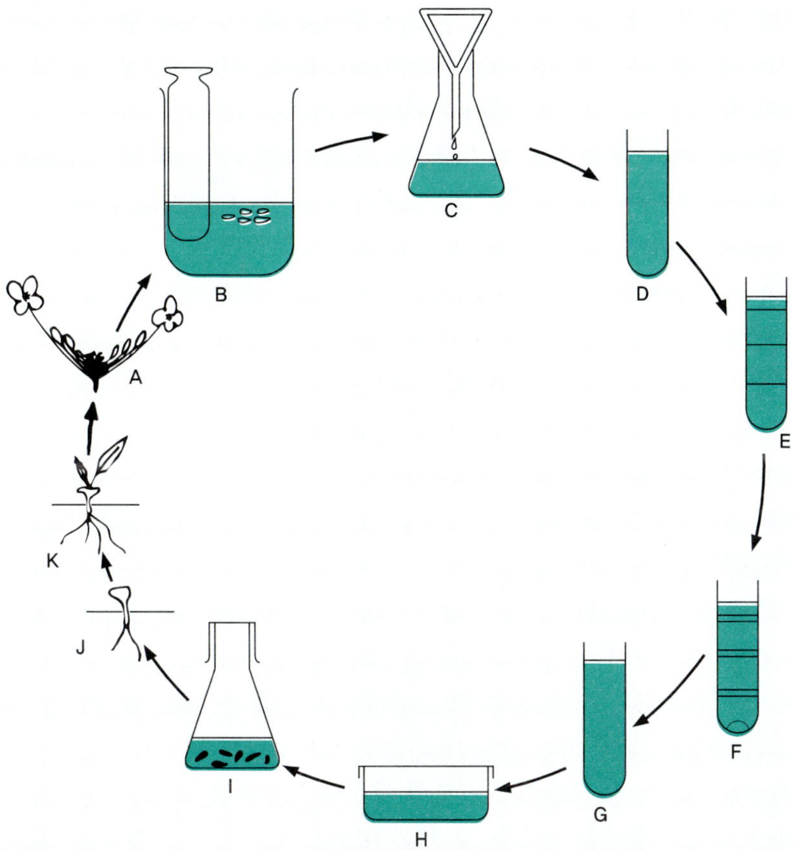

그림 16-5 *Brassica napus*의 분리한 화분 배양 방법의 요약 도식. **A.** 적당한 크기의 꽃눈을 표면살균하고, **B.** 유리균질기를 이용 13%의 설탕이 함유된 B_5 배양액(B_5-13)에서 균질화시킨 후, **C.** 42μm의 나일론 메시로 걸러서 굵은 찌꺼기를 걸러낸다. **D.** 여과액을 1000rpm으로 3분 동안 원심분리하여 상층액을 버린다. **E.** 화분 입자를 B_5-13액에 현탁시키고, 24%/32%/40%의 percoll gradient solution을 신중히 부은 뒤 1000rpm으로 5분간 원심분리한다. **F.** 상부 두 층을 피펫으로 뽑아내어 B_5-13 배양액과 혼합한다. **G.** 현탁액을 다시 1000rpm으로 5분간 원심분리한 후, 상층액을 피펫으로 제거하고, 화분을 NLN 배양액에 현탁시켜 화분 입자의 배양밀도를 2~5 × $10^4 mL^{-1}$로 조정한다. **H.** 상층액을 페트리 접시에 얇게 펼쳐서 32℃에서 3~5일간 암배양 후, 25℃에서 배양한다. **I.** 재생된 조직/배는 호르몬 무첨가 NLN 배지 18mL를 담은 삼각 플라스크로 옮긴다. **J.** 32℃에서 60rpm으로 현탁배양한다. **J, K.** 최종적으로 성숙한 배를 2% 설탕이 첨가된 B_5 고체배지에 옮겨 발아시킨다. 화분 배양 식물을 2배체화하여 임성 식물체(fertile plant)를 얻을 수 있다.

배양에서 얻을 수 있는 다른 이점으로는 (a) 구배원심분리방법을 사용하면 웅성 발생을 위해 가장 적당한 발달단계에 있는 균일한 화분 집단을 얻을 수 있으며, (b) 분리된 화분을 배양하기 전에 돌연변이원의 처리나 유전공학적 방법으로 조작된 새로운 유전형을 조기에 선발할 수 있고, (c) 십자화과 *Brassica napus*의 분리된 화분의 배양은 증식 주기가 약 배양에 의한 배 생산보다 60배나 효과적이다.

분리한 화분 배양의 최초의 좋은 결과는 양육조직(nurse tissue)이나 그 조직의 추출물을 이용하는 방법으로 이루어졌다. 오늘날에도 대부분의 곡류들은 화분을 어린 자방과 함께 공동배양(co-cultivation)하거나, 화분을 분리하기 전에 약을 일정기간 전배양(preculture)시키는 방법으로 화분의 배발생을 촉진시키고 있다. 보리, 옥수수, *Brassica*속의 소포자는 약의 전배양이나 양육조직을 사용하지 않고 식물체 재생에 성공하였다. *Brassica* 속 중에서도 *B. napus*는 가장 집중적으로 연구가 이루어지고 있다.

Sunderland와 Roberts(1977, 1979)는 화분 배양을 위한 부유배양법(float culture)에 대해 설명하고 있다. 이 방법은 화분 배양의 처음 단계에 화분립의 분리를 위해 약을 분쇄하는 것을 피할 수 있다. 냉각처리한 꽃봉오리에서 꺼낸 약 전체를 액체배지에서 부유시키면 며칠 안에 약이 열개하며 화분립을 방출하게 된다. 여기에는 당연히 여러 발육단계의 화분이 포함되어 있다. 이러한 화분배양법은 담배, 보리 및 메꽃에서 반수체 생성에 이용되고 있다. 메꽃에서는 부유배양법이 분쇄하여 분리한 화분 배양보다 더 효과적이었다.

몇 가지 식물에서는 화분 이형현상(pollen dimorphism)이 두 가지 형태로 나타난다. 크고 녹말이 풍부하며 아세토카민으로 짙게 염색되는 화분과, 비교적 작고 액포화된 염색이 약하게 되는 것이 있다. 배양하면 후자의 화분립(배형성 화분립)만이 배를 형성하는 것으로 나타났다. 이러한 식물에서는 배양시작 단계에서 배형성 화분립과 그렇지 않은 것을 밀도구배원심분리를 이용하여 분리한 후 배양하면 웅핵 발생의 효율을 개선할 수 있다.

약 배양과 화분 배양에서 반수체 생산에 크게 영향을 주는 조건들은 (a) 모식물체의 생리상태, (b) 배양시의 화분 발육단계, (c) 실험재료의 유전자형, (d) 배양액, (e) 온도, 그리고 (f) 양육조직이다.

1) 모식물체의 생리 상태

모식물체(donor plant)의 생육환경과 연륜은 약 배양과 소포자 배양에서 웅성 발생의 반응에 커다란 영향을 준다. 일반적으로 처음 개화시 취한 것이 늦게 취한 것보다 감수성이 높다. 그러나 Takahata 등 (1991)과

Burnett 등(1992)에 의하면, *Brassica napus*와 *B. rapa*의 경우 노화되고 병들어 보이는 식물에서 취한 화분이 어리고 건실한 식물의 화분보다 더 많은 배를 발생시켰다. 비슷한 현상으로 *B. juncea*에서는 늦게 파종한 식물에서 얻은 화분이 정상 파종한 것보다 더 많은 배를 발생시켰다.

여러 식물에서 모식물체에 ethrel 처리, 물에 접촉 또는 영양 스트레스 등과 같은 자성화 매체들(feminizing agents)을 처리함으로써 웅핵 발생을 촉진시켰다.

Dunwell과 Perry(1980), Heberle-Boss와 Reinert(1980)는 담배 화분으로부터 유식물 발생은 단일조건에서 식물을 생육시키는 것이 매우 효과적이라고 보고하였다. 모식물체의 온도관리에 대한 중요성은 Keller와 Stringram(1978)의 연구에 의해 드러났다. 그들은 *Brassica napus*에서 주야간 온도를 15℃/10℃, 25℃/15℃, 그리고 25℃/20℃ 조건하에서 생장한 식물로부터 1,000개씩의 약을 배양하여 각각 979, 579 및 267개의 화분 배를 얻을 수 있었다.

2) 화분의 발육단계

웅성 발생을 유도하기 위해 약을 배양할 때는 화분 발육단계가 배지조성보다 중요하다. 각 식물의 종에 따라 적정한 단계가 있다. 일반적으로는 약의 감수성이 가장 강한 단계는 화분 유사분열 직전 또는 직후에 있는 시기이다(예; *Brassica*속, *Datura innoxia*, *Nicotiana tabacum*, *Paeonia hybrida*). 그러나 *Nicotiana sylvestris*에서는 2핵기 초기가 좋으며, *N. knightiana*에서는 이 시기가 절대적이다. 벼와 대부분의 *Brassica* 종에서 웅성 발생은 늦은 단핵기가 가장 적합하다.

실제적으로 배양 전 테스트 없이 적절한 단계의 약을 채취하기 위해 외부 지표를 사용하는 것이 편리하다. 일반적인 지표로는 일정한 환경조건에서 생장한 약의 발달단계와 많은 관련성이 있는 꽃봉오리의 길이를 이용한다.

3) 유전자형

종간 또는 종내에서 웅성 발생은 현저한 차이를 나타낸다. 종내 변이는 매우 커서, 어떤 계통에서는 양호한 반응성을 나타내지만 다른 것에서는 웅성 발생이 극히 빈약하거나 전혀 나타나지 않는다. 일반적으로 벼에서는 japonica 계통이 indica 계통보다 반응도가 높으며, *Brassica*속에서는 *B. napus*가 가장 높고 *B. juncea*가 제일 낮다.

염색체에 의해 성이 결정되는 석죽과의 *Melandrium album*은 X 염색체를 가진 화분만이 웅성 식물체를 형성한다. 그래서 웅성 발생에 의한 식물체들은 형태적으로나 세포학적으로 자성이다. 그리고 4배체 *Melandrum*속에서는 1개의 Y 염색체가 3개의 X 염색체를 억제하여 웅성으로 발현된다. 웅성 발생은 유전적 조절이 가능하기 때문에 감자와 보리 계통들의 육종연구에서는 웅성 발생 향상을 위한 연구가 수행되었다.

4) 배지

Ghua와 Maheshwari는 기본배지에 코코넛밀크 또는 키네틴을 첨가한 배지 위에서 메꽃의 약을 배양하여 화분을 얻고, 이로부터 반수체식물을 맨 처음 발생시킬 수 있었다. 약 배양에 널리 이용되는 기본배지는 Murashige와 Skoog, 그리고 Nitsch(표 14-1)가 조합한 배지이다. 그 외에 약 배양과 화분 배양을 위해 개발된 다른 배지는 표 16-1와 같다. 담배나 메꽃과 같은 가지과 식물은 기본배지에서도 웅성 발생이 잘 이루어지나, 대부분의 다른 종은 기본배지에 옥신이나 사이토키닌을 첨가해야 한다.

담배에서는 화분배와 소식물체들이 대량무기염류, 미량무기염류, 철, 비타민, 설탕 등을 포함한 단순한 배지상에서 형성된다(표 14-1의 Nitsch 배지). 실제로 agar-sucrose 배지상에서 구상배까지의 발달은 간단히 이루어지며, Nitsch 배지(표 14-1)에 옥신을 첨가하면 조금 더 촉진된다. 메꽃의 화분도 Nitsch 배지만으로 배를 형성하지만, 시토키닌 특히 키네틴 또는 제아틴을 첨가하면 반응이 상당히 증가된다. 몇 가지 예를 제외하고 설탕은 배지에 필수적인 성분으로 인정되며, 일반적으로 2%를 사용하고 있다. 그러나 감자, 곡류 그리고 십자화과에는 고농도(6~12%) 설탕이 효과적이다. 고농도 설탕은 체세포조직의 캘러스화를 억제하고 화분배 발생을 촉진하는 경향을 보인다. Dunwell과 Thurling(1985)은 소포자의 생존에 더 적합한 고농도(16~20%)의 설탕을 통해 *Brassica napus*에서 배의 유도비율을 높였다. 또한 밀의 약 배양에서는 6%의 설탕이 화분의 캘러스화를 촉진하고, 체세포조직의 증식을 저해한다. 철분은 화분배 형성에 없어서는 안 될 하나의 성분이다.

활성탄을 0.5~2% 농도로 배지에 넣으면 식물에 따라 약 배양에서 웅성 발생을 촉진한다고 알려져 있다.

5) 물리적 조건

온도 충격, 삼투압 충격, 당 결핍, 원심분리, 감마선 처리 등의 물리적 처리로 화아 또는 약과 화분 배양의 여러 방법에서 웅성 발생을 촉진시켰으며, 이 가운데 온도 자극에 의한 방법에서 가장 폭넓게 관찰되었다.

많은 식물(*Nicotiana tabacum*, *Hyoscyamus niger*)에서 약이나 화분을 25℃에 배양하기 전 4~5℃에서 여러 시간대의 저온처리를 통해 웅핵 발생을 촉진시켰다. 적정 온도처리 조건은 온도, 화분의 발달단계 및 유전형에 따라 다르게 나타난다. 저온처리는 약벽의 퇴화를 지연시

표 16-1 약과 화분배양에 이용되는 배지의 조성. 다른 표시가 없는 농도는 mgL^{-1}을 나타내었다.

조 성	N & N	N_6	Potato	Nitsch	Keller & Armstrong	NLN
KNO_3	950	2830	1000	950	2500	125
NH_4NO_3	725	–	–	725	–	–
$NaH_2PO_4 \cdot 2H_2O$	–	–	–	–	150	–
KH_2PO_4	68	400	200	68	–	125
$(NH_4)_2SO_4$	–	463	100	–	134	–
$MgSO_4 \cdot 7H_2O$	185	185	125	185	250	125
$CaCl_2 \cdot 2H_2O$	166	166	–	166	750	–
$Ca(NO_3)_2 \cdot 4H_2O$	–	–	100	–	–	500
KCl	–	–	35	–	–	–
$FeSO_4 \cdot 7H_2O$	27.8	27.8	–	27.8	–	27.8
$Na_2 \cdot EDTA$	37.3	37.3	–	37.3	–	37.3
Fe-EDTA	–	–	37	–	–	–
Sequestrene 330Fe	–	–	–	–	40	–
KI	–	0.8	–	–	0.75	–
H_3BO_3	10	1.6	–	–	3	10
$MnSO_4 \cdot 4H_2O$	25	4.4	–	–	–	25
$MnSO_4 \cdot H_2O$	–	–	–	–	10	–
$ZnSO_4 \cdot 7H_2O$	10	1.5	–	–	2	10
$Na_2MoO_4 \cdot 2H_2O$	0.25	–	–	–	0.25	0.25
$CuSO_4 \cdot 5H_2O$	0.025	–	–	–	0.025	0.025
$CoCl_2 \cdot 6H_2O$	–	–	–	–	0.025	0.025
m–inositol	100	0	0	4502	100	100
Thiamine HCl	0.5	1	1	–	10	0.5
Pyridoxine HCl	0.5	0.5	–	–	1	0.5
Nicotinic acid	5	0.5	–	–	1	0.5
Glycine	2	2	–	–	–	2
Glutamine	–	–	–	730	800	800
Glutathione	–	–	–	–	–	30
Serine	–	–	–	105	100	100
Folic acid	5	–	–	–	–	0.5
Biotin	0.5	–	–	–	–	0.5
NAA	–	–	–	–	0.1	0.5
2,4-D	–	2	1.5	–	0.1	–
BAP	–	–	–	–	–	0.05
Kinetin	–	0.5	0.5	–	–	–
Potato extract	–	–	–	10%	–	–
Sucrose	2%	5~12%	9~10%	2%	10%	13%
Agar	0.8%	0.8%	0.55~0.7%	–	0.8%	–

키며, 그에 따라 소포자의 생존율을 증가시킨다.

어떤 식물(십자화과, 고추, 귀리)에서는 고온처리에 의해 웅성발생이 향상되었다. *Brassica campestris*의 경우 35℃에서 24시간 처리하면 처리하지 않은 대조구보다 20배 높은 화분배 형성을 나타냈다. 대부분의 십자화과 식물에서는 웅성 발생을 위해 1~4일간 30~35℃의 고온처리가 필수적이다. *B. napus*의 약은 35℃에서 최소한 이틀간의 전처리가 필요했으며, 4일간 고열처리한 결과 70%의 화분에서 배를 형성하는 최대 반응을 나타냈다. 또한 *B. napus*의 약을 41℃에 1~2시간 처리한 후, 이어서 32℃에 4일간 처리하면 정상적으로는 반응하지 못하는 후기 2핵 화분으로부터 웅성 발생을 유도시킬 수 있었다.

곡류의 소포자 배양 시작단계에서 삼투압 충격은 몇 종류의 곡류에서 웅성 발생을 개선시켰다. 보리, 벼 그리고 밀의 소포자 배양에서는 시작단계에서 3~7일간 0.3~0.7M mannitol의 전처리가 웅핵 발생을 촉진시키거나 필수적이었다. 소포자를 20% maltose 용액에서 분리, 선별하여 6% maltose가 함유된 배지에 배양하면 유전자형에 관계없이 웅성 발생 식물체의 재생이 이루어졌다.

16.3 자성 발생

자방 또는 배주 배양에서 자성 배우체(배낭)의 미수정세포로부터 식물을 발생시키는 자성 발생은 약 배양과 화분 배양을 이용한 반수체식물 생산의 대안이 되는 또 다른 방법이다. San Noeum (1967)에 의해 보리에서 처음으로 자성 발생이 보고된 이래 23종 이상에서 자성 발생된 반수체의 배 혹은 식물이 성공적으로 출현되었다. 반수체 생산을 위한 이 방법은 웅핵 발생보다 지루하지만, 약 배양이 이루어지지 않거나 식물이 웅성불임인 경우, 또는 약 배양에서 알비노(albino)라든가 반수체가 아닌 식물체 발생 등의 문제가 있을 때 적당하다.

미수정 자방 또는 배주를 배양하는 기내 자성 발생에서는, 화경이나 기타 꽃의 부속기관을 부착시켜 배양하는 것이 바람직한 것으로 알려져 있다. 배낭의 배양에서 가장 감수성이 있는 발육단계는 종에 따라 다르다. 벼에서는 1핵에서 4핵기이고, 해바라기에서는 8핵기이다.

배지 종류는 여러 가지가 있지만, 이 분야를 선도하고 있는 중국에서는 MCPA(2-methyl-4-chlorophenoxy acetic acid)를 상당량 첨가하고 있다.

자성 발생은 일반적으로 웅핵 발생에 비하여 효율성이 낮기 때문에 이를 높이기 위한 노력이 필요하다. 이에 대해서 Bohanec과 Jakse(1999)가 양파에서 양친 유전형의 평균보다 2배가 넘는 52%의 자성 발생을 나타내는 개체를 확인한 결과는 상당한 가치를 갖는다. 유사한 결과로 Javornik 등(1998)은 양파에서 매우 낮은 자성 발생 식물의 배우자계통(3.5~5.1%)을 분리하였다.

자성 반수체는 해바라기에서는 단위생식으로 발생하고 벼에서는 조세포에 의한 무수정생식으로 일어난다.

곡류에서는 웅핵 발생보다 자성 발생에서 녹색식물의 형성 빈도가 분명히 높다. 예를 들면, San Noeum과 Ahmadi(1962)는 보리 품종 'Bernice'에서 자성 발생된 식물의 100%가 녹색이었지만, 웅핵 발생에서는 1% 밖에 되지 않았다. 마찬가지로 벼 품종 'Zao Geng No.19'에서는 자방 배양의 경우 녹색식물이 89.3%인데 비해 약 배양에서는 36.4%에 지나지 않았다. 벼에서 반수체 비율도 웅핵 발생 식물(63.9%)보다 자성 발생 식물(77.5%)이 높았다. 페튜니아 약 배양에서 일반적인 문제는 높은 비율의 다배수성(polyploid) 식물체의 발생이다. 이에 비해 페튜니아의 자성 발생식물은 93% 이상이 반수체였다. 뽕나무에서는 웅핵 발생이 이루어지지 않았지만 자성 발생에 의한 반수체는 생성되었다(그림 16-6).

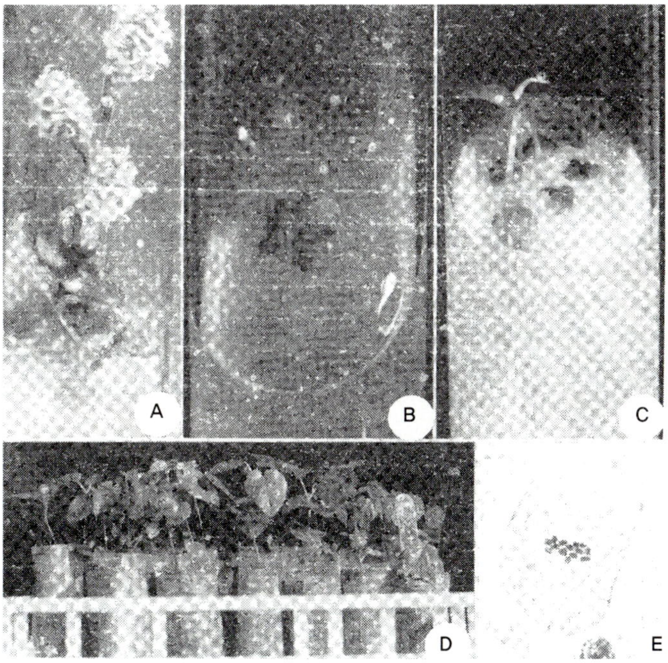

그림 16-6 뽕나무에서 기내 자성 발생. **A.** 기내에서 발달한 3개의 꽃을 갖는 마디조각. **B.** A에서 한 개의 꽃으로부터 조각을 잘라 3주 배양; 확장된 자방이 보인다. **C.** B로부터 자방을 잘라 배양; 자성 발생 식물이 출현한다. **D.** 자성 식물체의 순화. **E.** 자성 식물체의 한 개의 뿌리끝 세포; 반수체의 염색체 수를 보인다.

16.3.1 원연교잡에 의한 반수체 생산

Kasha와 Kao(1970)는 반수체를 얻는 다른 방법을 발견했다(그림 16-7). 보리(*Hordeum vulgare*)와 *H. bulbosum*의 4배체를 종간 교잡시키면 거의 모든 식물이 2게놈성 반수체를 형성한다. 마찬가지로 이 두 종의 2배체를 교잡하더라도 그 자손은 반수체로 된다. 후대는 형태적으로나 염색체수에서 보리와 동일하다. 세포학적 실험을 통해 이 교잡에서 중복수정은 정상으로 일어나지만, 원래 1 *vulgare* 게놈과 1 *bulbosum* 게놈을 함유했던 것이 초기 배 발달 단계에서 *bulbosum* 염색체의 선택적인 삭제가 일어나면서 반수체 배 형성으로 유도된다는 것이 밝혀졌다. 이 교잡에서 배는 일반적으로 수분 후 10일째에 퇴화된다. 그러나 배 배양을 함으로써 반수체 식물체로 육성될 가능성이 있는 것이다. Barclay(1975)는 밀(*Triticum aestivum*)의 고빈도 반수체를 얻으려면 이것을 *Hordeum bulbosum*과 교배한 다음에 배 배양을 하면 된다는 것을 밝혔다. 하지만 밀의 반수체는 옥수수와의 교배에 의해서도 일상적으로 생성된다.

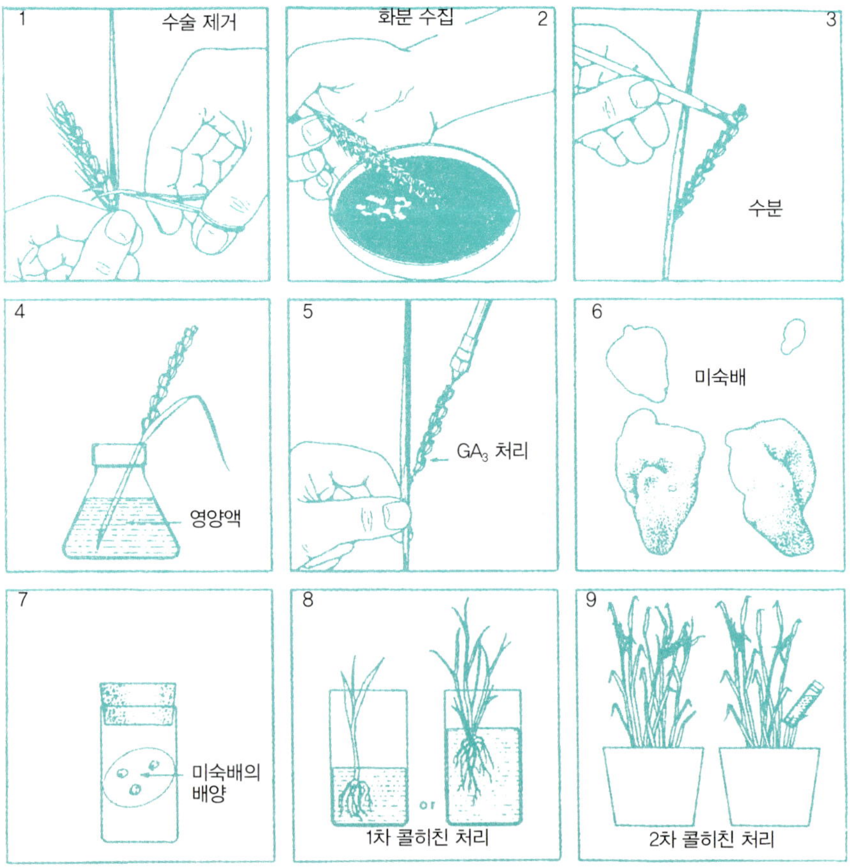

그림 16-7 종간잡종으로 보리 반수체를 얻는 일반적 방법.

16.3.2 반수체의 배수화

반수체는 보통 개화시기까지는 정상적으로 생장하지만 상동염색체가 없기 때문에 감수분열에서 이상이 일어난다. 그 결과 생존력이 있는 배우자가 형성되지 않는다. 생식능력이 있는 동형접합의 2배체를 얻으려면 반수체의 염색체 수를 배가시켜야만 한다. 콜히친이 이 목적으로 오랜 동안 사용되어 왔다.

반수체를 배가시키는 다른 방법은 기내 배양 중의 캘러스 세포가 핵내분열하는 경향을 이용하는 것이다(그림 16-8). 반수체 식물의 절편을 적절한 배지상에서 생육시키면 캘러스로 증식된다. 어느 정도 배양 후, 상당한 캘러스 세포들은 핵내 유사분열(endomitosis)에 의해 2배체가 된다. 이러한 캘러스를 적당한 배지에 옮기면 생식능력을 갖는 2배체를 얻을 수 있다.

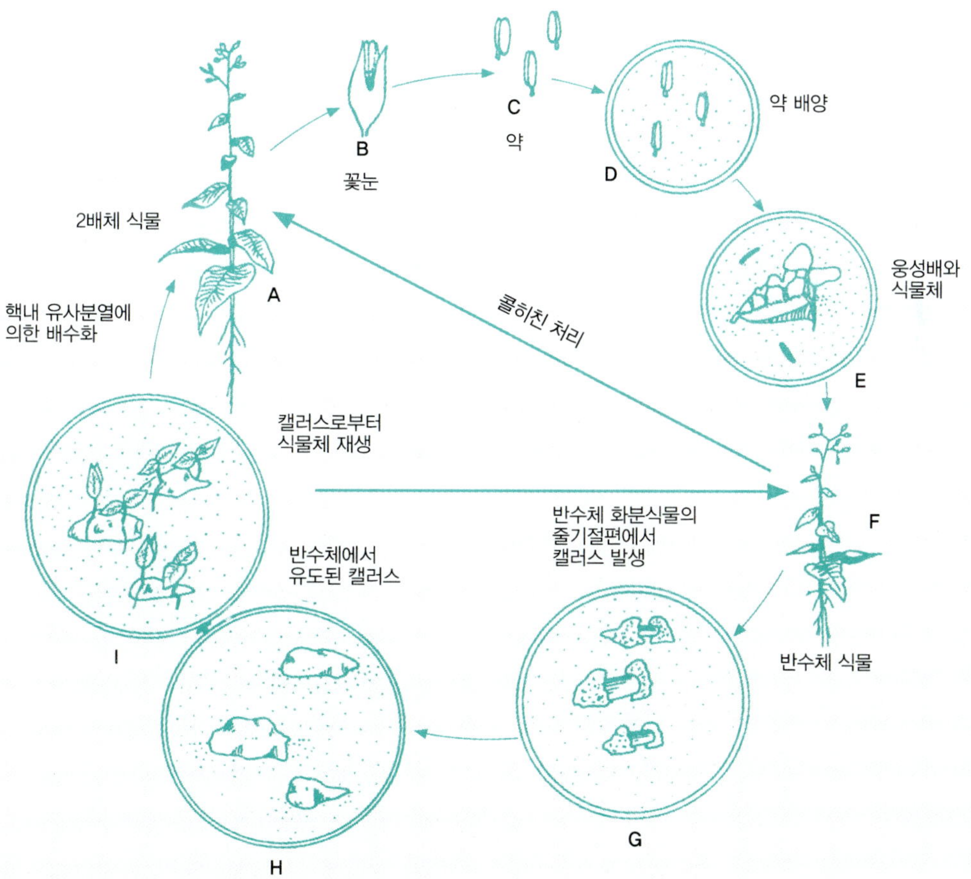

그림 16-8 웅성반수체로부터 동형접합 2배체를 얻는 방법.

Chapter

17 기내 수정 및 원형질융합

서로 다른 종 · 속 간에 교배를 하거나 동종간이더라도 생식적 불화합성을 가지는 개체끼리 교배하였을 때에 화분이 주두에서 발아하지 못하거나 발아된 화분관이 자라지 못하며 수정이 이루어진다 하더라도 접합자의 발육이 정지하거나 퇴화하여 정상적인 잡종종자가 생기지 않는다. 식물조직배양 기술은 이러한 종간 또는 종내의 불화합성을 극복 또는 회피하는 방법으로 사용되기도 한다. 수정전 생식격리장벽이 있는 교배조합은 화주를 절단하여 수분하거나 자방 속으로 화분을 주입하거나, 또는 기내 수정을 통하여 정상적인 F_1 종자를 얻을 수 있다. 수정후 생식격리장벽을 극복하는 방법은 수정된 배주나 배 또는 자방을 분리하여 배양함으로써 배발생을 완성시킬 수 있다. 이 장에서는 기내 수분과 수정, 원형질융합 기술을 통해 자연 상태에서 나타나는 종내 또는 종간 불화합성을 극복하여 전통적인 교배방법으로는 얻을 수 없는 새로운 품종이나 잡종이 만들어지는 과정을 포괄적으로 기술하고자 한다. 그리고 형질전환 기술 또한 고전적인 육종법과 달리 새로운 품종을 육성하는데 있어 육종기간을 단축시키고 다양한 변이집단을 만들어낼 수 있어 농업분야에 그 응용 가능성 또한 크다고 할 수 있다. 이 장의 끝 부분에 식물의 생식과정을 이용한 형질전환 기술을 소개하였다. 이러한 방법론적인 내용을 토대로 전통적인 육종법을 보완하는 그 실용적 중요성과 실제적인 적용에 대하여 논의하였다.

17.1 기내 수분과 수정

기내 수분(*in vitro* pollination)도 또한 수정에 대한 전접합체 장벽(prezygotic barrier)을 극복하는 방법이다. 이 기술은 Kanta 등(1962)이 양귀비를 이용하여 개발한 것이다. 화분관이 지나는 경로에 있는 주두와 화주, 자방 벽 조직을 완전히 제거한 후, 노출된 배주에 화분립을 직접 뿌려준다. 수분된 배주를 화분의 발아와 수정된 배주의 발달에 적절한 영양배지에서 배양한다. 배주에 자리잡은 화분은 15분 이내에 발아되고 수정은 수분된 후 1~2일 이내에 이루어진다. 수정된 배주는 점차 커져서 5일 이내에 팽창되고 불투명해지며, 4-세포기 전배(proembryo)와 핵형 상태의 배유를 갖는다. 22일 후에는 완전히 분화한 쌍자엽 배로 발달된다. 이 기술은 배주를 온전한 태좌조직에서 배양하면 더욱 효과적이며, 따라서 태좌수분(placental pollination)이라고도 한다. Kanta와 Maheshwari (1963)는

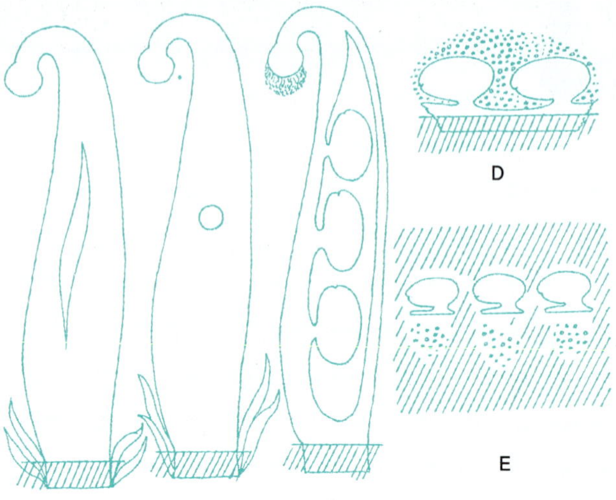

그림 17-1 다양한 유형의 기내 수분. **A, B.** 각각 갈라진 틈과 구멍을 통한 자방내 수분. **C.** 주두 수분. 배양된 암술의 주두에 화분을 묻혀준다. **D.** 태좌 수분. 태좌조직 일부와 함께 배양 중인 배주에 화분을 뿌려준다. **E.** 배주 수분. 각각의 배주를 배양하면서 수분시킨다.

양귀비과(*Argemone mexicana*, *Eschscholtzia californica*)와 가지과(*Nicotiana rustica*, *N. tabacum*)에 속하는 다른 분류군에서도 비슷한 성공을 거두었다. 그 후로 시험관 수분은 많은 화합성과 불화합성 조합에서 성공을 거두었다. 그림 17-1은 다양하게 변형된 기내 수분 방법이다.

페튜니아속의 *Petunia axillaris*는 자가불화합성 종이다. 자가수분된 암술에서 화분 발아는 잘 일어나지만 화분관이 자방 안으로 들어가지 못한다. Rangaswamy와 Shivanna(1967, 1971)에 따르면 자가-태좌수분(self-placental pollination)을 시키면 수정과 결실이 정상적으로 일어난다(그림 17-2). 태좌수분 기술은 *Petunia hybrida*와 *Brassica campestris*에서도 불화합성을 극복하는데 이용된다. Zenkteler 등(1975), Zenkteler와 Melchers(1978)는 태좌수분을 통해 몇 가지 종간, 속간, 과간 교배를 시도하였다. 석죽과 장구채속의 *Melandrium album*×*M. rubrum*, *M. album*×*Viscaria vulgaris*(동자꽃속), *M. album*×*Silene schafta*(패랭이꽃속), 그리고 *Nicotiana alata*(담배속)×*N. debney*의 교배에서 종자가 있는 살아 있는 배가 발달하였다. 담배의 배주에 사리풀의 화분을 수분시켰을 때에는 잡종 배가 전심장형(pre-heart shape) 단계까지만 성장하였다. Dhaliwal과 King (1978)은 옥수수의 배주를 노출시킨 후 *Z. mexicana*의 화분립으로 수분시켜 종간 잡종을 육성하였다.

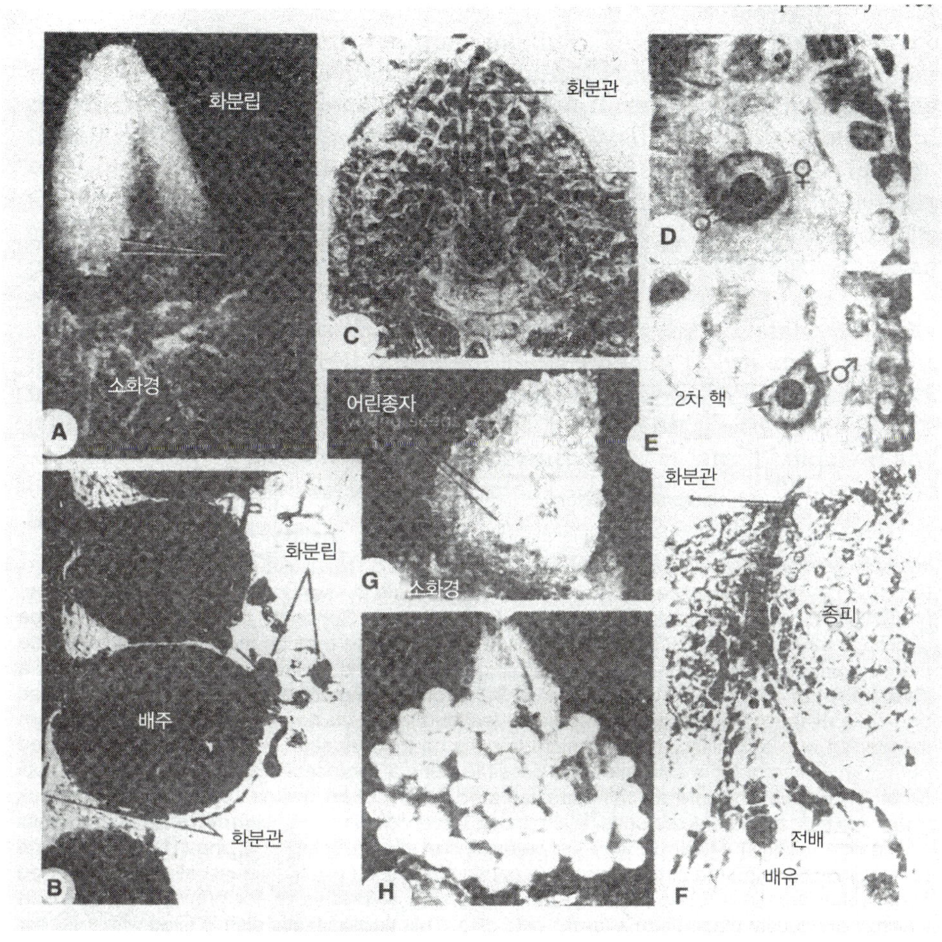

그림 17-2 *Petunia axillaris*에서 자가불화합성을 극복하는 기내 태좌 수분. **A.** 배양 준비가 된 자방의 태좌조직. 배주 전체가 화분으로 덮여 있다. **B.** 자가수분 24시간 후 태좌의 단면으로, 배주 3~4개가 붙어 있는 태좌의 일부가 보인다. 화분립이 발아되고 화분관이 배주 사이에서 보인다. **C.** 자가수분 24시간 후 배주의 주공 부위 종단면. 화분관이 배낭 안으로 들어가 있다. **D, E.** 자가수분 2일 후 배주의 단면. 배우자융합(D)와 3중융합(E)이 나타난다. **F.** 7일된 종자의 주공 부위 종단면. 주공 외부에 있는 화분관 일부, 주공 내부에 있는 화분관 잔류물, 종피, 필라멘트 모양의 전배, 세포성 배유 등이 보인다. **G, H.** 5일(G)과 24일(H) 동안 배양 후 성숙한 종자가 많이 형성되어 있다(**H**).

Marubashi와 Nakajima(1985)는 담배속 품종인 *Nicotiana tabacum*의 암술과 *N. rustica*의 화분을 기내 수분시킨 후 잡종 배주 배양을 통해 염색체 수가 96인 가임성 잡종식물을 생산하였다. 이러한 성적으로 불화합성인 교배는 원형질체 융합을 통해서도 성공하였지만, 모든 체세포 잡종이 이수성(aneuploid)이었다. D'Verna 등(1987)은 *N. tabacum*과 *N. amplexicaulis*를 기내 수분시켜 두 가지 종간 잡종을 얻었는데, 이 교배는 단측 불화합성(unilateral incompatibility)을 나타낸다.

지난 20년 동안 자성 배우자(난세포)와 웅성 배우자(정세포)를 살아 있는 상태로 분리한 후, 이들을 화학적, 또는 전기적으로 융합시키는 일이 기술적으로 가능하게 되었다. Kranz와 Lorz(1993), Kranz 등(2004)이 보고한 바에 따르면, 기내에서 형성된 접합자는 분열하여 다세포 구조를 형성할 수 있으며, 옥수수에서는 완전한 식물체로 자랄 수 있다. 나출된 접합자가 분열하려면 일반적으로 양육조직(nurse tissue)이 필요하다.

그림 17-3은 Kranz(2001)가 설명한 옥수수의 기내 수정(*in vitro* fertilization)을 요약한 것이다. 기내에서 수정된 난세포를 0.1mL의 영양배지가 담겨 있는 특수한 12mm 배양접시(Millicell-CM dish)의 투명한 반투과성 막에서 각각 배양하였다. 이 접시를 1.5mL의 영양배지가 담긴 3cm 배양접시 중앙에 삽입하였다. 이 영양배지는 동계교배한 다른 옥수수의 배발생 현탁배양에서 얻은 배양보조세포(feeder cell)를 함유한다. 약 50μE$m^{-2}s^{-1}$ 세기의 조명으로 16시간 광주기 조건에서 배양하였다. 이 조건에서 기내 수

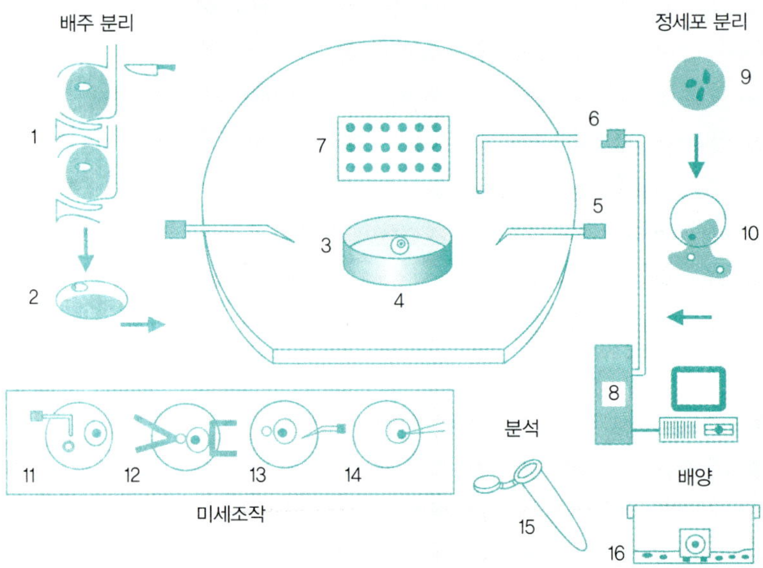

그림 17-3 옥수수 배우자와 접합자를 분리, 조작, 분석, 배양하는 방법을 요약한 모식도. 일반적으로 이들 기술은 단계마다 수정을 한다면, 다른 종에도 적용할 수 있다. 배낭을 포함하는 주심조직 일부를 절개한다(1, 2). 조직 절편을 플라스틱 접시에 모은 후(3), 재물대의 삽입기 안으로 옮긴다(4). 각각의 배낭과 배낭의 세포를 바늘 2개를 이용하여 수작업으로 분리한다(5). 분리한 세포들을 모세관으로(6) 커버글라스 위의 작은 물방울 속으로 옮긴다(7). 이때 컴퓨터화한 펌프(8)를 이용한다. 작은 관에 연결된 미세모세관을 이용해서 수작업으로 세포를 옮길 수도 있다. 이어서 플라스틱 접시 내에서 화분립(9)으로부터 삼투압을 이용하여 정세포를 분리하고(10), 현미경으로 관찰하면서 선발하여 커버글라스 위의 작은 물방울 속으로 옮긴다(7). 이 물방울 안에서 염색(11), 전기-융합(12), 칼슘이나 PEG에 의한 융합(13) 또는 미세주입(14) 등의 미세조작 과정을 수행한다. 각각의 세포를 미세모세관으로 튜브에 옮겨 생화학 연구를 수행하거나(15), 큰 페트리 접시 안에 놓아두었던 삽입기 안으로 옮겨 생장 실험을 수행한다. 큰 페트리 접시는 배양보조세포 현탁액으로 채운다(16).

정된 난세포는 융합 1시간 이내에 핵융합이 일어났으며, 접합자의 92%에서 3일 이내에 부등세포분열이 나타났고, 융합세포의 90%에서 작은 콜로니가 형성되었다. 몇몇 경우에 작은 콜로니가 더 생장하여 배가되었으며, 나아가 완전한 생식력을 갖춘 식물로 성장하였다.

기내 수정이 성공함으로써 세포 · 세포 부착, 다정자현상(polyspermy), 접합자의 부등세포분열 등을 조절하는 요인에 대해 연구할 수 있게 되었는데, 이것은 10년 전만 해도 불가능해 보였던 일이다. 기내 수분과 수정의 성공, 그리고 그 실제적인 적용에 있어서 중요한 요인에 대해서는 Bhojwani와 Raste(1996)가 정리하였다.

17.2 원형질체 융합

유성적 불화합성으로 인해 전통적인 교배방법으로는 얻을 수 없었던 잡종을 얻기 위한 새로운 방법이 1969년에 제안되었다. 이 방법은 분리해낸 원형질체를 융합하는 기술을 이용한다. 이 기술은 체세포 원형질체만을 사용하기 때문에 "의사유성적 잡종육성(parasexual hybridization)" 또는 "체세포 잡종육성(somatic hybridization)"이라고 부른다.

1972년에 Bhojwani와 Cocking은 소포자에서 원형질체를 분리할 수 있는 가능성을 제시하였다. 소포자 원형질체는 반수체일 뿐 아니라, 세포질이 풍부하여 융합이 잘 이루어지는 특성을 가지고 있다. 의사유성적 잡종육성 기술은 (a) 원형질체를 분리하고, (b) 분리한 원형질체를 융합한 후, (c) 융합된 잡종 원형질체를 배양하여 완전한 식물체로 재분화시키는 세 단계로 이루어진다.

17.2.1 원형질체 분리

고등식물의 체세포는 단단한 섬유질 세포벽으로 감싸여 있고, 인접한 세포들과 펙틴이 풍부한 기질로 단단하게 결합되어 있다. 따라서 원형질체를 얻으려면 세포나 조직을 cellulase와 pectinase를 혼합하여 처리한다(그림 17-4). 두 효소의 농도와 처리 기간은 조직에 따라 달라진다.

Bhojwani와 Cocking(1972)은 달팽이 장에서 추출한 효소인 helicase를 1% 용액으로 사용하여 다수의 피자식물에서 소포자 4분체로부터 원형질체를 분리하였다. 4분체 단계가 중요한 시기이다. 원형질체는 오직 매우 어린 4분체에서만 분리할 수 있는데, 이 시기에는 소포자가 나출되어 있거나 얇은 섬유질 세포벽으로 감싸여져 있기 때문이다. 세포벽에 포분질이 축적되기 시작하면 효소로 원형질체를 분리할 수 없게 된다. 1973년에 Ito는 cellulase와 macerozyme을 이용하여 백합과 식물 일부에서 소포자 모

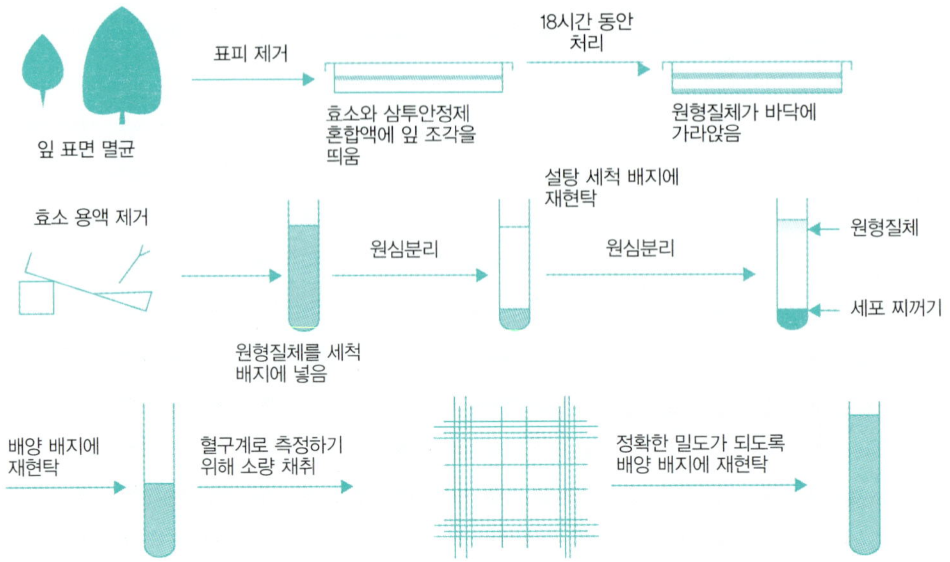

그림 17-4 엽육조직의 원형질체를 분리하는 단계.

세포로부터 감수분열세포 원형질체를 분리하는 기술을 제시하였다. 최적 조건에서는 단 30분 만에 4분체 또는 감수분열모세포(meiocyte)가 모두 원형질체로 전환된다. 일반적으로 체세포에서는 4~12시간 정도 소요된다.

분리된 원형질체는 기본적으로 삼투현상에 취약한 성질을 갖는다. 따라서 안정한 살아 있는 원형질체를 얻으려면 적절한 삼투안정제를 사용하여야 한다. 이를 위해 대사활성이 거의 없는 불활성 당인 mannitol을 효소 용액과 세척 배지, 융합 배지, 배양 배지에 적당한 농도로 첨가한다. 분리

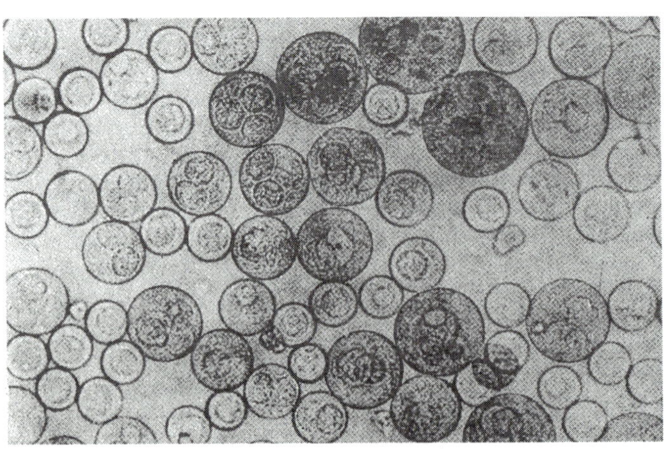

그림 17-5 융합시킨 연영초의 감수분열세포 원형질체.

된 원형질체는 적절한 삼투농도의 용액에서 완전한 구형을 나타낸다(그림 17-5).

균일한 크기의 작은 구형 구조는 원형질체이며, 큰 구조는 2개 이상의 핵을 갖는 융합체이다.

17.2.2 분리한 원형질체 융합

Power 등(1970)은 질산나트륨이 존재하는 조건에서 고등식물의 종간, 종내 융합에 대해 보고하였다. 질산나트륨을 사용한 원형질체 융합의 가장 큰 문제점은 이핵접합체(heterokaryon) 형성 빈도가 낮다는 것이다. 이로 인해 연구자들은 더 나은 융합유도제(fusogen)를 찾으려 노력하였다. 1974년 이래로 polyethylene glycol(PEG, 분자량 1,500 이상)이 이핵접합체(대부분 2-핵)를 높은 빈도로 유도하기 때문에 널리 사용되고 있다. 콩 · 옥수수, 콩 · 보리, 콩 · 완두 등 다양한 분류군에서 분리해낸 원형질체 사이에서 PEG을 이용한 융합이 보고되었다. PEG은 동물세포 사이의 융합, 동물세포와 식물 원형질체 사이의 융합에서도 동등한 효과를 나타낸다. 실제에 있어서, 두 가지 원형질체의 진한 현탁액을 동량으로 섞은 후, 15% PEG(분자량 6,000) 용액을 첨가한다. 원형질체 현탁액과 PEG 용액의 비율은 1:3이다. PEG 용액을 만들 때 사용한 배지를 이용하여 10~30분 후에 PEG 용액을 점진적으로 희석하고, 결국 완전히 씻어낸다(자세한 내용은 Bhojwani와 Razdan, 1996 참조).

PEG을 처리하면 원형질체가 빠르게 응집하는데(그림 17-6A,B), 이렇게 되면 곧 융합이 일어난다. 응집이 진행되는 동안 인접한 원형질체의 원형질막이 밀착되어 원형질체 표면의 상당부분이 밀착된다. 대개 밀착된 막

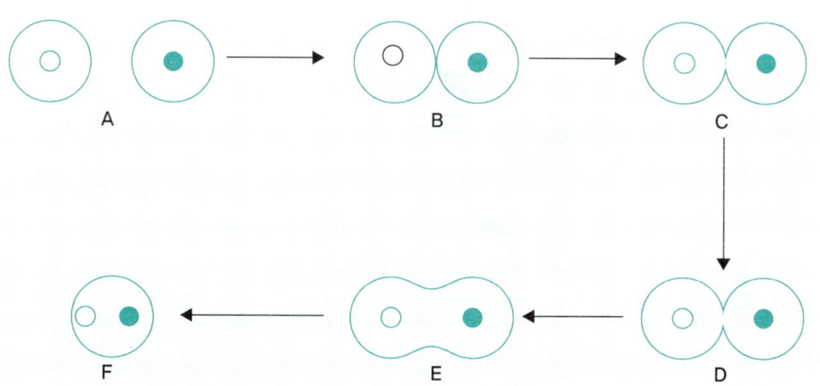

그림 17-6 원형질체가 융합되는 일련의 단계. **A.** 2개의 원형질체. **B.** 두 원형질체의 응집. **C, D.** 응집부위에서 원형질막 융합. **E, F.** 구형의 이핵접합체 형성.

의 융합은 PEG를 처리했을 때보다는 PEG를 희석하는 동안에 일어난다. 막이 융합되면 원형질연락사와 유사한 상호연결이 융합한 상대 사이에서 형성된다(그림 17-6C). 이들 세포질 사이의 연결된 부위가 점차 확장되고 융합되어 더 넓은 연결이 만들어진다(그림 17-6D,E). 마침내 융합체는 완전히 둥근 구조로 된다(그림 17-6F). 융합은 2개 또는 그 이상의 원형질체 사이에서 일어날 수도 있다(그림 17-5). 서로 다른 2개의 원형질체가 융합하면 이핵접합체가 만들어진다. 배양하는 동안에 이핵접합체의 핵들이 융합하여 진정한 잡종세포가 만들어질 수 있다.

Zimmermann과 Vieken(1982), Zimmermann과 Greyson(1983)은 화학적 방법보다 10,000배나 효율이 높은 전기 자극에 의한 원형질체 융합 방법을 개발하였다. 이 과정은 두 단계로 이루어진다. 1단계에서는 원형질체를 교류 전기장(10~200V/cm, 500kHz)에 10분 동안 노출시켜 이웃한 원형질체의 막을 접촉시킨다. 2단계에서는 직류(600~700V/cm)에 10~20μsec 동안 노출시켜 접촉한 원형질막에서 융합이 일어나도록 한다.

소포자 원형질체와 감수분열모세포 원형질체는 융합유도제가 없어도 융합시킬 수 있다. Ito (1973)는 몇 종류의 백합과 식물에서 감수분열모세포 원형질체를 융합시키기 위해 오목 슬라이드글라스(cavity slide)를 사용하였다. 슬라이드글라스를 가볍게 두드리면 분리된 원형질체들이 효소 용액이 들어 있는 오목한 부위에 모여 응집되며, 쉽게 융합된다. 그림 17-5에서 융합체가 더 크기 때문에 융합되지 않은 원형질체와 쉽게 구별할 수 있다. 융합은 2개 또는 그 이상의 원형질체 사이에서 일어난다.

17.2.3 원형질체 배양

원형질체 융합의 목적을 이루려면 융합된 원형질체가 완전한 식물체로 자라도록 하여야 한다. 그러나 잡종 원형질체로 시도하기 전에 먼저 양친의 원형질체가 배양을 통해 완전한 식물체로 자랄 수 있는지 확인하는 것이 바람직하다. Roest와 Gilissen(1993)에 따르면, Takebe 등(1971)이 처음으로 담배의 원형질체로부터 완전한 식물체를 유도한 이후, 이러한 사례가 쌍자엽식물 288종, 단자엽식물 32종에서 보고되어 있으며 꾸준히 증가하고 있다.

배양과정에서 원형질체는 먼저 자신 주위에 새로운 세포벽을 합성하고 세포분열을 지속하여 callus를 형성한다. 정상적인 분열에 필수적인 세포벽은 대개 쉽게 재생된다. 일반적으로 원형질체 배양에 사용하는 영양배지의 조성은 세포와 조직 배양용 배지와 크게 다르지 않다. Nagata와 Takebe (1971)가 담배 엽육세포 원형질체 배양에 사용한 영양배지의 조성은 표 14-1에 제시되어 있다.

원형질막을 융합하여 이핵접합체를 형성하는 것은 안정하게 증식되는 잡종세포 계통(hybrid cell line)을 만들어내기 위한 시작일 뿐이다. 이핵접합체 형성과 이에 상응하는 잡종 세포 형성 사이에는 몇 가지 요인이 작용할 수 있는데, 이로 인해 이핵접합체가 많이 소실된다. 따라서 지속적으로 발달할 수 있는 안정한 잡종 세포를 얻을 확률이 매우 낮다. 더욱이 PEG을 처리한 후 원형질체를 배양할 때에는 이핵접합체가 다수의 양친 원형질체와 공존하는데, 양친 원형질체가 잡종 원형질체보다 빠르게 생장하므로 잡종 원형질체를 선발하는데 어려움이 생긴다. 따라서 체세포 잡종육성에서는 드물게 존재하는 잡종 원형질체를 선별하고 발달과정을 추적하는 능력을 갖추는 것이 매우 중요하다. 이를 위한 한 가지 방법으로 시각적 표지를 이용한다. 양친 원형질체를 색소로 표지하여 융합된 원형질체를 확인하고, 식별 특성이 사라지기 전에 섞여 있는 집단에서 융합산물을 기계적으로 분리하여 따로 배양하는 것이다. 이 방법은 실제로 이용할 수 있다. Gleba와 Hoffmann(1978, 1979)은 아기장대와 배추의 원형질체 융합에서 마이크로피펫으로 잡종 세포를 분리한 후 배양하여 종간 잡종을 육성하였다.

섞여 있는 다른 융합산물에서 융합산물을 구분해낼 수 없는 상황에서는 다른 방법을 이용하여 선별한다. 과거에는 (a) 배지의 조성, 대사 저해물질, 온도 등에 대한 두 양친 세포의 감수성 차이, (b) 열성 유전자(들)의 특성, 또는 (c) 서로 다른 부위에서 대사가 억제되도록 비가역적인 생화학적 변형으로 만든 돌연변이 계통을 이용한 선별 방법을 이용하였다.

최초의 의사유성적 잡종은 Carlson 등(1972)이 담배 품종인 *N. glauca*와 *N. langsdorffii*를 교배하여 만든 것이다. 두 종의 원형질체는 생장물질을 절대적으로 필요로 하지만, 이들의 의사유성 잡종의 원형질체는 생장물질이 없어도 자랄 수 있다. 따라서 융합시킨 후에 두 종의 원형질체를 생장물질이 없는 배지에서 배양하면 잡종 콜로니만 생장한다. Power 등(1976)은 페튜니아속의 *P. parodii*와 *P. hybrida*의 원형질체가 자연적으로 가지고 있는 actinomycin D에 대한 감수성 차이를 이용하여 두 종 사이의 체세포 잡종을 육성하였다.

몇 가지 유성적 불화합성인 양친(*Solanum tubersom*×*S. brevidens*, *Oryza sativa*×*O. officinalis*, *Brassica napus*×*B. juncea*) 사이에서 원형질체 융합 기술을 이용한 체세포 잡종이 성공되었다.

색소체유전자(plastome)는 유성적 잡종육성(sexual hybridization)에서는 대개 양친의 한쪽(모친)에게서만 제공되지만, 체세포 잡종육성의 경우에는 양쪽 부모에게서 모두 전달된다. 그 결과 체세포 잡종육성에서는 양부모에게서 전해진 세포소기관의 상호작용을 연구할 수 있는 기회가 생긴다. 실제로 원형질체 융합을 통해 공여식물의 핵 형질은 전하지 않으면서 세포질 웅성불임성을 종간 특이적 또는 종내 특이적으로 전달할 수 있다. Medgyesy 등(1980)은 streptomycin-저항성 *Nicotiana tabacum*의 원형질체에 iodoacetate를 처리하여 분열하지 못하도록 한 후 streptomycin-감수성 *N. sylvestris*의 정상적인 원형질체와 융합시켜, *N. tabacum*의 streptomycin 저항성(엽록체 DNA에 의해 조절됨)을 *N. sylvestris*로 전달하였다.

Jourdan 등(1985)에 따르면, *Brassica napus*와 *B. oleracea*의 세포질을 각각 웅성불임인 *Raphanus sativus*의 Ogura 세포질*로 대체하여 얻은 이형질성(alloplasmic) 웅성불임 계통은 잡종 종자를 생산하지 못하는데, 그 까닭은 이 계통이 낮은 온도에서 황화현상을 나타내기 때문이다. Pelletier 등(1983), Robertson 등(1985), Menczel 등(1987)은 이들 계통의 원형질체를 각 종의 정상적인 세포질을 가진 원형질체와 융합하여 저온-민감성 엽록체를 저온-내성으로 바꾸었다. 이들 새로운 이형질성 계통은 유용한 웅성불임 형질을 유지하면서 엽록체의 기능성을 더 획득하게 되었다.

17.3 생식과정을 이용한 형질전환

전통적인 육종법에서는 새로운 품종의 육종을 위해 6~8세대가 걸리지만, DNA 단편을 도입하여 형질전환(genetic transformation)하게 되면 3~4세대 만에 달성할 수 있다. 형질전환을 위해 지금까지 몇 가지 방법이 시도되어 왔다. 원하는 유전자를 도입하기 위해 대부분 분리한 원형질체나 세포 또는 조직이 쓰이고 있다. 수용세포나 조직은 온전한 식물로 재생할 수 있는 능력이 발현되어야만 한다. 유감스럽게도 어떤 중요한 작물의 품종 중에는 이 잠재능력을 가지고 있지 않은 것이 있다. 이제부터 DNA 단편 또는 이종 유전자(foreign gene)를 수용 난세포에 옮겨 자연과 같은 양식으로 배발생이 되도록 하는 2가지 배발생학적 시스템을 설명하려 한다. 이 방법은 원형질체나 캘러스의 형질전환에 의한 것보다 아주 간단하다. 왜냐하면 시간낭비적인 세포배양이 필요치 않으며, 원형질이나 캘러스로부터 완전한 식물체로 재생되는 능력에 제약받지 않기 때문이다. 그러므로 이러한 기술은 앞으로 널리 이용될 것이다.

17.3.1 배우자 형질전환

Pandey(1975)는 멘토 화분법(mentor pollen; 166쪽 참조)을 이용하여 *Nicotiana alata*와 *N. forgetiana*의 자가불화합성을 극복하는 실험을 하던 중 매우 흥미 있는 사실을 관찰했다. 그는 고선량(100 Krad)으로 조사된 화분

---

* 1968년 Ogura가 야생무에서 세포질에 의해 유전되는 웅성불임을 발견하였다. 여기에서 'Ogura 세포질'은 웅성불임을 나타내는 세포질이라는 의미로 사용되었다.

으로 수분시키면 특정한 유전자를 화분으로부터 난세포로 옮길 수 있다는 사실을 발견했다. 이 방법은 1개 또는 2~3개의 바라는 유전자를 한 식물에서 다른 식물로 거의 자연적인 교잡 방법으로 옮길 수 있다. 고등식물에서 형질전환을 가능케 하는 '배우자 형질전환'이라고 부르는 이 방법은 영국 과학자 그룹에 의해 확인되었다.

원핵생물에 이용되는 형질전환기법(화학적으로 추출한 DNA의 도입)을 고등식물의 분리세포에 적용하려면 상당한 제한요인이 따른다. 우선 순수하면서 활성이 있는 DNA를 얻기가 어려워 비용이 많이 든다. 그보다 더 중요한 문제는 나출된 DNA를 이종 세포질 속으로 집어넣는 동안 그리고 그 이후에 효소에 의해 분해되는 것을 보호하는 일이다. 이런 점에서 배우자 형질전환은 DNA 단편이 화분관을 통해 난세포까지 자연적 방법으로 도달하기 때문에 가장 안전하다. 이 방법이 실용적인 단계로 더 발전하게 되면 기술적으로 간단하기 때문에 식물 육종가에게 매우 중요한 도구가 될 것이다. 이에 대해 Pandey(1981)는 '가난한 자들의 유전자조작'이 될 것이라 했다.

배우자 형질전환에 따르는 일련의 과정은 다음과 같다. 화분에 고선량(20~100 Krad)을 조사하면 생식세포의 핵이 잘게 잘려서 많은 미세염색질 단편들이 만들어지며 핵이 분열되지 못하여 2개의 정세포를 형성하지 못한다. 그러나 처리된 화분은 발아능력을 유지한 상태로 절단된 DNA를 배낭 속으로 운반한다(그림 17-7A,B). DNA단편이 난세포로 이행하는 것을 위수정이라 하며, 이를 통해 난핵이 분열된다. 난세포 또는 초기 배의 염색체 수는 그 후 배가하고(단위결과적 2배성, parthenogenetic diploidy), 염색체 복제가 되는 동안에 어떤 특정 화분-DNA 단편은 모측 유전자에 통

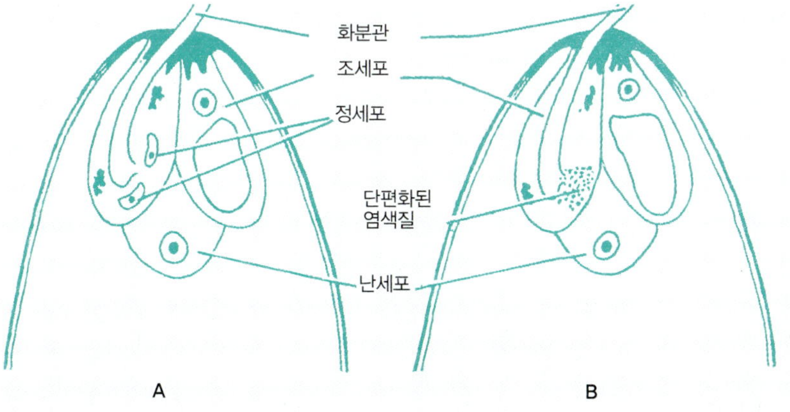

그림 17-7 수정시 배낭 상부의 도식. **A.** 정상화분과 수분된 후; 2개의 정세포를 주목할 것. **B.** 방사선 조사된 화분과 수분된 후; 화분관은 정상 정세포 대신 단편화된 염색질을 방출한다.

합되거나 결합하게 된다.

Pandey(1978)는 배우자 형질전환을 사용하여 담배의 웅성측 유전자로부터 자가불화합성이라든가 꽃색의 유전자를 종내 및 종간 전이시킬 수 있었다. 또한 Jinks 등(1981)은 20 Krad의 감마선을 조사한 재배품종 'V12'의 화분을 'V27'에 수분시켜 발생된 *Nicotiana rustica*의 M_2 후세대 96개체 중에서 6개체가 모친과 매우 닮았지만 부친 흑색자방의 형질을 가지고 있었다고 보고했다. 이것은 어떤 기준에서 보아도 형질전환율이 매우 높은 것이다. 이 방법으로 유전자의 부분적 전이가 담배, 보리, 밀 그리고 고추에서 성공적으로 이루어졌다.

17.3.2 화분관 통과법

이 새로운 형질전환 방법은 Duan과 Chen(1985)에 의해 처음 보고되었다. 방법이 단순하기 때문에 Luo와 Wu(1989)는 같은 방법으로 벼의 형질전환 효율성을 재확인하여, 형질전환 식물의 게놈에 공여 DNA가 결합된 것을 확인하는 분자생물학적 증거를 제시했다. 화분관 통과법에서는 수분 직후 암술 상부를 잘라 화주 절단면에 DNA 용액을 떨어뜨려야 한다. 추측하기에 DNA는 화분관을 따라 내려가 배주에 도달하고, 난세포의 게놈과 상호작용하여 형질전환된 종자를 만들게 된다.

아래에서 요약된 방법을 따라 Luo와 Wu(1989)는 벼에 처리한 영화(穎花, floret)의 20%가 종자를 형성하고 그 중에 20%, 즉 전체 처리 영화의 4%에서 형질전환체를 얻었다.

1) 벼를 화분에 심고 유리온실에서 26℃, 55~60% 상대습도, 14시간 일장에서 생장시킨다. 영화는 개화와 동시에 그 기부에 점을 찍어 표시한다.
2) 1~2시간 뒤, 영화 위로부터 2/3 또는 3/4 위치에서 면도날로 주두를 잘라내고 화주 끝이 드러나게 한다.
3) DNA 용액(TE 완충액 중에 50 $mgmL^{-1}$) 2~3 mL를 내경 0.2 mm의 모세관을 사용하여 떨어뜨린다.
4) 식물 주변의 상대습도가 55% 이하인 때에는 화서를 종이봉투로 싼다.
5) DNA 처리 후 40일째에 종자를 수확하여 37℃에서 4일간 항온 보존한 뒤 4℃에 저장한다.
6) 종자를 발아시켜 뿌리와 잎을 외래 DNA 분석에 사용한다.

암술 절제와 DNA 처리시기가 이 방법의 성공을 좌우한다. 절제할 때는 화분관이 확실하게 절단 지점을 넘어 신장된 상태여야 한다. DNA 처리시기는 수정은 되었으나 난세포 분열은 시작되지 않은 때에 외래 DNA가 도달하여, 단일세포 접합자 게놈과 외래 DNA가 상호작용하여 결과적으로 키메라가 아닌 형질전환된 종자를 얻도록 해야 한다. 이 아이디어는 암술기둥이 절단될 때 그 속을 관통하고 있는 화분관도 잘려질 것이며, 이때 처리된 DNA가 열려져 있는 화분관으로 들어가 난세포까지 도달하도록 하는 것이다. 이 방법으로 Luo and Wu(1989)는 neomycine phosphotransferase 유전자를 벼에 도입했다. 같은 방법으로 Zhou 등(1988)은 벼와 목화에서도 형질전환된 종자와 식물체를 얻었다.

이 방법은 형질전환된 벼의 종자를 40일 안에 수확할 수 있기 때문에 간단하고 비교적 효율이 높다. 또한 종자들은 키메라가 아닌 형질전환체로 출현될 것이다.

부록 식물발생학 실험을 위한 팁

실험 1 화분립 시료의 준비 및 관찰

화분의 외부 형태를 연구하기 위해서 다음과 같은 방법으로 화분립을 초산분해하고 봉입하여 관찰한다.

1. 전처리 (pre-treatment)

1) 새로 채취하였거나 또는 고정시킨 화분을 70% ethyl alcohol에 모으고 유리막대로 으깬다. 흩어진 화분들을 미세한 그물망으로 걸러내고 A와 B의 두 시험관에 1 : 2의 비율로 나누어 담는다.

2) A 시험관의 내용물을 원심분리한 후 1% safranin을 몇 방울 떨어뜨린다. 5분 후 약간의 물을 가하여 원심분리한다. 상층액을 버리고 약간의 물을 더 첨가한다. 상층액의 색깔이 없어질 때까지 물로 계속 세척한다. 세척이 끝나면 50% glycerine 3 mL를 첨가하고 한 쪽에 보관하여 둔다.

2. 초산분해 (acetolysis)

3) B 시험관을 원심분리한 후 상층액을 버리고 5 mL의 빙초산을 가한다. 다시 원심분리한 후 상층액을 버린다.

4) 화분 침전물에 6 mL의 초산분해 혼합액 (9 mL의 초산에 1 mL의 농황산을 한 방울씩 첨가하여 만듦)을 첨가한다.

5) 시험관을 중탕기에 넣고 70℃에서 끓는점까지 가열한다. 때때로 유리막대를 이용하여 시험관 내부를 휘저어 준다. 원심분리한 후 초산분해 산물을 버린다.

6) 빙초산 10 mL를 첨가한 후 유리막대로 다시 저어 준다. B 시험관의 화분 침전물을 B와 C 시험관으로 동일하게 나눈다.

7) B 시험관의 내용물을 원심분리하고, 빙초산을 제거한다. 물을 첨가하고 잘 흔들어 섞는다. 원심분리한 후 상층액을 버린다.

8) 2 mL의 50% glycerine을 가하고 한 쪽에 보관하여 둔다.

3. 염소처리 (chlorination)

9) C 시험관에 1~2방울의 포화된 sodium chlorate 수용액을 가한 후, 이어서 1~2방울의 농축된 염산을 첨가한다.

10) 원심분리하여 상층액을 버린다. 물로 세척하고 몇 방울의 methyl green을 가한다. 색깔이 없어질 때까지 물로 세척한다.

4. 봉입 (mounting)

11) A 시험관의 화분을 B로 옮기고 다시 B 시험관의 화분을 C로 옮긴다. 화분립을 glycerine jelly 위에 올린다. 슬라이드를 데우고 커버글라스를 천천히 덮는다. 가장자리를 왁스로 밀봉한다.

5. 현미경관찰 (microscopic observation)

12) 광학현미경으로 관찰하면 초산분해된 화분은 갈색, 초산분해되지 않은 화분은 적색, 그리고 염소처리한 화분은 녹색으로 보인다.

실험 2 화분 보관

매개곤충의 밀도가 적거나, 기상재해 등에의해 꽃이 피해를 받은 경우에는 인위적으로 수분을 시켜야 한다. 그러기 위해서는 화분의 채취 보관이 대단히 중요한 의미를 갖는다. 실제 화분 저장이 쓰이는 예는 다음과 같다.

1) 꽃피는 시기와 장소가 다르거나 또는 때가 맞지 않게 꽃피는 식물을 교배하기 위해

2) 단명한 화분을 충분히 저장했다가 일정하게 공급하기 위해

3) 수확량을 늘리기 위하여 보조적 수분작용을 촉진하기 위해

4) 계속적으로 번식시킬 할 계획이 있을 때, 일부러 웅성체의 생장을 촉진해야 하는 번거로움을 피하기 위하여

5) 종묘장이나 인공적인 환경 조절장치 없이 1년간 화분의 효력을 확실하게 보장하기 위해

6) 매일 수집하는 화분 자료에서 흔히 나타나는 변이성을 없애기 위해

7) 화분 알러지 유발원과 자가불화합성의 기작을 연구하기 위해

8) 생식질의 국제적인 교환을 위한 원료 공급을 위해

9) 특히 독특한 유전자형을 가진 화분의 장기간 생식질 저장을 위해

오래 전에 대추야자 화분의 취급과 보관에 관한 보고가 있었다. 이는 대추야자의 웅성화가 약 4,000년 전 중동 무역의 중요한 상품이었기 때문이다. 그러나 그 시대에는 화분의 저장방법에 대하여 자세히 밝혀지지 않았다. 오늘날 화분 저장에 다음과 같은 보관방법들을 사용한다.

1. 건냉보관법 (dry & cold storage)

과거 50년 동안 화분 저장은 온도와 상대습도로 조절하였다. 일반적으로 화분이 살아 있는 상태로 가장 오랫동안 저장될 수 있는 조건은 빙점 이하의 온도(−51°C)와 낮은 상대습도(25~50%)가 최적 조건으로 알려져 왔다(표 A-1). 망고 화분의 경우 8일 동안 생존 가능하지만 4.5~9°C 온도와 10~25% 또는 50% 상대습도에서 약 5개월 동안 그 생존력을 유지한다. 배나무속 종류의 화분을 −17°C의 온도에서 저장하면 9년까지도 그 생존력을 연장할 수 있다. 수크령속 종류를 제외한 벼과식물에서 화분 생존력은 상대습도와 반비례하는데, 비교적 높은 상대습도(70~100%)에서 더 오래 저장될 수 있고 낮은 상대습도에서는 피해를 입는 경향이 있다.

희석제라 일컫는 무수물질과 화분을 혼합해서 조절된 환경조건에 저장하면 그 수명을 오래 유지할 수 있다. 희석제는 건조 시스템으로 이루어져 대체로 효과적이다. 30여 가지 희석제 중에서 석송속 식물의 포자가루와 계란 흰자위 분말이 화분의 생존력을 연장하는데 효과적이다.

온도와 습도가 조절된 조건에서 저장해 오던 화분을 한 곳에서 다른 곳으로 옮기는 것은 매우 불편하고 그 값이 비싸다. King(1959)은 화분 저장에 "냉동건조방법(freeze-drying method)"이라는 새로운 방법을 제시하였

표 A-1 온도와 습도에 따른 화분 생존기간

화분의 출처	저장조건		
	온도(°C)	상대습도(%)	저장의 존속 기간
Zea mays	4	90	9~11일
Sacharum officinarum	5~13	85 & CO_2	12일
Arachis hypogaea	3	40	15일
Solarium tuberosum	5~8	31~40	2개월
Phoenix dactylifera	−13	−	12개월
Mangifera indica	−23	0	14개월
Cocos nucifera	5	40	18개월
Vitis vinifera	−12	28	48개월
Pyrus malus	−17	−	108개월

다. 이 방법을 요약하면 냉동 후 화분에서 수분을 제거하고 진공으로 화분을 밀봉하거나 헬륨과 같은 가스를 주입하여 저장하는 것이다. 이런 방법의 장점은 화분을 조절된 조건에서 저장하지 않고 실온에서 보관할 수 있으며 탁송비가 저렴하여 화분의 포장과 유통을 손쉽게 할 수 있다는 점이다.

2. 극저온 저장 (cryogenic storage)

화분 생존력을 연장하기 위하여 중요한 경제적 작물에 극저온기술(−196℃ 액화질소에서 저장)을 적용하는 것은 매우 바람직하다. 화분은 −196℃에서 생리적, 생화학적 반응이 거의 이루어지지 않기 때문에 생존 가능하다. 이 방법은 편리하고 경제적인 저장 방법으로 추천할 만하다. 호밀, 밀 그리고 옥수수의 화분은 −196℃에서 10년 이상 생존할 수 있다.

초저온(−70∼−196℃)에서 냉동시키기 전에 화분의 수분함량을 한계 수준 이하로 감소시키는 것은 생존율을 높이는데 매우 중요하며, 특히 화분의 수분함량이 높은(35∼60%) 벼과 식물에서 더욱 중요하다. 생육지에서 직접 수집한 진주빛기장(수크령속)의 화분은 실온에서 하룻동안 생존할 수 있지만, 석송속 희석제와 함께 화분을 혼합하면 실온에서 186일까지 그 생존력을 연장시킬 수 있으며, 화분의 수분함량을 3∼7.2%로 건조시키고 −73℃로 저장하면 7∼8년까지 살 수 있다.

3. 유기용매 저장

아세톤, 벤젠, 에탄올, 에테르, 클로르포름 그리고 페놀은 일반적으로 생물체에 독성물질로 알려져 있다. 그러나 유기용매에 보존된 화분은 시험관 내에서 발아가 가능하고 수정에도 효과가 있다는 것이 증명된 바 있다. 일주일 동안 동백나무 화분의 저장 실험에서 사용된 50종류의 유기용매 중에서 아세트산만 치명적인 것으로 판명되었다.

페츄니아의 경우, 1주일 동안 에테르에 저장된 화분으로 수분시켜 정상적으로 꽃을 피우기도 하였다. 일본 시바대학 히라타박사는 에테르에 1년 동안 저장된 서양배나무의 화분을 이듬해 봄에 수분에 사용하였다. 이런 수분으로 얻어진 과실은 단순히 건조하고 한랭조건 상태에 저장된 화분으로 수정하여 얻어진 과실보다 더 크고 더 달았다. 10년 동안 에탄올에 저장된 백합 화분도 발아뿐만 아니라 수정도 할 수 있다는 것이 밝혀졌다.

실험 3 화분 생존력 검사

화분 저장 방법의 효능이나 식물의 웅성 생식력을 검사하기 위해서는 믿을 만한 화분 생존력 검사법이 필요하다. 후자는 화분이 웅성 배우자체 상태로 분화하여 배낭까지 이동할 수 있는 능력으로 평가하는 것이다. 실제로 화분 생존력 검사법은 살아 있는 세포의 세포질 특성을 측정하는 것이다. 일반적으로 화분 생존력 검사법으로 사용되는 방법들은 다음과 같다.

1. 암술 주두에 화분을 수분시킨 후 종자 형성 또는 배주 발달의 확인

어떤 종에 있어서는 이 방법이 가장 믿을 수 있는 방법이지만 사실 암술의 자제 차단 기삭으로 매우 복잡해질 수 있다. 게다가 이 방법은 즉석에서 할 수 없고, 결과를 보기 위하여 며칠 동안 기다려야 하는 단점이 있다.

2. 살아 있는 암술 주두에서 화분 발아와 화분관 생장의 관찰

화분관 생장을 검사하는 것으로 화분관이 자라면서 형성되는 칼로오스 마개를 확인하기 위하여 aniline blue로 염색하는 방법이 있는데 가장 믿을만한 방법이라고 할 수 있다. 수분이 된 암술을 채취하여 초산-알코올(1:3) 고정액에 고정시킨 후 조직이 부드러워질 때까지 8N NaOH에 녹인다. 이것을 씻고 0.005% aniline blue로 염색시킨 후 0.05M 인산나트륨에서 고정한다. 이어서 부드러운 힘을 가하여 누르면 조직이 편평하게 펴고 형광 현미경 아래에서 관찰한다. 화분관은 칼로오스가 있으면 형광에서 밝은 노란색으로 보인다.

3. 시험관 내 화분 발아 시험

이 방법은 화분 생존력 검사 중 가장 간단한 방법으로 시험관에서 화분 발아율과 화분관 생장률을 측정하는 방법이다. 시험관 내에서 발아 실험할 때의 배지와 그 방법은 실험 4 기내화분 발아 실험(343쪽 참고)에서 설명하였다.

4. 테트라조리움 검사법

각종 테트라조리윰 염이 발아 생장력 검사에 사용되었는데 그 중 염화 2,3,5-트리페닐테트라조리윰(TTC; 2,3,5-triphenyltetrazolium)이 가장 많이 쓰인다. 12% 설탕용액으로 0.5~10%의 염화물을 만든다(설탕용액은 화분이 파열되는 것을 막기 위해서 쓰기 때문에 그 농도는 물질에 따라 다르다). pH는 5.8이 적합하다(되도록 0.1M Tris 염산으로 완충시킨다).

간단하게 화분의 생존력을 검사하는 방법으로는 화분을 현미경 슬라이드 위에 올려놓고 여기에 몇 방울의 배지를 떨어뜨린 다음 염료의 환원을 억제하는 산소를 차단하기 위하여 곧바로 커버글라스를 덮는다.

슬라이드는 여과지로 물기를 닦고서 페트리 접시 위에 놓고 암실에서 35~36℃로 30분에서 3시간 이상 배양한 다음 현미경으로 관찰한다. 살아 있는 화분은 TTC 용액이 환원되기 때문에 붉은색으로 바뀐다. 이때 슬라이드 가장자리는 산소에 노출되어 염색 반응을 나타내지 않기 때문에 슬라이드 중앙부분의 화분 생존력만 측정해야 한다.

5. 플루오레세인 디아세테이트 검사법

이 검사법은 화분 품질을 평가하는데 가장 믿을만한 세포화학적 검사법이다. 이 검사법은 두 가지 세포질 물질을 검사하는 방법으로 화분 세포질에 존재하는 원형질막의 투과성과 아세테이트 효소를 측정하는 것이다. 방법이 간단하며 몇 분 내에 측정이 가능하다. 몇 달 동안 냉장고에 보관이 가능한 플루오레세인 디아세테이트(fluorescein diacetate) 저장용액을 만들어 보관하다가 검사를 실시할 때 적당한 농도(10~20%)의 설탕용액에 저장용액 몇 방울을 탁해질 때까지 첨가하여 포화상태를 만든다. 때로는 칼슘 300mgL^{-1}을 첨가해서 반응을 촉진시킬 수 있다. 현미경 슬라이드 위에 배양액 한 방울을 떨어뜨리고 여기에 화분을 뿌려준 다음 축축한 여과지를 깐 페트리 접시에 10분 동안 방치하며 형광색소 반응이 일어나게 한다. 커버글라스로 덮은 후 형광현미경 아래서 관찰할 때 밝은 형광을 띤 화분은 살아 있는 것으로 판정한다. 80℃에서 2~12시간 방치한 화분을 대조구로 사용한다.

이 검사법의 원리는 수정가능한 화분에 극성화합물 플루오레세인 디아세테이트가 막을 통해 들어가게 되면 세포질 내에서 불특정 esterase에 의해 분해되어 형광을 띄게 된다. 원형질막은 극성 형광분자가 통과할 수 없기 때문에 화분에 형광물질이 축적된다. 이 방법의 문제점은 양성과 음성 반응을 잘못 해석할 수 있다는 점이다. 예를 들어 호밀, 포플러스의 성숙한 화분이 수화 전에 막이 가지고 있는 형광분자를 잃게 되어 음성반응으로 잘못 해석할 수 있다. 이러한 종류의 실험은 수화시 막의 재생이 유도되기 때문에 제한된 환경에서 실험해야만 한다.

6. 핵자기공명법

이 검사법에서는 단지 1~4개의 화분이 쓰인다. 또한 핵자기공명법(nuclear magnetic resonance, NMR)은 화분을 죽이지 않는 장점이 있기 때문에 검사에 쓰였던 화분을 육종실험에 다시 사용될 수 있다(Dumas 등, 1983; 1984a,b,c). 이 방법은 화분세포에 있는 자유수를 측정하는 것으로서, 화분세포의 수분함량과 화분 생존력 사이에는 밀접한 관련이 있기 때문에 화분의 품질 정도까지도 측정이 가능하다. 자연 상태에서 화분이 늙어가면 화분세포의 수분함량이 점차 감소한다.

불행하게도 이 검사법은 적절한 시설을 갖추지 못하여 대부분 실험실에서 사용되지 못하고 있다.

실험 4 기내 화분 발아 실험

기내에서 2-세포성 화분을 발아시키기 위해서 간단한 "현수적(hanging drop)" 방법을 이용할 수 있다. 이 방법에서는 커버글라스와 오목 슬라이드글라스가 필요하다. 커버글라스를 깨끗이 닦고 말리고 중앙에 영양배지한 방울을 떨어뜨린다(표 A−2). 봉선이 터진 화분낭을 흔들어서 배지 위에 화분 입자를 직접 뿌리거나 붓으로 옮겨서 뿌린다. 슬라이드글라스 오목부위의 가장자리에 vaseline을 바른다. 핀셋으로 커버글라스를 들어 올려 위쪽을 아래로 향하게 덮는다. 이때 배양액 방울이 슬라이드글라스 오목부위 주변에 닿지 않도록 주의해야 한다.

그러나 이 방법은 어떤 물질들이 발아와 화분관 생장의 비율에 미치는 영향을 연구하고 비교하는 데에는 바람직하지 않다. 왜냐하면 배지 내 화분 입자의 분포가 일정하지 않을 수 있고 그 실험 결과 역시 일정하지 않을 수 있기 때문이다(설명은 131쪽의 집단효과 참조). 이런 문제를 해결하기 위해서 Iwanami(1959)가 제시한 방법을 사용할 수 있다. 이 방법에서는 액체 배지에 약 1% agar를 첨가하여 만든 반고체 배지가 액체 배지 대신 사용된다. 이 배지에 열을 가하여 agar를 녹인 다음 슬라이드글라스 위에 떨어뜨린다. 식으면서 agar와 영양분으로 된 얇은 판이 형성될 것이다. 이제 화분을 커버글라스 위에 가능한 한 고르게 뿌린다. 다른 커버글라스의 가장자리를 이용하여 화분을 고르게 펼치면 화분 입자들이 배지 위에 고르

표 A−2 화분의 기내 발아를 위한 영양배지의 조성

구성성분	배지내 농도(mgL^{-1})	
	2−세포성 화분	3−세포성 화분
Sucrose	100,000	200,000
H_3BO_3	100	10
$Ca(NO_3)_2 \cdot H_2O$	300	−
$CaCl_2 \cdot 7H_2O$	−	362
$MgSO_4 \cdot 7H_2O$	200	−
KNO_3	−	100
pH	7.3	8.0

게 펴진다. 이 방법은 화분 발아와 화분관 생장 비율에 관한 실험에서 비교적 더 정확한 결과를 제공해 준다.

일반적으로 3-세포성 화분은 기내에서 발아하기 어려운 것으로 확인되었다. 그러나 Bar-Shalom과 Mattsson(1977)가 고안한 아마도 주두 표면과 유사한 반고체 배지는 배추속 및 그 밖의 다른 3-세포성 화분의 화분관 생장을 촉진한다. 그들은 발아를 조절하는데 있어서 상대습도가 중요함을 강조하였다. Roberts 등(1983)은 상대 습도의 중요성을 독자적으로 확인하였고, 1mM Tris 또는 methylamine을 이용하여 pH 8로 완충된 새로운 배지를 만들었으며, 이 배지에서 양배추 화분은 80~90%의 발아율을 보였다.

실험 5 정세포의 분리

특이한 식물세포인 정세포에 관한 구조, 생리, 생화학적 연구를 위해서는 정세포 분리가 필수적이다. 단자엽식물 및 쌍자엽식물 모두에서 살아 있는 정세포를 대량으로 분리할 수 있게 됨으로써 식물학 연구의 새로운 장을 열게 되었다.

정세포 분리과정은 약 열개시 화분의 상태에 따라 다르다. 3-세포성 화분인 경우에는 채취한 화분을 삼투압적으로 파열시킴으로써 정세포를 분리한다. 그러나 2-세포성 화분의 경우 정세포 분리는 화분 발아 후에만 가능하다. 3-세포성 화분의 정세포 분리 과정을 옥수수를 예로 들어 살펴보면 다음과 같다.

쟁반 위에서 화서를 흔들어 화분을 모은 후 80μm의 나일론 체로 걸러주고, 상온에서 약 20분간 포화수분 상태에서 수화시킨다. 표 A−2의 2-세포성 화분의 발아를 위한 배짇에 15% 설탕을 첨가하고 pH5로 조정하여 파열배지를 만든다. 1g의 수화된 화분을 파열배지 10mL에 넣어 상온에서 배양한다. Kranz 등(1990)은 기내 수정을 위해 옥수수 정세포를 분리할 때 540 mosmol kg^{-1} H_2O-mannitol 용액을 사용하였다(326쪽 참고). 20분 내에 화분립이 터지면서 발아공을 통해 정세포를 포함한 내용물이 방출된다. 파열용액에서 배양하는 동안 부드럽게 흔들어주면(130 rpm) 정세포 방출이 용이해진다. 화분세포벽 조각들을 제거하기 위해 파열배지를 50μm의 나일론체로 걸러준다. 녹말립과 영양세포의 세포질 내용물들을 제거하기 위해 불연속 percoll 구배 원심분리를 한다. Percoll 구배는 파열배지에 준비한 30%, 15%, 10%의 percoll 용액을 15mL 원심분리관에 차례로 넣어 층이 형성되도록 하고 맨 위의 10% percoll층 위에 5~10mL의 여과액을 올려놓는다. 4°C에서 3000g로 60분간 원심분리하면 15%와 30% percoll층

사이의 경계면에 정세포들이 모인다. 정세포(약 7μm)들을 피펫으로 모은 후 파열배지로 3000g에서 7분간 원심분리하여 세척한다. 상층액은 버리고 밑에 가라앉은 정세포들은 파열용액 2mL로 희석하여 사용한다.

분리된 정세포의 활성은 핵자기공명법(정세포의 수분 함유량과 관련됨), 위상차현미경 관찰(활력이 있는 정세포는 어둡고 비교적 균일하며 구형으로 나타남) 또는 Evan's blue exclusion test(막이 온전한 활력이 있는 정세포는 염색약을 함유하지만 막이 파괴된 활력이 없는 정세포는 염색약을 함유하지 못함)에 의해 조사한다. 그러나 플루오레세인 디아세테이트 염색 후 형광현미경으로 관찰하는 방법이 가장 널리 사용된다.

실험 6 배주의 투명화

배주 투명화(ovule clearing)는 Young 등(1979)의 연구에 기초하고 있다. 배주는 FAA(95% 에탄올 : 물 : 40% 포르말린 : 빙초산 = 40 : 14 : 3 : 3 v/v) 용액으로 24시간 이상 고정하고 50% 에탄올에 저장한다. 투명화를 위해서 고정된 배주를 다음과 같은 일련의 탈수와 투명화 과정에 따라 처리한다. 즉, 70% 에탄올, 85% 에탄올, 100% 에탄올, 1 : 1 에탄올-메칠 살리실산염, 1 : 3 에탄올-메칠 살리실산염 및 100% 메칠 살리실산염을 차례로 처리한다. 각 처리시간은 재료와 배주 수에 따라 다르다. *Cerchrus ciliaris*의 배주에서는 각 단계에서 1mL 용액과 30분의 처리시간이 적당하나 10~20개의 배주 처리시에는 각 단계에서 2mL 용액에서 2시간 처리하는 것이 좋다. 투명화된 재료는 100% 메칠 살리실산염에 저장하거나 오목 슬라이드에 봉입한 후 위상차현미경으로 검경한다.

실험 7 배낭의 분리

자성 배우자체속의 살아있는 난세포와 다른 세포들을 분리하는 데에는 배주의 효소 처리에 이은 미세해부 작업을 수행하게 된다. 배주를 태좌로부터 적출하여 즉시 효소용액 속에 두게 되는데, 효소용액은 pH 5, mannitol을 사용한 540 mosmol kg^{-1}의 삼투농도를 유지하며, pectinase(0.75%), pectolyase 423(0.25%), hemicellulase(0.5%) 및 cellulase Onozuka RS(0.5%)를 함유한다. 24±0.5℃에서 40~60분간 반응시킨 후, 배주는 미세한 유리바늘로 잘게 잘라 배우자 세포를 유리시킨다. 세포를 미세모세관(200μm 구멍)을 사용하여 손으로 들어 올려서 효소용액과 동일한 삼투농도를 가진 mannitol 용액으로 옮긴 후, 그 구조 및 시험관 내 수정을 연구하는데 사용한다. Kranz 등(1991)은 20개의 배주로부터 5개의 난세포를 분리하였으며, 2~3시간 내에 40개의 난세포까지도 분리할 수 있었다. 분리된 난세포와 조세포는 정세포와 마찬가지로 원형질체이다.

실험 8 인공 수분

자연계에서 유용한 형질은 커다란 식물 개체군에 흩어져 분포한다. 육종가들은 가능한 한 단일 개체에서 우수한 식물의 개체를 얻기 위하여 수없이 교배하는데, 이 기술이 인공 수분(artificial pollination)이다. 인공 수분은 원하는 웅성 모체에서 화분을 얻어 자성 모체에 인위적으로 수분을 시키는 것이며, 이때 암술 주두에 다른 화분이 묻지 않도록 주의해야 한다. 열리지 않은 꽃봉오리(자성화 뿐만 아니라 웅성화도)는 셀로판 주머니로 덮어주고, 주두가 성숙되었을 때 웅성 모체에서 화분을 채취하여 주두에 묻혀 준 다음 다시 주머니로 덮어준다. 인공 수분시 단성화보다 양성화를 훨씬 더 조심해야 한다. 양성화에서는 자가수정이 이루어지는 것을 막기 위하여 꽃봉오리를 셀로판 주머니로 묶기 전에 열개되지 않은 약을 핀셋으로 조심스럽게 제거해 주어야 한다.

원하는 웅성 · 자성 모체가 다른 계절에 개화할 때, 그리고 다른 지역에서 생육할 때에는 교배의 어려움이 있다. 이는 대부분 식물의 화분이 아주 짧은 수명을 가지기 때문이다. 보통의 경우 화분은 2일 정도의 생존력을 가지며, 참새피속과 같은 벼과식물의 화분은 화분을 방출한 지 30분밖에 지나지 않아도 화분 발아에 실패한다. 이는 특별한 조건 아래에서 화분을 저장하여 화분의 생존력 기간 연장을 고려하는 것이 매우 중요하다는 것을 시사하고 있다.

실험 9 무수정 생식체의 선별

배낭 발달과정에 대한 세포학적 분석은 무수정생식을 연구하는데 흔히 사용되는 기술이다. 무포자생식 배낭은 보통 4세포(3세포의 난장치와 하나의 중앙세포)로 되어 있고 반족세포는 없다. 이러한 배낭은 전통적으로 조직학적 기술들, 즉 발달 단계에 따라 배주를 고정하고 조직절편을 만든 후 이를 적절한 염색액으로 염색하여 광학현미경으로 관찰하는 방법을 통하여 연구되어 왔다. 암술-배주 투명화 기술(pistil-ovule clearing technique)은 관찰용 시료 제작에 드는 시간을 단축시키며, 무포자생식 배낭을 조사하기 위한 방법으로 일반화되어 있다. 이 기술에서는 배주를 FAA(70% 에탄올 : 빙초산: 37% 포름알데하이드 = 18 : 1 : 1)에 고정시키고 일련의 알코올 탈수과정을 거친 후, methyl salicylate로 투명화하여 위상차현미경으로 관찰한다. 현미경의 초점을 다르게 하면서 배주 전체의 내부 구조를 관찰할 수 있다. 칼로오스 형광처리 기술(callose fluorescence technique) 은 배주의 투명화 기술과 접목시켜서 복상포자생식을 조사하기 위해서 사용될 수 있다. 유성생식을 하는 식물 종에서 대포자발생 과정에서 관찰되는 칼로오스의 집적현상은 무수정생식 배낭 발달에서는 거의 나타나지 않기 때문이다. 1992년 Peel과 Carman은 설탕을 이용한 투명화 방법(2.46M 설탕, 1.36mM aniline blue, 50mM K_2HPO_4; pH 9.5)을 사용하여 개보리속의 유성생식을 하는 *Elymus scabrus*와 복상포자생식을 하는 *E. rectisetus*에서 칼로오스 집적 현상을 형광현미경으로 연구하였다.

이형접합 또는 타가수분된 양친으로부터 유래된 자손들의 동형성(uniformity)의 분석 또한 무수정생식을 선별하는 가장 좋은 방법이 될 수 있다. (a) F_1 교배 자손들 중의 모계 표현형의 출현, (b) 명확히 구별되는 두 부모들의 F_2 자손에서 유전적 변이가 제한적으로 나타나거나 전혀 나타나지 않을 경우, (c) 이수체(aneuploid) 및 삼배체 식물, 광범위한 교배, 그리고 불임성일 것으로 기대된 여타 식물 등에서 비정상적으로 높은 종자 임실률, 그리고 (d) 한 종자에서 여러 개의 유식물 형성(multiple seedling) 등이 무수정생식을 선별할 수 있는 유전적 지표라고 할 수 있다.

무수정생식에 관여하는 유전자들을 RFLP와 같은 분자표지(molecular marker)로 표시할 수 있다면, 결합된 분자표지를 통하여 무수정생식을 위한 육종 식물체를 선별해낼 수 있다. 1993년 Ozias-Atkins 등은 수크령속의 무수정생식과 함께 유전되는 2개의 분자표지(UGT 197과 OPC−04)를 발견하였다.

참고문헌

American Society of Plant Physiologists. 1993. Special Review Issue on Plant Reproduction. American Society of Plant Physiologists, Rockville, USA.

Burgess J. 1985. An Introduction to Plant Cell Development. Cambridge University Press, Cambridge, UK.

Easau, K. 1977. Anatomy of Seed Plants (2nd ed.). John Wiley & Sons, Inc., New York, USA

Fahn, A. 1990. Plant Anatomy (4th ed.). Pergamon Press, Oxford, UK.

Fosket, D. E. 1994. Plant Growth and Development – A Molecular Approach. Academic Press, San Diego, USA.

Frankel, R. and Galun, E. 1977. Pollination Mechanisms, Reproduction and Plant Breeding. Springer–Verlag, Berlin, Germany.

Gilbert, S. F. and Singer, S. 2006. Developmental Biology (8th ed.). Sinauer Associates Inc., Sunderland, USA.

Graham, L. E., Graham, J. M. and Wilcox, L. W. 2006. Plant Biology (2nd ed.). Pearson Education, Inc., Upper Saddle River, USA

Howell, S. H. 1998. Molecular Genetics of Plant Development. Cambridge University Press, Cambridge, UK.

Johri, B. M. 1982. Experimental Embryology of Vascular Plants. Springer–Verlag, Berlin, Germany.

Kozlowski, T. T. Seed Biology I, II & III. Academic Press, New York, USA.

Mauseth, J. D. 1988. Plant Anatomy. 1988. The Benjamin/Cummings Publishing Company, Lnc., Menlo Park, USA.

Murphy, T. M. and Thompson, W. F. 1988. Molecular Plant Development. Prentice-Hall, Englewood Cliffs, USA.

Raghavan, V. 2000. Developmental Biology of Flowering Plants. Springer-Verlag, New York, USA.

Sharma, H. P. 2009. Plant Embryology – Classical and Experimental. Alpha Science International Ltd., Oxford, U.K.

Shivana, K. R. and Rangaswamy, N. S. 1992. Pollen Biology – A laboratory manual. Springer–Verlag, Berlin, Germany.

Wareing, P. F. and Phillips, I. D. J. 1981. Growth and Differentiation in Plants (3rd ed.). Pergamon Press, Oxford, UK.

Westhof, P. 1998. Molecular Plant Development from Gene to Plant. Oxford University Press, Oxford, UK.

강원희 외 공역. 2008. 일반식물학 (제2판). 월드사이언스, 서울, 한국.
이규배. 2012. 식물형태학 (제2판). 라이프사이언스, 서울, 한국.
임경빈, 고경식, 임웅규 공역. 1984. 식물형태학. 우성문화사, 서울, 한국.
최봉호 외 공저. 2001. 종자학. 향문사, 서울, 한국.
최상진 역. 1989. 식물세포배양. 아카데미서적, 서울, 한국.
최상진 편저. 1994. 식물의 기내배양. 아카데미서적, 서울, 한국.
한창렬. 1992. 현대식물발생학. 일조각, 서울, 한국.
岩波洋造. 1991. 花粉學. 講談社, 東京, 日本.
足立泰二, 丸橋亘 共譯, 1995. 植物の發生學 − 植物バイオの基礎. 講談社, 東京, 日本.

찾아보기

ㅁ

ㅂ

ㅅ

ㅇ

ㅈ

ㅊ

기 타